《兽药 GMP 检查验收评定标准（2020 年修订）》指南

中化药分册

中国兽医药品监察所　组编

中国农业出版社
农村读物出版社
北　京

图书在版编目（CIP）数据

《兽药GMP检查验收评定标准（2020年修订）》指南．中化药分册／中国兽医药品监察所组编．—北京：中国农业出版社，2022.11

ISBN 978-7-109-30279-2

Ⅰ.①兽…　Ⅱ.①中…　Ⅲ.①兽用药－检验－标准－指南　Ⅳ.①S859.79-65

中国版本图书馆CIP数据核字（2022）第224781号

中国农业出版社出版
地址：北京市朝阳区麦子店街18号楼
邮编：100125
责任编辑：神翠翠
责任校对：吴丽婷
印刷：北京印刷一厂
版次：2022年11月第1版
印次：2022年11月北京第1次印刷
发行：新华书店北京发行所
开本：787mm×1092mm　1/16
印张：26.75
字数：551千字
定价：160.00元

编 写 人 员

主　　编　段文龙　吴　涛[①]

副 主 编　安洪泽　陈莎莎

编写人员（按姓氏笔画排序）

王海良　卢亚艺　冯克清　巩忠福　毕昊容
任万军　任玉琴　向义军　刘建晖　安洪泽
许世富　李跃龙　吴　涛[①]　吴　涛[②]　汪　霞
张　珩　张秀英　张欣玉　陆连寿　陆春波
陈　洪　陈莎莎　官艳丽　赵　贵　赵　晖
段文龙　班付国　袁国华　顾　欣　顾进华
徐　倩　徐恩民　高迎春　梁　磊　曾　勇
蔡文军

① 中国兽医药品监察所
② 河北省农业农村厅

前　言

2020年，农业农村部陆续发布了《兽药生产质量管理规范（2020年修订）》（以下简称2020版兽药GMP）和无菌兽药等5类产品生产质量管理的特殊要求，以及《兽药生产质量管理规范检查验收评定标准（2020年修订）》[以下简称《兽药GMP检查验收评定标准（2020年修订）》]等配套文件。2021年，农业农村部畜牧兽医局组织编写的《〈兽药生产质量管理规范（2020年修订）〉指南》为兽药生产企业实施兽药GMP提供了全面细致的技术指导。2020版兽药GMP实施以来，从各地的具体检查情况来看，不同地区、不同检查员存在检查标准把握尺度不统一、不一致的情况。为深入贯彻落实国务院“放管服”改革精神和“四个最严”工作要求，统一兽药GMP检查尺度，准确理解和掌握兽药GMP检查验收评定标准的内容，确保科学检查、公正检查，中国兽医药品监察所组织专家编写《〈兽药GMP检查验收评定标准（2020年修订）〉指南》，用于对兽药生产企业开展现场检查工作的指导和参考。

《〈兽药GMP检查验收评定标准（2020年修订）〉指南》分为中化药分册和生物制品分册。每分册第一部分为评定标准指南，这部分对每个条款进行详细解析，包括条款内容、检查要点、条款说明、评定参考和相关条款等内容。[条款内容]列出评定标准条款原文以及所涉及的2020版兽药GMP正文或配套附件的相关内容。[检查要点]是对每个条款检查内容的解读，并将较其他检查内容评定权重较大的要点，以▲进行标记。检查员需综合考虑所发现缺陷对产品质量、GMP体系的风险影响程度作出条款判定。[条款说明]是对条款内容进行特别的提示或解释。[评定参考]提出该条款可被评定为“N”的条件。[相关条款]列出与该条款检查相关的条款号。[条款说明][评定参考]和[相关条款]并非每条款均有涉及。同时，为方便现场检查时参阅，每分册第二部分收录了现行有效的兽药GMP相关法规和技术标准。

在本书的编写过程中，编者力求形式和内容上的科学、明晰、准确，细化每个检查项目的检查重点和判定标准，进一步减少兽药GMP检查员和兽药监管人员在现场检查过程中的随意性，对统一检查尺度、提高检查水平有所帮助，是一套实用性较强的检查技术用书。本书编者大多数为农业农村部兽药GMP资深检查组长，具有较高的兽药GMP理论知识水平和丰富的现场检查经验。在此，对所有帮助和支持本书编写工作的领导和专家表示衷心感谢。由于编写时间紧迫、编写水平有限，书中难免存在疏漏之处，敬请大家提出宝贵意见。

编　者

2022年9月

目　录

农业农村部办公厅关于印发《兽药生产质量管理规范检查验收评定标准（2020年修订）》的通知

（农办牧〔2020〕34号）

各省、自治区、直辖市农业农村（农牧、畜牧兽医）厅（局、委），新疆生产建设兵团农业农村局：

为做好新版兽药GMP检查验收工作，依据《兽药生产质量管理规范（2020年修订）》（农业农村部令2020年第3号）及其配套文件（农业农村部公告第292号），我部组织制定了兽药生产质量管理规范检查验收评定标准。现印发给你们，请遵照执行。

附件：

1. 兽药生产质量管理规范检查验收评定标准（生物制品类，2020年修订）（内容略）
2. 兽药生产质量管理规范检查验收评定标准（化药、中药类，2020年修订）

农业农村部办公厅

2020年7月13日

附件2

兽药生产质量管理规范检查验收评定标准

（化药、中药类，2020年修订）

1. 制定依据。根据《兽药生产质量管理规范（2020年修订）》（以下简称《规范》）及其配套文件制定本标准。

2. 检查项目。检查项目共315项，其中关键项目74项（条款号前加“*”），一般项目241项，具体见评定项目表（附后）。项目分布（关键项/检查项）：质量管理3/7；机构与人员6/21；厂房与设施21/67；设备9/37；物料与产品6/33；确认与验证7/14；文件管理4/30；生产管理9/41；质量控制与质量保证6/51；产品销售与召回 2/11；自检 1/3。

3. 评定方式。兽药 GMP 检查验收应以申请验收范围确定相应的检查项目，对所列项目及涵盖内容进行全面检查，并逐项作出评定。

4. 人员现场操作考核。生产人员现场操作考核采取岗位操作考核的形式。将生产工序中风险性高的岗位按生产线类型划分，由检查验收组指定处于生产状态生产线的至少一个关键工序岗位，有洁净级别的生产线必须选择高洁净级别、风险性高的关键工序岗位。企业应确保该岗位操作人员能够按计划进行现场操作考核。质检人员现场操作考核从产品的原料、中间产品、成品或留样中选取样品，由检查验收组指定样品的检验项目，质检人员对该项目进行现场检验操作。考核结束后形成现场操作考核报告。涉及 A/B 级洁净区的生产线现场考核项目应包含悬浮粒子和浮游菌取样点选择及动态监测。现场操作考核结果判定原则为：操作正确、熟练，记录完整，计算结果准确。

5. 评定结果。评定结果分为“N”“Y－”“Y”3 档（或不涉及“/”）。凡某项目得分在 80 分以上的，判定为符合要求，评定结果标为“Y”；凡某项目得分在 60～80 分或检查组认为存在部分缺陷并可整改的，判定为基本符合要求，评定结果标为“Y－”；凡某项目得分在 60 分以下的，判定为不符合要求，评定结果标为“N”。汇总评定结果时，关键项目的“Y－”不折合“N”。一般项目的 3 个“Y－”相当于 1 个“N”，不足 3 个“Y－”的折合为 1 个“N”。

6. 评定结论。通过分别计算关键项目不符合项数、关键项目基本符合项数和一般项目不符合率作出最终评定结论，并在检查验收报告中用文字说明。

<table>
<tr><td colspan="2">关键项目</td><td>一般项目不符合率</td><td></td></tr>
<tr><td>不符合项数</td><td>基本符合项数</td><td></td><td></td></tr>
<tr><td>0</td><td>≤4</td><td>≤12%</td><td>通过兽药 GMP 检查验收，作出“推荐”结论</td></tr>
<tr><td>0</td><td>>4</td><td>/</td><td rowspan="3">未通过兽药 GMP 检查验收，作出“不推荐”结论</td></tr>
<tr><td>≥1</td><td>/</td><td>/</td></tr>
<tr><td>/</td><td>/</td><td>>12%</td></tr>
</table>

7. 兽药生产企业应严格执行《规范》要求，坚持诚实守信，禁止任何虚假、欺骗行为。如现场检查中发现企业生产假兽药等违法行为或企业存在文件、数据、记录不真实等虚假和欺骗行为的，则一票否决，不再继续进行现场检查，评定结果为“不推荐”。检查组应提供企业虚假、欺骗行为的证据。

兽用化药、中药类GMP生产线检查验收评定项目表

序号	章节	条款内容	评定结果
*001	质量管理	企业应建立符合兽药质量管理要求的质量目标，覆盖兽药生产、控制及产品放行、贮存、销售全过程，确保所生产的兽药符合注册要求。	
002		企业配备的人员、厂房、设施和设备等条件，应满足质量目标的需要。企业高层管理人员应确保实现既定的质量目标，不同层次的人员应共同参与并承担各自的责任。	
*003		企业应建立符合《规范》要求的质量保证系统，同时建立完整的文件体系，以保证系统有效运行。企业应对高风险产品的关键生产环节建立信息化管理系统，进行在线记录和监控。	
*004		企业的生产质量管理工作应符合《规范》第9条的要求。	
005		质量控制包括相应的组织机构、文件系统以及取样、检验等，确保物料或产品在放行前完成必要的检验，确认其质量符合要求。企业的质量控制应符合《规范》第11条的要求。	
006		应根据科学知识及经验对质量风险进行评估，以保证产品质量。	
007		质量风险管理过程所采用的方法、措施、形式及形成的文件应与存在风险的级别相适应。	
*008	机构与人员	企业应建立与兽药生产相适应的管理机构，并有组织机构图。企业应设立独立的质量管理部门，履行质量保证和质量控制的职责。	
009		质量管理部门应参与所有与质量有关的活动，负责审核所有与《规范》有关的文件。职责通常不得委托给他人。确需委托的，其职责应委托给具有相当资质的指定人员。质量管理部门人员不得将职责委托给其他部门的人员。	
010		企业应配备足够数量并具有相应能力（含学历、培训和实践经验）的管理和操作人员，且与生产规模和产品性质相适应。应明确规定每个部门和每个岗位的职责。岗位职责不得遗漏，交叉的职责应有明确规定。所有人员应明确并理解自己的职责，熟悉与其职责相关的要求。	
011		企业的质量管理部门应当有专人负责中药材和中药饮片的质量管理。专职负责中药材和中药饮片质量管理的人员还应符合《中药制剂生产质量管理的特殊要求》第5、6条的相关要求。	
*012		关键人员应为企业的全职人员，至少包括企业负责人、生产管理负责人和质量管理负责人。质量管理负责人和生产管理负责人不得互相兼任。企业应制定操作规程确保质量管理负责人独立履行职责，不受企业负责人和其他人员的干扰。	
013		企业负责人是兽药质量的主要责任人，全面负责企业日常管理。为确保企业实现质量目标并按照《规范》要求生产兽药，企业负责人负责提供并合理计划、组织和协调必要的资源，保证质量管理部门独立履行其职责。	

（续）

序号	章节	条款内容	评定结果
*014	机构与人员	生产管理负责人应至少具有药学、兽医学、生物学、化学等相关专业本科学历或中级专业技术职称，具有至少三年从事兽药（药品）生产或质量管理的实践经验，其中至少有一年的兽药（药品）生产管理经验，接受过与所生产产品相关的专业知识培训。其主要职责应符合《规范》第21条的要求。	
*015		质量管理负责人应至少具有药学、兽医学、生物学、化学等相关专业本科学历或中级专业技术职称，具有至少五年从事兽药（药品）生产或质量管理的实践经验，其中至少一年的兽药（药品）质量管理经验，接受过与所生产产品相关的专业知识培训。其主要职责应符合《规范》第22条的要求。	
016		质量控制实验室的检验人员至少应具有药学、兽医学、生物学、化学等相关专业大专学历或从事检验工作3年以上的中专、高中以上学历，并经过与所从事的检验操作相关的实践培训且考核通过。	
017		企业应指定部门或专人负责培训管理工作，应有符合要求并经批准的培训方案或计划，培训记录应予以保存。	
*018		与兽药生产、质量有关的所有人员都应经过培训，培训的内容应与岗位的要求相适应。除进行规范理论和实践的培训外，还应有相关法规、相应岗位的职责、技能的培训，并定期评估培训实际效果。应对检验人员进行检验能力考核，合格后上岗。	
019		凡在洁净区工作的人员（包括清洁工和设备维修工）应定期培训，培训内容应包括卫生和微生物方面的基础知识。未受培训的外部人员（如外部施工人员或维修人员）在生产期间需进入洁净区时，应对其进行特别详细的指导和监督。	
020		高风险操作区（如高活性、高毒性、传染性、高致敏性物料的生产区）的工作人员应接受专门的专业知识和安全防护要求的培训。	
*021		人员的现场考核结果应符合要求。	
022		企业应建立人员卫生操作规程，应包括与健康、卫生习惯及人员着装相关的内容。企业应采取措施确保人员卫生操作规程的执行，最大限度地降低人员对兽药生产造成污染的风险。涉及无菌兽药时，还应符合《无菌兽药生产质量管理的特殊要求》第21、23、25条的相关要求。	
023		企业应对人员健康进行管理，并建立健康档案。直接接触兽药的生产人员上岗前应接受健康检查，以后每年至少进行一次健康检查。	
024		企业应采取适当措施，避免体表有伤口、患有传染病或其他疾病可能污染兽药的人员从事直接接触兽药的生产活动。涉及无菌兽药时，还应符合《无菌兽药生产质量管理的特殊要求》第22条的相关要求。	
025		参观人员和未经培训的人员不得进入生产区和质量控制区，特殊情况确需进入的，应经过批准，并对进入人员的个人卫生、更衣等事项进行指导和监督。	
026		任何进入生产区的人员均应按照规定更衣。工作服的选材、式样及穿戴方式应与所从事的工作和空气洁净度级别要求相适应，能够满足保护产品和人员的要求。涉及无菌兽药时，还应符合《无菌兽药生产质量管理的特殊要求》第24、26条的相关要求。	

（续）

序号	章节	条款内容	评定结果
027	机构与人员	生产区、检验区、仓储区应禁止吸烟和饮食，禁止存放食品、饮料、香烟和个人用品等非生产用物品。进入洁净生产区的人员不得化妆和佩戴饰物。	
028		操作人员应避免裸手直接接触兽药以及与兽药直接接触的容器具、包装材料和设备表面。	
*029	厂房与设施	兽药生产应有专用的厂房。	
030		厂房的选址、设计、布局、建造、改造和维护必须符合兽药生产要求，应能够最大限度地避免污染、交叉污染、混淆和差错，便于清洁、操作和维护。涉及无菌兽药时，还应符合《无菌兽药生产质量管理的特殊要求》第27条的要求。涉及原料药时，还应符合《原料药生产质量管理的特殊要求》第3条的相关要求。	
031		应根据厂房及生产防护措施综合考虑选址，厂房所处的环境应能够最大限度地降低物料或产品遭受污染的风险。如涉及杀虫剂、消毒剂，其车间在选址上应注意远离其他兽药制剂生产线，并处于常年下风口位置。	
032		企业应有整洁的生产环境；厂区的地面、路面等设施及厂内运输等活动不得对兽药的生产造成污染；生产、行政、生活和辅助区的总体布局应合理，不得互相妨碍；厂区内的人、物流走向应合理。	
033		应对厂房进行适当维护，并确保维修活动不影响兽药的质量。应按照详细的书面操作规程对厂房进行清洁或必要的消毒。	
034		厂房应有适当的照明、温度、湿度和通风，确保生产和贮存的产品质量以及相关设备性能不会直接或间接地受到影响。	
035		厂房、设施的设计和安装应能够有效防止昆虫或其他动物进入。应采取必要的措施，避免所使用的灭鼠药、杀虫剂、烟熏剂等对设备、物料、产品造成污染。	
036		应采取适当措施，防止未经批准人员的进入。生产、贮存和质量控制区不得作为非本区工作人员的直接通道。	
037		应保存厂房、公用设施、固定管道建造或改造后的竣工图纸。	
*038		为降低污染和交叉污染的风险，厂房、生产设施和设备应根据所生产兽药的特性、工艺流程及相应洁净度级别要求合理设计、布局和使用，厂房内的人、物流走向应合理。各类产品的生产操作环境设置，涉及无菌兽药时，还应符合《无菌兽药生产质量管理的特殊要求》第13条的相关要求。涉及非无菌兽药时，还应符合《非无菌兽药生产质量管理的特殊要求》第3、4和24条的相关要求。涉及原料药时，还应符合《原料药生产质量管理的特殊要求》第2条的相关要求。	
039		一般生产区的门窗应能密闭（中药粗粉碎、杀虫剂、消毒剂等特殊品种除外），并根据不同的生产功能设置良好的除尘、排风、除湿和降温等设施。	

（续）

序号	章节	条款内容	评定结果
*040	厂房与设施	应根据兽药的特性、工艺等因素，确定厂房、生产设施和设备供多产品共用的可行性，并有相应的评估报告。涉及原料药时，还应符合《原料药生产质量管理的特殊要求》第7条的相关要求。	
*041		生产青霉素类等高致敏性兽药应使用相对独立的厂房、生产设施及专用的空气净化系统，分装室应保持相对负压，排至室外的废气应经净化处理并符合要求，排风口应远离其他空气净化系统的进风口。如需利用停产的该类车间分装其他产品时，则必须进行清洁处理，不得有残留并经测试合格后才能生产其他产品。空调排风系统，其排风应经过无害化处理。	
*042		生产高生物活性兽药（如性激素类等）应使用专用的车间、生产设施及空气净化系统，并与其他兽药生产区严格分开。空调排风系统，其排风应经过无害化处理。	
*043		生产吸入麻醉剂类兽药应使用专用的车间、生产设施及空气净化系统；配液和分装工序应保持相对负压，其空调排风系统采用全排风，不得利用回风方式。空调排风系统，其排风应经过无害化处理。	
*044		对易燃易爆、腐蚀性强的消毒剂（如固体含氯制剂等）生产车间和仓库应设置独立的建筑物。	
*045		粉剂、预混剂可共用车间，但应与散剂车间分开。	
046		散剂车间生产工序应从中药材拣选、清洗、干燥、粉碎等前处理开始，并根据中药材炮制、提取的需要，设置相应的功能区，配置相应设备。	
047		直接入药的中药材和中药饮片的粉碎，应设置专用厂房（车间），其门窗应能密闭，并有捕尘、除湿、排风、降温等设施，且应与中药制剂生产线完全分开。	
048		中药材前处理的厂房内应当设拣选工作台，工作台表面应当平整、易清洁，不产生脱落物；根据生产品种所用中药材前处理工艺流程的需要，还应配备洗药池或洗药机、切药机、干燥机、粗碎机、粉碎机和独立的除尘系统等。	
049		中药提取、浓缩等厂房应当与其生产工艺要求相适应，有良好的排风、防止污染和交叉污染等设施；含有机溶剂提取工艺的，厂房应有防爆设施及有机溶剂监测报警系统。	
050		中药提取、浓缩、收膏工序宜采用密闭系统进行操作，并在线进行清洁，以防止污染和交叉污染；对生产两种以上（含两种）剂型的中药制剂或生产有国家标准的中药提取物的，应在中药提取车间内设置独立的、功能完备的收膏间，其洁净度级别应不低于其制剂配制操作区的洁净度级别。	
051		浸膏的配料、粉碎、过筛、混合等操作，其洁净度级别应当与其制剂配制操作区的洁净度级别一致。中药饮片经粉碎、过筛、混合后直接入药的，上述操作的厂房应当能够密闭，有良好的通风、除尘等设施，人员、物料进出及生产操作应当参照洁净区管理。	
052		杀虫剂可与消毒剂共用生产车间，其厂房建筑、设施可采用耐腐蚀材料建设，但生产设备原则上不能共用。	

（续）

序号	章节	条款内容	评定结果
*053	厂房与设施	兽药生产厂房不得用于生产非兽药产品。	
054		生产区和贮存区应有足够的空间，确保有序地存放设备、物料、中间产品和成品，避免不同产品或物料的混淆、交叉污染，避免生产或质量控制操作发生遗漏或差错。	
*055		应根据兽药品种、生产操作要求及外部环境状况等配置空气净化系统，使生产区有效通风，并有温度、湿度控制和空气净化过滤，保证兽药的生产环境符合要求。	
056		洁净区与非洁净区之间、不同级别洁净区之间的压差应不低于10帕斯卡。必要时，相同洁净度级别的不同功能区域（操作间）之间也应保持适当的压差梯度，并应有指示压差的装置和（或）设置监控系统。涉及无菌兽药时，还应符合《无菌兽药生产质量管理的特殊要求》第34条的相关要求。	
*057		生产不同类别兽药的洁净室（区）设计应符合相应的洁净度要求，包括达到“静态”和“动态”的标准。涉及无菌兽药时，还应符合《无菌兽药生产质量管理的特殊要求》第7、9条的相关要求。	
058		无菌兽药生产的洁净区空气净化系统应保持连续运行，维持相应的洁净度级别。因故停机再次开启空气净化系统，应进行必要的测试以确认仍能达到规定的洁净度级别要求。	
*059		根据洁净度级别和空气净化系统确认的结果及风险评估确定悬浮粒子取样点的位置，并按照《无菌兽药生产质量管理的特殊要求》第9、10条的相关要求对洁净区的悬浮粒子进行日常动态监测。	
*060		根据洁净度级别和空气净化系统确认的结果及风险评估确定微生物取样点的位置，并按照《无菌兽药生产质量管理的特殊要求》第11条的相关要求对洁净区的微生物进行日常动态监测。	
061		应制定适当的悬浮粒子与微生物监测警戒限度和纠偏限度。操作规程中应详细说明结果超标时需采取的纠偏措施。	
062		无菌兽药生产的人员、设备和物料应通过气锁间进入洁净区，采用机械连续传输物料的，应用正压气流保护并监测压差。	
063		在任何运行状态下，无菌兽药洁净区通过适当的送风应能够确保对周围低级别区域的正压，维持良好的气流方向，保证有效的净化能力。应特别保护已清洁的与产品直接接触的包装材料、器具，以及产品直接暴露的操作区域。当使用或生产某些有致病性、剧毒等物料与产品时，空气净化系统的送风和压差应适当调整，防止有害物质外溢。必要时，生产操作的设备及该区域的排风应作去污染处理（如排风口安装过滤器）。	
064		应当能够证明所用气流方式不会导致污染风险并有记录（如烟雾试验的录像）。	
*065		生产无菌兽药时，原则上应设置单独的轧盖区域和适当的抽风装置。不单独设置轧盖区域的，应能证明轧盖操作对产品质量没有不利影响。	

（续）

序号	章节	条款内容	评定结果
*066	厂房与设施	隔离操作器及其所处环境的设计，应能够保证相应区域空气的质量达到设定标准。物品进出隔离操作器应特别注意防止污染。隔离操作器所处环境取决于其设计及应用，无菌生产的隔离操作器所处的环境至少应为D级洁净区。	
*067		用于生产非最终灭菌产品的吹灌封设备至少应安装在C级洁净区环境中，设备自身应装有A级空气风淋装置，操作人员着装应符合A/B级洁净区的式样。在静态条件下，此环境的悬浮粒子和微生物均应达到标准，在动态条件下，此环境的微生物应达到标准。用于生产最终灭菌产品的吹灌封设备至少应安装在D级洁净区环境中。	
068		洁净区的内表面（墙壁、地面、天棚）应平整光滑、无裂缝、接口严密、无颗粒物脱落，避免积尘，便于有效清洁，必要时应进行消毒。无菌兽药生产洁净区的清洁、消毒等应符合《无菌兽药生产质量管理的特殊要求》第43条的相关要求。	
069		各种管道、工艺用水的水处理及其配套设施、照明设施、风口和其他公用设施的设计和安装应避免出现不易清洁的部位，应尽可能在生产区外部对其进行维护。为减少尘埃积聚并便于清洁，洁净区内货架、柜子、设备等不得有难清洁的部位。门的设计应便于清洁。	
*070		与无菌兽药直接接触的干燥用空气、压缩空气和惰性气体应经净化处理，其洁净程度、管道材质等应与对应的洁净区的要求相一致。应当定期检查气体除菌过滤器和呼吸过滤器的完整性。	
*071		排水设施应大小适宜，并安装防止倒灌的装置。无菌生产的A/B级洁净区内禁止设置水池和地漏。在其他洁净区内，水池或地漏应有适当的设计、布局和维护，并安装易于清洁且带有空气阻断功能的装置以防倒灌。同外部排水系统的连接方式应能够防止微生物的侵入。	
072		制剂的原辅料称量通常应在专门设计的称量室内进行。	
*073		产尘操作间（如干燥物料或产品的取样、称量、混合、包装等操作间）应保持相对负压或采取专门的措施，防止粉尘扩散、避免交叉污染并便于清洁。产尘量大的洁净室（区）经捕尘处理仍不能避免交叉污染时，其空气净化系统不得利用回风。	
074		粉剂、预混剂、散剂车间应设置独立的中央除尘系统，在粉尘产生点配备有效除尘装置，称量、投料等操作应在单独除尘控制间中进行。	
075		用于兽药包装的厂房或区域应合理设计和布局，以避免混淆或交叉污染。如同一区域内有数条包装线同时进行包装时，应采取隔离或其他有效防止污染、交叉污染或混淆的措施。	
076		生产区应根据功能要求提供足够的照明，目视操作区域的照明应满足操作要求。	
077		生产区内可设中间产品检验区域，但中间产品检验操作不得给兽药带来质量风险。涉及原料药时，还应符合《原料药生产质量管理的特殊要求》第4条的相关要求。	

（续）

序号	章节	条款内容	评定结果
078	厂房与设施	仓储区应有足够的空间，确保有序存放待验、合格、不合格、退货或召回的原辅料、包装材料、中间产品和成品等各类物料和产品。	
079		仓储区的设计和建造应确保良好的仓储条件，并有通风和照明设施。仓储区应能够满足物料或产品的贮存条件（如温湿度、避光）和安全贮存的要求，并进行检查和监控。涉及中药制剂时，还应符合《中药制剂生产质量管理的特殊要求》第20条的相关要求。	
080		中药材、中药饮片和提取物应贮存在单独设置的库房中，并配置相应的防潮、通风、防霉等设施，毒性和易串味的中药材和中药饮片应分别设置专库（柜）存放。贮存鲜活中药材应有适当的设施（如冷藏设施）。	
081		中药提取后的废渣如需暂存、处理时，应当有专用区域。	
082		如采用单独的隔离区域贮存待验物料或产品，待验区应有醒目的标识，且仅限经批准的人员出入。不合格、退货或召回的物料或产品应隔离存放。如果采用其他方法替代物理隔离，则该方法应具有同等的安全性。	
*083		易燃、易爆和其他危险品的生产和贮存的厂房设施应符合国家有关规定。兽用麻醉药品、精神药品、毒性药品的贮存设施应符合有关规定。	
084		高活性的物料或产品以及印刷包装材料应贮存于安全的区域。	
085		接收、发放和销售区域及转运过程应能够保护物料、产品免受外界天气（如雨、雪）的影响。接收区的布局和设施，应能够确保物料在进入仓储区前可对外包装进行必要的清洁。	
086		贮存区域应设置托盘等设施，避免物料、成品受潮。	
087		仓储区应有单独的物料取样区，取样区的空气洁净度级别应与生产要求相一致。如在其他区域或采用其他方式取样，应能够防止污染或交叉污染。	
*088		质量控制实验室通常应与生产区分开。根据生产品种，应有相应符合无菌检查、微生物限度检查和抗生素微生物检定等要求的实验室。生物检定和微生物实验室应分开。当生产操作不影响检验结果的准确性，且检验操作对生产也无不利影响时，中间控制实验室可设在生产区内。	
089		实验室的设计应确保其适用于预定的用途，并能够避免混淆和交叉污染，应有足够的区域用于样品处置、留样和稳定性考察样品的存放以及记录的保存。涉及中药制剂时，还应符合《中药制剂生产质量管理的特殊要求》第15条的相关要求。	
090		有特殊要求的仪器应设置专门的仪器室，使灵敏度高的仪器免受静电、震动、潮湿或其他外界因素的干扰。	
091		处理生物样品等特殊物品的实验室应符合国家的有关要求。	
092		需使用动物进行检验的兽药产品，可采取自行设置检验用动物实验室或委托其他单位进行有关动物实验。接受委托检验的单位，其检验用动物实验室必须具备相应的检验条件，并应符合相关规定要求。采取委托检验的，委托方对检验结果负责。实验动物房应与其他区域严格分开，其设计、建造应符合国家有关规定，并设有专用的空气处理设施以及动物的专用通道。	

（续）

序号	章节	条款内容	评定结果
093	厂房与设施	休息室的设置不得对生产区、仓储区和质量控制区造成不良影响。	
094		更衣室和盥洗室应方便人员进出，并与使用人数相适应。盥洗室不得与生产区和仓储区直接相通。涉及无菌兽药时，还应符合《无菌兽药生产质量管理的特殊要求》第30、31条的相关要求。	
095		维修间应尽可能远离生产区。存放在洁净区内的维修用备件和工具，应放置在专门的房间或工具柜中。	
096	设备	设备的设计、选型、安装、改造和维护必须符合预定用途，应尽可能降低产生污染、交叉污染、混淆和差错的风险，便于操作、清洁、维护以及必要时进行的消毒或灭菌。涉及吹灌封技术的，还应符合《无菌兽药生产质量管理的特殊要求》第18条的要求。涉及原料药时，还应符合《原料药生产质量管理的特殊要求》第6条的相关要求。	
097		无菌兽药生产设备及辅助装置的设计和安装，应尽可能便于在洁净区外进行操作、保养和维修。需灭菌的设备应尽可能在完全装配后进行灭菌。	
098		应建立设备清洁、维护和维修的操作规程，以保证设备的性能，应按规程执行并记录。	
099		主要生产和检验设备、仪器、衡器均应建立设备档案，内容包括：生产厂家、型号、规格、技术参数、说明书、设备图纸、备件清单、安装位置及竣工图，以及检修和维修保养内容及记录、验证记录、事故记录等。	
100		生产设备应避免对兽药质量产生不利影响。与兽药直接接触的生产设备表面应平整、光洁、易清洗或消毒、耐腐蚀，不得与兽药发生化学反应、吸附兽药或向兽药中释放物质而影响产品质量。涉及无菌兽药时，还应符合《无菌兽药生产质量管理的特殊要求》第36、41条的相关要求。	
*101		生产、检验设备的性能、参数应能满足设计要求和实际生产需求，并应配备有适当量程和精度的衡器、量具、仪器和仪表。相关设备还应符合实施兽药产品电子追溯管理的要求。	
*102		粉剂、散剂、预混剂的混合设备应具备良好的混合性能，混合、干燥、粉碎、暂存、主要输送管道等与物料直接接触的设施设备内表层，均应使用具有较强抗腐蚀性能的材质，并在设备确认时进行检查。粉剂、中药提取物制成的散剂的最终混合设备容积不小于1立方米，其他散剂、预混剂一般不小于2立方米。	
103		粉剂、散剂、预混剂的分装工序应根据产品特性，配置符合各类制剂装量控制要求的自动上料、分装、密封等自动化联动设备，并配置适宜的装量监控装置。	
*104		中药提取设备应与其产品生产工艺要求相适应，提取单体罐容积不得小于3立方米。	
105		应根据设施、设备等不同情况，配置相适应的清洗系统（设施），并防止这类清洗系统（设施）成为污染源。	
106		软膏剂、栓剂等剂型的生产配制和灌装生产设备、管道应方便清洗和消毒。	

（续）

序号	章节	条款内容	评定结果
107	设备	设备所用的润滑剂、冷却剂等不得对兽药或容器造成污染，与兽药可能接触的部位应使用食用级或级别相当的润滑剂。涉及原料药时，还应符合《原料药生产质量管理的特殊要求》第5条的相关要求。	
108		生产用模具的采购、验收、保管、维护、发放及报废应制定相应操作规程，设专人专柜保管，并有相应记录。	
*109		生产设备应在确认的参数范围内使用。	
110		生产设备应有明显的状态标识，标明设备编号、名称、运行状态等。运行的设备应标明内容物的信息，如名称、规格、批号等，没有内容物的生产设备应标明清洁状态。	
111		与设备连接的主要固定管道应标明内容物名称和流向。	
112		应制定设备的预防性维护计划，尤其关键设备如灭菌柜、空气净化系统和工艺用水系统等。设备的维护和维修应有相应的记录。	
*113		无菌生产的隔离操作器和隔离用袖管或手套系统应进行常规监测，包括经常进行必要的检漏试验。	
114		设备的维护和维修应保持设备的性能，并不得影响产品质量。	
115		在洁净区内进行设备维修时，如洁净度或无菌状态遭到破坏，应对该区域进行必要的清洁、消毒或灭菌，待监测合格方可重新开始生产操作。	
116		经改造或重大维修的设备应进行再确认，符合要求后方可继续使用。	
117		不合格的设备应搬出生产和质量控制区，如未搬出，应有醒目的状态标识。	
118		生产或检验的设备和仪器，使用记录内容包括使用情况、日期、时间、所生产及检验的兽药名称、规格和批号等。	
119		兽药生产设备应保持良好的清洁卫生状态，不得对兽药的生产造成污染和交叉污染。已清洁的生产设备应在清洁、干燥的条件下存放。	
120		生产、检验设备及器具均应制定清洁操作规程，并按照规程进行清洁和记录。	
121		原料药设备的清洁应符合《原料药生产质量管理的特殊要求》第9条的要求。难以清洁的设备或部件应专用。	
*122		应根据国家标准及仪器使用特点对生产和检验用衡器、量具、仪表、记录和控制设备以及仪器制定检定（校准）计划，检定（校准）的范围应涵盖实际使用范围。应按计划进行检定或校准，并保存相关证书、报告或记录。	
123		应确保生产和检验使用的衡器、量具、仪器仪表经过校准，控制设备得到确认，确保得到的数据准确、可靠。	
124		仪器的检定和校准应符合国家有关规定，应保证校验数据的有效性。自校仪器、量具应制定自校规程，并具备自校设施条件，校验人员具有相应资质，并做好校验记录。	

（续）

序号	章节	条款内容	评定结果
125	设备	衡器、量具、仪表、用于记录和控制的设备以及仪器应有明显的标识，标明其检定或校准有效期。	
126		在生产、包装、仓储过程中使用自动或电子设备的，应按照操作规程定期进行校准和检查，确保其操作功能正常。校准和检查应有相应的记录。	
*127		制药用水应适合其用途，并符合《中华人民共和国兽药典》的质量标准及相关要求。制药用水至少应采用饮用水。应对制药用水及原水的水质进行定期监测，并有相应的记录。涉及非无菌制剂时，还应符合《非无菌兽药生产质量管理的特殊要求》第16、17条的相关要求。涉及非无菌原料药时，还应符合《原料药生产质量管理的特殊要求》第10条的相关要求。涉及中药制剂时，还应符合《中药制剂生产质量管理的特殊要求》第29条的相关要求。	
128		无菌原料药精制、无菌兽药配制、直接接触兽药的包装材料和器具等最终清洗、A/B级洁净区内消毒剂和清洁剂配制的用水应符合注射用水的质量标准。	
129		水处理设备及其输送系统的设计、安装、运行和维护应确保制药用水达到设定的质量标准。水处理设备的运行不得超出其设计能力。	
130		纯化水、注射用水储罐和输送管道所用材料应无毒、耐腐蚀；储罐的通气口应安装不脱落纤维的疏水性除菌滤器；管道的设计和安装应避免死角、盲管。	
*131		纯化水、注射用水的制备、贮存和分配应能够防止微生物的滋生。纯化水可采用循环，注射用水可采用70℃以上保温循环。	
*132		应按照操作规程对纯化水、注射用水管道进行清洗消毒，并有相关记录。发现制药用水微生物污染达到警戒限度、纠偏限度时应按照操作规程处理。	
*133	物料与产品	兽药生产所用的原辅料、与兽药直接接触的包装材料应符合兽药标准、药品标准、包装材料标准或其他有关标准。兽药上直接印字所用油墨应符合食用标准要求。进口原辅料应符合国家相关的进口管理规定。	
134		应建立相应的操作规程，确保物料和产品的正确接收、贮存、发放、使用和销售，防止污染、交叉污染、混淆和差错。物料和产品的处理应按照操作规程或工艺规程执行，并有记录。涉及原料药时，还应符合《原料药生产质量管理的特殊要求》第11～18条的相关要求。涉及中药制剂时，还应符合《中药制剂生产质量管理的特殊要求》第2、21、26和39条的相关要求。	
*135		物料供应商的确定及变更应进行质量评估，并经质量管理部门批准后方可采购。必要时对关键物料进行现场考查。	
136		物料和产品的运输应能够满足质量和安全的要求，对运输有特殊要求的，其运输条件应予以确认。涉及中药制剂时，还应符合《中药制剂生产质量管理的特殊要求》第22条的相关要求。	
137		原辅料、与兽药直接接触的包装材料和印刷包装材料的接收应有操作规程，所有到货物料均应检查，确保与订单一致，并确认供应商已经质量管理部门批准。物料的外包装应有标签，并注明规定的信息。必要时应进行清洁，发现外包装损坏或其他可能影响物料质量的问题，应向质量管理部门报告并进行调查和记录。每次接收均应有记录，内容应符合《规范》第105条的要求。涉及中药制剂时，还应符合《中药制剂生产质量管理的特殊要求》第17条的相关要求。	

（续）

序号	章节	条款内容	评定结果
138	物料与产品	物料接收和成品生产后应及时按照待验管理，直至放行。	
139		物料和产品应根据其性质有序分批贮存和周转，发放及销售应符合先进先出和近效期先出的原则。涉及中药制剂时，还应符合《中药制剂生产质量管理的特殊要求》第16条的相关要求。	
140		使用计算机化仓储管理的，应有相应的操作规程，防止因系统故障、停机等特殊情况而造成物料和产品的混淆和差错。	
141		应制定相应的操作规程，采取核对或检验等适当措施，确认每一批次的原辅料准确无误。	
142		一次接收数个批次的物料，应按批取样、检验、放行。	
143		仓储区内的原辅料应有适当的标识，标识内容应符合《规范》第111条的要求。	
*144		只有经质量管理部门批准放行并在有效期或复验期内的原辅料方可使用。	
145		原辅料应按照有效期或复验期贮存。贮存期内，如发现对质量有不良影响的特殊情况，应进行复验。涉及中药制剂时，还应符合《中药制剂生产质量管理的特殊要求》第36条的相关要求。	
146		采用发酵工艺生产的产品，工艺控制应包括工作菌种的维护。涉及全发酵兽药制剂时，还应符合《非无菌兽药生产质量管理的特殊要求》第31条的相关要求。涉及采用传统发酵工艺生产的原料药时，还应符合《原料药生产质量管理的特殊要求》第45条第（一）款、第47条的相关要求。	
147		中间产品应在适当的条件下贮存。涉及非无菌兽药时，还应符合《非无菌兽药生产质量管理的特殊要求》第20条的相关要求。涉及原料药时，还应符合《原料药生产质量管理的特殊要求》第28条第（六）款、第34条第（一）和（四）款的相关要求。涉及中药制剂时，还应符合《中药制剂生产质量管理的特殊要求》第37条的相关要求。	
148		中间产品应有明确的标识，标识内容应符合《规范》第115条的要求。	
149		与兽药直接接触的包装材料以及印刷包装材料的管理和控制要求与原辅料相同。	
150		包装材料应由专人按照操作规程发放，并采取措施避免混淆和差错，确保用于兽药生产的包装材料正确无误。	
*151		应建立印刷包装材料设计、审核、批准的操作规程，确保印刷包装材料印制的内容与畜牧兽医主管部门核准的一致，并建立专门文档，保存经签名批准的印刷包装材料原版实样。	
152		印刷包装材料的版本变更时，应采取措施，确保产品所用印刷包装材料的版本正确无误。应收回作废的旧版印刷模板并予以销毁。	

（续）

序号	章节	条款内容	评定结果
*153	物料与产品	印刷包装材料应设置专门区域妥善存放，专人保管。未经批准，人员不得进入。切割式标签或其他散装印刷包装材料应分别置于密闭容器内储运，以防混淆。	
154		印刷包装材料应按照操作规程和需求量发放。每批或每次发放的与兽药直接接触的包装材料或印刷包装材料，均应有识别标志，标明所用产品的名称和批号。	
155		过期或废弃的印刷包装材料应予以销毁并记录。	
156		成品的贮存条件应符合兽药质量标准。	
*157		兽用麻醉药品、精神药品、毒性药品（包括药材）和放射类药品等特殊药品，易制毒化学品及易燃、易爆和其他危险品的验收、贮存、管理应执行国家有关规定。	
158		不合格的物料、中间产品和成品的每个包装容器或批次上均应有清晰醒目的标志，并在隔离区内妥善保存。涉及中药制剂时，还应符合《中药制剂生产质量管理的特殊要求》第13条的相关要求。	
159		不合格的物料、中间产品和成品的处理应经质量管理负责人批准，并有记录。	
160		产品回收需经预先批准，并对相关的质量风险进行充分评估，根据评估结论决定是否回收。回收应按照预定的操作规程进行，并有相应记录。回收处理后的产品应按照回收处理中最早批次产品的生产日期确定有效期。	
161		生产原料药的物料和溶剂的回收应符合《原料药生产质量管理的特殊要求》第38条的要求。	
162		制剂产品原则上不得进行重新加工。不合格的制剂中间产品和成品一般不得进行返工。只有不影响产品质量、符合相应质量标准，且根据预定、经批准的操作规程以及对相关风险充分评估后，才允许返工处理。返工应有相应记录。	
163		对返工或重新加工或回收合并后生产的成品，质量管理部门应评估对产品质量的影响，必要时需要进行额外相关项目的检验和稳定性考察。涉及原料药时，还应符合《原料药生产质量管理的特殊要求》第35～37条的相关要求。	
164		企业应建立兽药退货的操作规程，并有相应的记录，内容至少应包括：产品名称、批号、规格、数量、退货单位及地址、退货原因及日期、最终处理意见。同一产品同一批号不同渠道的退货应分别记录、存放和处理。	
165		只有经检查、检验和调查，有证据证明退货产品质量未受影响，且经质量管理部门根据操作规程评价后，方可考虑将退货产品重新包装、重新销售。评价考虑的因素至少应包括兽药的性质、所需的贮存条件、兽药的现状、历史，以及销售与退货之间的间隔时间等因素。对退货产品质量存有怀疑时，不得重新销售。对退货产品进行回收处理的，回收后的产品应符合预定的质量标准和《规范》第129条的要求。退货产品处理的过程和结果应有相应记录。	

（续）

序号	章节	条款内容	评定结果
166	确认与验证	企业应确定需要进行的确认或验证工作，以证明有关操作的关键要素能够得到有效控制。确认或验证的范围和程度应经过风险评估来确定。	
*167		企业的厂房、设施、设备和检验仪器应经过确认，应采用经过验证的生产工艺、操作规程和检验方法进行生产、操作和检验，并保持持续的验证状态。涉及原料药时，还应符合《原料药生产质量管理的特殊要求》第20条的要求。	
168		无菌生产的隔离操作器只有经过适当的确认后方可投入使用。确认时应考虑隔离技术的所有关键因素，如隔离系统内部和外部所处环境的空气质量、隔离操作器的消毒、传递操作以及隔离系统的完整性。	
169		企业应制定验证总计划，包括厂房与设施、设备、检验仪器、生产工艺、操作规程、清洁方法和检验方法等，确立验证工作的总体原则，明确企业所有验证的总体计划，规定各类验证应达到的目标、验证机构和人员的职责和要求。	
170		应建立确认与验证的文件和记录，并能以文件和记录证明达到《规范》第137条要求的目标。	
171		采用新的生产处方或生产工艺前，应验证其常规生产的适用性。生产工艺在使用规定的原辅料和设备条件下，应能够始终生产出符合注册要求的产品。涉及原料药时，还应符合《原料药生产质量管理的特殊要求》第19条的相关要求。	
*172		当影响产品质量的主要因素，如原辅料、与兽药直接接触的包装材料、生产设备、生产环境（厂房）、生产工艺、检验方法等发生变更时，应进行确认或验证。必要时，还应经畜牧兽医主管部门批准。	
*173		清洁方法应经过验证，证实其清洁的效果，以有效防止污染和交叉污染。清洁验证应综合考虑设备使用情况、所使用的清洁剂和消毒剂、取样方法和位置以及相应的取样回收率、残留物的性质和限度、残留物检验方法的灵敏度等因素。涉及原料药时，还应符合《原料药生产质量管理的特殊要求》第23条的相关要求。	
174		应根据确认或验证的对象制定确认或验证方案，并经审核、批准。确认或验证方案应明确职责，验证合格标准的设立及进度安排科学合理，可操作性强。	
*175		确认或验证应按照预先确定和批准的方案实施，并有记录。确认或验证工作完成后，应对验证结果进行评价，写出报告（包括评价与建议），并经审核、批准。验证的文件应存档。	
176		应根据验证的结果确认工艺规程和操作规程。	
*177		首次确认或验证后，应根据产品质量回顾分析情况进行再确认或再验证。关键的生产工艺和操作规程应定期进行再验证，确保其能够达到预期结果。涉及无菌兽药时，还应符合《无菌兽药生产质量管理的特殊要求》第64条。涉及原料药时，还应符合《原料药生产质量管理的特殊要求》第21条的相关要求。	
*178		无菌生产工艺的验证应包括培养基模拟灌装试验。培养基模拟灌装试验应遵循《无菌兽药生产质量管理的特殊要求》第47条的相关要求。	
*179		无菌兽药生产中应对灭菌工艺的有效性进行验证，符合《无菌兽药生产质量管理的特殊要求》第63、66、70条第（一）款的相关要求。	

（续）

序号	章节	条款内容	评定结果
*180	文件管理	企业应有内容正确的书面质量标准（含物料和成品）、生产处方和工艺规程、操作规程以及记录等文件。涉及中药制剂时，还应符合《中药制剂生产质量管理的特殊要求》第23条的相关要求。	
181		企业应建立文件管理的操作规程，系统地设计、制定、审核、批准、发放、收回和销毁文件。	
182		文件的内容应覆盖与兽药生产有关的所有方面，包括人员、设施设备、物料、验证、生产管理、质量管理、销售、召回和自检等，以及兽药产品赋电子追溯码（二维码）标识制度，保证产品质量可控并有助于追溯每批产品的历史情况。	
183		文件的起草、修订、审核、批准、替换或撤销、复制、保管和销毁等应按照操作规程管理，并有相应的文件分发、撤销、复制、收回、销毁记录。	
184		文件的起草、修订、审核、批准均应由适当的人员签名并注明日期。	
185		文件应标明题目、种类、目的以及文件编号和版本号。文字应确切、清晰、易懂，不能模棱两可。原版文件复制时，不得产生任何差错。	
186		文件应分类存放、条理分明，便于查阅。	
187		文件应定期审核、修订；文件修订后，应按照规定管理，防止旧版文件的误用。分发、使用的文件应为批准的现行文本，已撤销的或旧版文件除留档备查外，不得在工作现场出现。	
188		与规范有关的每项活动均应有记录，记录数据应完整可靠，以保证产品生产、质量控制和质量保证、包装所赋电子追溯码等活动可追溯。记录应留有填写数据的足够空格。记录应及时填写，内容真实，字迹清晰、易读，不易擦除。涉及中药制剂时，还应符合《中药制剂生产质量管理的特殊要求》第24条的相关要求。	
189		应尽可能采用生产和检验设备自动打印的记录、图谱和曲线图等，并标明产品或样品的名称、批号和记录设备的信息，操作人应签注姓名和日期。	
190		记录应保持清洁，不得撕毁和任意涂改。记录填写的任何更改都应签注姓名和日期，并使原有信息仍清晰可辨，必要时，应说明更改的理由。记录如需重新誊写，则原有记录不得销毁，应作为重新誊写记录的附件保存。	
*191		每批兽药应有批记录，包括批生产记录、批包装记录、批检验记录和兽药放行审核记录以及电子追溯码标识记录等。批记录应由质量管理部门负责管理，至少保存至兽药有效期后一年。质量标准、工艺规程、操作规程、稳定性考察、确认、验证、变更等其他重要文件应长期保存。涉及无菌兽药时，还应符合《无菌兽药生产质量管理的特殊要求》第11、69条的相关要求。	
192		如使用电子数据处理系统、照相技术或其他可靠方式记录数据资料，应有所用系统的操作规程；记录的准确性应经过核对。使用电子数据处理系统的，只有经授权的人员方可输入或更改数据，更改和删除情况应有记录；应使用密码或其他方式来控制系统的登录；关键数据输入后，应由他人独立进行复核。用电子方法保存的批记录，应采用磁带、缩微胶卷、纸质副本或其他方法进行备份，以确保记录的安全，且数据资料在保存期内便于查阅。	

（续）

序号	章节	条款内容	评定结果
193	文件管理	物料和成品应有经批准的现行质量标准；必要时，中间产品也应有质量标准。涉及原料药时，还应符合《原料药生产质量管理的特殊要求》第25、26条的相关要求。	
194		物料的质量标准内容应符合《规范》第160条的要求。涉及无菌兽药时，还应符合《无菌兽药生产质量管理的特殊要求》第52条的相关要求。涉及中药制剂时，还应符合《中药制剂生产质量管理的特殊要求》第32～34条的相关要求。	
195		成品的质量标准内容应符合《规范》第161条的要求。涉及原料药时，还应符合《原料药生产质量管理的特殊要求》第39条的相关要求。	
196		每种兽药均应有经企业批准的工艺规程，不同兽药规格的每种包装形式均应有各自的包装操作要求。工艺规程的制定应以注册批准的工艺为依据。	
*197		工艺规程不得任意更改。如需更改，应按照相关的操作规程修订、审核、批准，影响兽药产品质量的更改应经过验证。	
198		制剂的工艺规程内容应符合《规范》第164条的要求。涉及原料药时，还应符合《原料药生产质量管理的特殊要求》第27条的相关要求。	
*199		每批产品均应有相应的批生产记录，批生产记录应依据批准的现行工艺规程的相关内容制定，并应包括悬浮粒子等环境监测数据。记录的内容应确保该批产品的生产过程以及与质量有关的情况可追溯。	
200		原版空白的批生产记录应经生产管理负责人和质量管理负责人审核和批准。批生产记录的复制和发放均应按照操作规程进行控制并有记录，每批产品的生产只能发放一份原版空白批生产记录的复制件。	
201		在生产过程中，进行每项操作时应及时记录，操作结束后，应由生产操作人员确认并签注姓名和日期。	
202		批生产记录的每一工序应标注产品的名称、规格和批号。批生产记录的内容应符合《规范》第169条的要求。	
203		产品的包装应有批包装记录，以便追溯该批产品包装操作以及与质量有关的情况。	
204		批包装记录应依据工艺规程中与包装相关的内容制定。批包装记录应当有待包装产品的批号、数量以及成品的批号和计划数量。原版空白的批包装记录的审核、批准、复制和发放的要求与原版空白的批生产记录相同。	
205		在包装过程中，进行每项操作时应及时记录，操作结束后，应由包装操作人员确认并签注姓名和日期。	
206		批包装记录的内容应符合《规范》第174条的要求。	
207		操作规程的内容应包括：题目、编号、版本号、颁发部门、生效日期、分发部门以及制定人、审核人、批准人的签名并注明日期，标题、正文及变更历史。	
208		厂房、设备、物料、文件和记录应有编号（代码），并制定编制编号（代码）的操作规程，确保编号（代码）的唯一性。	
209		确认和验证、设备的装配和校准、厂房和设备的维护、清洁和消毒，培训、更衣、卫生等与人员相关的事宜，环境监测，变更控制、偏差处理、投诉与兽药召回、退货等活动，应有相应的操作规程，其过程和结果应有记录。	

（续）

序号	章节	条款内容	评定结果
*210	生产管理	兽药生产应按照批准的工艺规程和操作规程进行操作并有相关记录，确保兽药达到规定的质量标准，并符合兽药生产许可和注册批准的要求。涉及无菌兽药时，还应符合《无菌兽药生产质量管理的特殊要求》第3、61、62、65条的相关要求。涉及中药制剂时，还应符合《中药制剂生产质量管理的特殊要求》第25条的相关要求。	
211		粉剂、预混剂、散剂生产线从投料到分装应采用密闭式生产工艺。	
212		应建立划分产品生产批次的操作规程，生产批次的划分应能够确保同一批次产品质量和特性的均一性。涉及无菌兽药时，还应符合《无菌兽药生产质量管理的特殊要求》第60条的相关要求。涉及非无菌兽药时，还应符合《非无菌兽药生产质量管理的特殊要求》第5条的相关要求。涉及原料药时，还应符合《原料药兽药生产质量管理的特殊要求》的第32条的相关要求。涉及中药制剂时，还应符合《中药制剂生产质量管理的特殊要求》第1、3条的相关要求。	
*213		应建立编制兽药批号和确定生产日期的操作规程。每批兽药均应编制唯一的批号。除另有法定要求外，生产日期不得迟于产品成型或灌装（封）前经最后混合的操作开始日期，不得以产品包装日期作为生产日期。涉及中药制剂时，还应符合《中药制剂生产质量管理的特殊要求》第16条的相关要求。	
214		每批产品应检查产量和物料平衡，确保物料平衡符合设定的限度。如有差异，必须查明原因，确认无潜在质量风险后，方可按照正常产品处理。涉及原料药时，还应符合《原料药生产质量管理的特殊要求》第28条第（四）款的相关要求。	
215		不得在同一生产操作间同时进行不同品种和规格兽药的生产操作，除非没有发生混淆或交叉污染的可能。	
216		在生产的每一阶段，应保护产品和物料免受微生物和其他污染。涉及无菌兽药时，还应符合《无菌兽药生产质量管理的特殊要求》第51～53、55条的相关要求。涉及非无菌兽药时，还应符合《非无菌兽药生产质量管理的特殊要求》第18～19条、32～33条的相关要求。涉及原料药时，还应符合《原料药生产质量管理的特殊要求》第44条、第48条第（一）至（三）和（五）至（九）款、第49条的相关要求。	
*217		无菌兽药生产应尽可能缩短包装材料、容器和设备的清洗、干燥和灭菌的间隔时间，以及灭菌至使用的间隔时间。应建立规定贮存条件下的间隔时间控制标准。	
*218		无菌兽药生产应尽可能缩短药液从开始配制到灭菌（或除菌过滤）的间隔时间。应根据产品的特性及贮存条件建立相应的间隔时间控制标准。	
219		无菌兽药生产应根据所用灭菌方法的效果确定灭菌前产品微生物污染水平的监控标准，并定期监控。必要时，还应监控热原或细菌内毒素。	
*220		无菌生产所用的包装材料、容器、设备和任何其他物品都应灭菌，并通过双扉灭菌柜进入无菌生产区，或以其他方式进入无菌生产区，但应避免引入污染。	

（续）

序号	章节	条款内容	评定结果
221	生产管理	在干燥物料或产品，尤其是高活性、高毒性或高致敏性物料或产品的生产过程中，应采取特殊措施，防止粉尘的产生和扩散。	
222		生产期间使用的所有物料、中间产品的容器及主要设备、必要的操作室应粘贴标签标识，或以其他方式标明生产中的产品或物料名称、规格和批号，如有必要，还应标明生产工序。涉及原料药时，还应符合《原料药生产质量管理的特殊要求》第28条第（二）款的相关要求。	
223		应有明确区分已灭菌产品和待灭菌产品的方法。每一车（盘或其他装载设备）产品或物料均应贴签，清晰地注明品名、批号并标明是否已经灭菌。应有措施防止已辐射物品与未辐射物品的混淆。在每个包装上均应有辐射后能产生颜色变化的辐射指示片。	
224		容器、设备或设施所用标识应清晰明了，标识的格式应经企业相关部门批准。除在标识上使用文字说明外，还可采用不同颜色区分被标识物的状态（如待验、合格、不合格或已清洁等）。	
225		应检查产品从一个区域输送至另一个区域的管道和其他设备连接，确保连接正确无误。	
226		应尽可能避免出现任何偏离工艺规程或操作规程的偏差。一旦出现偏差，应按照偏差处理操作规程执行。	
227		生产过程中应尽可能采取有效措施，防止污染和交叉污染，采取的具体措施应符合《规范》第190条的要求。涉及无菌兽药时，还应符合《无菌兽药生产质量管理的特殊要求》第46、51、53～55、72条第（一）款、76、79条的相关要求。涉及非无菌兽药时，还应符合《非无菌兽药生产质量管理的特殊要求》第18、20条的相关要求。涉及原料药时，还应符合《原料药生产质量管理的特殊要求》第30、33条的相关要求。涉及中药制剂时，还应符合《中药制剂生产质量管理的特殊要求》第27条的相关要求。	
228		无菌兽药生产应有措施防止已灭菌产品或物品在冷却过程中被污染。除非能证明生产过程中可剔除任何渗漏的产品或物品，任何与产品或物品相接触的冷却用介质（液体或气体）应经过灭菌或除菌处理。	
229		采用湿热灭菌方法时，除已密封的产品外，被灭菌物品应用合适的材料适当包扎，所用材料及包扎方式应有利于空气排放、蒸汽穿透并在灭菌后能防止污染。在规定的温度和时间内，被灭菌物品所有部位均应与灭菌介质充分接触。	
*230		无菌兽药包装容器的密封性应经过验证，避免产品遭受污染。熔封的产品（如玻璃安瓿或塑料安瓿）应作100%的检漏试验，其他包装容器的密封性应根据操作规程进行抽样检查。在抽真空状态下密封的无菌兽药产品包装容器，应在预先确定的适当时间后，检查其真空度。	
*231		毒性中药材和中药饮片的操作应有防止污染和交叉污染的措施。	
232		中药提取用溶剂需回收使用的，应制定回收操作规程。回收后溶剂的再使用不得对产品造成交叉污染，不得对产品的质量和安全性有不利影响。	

（续）

序号	章节	条款内容	评定结果
233	生产管理	应定期检查防止污染和交叉污染的措施并评估其适用性和有效性。	
*234		生产开始前应进行检查，确保设备和工作场所没有上批遗留的产品、文件和物料，设备处于已清洁及待用状态。检查结果应有记录。生产操作前，还应核对物料或中间产品的名称、代码、批号和标识，确保生产所用物料或中间产品正确且符合要求。涉及无菌兽药时，还应符合《无菌兽药生产质量管理的特殊要求》第59条的相关要求。	
*235		应进行中间控制和必要的环境监测，并记录。涉及无菌兽药时，还应符合《无菌兽药生产质量管理的特殊要求》第50、58、67条，第70条第（二）至第（四）款，第71～75条的相关要求。涉及非无菌兽药时，还应符合《非无菌兽药生产质量管理的特殊要求》第30条的相关要求。涉及原料药时，还应符合《原料药生产质量管理的特殊要求》第28条第（三）款和第（五）款，第29、31、45、46条，第48条第（四）款的相关要求。	
236		应由配料岗位人员按照操作规程进行配料，核对物料后，精确称量或计量，并作好标识。配制的每一物料及其重量或体积应由他人进行复核，并有复核记录。	
237		每批产品的每一生产阶段完成后必须由生产操作人员清场，并填写清场记录，确保设备和工作场所没有遗留与本次生产有关的物料、产品和文件。清场记录内容包括：操作间名称或编号、产品名称、批号、生产工序、清场日期、检查项目及结果、清场负责人及复核人签名。清场记录应纳入批生产记录。	
238		包装操作规程应规定降低污染和交叉污染、混淆或差错风险的措施。	
239		包装开始前应进行检查，确保工作场所、包装生产线、印刷机及其他设备已处于清洁或待用状态，无上批遗留的产品和物料。检查结果应有记录。	
240		包装操作前，应检查所领用的包装材料正确无误，核对待包装产品和所用包装材料的名称、规格、数量、质量状态，且与工艺规程相符。	
241		每一包装操作场所或包装生产线，应有标识标明包装中的产品名称、规格、批号和批量的生产状态。	
242		产品分装、封口后应及时贴签。	
243		单独打印或包装过程中在线打印、赋码的信息（如产品批号或有效期）均应进行检查，确保其准确无误，并记录。如手工打印，应增加检查频次。	
244		使用切割式标签或在包装线以外单独打印标签，应采取专门措施，防止混淆。	
245		应对电子读码机、标签计数器或其他类似装置的功能进行检查，确保其准确运行。检查应有记录。	
246		包装材料上印刷或模压的内容应清晰，不易褪色和擦除。	
247		包装期间，产品的中间控制检查内容应符合《规范》第206条的要求。	
248		因包装过程产生异常情况需要重新包装产品的，必须经专门检查、调查并由指定人员批准。重新包装应有详细记录。	
249		在物料平衡检查中，发现待包装产品、印刷包装材料以及成品数量有显著差异时，应进行调查，未得出结论前，成品不得放行。	
250		包装结束时，已打印批号的剩余包装材料应由专人负责全部计数销毁，并有记录。如将未打印批号的印刷包装材料退库，应按照操作规程执行。	

（续）

序号	章节	条款内容	评定结果
*251	质量控制与质量保证	质量控制实验室的人员、设施、设备和环境洁净要求应与产品性质和生产规模相适应。	
252		质量控制负责人应具有足够的管理实验室的资质和经验。	
253		质量控制实验室应配备《中华人民共和国兽药典》、兽药质量标准、标准图谱等必要的工具书，以及标准品或对照品等相关的标准物质。	
254		质量控制实验室的文件应齐全，内容应符合《规范》第214条的要求。涉及原料药时，还应符合《原料药生产质量管理的特殊要求》第40条的相关要求。	
255		取样应符合《规范》第215条的要求。涉及无菌兽药时，还应符合《无菌兽药生产质量管理的特殊要求》第80条的相关要求。	
*256		物料和不同生产阶段产品的检验应符合《规范》第216条的要求。涉及中药制剂时，还应符合《中药制剂生产质量管理的特殊要求》第31条的相关要求。	
257		质量控制实验室应建立检验结果超标调查的操作规程。任何检验结果超标都必须按照操作规程进行调查，并有相应的记录。	
258		留样应符合《规范》第218条的要求。涉及中药制剂时，还应符合《中药制剂生产质量管理的特殊要求》第38条的相关要求。	
259		试剂、试液、培养基和检定菌的管理应符合《规范》第219条的要求。	
260		标准品或对照品的管理应符合《规范》第220条的要求。涉及中药制剂时，还应符合《中药制剂生产质量管理的特殊要求》第35条的相关要求。	
261		应分别建立物料和产品批准放行的操作规程，明确批准放行的标准、职责，并有相应的记录。	
262		物料的放行应符合《规范》第222条的要求。	
*263		产品的放行应符合《规范》第223条的要求。每批兽药均应由质量管理负责人签名批准放行。	
264		持续稳定性考察应有考察方案，结果应有报告。用于持续稳定性考察的设备（即稳定性试验设备或设施）应按照规范第七章和第五章的要求进行确认和维护。持续稳定性考察的目的和样品应分别符合《规范》第224、225条的要求。	
265		持续稳定性考察的时间应涵盖兽药有效期，考察方案内容应符合《规范》第227条的要求。涉及原料药时，还应符合《原料药生产质量管理的特殊要求》第42条的相关要求。	
266		持续稳定性考察的考察批次数和检验频次应能够获得足够的数据，用于趋势分析。通常情况下，每种规格、每种内包装形式至少每年应考察一个批次，除非当年没有生产。	

（续）

序号	章节	条款内容	评定结果
267	质量控制与质量保证	某些情况下，持续稳定性考察中应额外增加批次数，如重大变更或生产和包装有重大偏差的兽药应列入稳定性考察。此外，重新加工、返工或回收的批次，也应考虑列入考察，除非已经过验证和稳定性考察。	
268		持续稳定性考察时应对不符合质量标准的结果或重要的异常趋势进行调查。对任何已确认的不符合质量标准的结果或重大不良趋势，企业都应考虑是否可能对已上市兽药造成影响，必要时应实施召回，调查结果以及采取的措施应报告当地畜牧兽医主管部门。	
269		应根据获得的持续稳定性考察全部数据资料，包括考察的阶段性结论，撰写总结报告并保存。应定期审核总结报告。	
270		企业应建立变更控制系统，对所有影响产品质量的变更进行评估和管理。	
271		企业应建立变更控制操作规程，规定原辅料、包装材料、质量标准、检验方法、操作规程、厂房、设施、设备、仪器、生产工艺和计算机软件变更的申请、评估、审核、批准和实施。质量管理部门应指定专人负责变更控制。	
272		企业根据变更的性质、范围、对产品质量潜在影响的程度进行变更分类（如主要、次要变更）并建档。	
273		原料药生产应定期将产品的杂质分析资料与注册申报资料中的杂质档案，或与以往的杂质数据相比较，查明原料、设备运行参数和生产工艺的变更所致原料药质量的变化。	
274		与产品质量有关的变更由申请部门提出后，应经评估、制定实施计划并明确实施职责，由质量管理部门审核批准后实施，变更实施应有相应的完整记录。质量管理部门应保存所有变更的文件和记录。	
*275		改变原辅料、与兽药直接接触的包装材料、生产工艺、主要生产设备以及其他影响兽药质量的主要因素时，还应根据风险评估对变更实施后最初至少三个批次的兽药质量进行评估。如果变更可能影响兽药的有效期，则质量评估还应包括对变更实施后生产的兽药进行稳定性考察。	
276		变更实施时，应确保与变更相关的文件均已修订。	
277		各部门负责人应确保所有人员正确执行生产工艺、质量标准、检验方法和操作规程，防止偏差的产生。	
278		企业应建立偏差处理的操作规程，规定偏差的报告、记录、评估、调查、处理以及所采取的纠正、预防措施，并保存相应的记录。	
279		企业应评估偏差对产品质量的潜在影响。质量管理部门根据偏差的性质、范围、对产品质量潜在影响的程度进行偏差分类（如重大、次要偏差），对重大偏差的评估应考虑是否需要对产品进行额外的检验以及产品是否可以放行，必要时，应对涉及重大偏差的产品进行稳定性考察。	
280		任何偏离生产工艺、物料平衡限度、质量标准、检验方法、操作规程等的情况均应有记录，并立即报告主管人员及质量管理部门，重大偏差应由质量管理部门会同其他部门进行彻底调查，并有调查报告。偏差调查应包括相关批次产品的评估，偏差调查报告应由质量管理部门的指定人员审核并签字。质量管理部门应保存偏差调查、处理的文件和记录。	

（续）

序号	章节	条款内容	评定结果
*281	质量控制与质量保证	企业应建立纠正措施和预防措施系统，对投诉、召回、偏差、自检或外部检查结果、工艺性能和质量监测趋势等进行调查并采取纠正和预防措施。调查的深度和形式应与风险的级别相适应。纠正措施和预防措施系统应能够增进对产品和工艺的理解，改进产品和工艺。	
282		企业应建立实施纠正和预防措施的操作规程，内容应符合《规范》第245条的要求。	
283		实施纠正和预防措施应有文件记录，并由质量管理部门保存。	
284		质量管理部门应对生产用关键物料的供应商进行质量评估，必要时会同有关部门对主要物料供应商（尤其是生产商）的质量体系进行现场质量考查，并对质量评估不符合要求的供应商行使否决权。	
285		应建立物料供应商评估和批准的操作规程，明确供应商的资质、选择的原则、质量评估方式、评估标准、物料供应商批准的程序。如质量评估需采用现场质量考查方式的，还应明确考查内容、周期、考查人员的组成及资质。必要时，应对主要物料供应商提供的样品进行小批量试生产，并对试生产的兽药进行稳定性考察。需采用样品小批量试生产的，还应明确生产批量、生产工艺、产品质量标准、稳定性考察方案。	
286		质量管理部门应指定专人负责物料供应商质量评估和现场质量考查，被指定的人员应具有相关的法规和专业知识，具有足够的质量评估和现场质量考查的实践经验。	
287		现场质量考查应核实供应商资质证明文件。应对其人员机构、厂房设施和设备、物料管理、生产工艺流程和生产管理、质量控制实验室的设备、仪器、文件管理等进行检查，以全面评估其质量保证系统。现场质量考查应有报告。	
288		质量管理部门对物料供应商的评估内容应符合《规范》第252条的要求。	
289		改变物料供应商，应对新的供应商进行质量评估；改变主要物料供应商的，还需要对产品进行相关的验证及稳定性考察。	
290		质量管理部门应向物料管理部门分发经批准的合格供应商名单，该名单内容至少包括物料名称、规格、质量标准、生产商名称和地址、经销商（如有）名称等，并及时更新。	
291		质量管理部门应与主要物料供应商签订质量协议，在协议中应明确双方所承担的质量责任。	
292		质量管理部门应定期对物料供应商进行评估或现场质量考查，回顾分析物料质量检验结果、质量投诉和不合格处理记录。如物料出现质量问题或生产条件、工艺、质量标准和检验方法等可能影响质量的关键因素发生重大改变时，还应尽快进行相关的现场质量考查。	
293		企业应对每家物料供应商建立质量档案，档案内容应包括供应商资质证明文件、质量协议、质量标准、样品检验数据和报告、供应商检验报告、供应商评估报告、定期的质量回顾分析报告等。	

（续）

序号	章节	条款内容	评定结果
*294	质量控制与质量保证	企业应建立产品质量回顾分析操作规程，每年按照《规范》第258条要求的情形对所有生产的兽药按品种进行产品质量回顾分析。	
295		应对回顾分析的结果进行评估，提出是否需要采取纠正和预防措施，并及时、有效地完成整改。	
296		应建立兽药投诉与不良反应报告制度，设立专门机构并配备专职人员负责管理。应有专人负责进行质量投诉的调查和处理，所有投诉、调查的信息应向质量管理负责人通报。	
297		应主动收集兽药不良反应，对不良反应应详细记录、评价、调查和处理，及时采取措施控制可能存在的风险，并按照要求向企业所在地畜牧兽医主管部门报告。	
298		应建立投诉操作规程，规定投诉登记、评价、调查和处理的程序，并规定因可能的产品缺陷发生投诉时所采取的措施，包括考虑是否有必要从市场召回兽药。	
299		投诉调查和处理应有记录，并注明所查相关批次产品的信息。	
300		应定期回顾分析投诉记录，以便发现需要预防、重复出现以及可能需要从市场召回兽药的问题，并采取相应措施。	
301		企业出现生产失误、兽药变质或其他重大质量问题，应及时采取相应措施，必要时还应向当地畜牧兽医主管部门报告。	
302	产品销售与召回	企业应建立产品召回系统，制定召回操作规程，必要时可迅速、有效地从市场召回任何一批存在安全隐患的产品。	
303		因质量原因退货和召回的产品，均应按照规定监督销毁，有证据证明退货产品质量未受影响的除外。	
*304		企业应建立产品销售管理制度，每批产品均应有销售记录。根据销售记录，应能够追查每批产品的销售情况，必要时应能够及时全部追回。	
305		销售记录内容应包括：产品名称、规格、批号、数量、收货单位和地址、联系方式、发货日期、运输方式等。	
*306		产品上市销售前，应将产品生产和入库信息上传到国家兽药产品追溯系统。销售出库时，应向国家兽药产品追溯系统上传产品出库信息。	
307		兽药的零头可直接销售，若需合箱，包装只限两个批号为一个合箱，合箱外应标明全部批号，并建立合箱记录。	
308		销售记录应至少保存至兽药有效期后一年。	
309		应指定专人负责组织协调召回工作，并配备足够数量的人员。如产品召回负责人不是质量管理负责人，则应向质量管理负责人通报召回处理情况。召回应随时启动，产品召回负责人应根据销售记录迅速组织召回。应定期对产品召回系统的有效性进行评估。	

（续）

序号	章节	条款内容	评定结果
310	产品销售与召回	因产品存在安全隐患决定从市场召回的，应立即向当地畜牧兽医主管部门报告。	
311		已召回的产品应有标识，并单独、妥善贮存，等待最终处理决定。	
312		召回的进展过程应有记录，并有最终报告。产品销售数量、已召回数量以及数量平衡情况应在报告中予以说明。	
313	自检	质量管理部门应定期组织对企业进行自检，监控规范的实施情况，评估企业是否符合《规范》要求，并提出必要的纠正和预防措施。应由企业指定人员进行独立、系统、全面的自检，也可由外部人员或专家进行独立的质量审计。	
314		自检应有计划，对机构与人员、厂房与设施、设备、物料与产品、确认与验证、文件管理、生产管理、质量控制与质量保证、产品销售与召回等项目定期进行检查。	
*315		自检应有记录。自检完成后应有自检报告，内容至少包括自检过程中观察到的所有情况、评价的结论以及提出纠正和预防措施的建议。有关部门和人员应立即进行整改，自检和整改情况应报告企业高层管理人员。	

第一部分

评定标准指南

第一章　质量管理

※001　企业应建立符合兽药质量管理要求的质量目标，覆盖兽药生产、控制及产品放行、贮存、销售全过程，确保所生产的兽药符合注册要求。

检查要点

▲1. 查看是否建立了总质量目标及分解目标，质量目标是否覆盖整个产品生命周期，包括产品从兽药生产、控制及产品放行、贮存、销售全过程，是否体现对兽药注册要求的充分执行。

2. 检查质量目标是否经企业高层管理人员批准，并经批准后以受控文件的形式发放至相关部门或人员。

3. 检查是否建立衡量质量目标完成情况的工作指标，并定期检查完成情况，对结果进行评估并根据情况采取相应的措施。

002　企业配备的人员、厂房、设施和设备等条件，应满足质量目标的需要。企业高层管理人员应确保实现既定的质量目标，不同层次的人员应共同参与并承担各自的责任。

检查要点

1. 在整个检查过程中，均关注企业是否为确保质量目标的实现，配备了充分的人员支持和硬件支持。

2. 检查质量目标是否最终落实到相关部门、各级员工的职责中，企业各部门、各岗位职责是否明确、无交叉、无空项；是否通过员工完成各自的具体目标而最终完成企业的质量目标。

3. 检查质量目标的落实过程是否包括质量管理部门、生产管理部门、销售部门等各相关部门、相关层级人员的共同参与。

※003 **企业应建立符合《规范》[*] 要求的质量保证系统，同时建立完整的文件体系，以保证系统有效运行。企业应对高风险产品的关键生产环节建立信息化管理系统，进行在线记录和监控。**

《规范》第8条：

质量保证系统应当确保：

（一）兽药的设计与研发体现本规范的要求；

（二）生产管理和质量控制活动符合本规范的要求；

（三）管理职责明确；

（四）采购和使用的原辅料和包装材料符合要求；

（五）中间产品得到有效控制；

（六）确认、验证的实施；

（七）严格按照规程进行生产、检查、检验和复核；

（八）每批产品经质量管理负责人批准后方可放行；

（九）在贮存、销售和随后的各种操作过程中有保证兽药质量的适当措施；

（十）按照自检规程，定期检查评估质量保证系统的有效性和适用性。

检查要点

1. 查看企业是否建立质量保证系统，是否涵盖了产品整个生命周期中影响产品质量的所有因素，并定期评估质量保证系统的有效性和适用性。

2. 检查文件总目录，查看企业的文件体系是否完整，是否涵盖验证、物料、生产、检验、放行和发放销售等所有企业产品生命周期的各个环节，使企业的各项质量活动有法可依，有章可循。可适当关注企业产品的设计与研发阶段、产品技术转移过程是否在质量保证系统内。

3. 抽查相关管理规程，是否与企业生产、质量管理实际相适应，各级别管理人员、操作人员是否遵照文件规定执行。

4. 结合总体检查情况，综合评价企业质量保证系统是否在生产和质量管理的实践中有效发挥作用。

5. 检查是否对高风险产品的关键生产环节（如非最终灭菌注射剂A/B级洁净区环境监测、最终灭菌注射液灭菌柜灭菌过程自动监控）建立信息化管理系统，进行

---

* 《规范》是指《兽药生产质量管理规范（2020年修订）》。

在线记录和监控，对出现的偏差能及时识别并采取必要的措施。

※004 企业的生产质量管理工作应符合《规范》第9条的要求。

《规范》第9条：

兽药生产质量管理的基本要求：

（一）制定生产工艺，系统地回顾并证明其可持续稳定地生产出符合要求的产品。

（二）生产工艺及影响产品质量的工艺变更均须经过验证。

（三）配备所需的资源，至少包括：

1. 具有相应能力并经培训合格的人员；

2. 足够的厂房和空间；

3. 适用的设施、设备和维修保障；

4. 正确的原辅料、包装材料和标签；

5. 经批准的工艺规程和操作规程；

6. 适当的贮运条件。

（四）应当使用准确、易懂的语言制定操作规程。

（五）操作人员经过培训，能够按照操作规程正确操作。

（六）生产全过程应当有记录，偏差均经过调查并记录。

（七）批记录、销售记录和电子追溯码信息应当能够追溯批产品的完整历史，并妥善保存、便于查阅。

（八）采用适当的措施，降低兽药销售过程中的质量风险。

（九）建立兽药召回系统，确保能够召回已销售的产品。

（十）调查导致兽药投诉和质量缺陷的原因，并采取措施，防止类似投诉和质量缺陷再次发生。

检查要点

1. 检查企业为生产配备的资源（设施设备、物料保证、人员培训及技能、文件系统等）是否满足产品工艺要求。

2. 检查是否对各种偏差进行记录，是否对重大、主要偏差进行调查处理。

3. 查看是否建立变更控制管理规程，是否对各类变更进行评估，确定变更类别，确定需要进行的验证、研究内容。现场检查中注意已发生的变更是否按照规定的程序执行。

4. 查看批记录、销售记录和电子追溯码信息是否完整，可追溯。

5. 查看是否建立风险管理规程，是否依据产品工艺特性对不同剂型或产品的生产全过程进行风险评估、风险控制。

6. 检查企业的召回、投诉处理等是否符合要求。

005 **质量控制包括相应的组织机构、文件系统以及取样、检验等，确保物料或产品在放行前完成必要的检验，确认其质量符合要求。企业的质量控制应符合《规范》第11条的要求。**

《规范》第11条：

质量控制的基本要求：

（一）应当配备适当的设施、设备、仪器和经过培训的人员，有效、可靠地完成所有质量控制的相关活动；

（二）应当有批准的操作规程，用于原辅料、包装材料、中间产品和成品的取样、检查、检验以及产品的稳定性考察，必要时进行环境监测，以确保符合本规范的要求；

（三）由经授权的人员按照规定的方法对原辅料、包装材料、中间产品和成品取样；

（四）检验方法应当经过验证或确认；

（五）应当按照质量标准对物料、中间产品和成品进行检查和检验；

（六）取样、检查、检验应当有记录，偏差应当经过调查并记录；

（七）物料和成品应当有足够的留样，以备必要的检查或检验；除最终包装容器过大的成品外，成品的留样包装应当与最终包装相同。最终包装容器过大的成品应使用材质和结构一样的市售模拟包装。

1. 查看企业质量控制组织机构图，组织机构图中应注明人员名称，确认是否包含所有岗位，且有足够的人员保证质量控制工作的完成。

2. 检查质量控制部门的设施、设备、仪器，确认是否满足所有必要的质量控制需要（如查看质量控制实验室平面图、仪器设备一览表等）。

3. 结合对质量控制实验室的检查，考查质量控制部门的管理规程、操作规程和记录是否涵盖原辅料、包装材料、中间产品和成品的取样、检查、检验、留样以及产品稳定性考察等方面。

4. 结合对质量控制实验室的检查，查看检验方法是否经过必要的验证或确认。

006 应根据科学知识及经验对质量风险进行评估，以保证产品质量。

检查要点

1. 查看企业是否制定了质量风险管理规程，规程是否明确应根据科学知识和经验进行风险评估。

2. 抽查部分质量风险管理实例，考查是否基于科学知识和经验对质量风险进行了评估。重点关注不同生产线共线和多产品共线的风险评估。

相关条款

040、059、060、135、160、166、270、275、279

007 质量风险管理过程所采用的方法、措施、形式及形成的文件应与存在风险的级别相适应。

检查要点

1. 查看质量风险管理规程中是否明确风险级别、采用的方法、措施、形式及形成的文件要求。

2. 查看企业是否在产品共线、供应商管理、变更控制、偏差处理等过程中运用风险管理的原则，对关键的要素进行评估。

3. 抽查质量风险管理实例，确认企业是否理解、应用了风险管理理念和风险管理的方法。

第二章　机构与人员

＊008　**企业应建立与兽药生产相适应的管理机构，并有组织机构图。企业应设立独立的质量管理部门，履行质量保证和质量控制的职责。**

检查要点

1. 查看企业的组织机构图。

（1）确认组织机构图中是否包括生产、质量、物料、设备、销售及人力资源等相应部门及部门负责人，关注生产管理部门和质量管理部门是否分别独立设置。

（2）查看各个部门设置是否合理，是否与企业的规模、质量目标、职责分配、人员素质和管理方式相适应，隶属关系是否明确。

（3）确认组织机构图是否为受控文件，是否与实际情况一致。

2. 检查企业是否设立了独立的质量管理部门。

（1）确认是否制定了质量管理部门及部门负责人的职责。

（2）确认所制定的职责是否能履行质量保证和质量控制的职能，是否能对企业各个部门执行GMP进行监督和制约。

（3）确认质量管理部门各个具体岗位是否均有其相应的岗位职责。

（4）考查质量管理部门是否能够独立行使职权。

评定参考

质量管理部门不能独立行使职权，此条款判为N。

009　**质量管理部门应参与所有与质量有关的活动，负责审核所有与《规范》有关的文件。职责通常不得委托给他人。确需委托的，其职责应委托给具有相当资质的指定人员。质量管理部门人员不得将职责委托给其他部门的人员。**

检查要点

1. 查看质量管理部门及人员的职责是否包含所有与质量有关的所有工作。

2. 查看文件管理规程是否明确规定了质量管理部门负责审核所有与兽药GMP有

关的文件。

3. 抽查部分文件，如培训管理文件、设备管理文件、生产工艺规程等，确认是否经过质量管理部门审核。

4. 查看是否存在质量管理部门人员将职责委托给其他部门人员的情形。如有职责委托的，应查看职责委托的相关规定，规定中是否明确相关要求，如委托范围、委托程序和委托书等规定。

5. 检查实际委托情况是否与规程要求一致，被委托人的资质是否符合要求，责任是如何划分的。

010 **企业应配备足够数量并具有相应能力（含学历、培训和实践经验）的管理和操作人员，且与生产规模和产品性质相适应。应明确规定每个部门和每个岗位的职责。岗位职责不得遗漏，交叉的职责应有明确规定。所有人员应明确并理解自己的职责，熟悉与其职责相关的要求。**

检查要点

1. 查看管理人员和操作人员资质，确认是否能满足岗位职责要求。

（1）管理人员包括企业负责人、质量负责人、生产负责人、生产车间负责人、质量保证（QA）和质量控制（QC）负责人等。

（2）操作人员包括生产车间岗位操作人员、实验室操作人员等。

（3）查看的内容包括所在岗位、所学专业、学历、从事兽药行业年限、培训和实践经验等情况。

2. 查看组织机构图和人员花名册等，结合实际生产和质量管理情况，确认管理人员和操作人员数量是否满足需要。

3. 查看各部门及岗位职责，确认规定是否明确、无交叉、无遗漏。

4. 查看人员培训档案，了解人员岗前培训和继续教育培训情况。

5. 现场抽查考核相关岗位人员是否熟悉自己的岗位职责，并具备岗位职责所要求的相关知识。

011 **企业的质量管理部门应当有专人负责中药材和中药饮片的质量管理。专职负责中药材和中药饮片质量管理的人员还应符合《中药制剂生产质量管理的特殊要求》第5、6条的相关要求。**

《中药制剂生产质量管理的特殊要求》第5条：

专职负责中药材和中药饮片质量管理的人员应当至少具备以下条件：

（一）具有中药学、生药学或相关专业大专以上学历，并至少有三年从事中药生产、质量管理的实际工作经验；或具有专职从事中药材和中药饮片鉴别工作五年以上的实际工作经验；

（二）具备鉴别中药材和中药饮片真伪优劣的能力；

（三）具备中药材和中药饮片质量控制的实际能力；

（四）根据所生产品种的需要，熟悉相关毒性中药材和中药饮片的管理与处理要求。

《中药制剂生产质量管理的特殊要求》第6条：

专职负责中药材和中药饮片质量管理的人员主要从事以下工作：

（一）中药材和中药饮片的取样；

（二）中药材和中药饮片的鉴别、质量评价与放行；

（三）负责中药材、中药饮片（包括毒性中药材和中药饮片）专业知识的培训；

（四）中药材和中药饮片标本的收集、制作和管理。

检查要点

1. 查看是否设有专职负责中药材和中药饮片质量管理的人员。

2. 专职负责中药材和中药饮片质量管理的人员资质是否符合本条款要求。

3. 专职负责中药材和中药饮片质量管理的人员的主要职责是否包含条款中所列工作。

＊012　关键人员应为企业的全职人员，至少包括企业负责人、生产管理负责人和质量管理负责人。质量管理负责人和生产管理负责人不得互相兼任。企业应制定操作规程确保质量管理负责人独立履行职责，不受企业负责人和其他人员的干扰。

检查要点

1. 检查企业的关键人员是否为全职人员，关注是否可以有效履职。

2. 查看关键人员的任命书、相关的职责文件，结合现场检查情况，确认是否互相兼任。

3. 查看质量管理负责人履行职责的相关文件，并结合现场检查情况，确认是否确保质量管理负责人独立履行职责，不受企业负责人和其他人员的干扰。

条款说明

判断关键人员是否为企业的全职人员时，可从人员的聘用合同、任命文件、社保缴费凭证等方面查阅。

013 **企业负责人是兽药质量的主要责任人，全面负责企业日常管理。为确保企业实现质量目标并按照《规范》要求生产兽药，企业负责人负责提供并合理计划、组织和协调必要的资源，保证质量管理部门独立履行其职责。**

检查要点

1. 查看文件，是否明确企业负责人在生产和质量管理中的作用。

2. 查看企业负责人的职责文件，是否规定其提供必要的资源的职责，是否合理计划、组织和协调。

3. 检查企业负责人是否维护质量管理部门独立履行其职责，是否不干扰质量管理负责人行使职权。

***014** **生产管理负责人应至少具有药学、兽医学、生物学、化学等相关专业本科学历或中级专业技术职称，具有至少三年从事兽药（药品）生产或质量管理的实践经验，其中至少有一年的兽药（药品）生产管理经验，接受过与所生产产品相关的专业知识培训。其主要职责应符合《规范》第21条的要求。**

《规范》第21条第（二）款：

生产管理负责人

（二）主要职责：

1. 确保兽药按照批准的工艺规程生产、贮存，以保证兽药质量；

2. 确保严格执行与生产操作相关的各种操作规程；

3. 确保批生产记录和批包装记录已经指定人员审核并送交质量管理部门；

4. 确保厂房和设备的维护保养，以保持其良好的运行状态；

5. 确保完成各种必要的验证工作；

6. 确保生产相关人员经过必要的上岗前培训和继续培训，并根据实际需要调整培训内容。

检查要点

1. 查看生产管理负责人的档案，确认其毕业证书或职称证书是否符合本条款的资质要求。

2. 查看生产管理负责人的培训档案，其所接受的培训是否包含相关专业知识。

3. 查看生产管理负责人的职责是否包含所要求的主要职责。

4. 通过谈话了解企业生产管理负责人实际履职能力是否符合要求。

＊015

质量管理负责人应至少具有药学、兽医学、生物学、化学等相关专业本科学历或中级专业技术职称，具有至少五年从事兽药（药品）生产或质量管理的实践经验，其中至少一年的兽药（药品）质量管理经验，接受过与所生产产品相关的专业知识培训。其主要职责应符合《规范》第22条的要求。

《规范》第22条第（二）款：

质量管理负责人

（二）主要职责：

1. 确保原辅料、包装材料、中间产品和成品符合工艺规程的要求和质量标准；
2. 确保在产品放行前完成对批记录的审核；
3. 确保完成所有必要的检验；
4. 批准质量标准、取样方法、检验方法和其他质量管理的操作规程；
5. 审核和批准所有与质量有关的变更；
6. 确保所有重大偏差和检验结果超标已经过调查并得到及时处理；
7. 监督厂房和设备的维护，以保持其良好的运行状态；
8. 确保完成各种必要的确认或验证工作，审核和批准确认或验证方案和报告；
9. 确保完成自检；
10. 评估和批准物料供应商；
11. 确保所有与产品质量有关的投诉已经过调查，并得到及时、正确的处理；
12. 确保完成产品的持续稳定性考察计划，提供稳定性考察的数据；
13. 确保完成产品质量回顾分析；
14. 确保质量控制和质量保证人员都已经过必要的上岗前培训和继续培训，并根据实际需要调整培训内容。

检查要点

1. 查阅质量管理负责人的档案，确认其毕业证书或职称证书是否符合本条款的资质要求。

2. 查阅质量管理负责人的培训档案，其所接受的培训是否包含相关专业知识。

3. 查阅质量管理负责人的职责是否包含所要求的主要职责。

4. 通过谈话了解企业质量管理负责人实际履职能力是否符合要求。

016 **质量控制实验室的检验人员至少应具有药学、兽医学、生物学、化学等相关专业大专学历或从事检验工作3年以上的中专、高中以上学历，并经过与所从事的检验操作相关的实践培训且考核通过。**

检查要点

1. 查看检验人员的档案，具备以下条件其一即可：

(1) 药学、兽医学、生物学、化学相关专业大专以上学历。

(2) 中专或高中以上学历且从事检验工作3年以上。

2. 查看检验人员的培训档案。

(1) 查看检验人员从事的检验操作相关实践培训记录。

(2) 查看检验人员考核记录，包括理论试卷考核和实操考核。

017 **企业应指定部门或专人负责培训管理工作，应有符合要求并经批准的培训方案或计划，培训记录应予以保存。**

检查要点

1. 检查是否有部门或专人负责培训管理工作。

(1) 查看是否制定培训管理规程。

(2) 查看培训管理规程中是否明确负责培训的部门或人员以及职责。

(3) 查看培训管理规程中是否明确培训方案或计划的起草、审核、批准人。

2. 查看培训方案或计划及记录。

(1) 查看培训方案或计划的起草、审核、批准是否与规程一致。

(2) 检查年度培训计划的执行情况，若不能按计划执行时，是否采取诸如变更控制等手段加以控制。

(3) 检查所进行的培训是否有记录，记录是否及时保存，且保存齐全。

条款说明

培训记录通常包含培训目标、培训内容、培训方式、培训类型（上岗培训、在岗继续培训、转岗培训）、培训时间、参与培训人员、培训师、培训考核结果等。

*** 018　与兽药生产、质量有关的所有人员都应经过培训，培训的内容应与岗位的要求相适应。除进行规范理论和实践的培训外，还应有相关法规、相应岗位的职责、技能的培训，并定期评估培训实际效果。应对检验人员进行检验能力考核，合格后上岗。**

检查要点

1. 检查所有与本条款有关的人员是否按要求进行了培训。

（1）查看岗位人员的培训档案。

（2）检查培训内容是否与岗位要求相适应。内容是否包括相关法律法规、GMP的相关知识、岗位操作规程、岗位职责、安全知识等方面的培训。

（3）检验人员上岗要求。

①查看检验人员检验操作相关的实践培训记录。

②查看考核记录，包括理论试卷考核和实操考核。

③查看对化学分析法、抗生素检定和中药检测是否分开实施考核。

④查看内部是否有文件或记录，表明哪些人员上岗，并注明准许操作的仪器设备和检测项目。

2. 检查企业是否对培训效果进行了定期评估。可重点关注现场检查中涉及的岗位操作工人、生产管理人员、质量管理人员等。

019　凡在洁净区工作的人员（包括清洁工和设备维修工）应定期培训，培训内容应包括卫生和微生物方面的基础知识。未受培训的外部人员（如外部施工人员或维修人员）在生产期间需进入洁净区时，应对其进行特别详细的指导和监督。

检查要点

1. 查看是否有进入洁净区的相关管理规定。

2. 查看进入洁净区人员的培训计划、培训情况、培训档案；是否有关于卫生和微生物方面的培训；是否对培训效果进行评估，如人员更衣操作、更衣后表面微生物监测等。

3. 查看进入无菌兽药操作区的人员是否参加培养基模拟灌装试验。

4. 检查对外部人员进入洁净区的培训、指导和监督情况。

020 高风险操作区（如高活性、高毒性、传染性、高致敏性物料的生产区）的工作人员应接受专门的专业知识和安全防护要求的培训。

检查要点

1. 查看高风险操作区工作人员的培训档案，确认是否经过专门的培训才能上岗。

2. 通过交谈了解相关人员对从事高风险操作的职业危害等是否清楚。

条款说明

1. 专门的培训主要是指职业危害、个人职业安全防护、应急处理等方面的知识、工作技能的培训。

2. 高活性、高毒性、传染性、高致敏性物料的生产区，主要包括青霉素类兽药、β-内酰胺结构类等高致敏性兽药的生产；性激素类、细胞毒素等高活性兽药的生产、操作；生产过程中使用某些特定动物活体的阶段等。

*021 人员的现场考核结果应符合要求。

检查要点

1. 对生产人员现场操作考核。

（1）选取处于生产状态生产线的至少一个关键工序岗位进行岗位操作考核。有洁净级别的生产线，必须选择洁净级别高、风险性高的关键工序岗位。

（2）涉及 A/B 级洁净区的生产线，应考核环境动态监测操作。

（3）通过观察生产人员的岗位操作规范性，审查岗位记录的完整性和计算结果的准确性（如涉及），判定考核结果。

2. 对质检人员现场操作考核。

（1）选取原料、中间产品、成品或留样的样品进行检验操作考核。质检人员对指定项目进行现场检验操作，检查员全程或对关键操作进行现场检查。

（2）在规定时间内，质检人员提交检验报告和原始记录。

（3）通过观察质检人员检验操作熟练程度，审查原始记录完整性和计算结果准确性，判定考核结果。

条款说明

各剂型生产工序风险性高的岗位（举例）：

1. 最终灭菌小容量注射剂、最终灭菌大容量非静脉注射剂、最终灭菌大容量静脉注射剂的称量配制岗位、过滤岗位、灌装岗位、灯检岗位。

2. 粉针剂的原料外清岗位、分装岗位。

3. 非最终灭菌无菌注射液的称量配制岗位、过滤岗位、灌装岗位。

4. 冻干粉针剂的称量配制岗位、过滤岗位、灌装岗位、冻干岗位。

5. 粉剂、散剂、预混剂的称量配制岗位、粉碎过筛岗位、混合岗位、分装岗位。

6. 片剂、颗粒剂的称量配制岗位、制粒岗位、压片岗位、分装岗位。

7. 胶囊剂的称量配制岗位、整粒岗位、灌装岗位、抛光岗位。

8. 口服溶液剂的称量配制岗位、过滤岗位、灌装岗位。

9. 无菌原料药的精制岗位、烘干岗位、包装岗位。

10. 中药材前处理的粉碎岗位。

11. 中药提取的提取岗位、浓缩岗位、沉淀岗位、收料岗位。

022　企业应建立人员卫生操作规程，应包括与健康、卫生习惯及人员着装相关的内容。企业应采取措施确保人员卫生操作规程的执行，最大限度地降低人员对兽药生产造成污染的风险。涉及无菌兽药时，还应符合《无菌兽药生产质量管理的特殊要求》第21、23、25条的相关要求。

《无菌兽药生产质量管理的特殊要求》第21条：

从事动物组织加工处理的人员或者从事与当前生产无关的微生物培养的工作人员通常不得进入无菌兽药生产区，不可避免时，应当严格执行相关的人员净化操作规程。

《无菌兽药生产质量管理的特殊要求》第23条：

应当按照操作规程更衣和洗手，尽可能减少对洁净区的污染或将污染物带入洁净区。

《无菌兽药生产质量管理的特殊要求》第25条：

个人外衣不得带入通向B级或C级洁净区的更衣室。每位员工每次进入A/B级洁净区，应当更换无菌工作服；或每班至少更换一次，但应当用监测结果证明这种方法的可行性。操作期间应当经常消毒手套，并在必要时更换口罩和手套。

检查要点

1. 查看是否建立人员卫生方面的相关规程，是否包括与健康、卫生习惯及人员着装相关的内容，如健康检查与身体不适报告、工作着装与防护要求、洗手更衣、卫生要求与洁净作业、工作区人员限制、进入生产区人员不得化妆佩戴饰品、个人物品不得带入生产区等。

2. 查看不同洁净级别区域是否有相应的人员卫生操作规程。

3. 检查上述人员卫生操作规程的执行情况，包括培训、评估和实际操作，以及必要的设施、装置是否齐全。

4. 无菌兽药应同时考虑是否满足《无菌兽药生产质量管理的特殊要求》第21、23、25条的相关要求：

（1）查看从事动物组织加工处理的人员或者从事与当前生产无关的微生物培养的工作人员进入无菌兽药生产区的规定和人员净化操作规程及相关记录。

（2）现场检查进入洁净区是否按照操作规程更衣洗手；个人外衣不得带入通向B级或C级洁净区的更衣室。

（3）查看人员进入A/B级洁净区更换无菌工作服的相关规定，并有监测结果证明更衣方法的可行性。

（4）操作期间应当经常消毒手套，并在必要时更换口罩和手套。

023 **企业应对人员健康进行管理，并建立健康档案。直接接触兽药的生产人员上岗前应接受健康检查，以后每年至少进行一次健康检查。**

检查要点

1. 查看健康管理规定。

（1）查看企业是否制定了人员健康相关的管理规定；管理规定内容是否包含体检不符合要求时、身体出现不适时以及患有传染病、皮肤病患者和体表有伤口者的处理、调离生产岗位及病愈重返岗位等相关管理内容。

（2）是否制定每年体检的频次。

2. 抽查健康档案。

（1）是否建立个人健康档案。可注意新员工以及高风险操作区人员的健康档案情况，如新员工是否在体检合格后上岗。

（2）体检内容是否包括传染病指示项目、皮肤检查；从事灯检的人员是否包括视力、色盲等项目检查；高风险操作人员是否增加相关检查项目。

024 **企业应采取适当措施，避免体表有伤口、患有传染病或其他疾病可能污染兽药的人员从事直接接触兽药的生产活动。涉及无菌兽药时，还应符合《无菌兽药生产质量管理的特殊要求》第22条的相关要求。**

《无菌兽药生产质量管理的特殊要求》第22条：

从事无菌兽药生产的员工应当随时报告任何可能导致污染的异常情况，包括污染的类型和程度。当员工由于健康状况可能导致微生物污染风险增大时，应当由指定的人员采取适当的措施。

检查要点

1. 检查企业是否按本条款要求制定了相关管理规定。

2. 抽查出现上述问题时的处理情况。

3. 无菌兽药应同时考虑是否满足《无菌兽药生产质量管理的特殊要求》第22条的相关要求。

025 **参观人员和未经培训的人员不得进入生产区和质量控制区，特殊情况确需进入的，应经过批准，并对进入人员的个人卫生、更衣等事项进行指导和监督。**

检查要点

1. 查看对进入生产区和质量控制区人员的管理规定，是否与本条款要求一致。

2. 抽查相关记录或进入生产区和质量控制区时企业是如何进行的，如上述人员进入生产区和质量控制区的手续和记录是否符合要求，以及是否进行监督指导等。

3. 检查生产区和质量控制区进入人员数量是否符合规定。

026 **任何进入生产区的人员均应按照规定更衣。工作服的选材、式样及穿戴方式应与所从事的工作和空气洁净度级别要求相适应，能够满足保护产品和人员的要求。涉及无菌兽药时，还应符合《无菌兽药生产质量管理的特殊要求》第24、26条的相关要求。**

《无菌兽药生产质量管理的特殊要求》第24条：

工作服及其质量应当与生产操作的要求及操作区的洁净度级别相适应，其式样和穿着方式应当能够满足保护产品和人员的要求。各洁净区的着装要求规定如下：

D级洁净区：应当将头发、胡须等相关部位遮盖；穿合适的工作服和鞋子或鞋套；采取适当措施，以避免带入洁净区外的污染物。

C级洁净区：应当将头发、胡须等相关部位遮盖，戴口罩；穿手腕处可收紧的连体服或衣裤分开的工作服，并穿适当的鞋子或鞋套。工作服应当不脱落纤维或微粒。

A/B级洁净区：应当用头罩将所有头发以及胡须等相关部位全部遮盖，头罩塞进衣领内；戴口罩以防散发飞沫，必要时戴防护目镜；戴经灭菌且无颗粒物（如滑石粉）散发的橡胶或塑料手套，穿经灭菌或消毒的脚套，裤腿塞进脚套内，袖口塞进手套内。工作服应为灭菌的连体工作服，不脱落纤维或微粒，并能滞留身体散发的微粒。

《无菌兽药生产质量管理的特殊要求》第23条：

应当按照操作规程更衣和洗手，尽可能减少对洁净区的污染或将污染物带入洁净区。

《无菌兽药生产质量管理的特殊要求》第26条：

洁净区所用工作服的清洗和处理方式应当能够保证其不携带有污染物，不会污染洁净区。应当按照相关操作规程进行工作服的清洗、灭菌，洗衣间最好单独设置。

1. 查看相关更衣管理规定及培训情况。

2. 结合《无菌兽药生产质量管理的特殊要求》第24条的规定，查看不同洁净级别的工作服设计是否符合相关要求。

3. 查看洁净服实际穿着情况是否符合上述要求。

4. 查看不同级别洁净区的工作服是否能有效防止混用。

5. 无菌兽药应同时考虑是否满足《无菌兽药生产质量管理的特殊要求》第23、26条的相关要求：

（1）检查是否按照操作规程更衣和洗手，尽可能减少对洁净区的污染或将污染物带入洁净区。

①查看是否制定有相关的管理规定；

②查看进入关键区域（B级）的更衣程序是否经过确认。

（2）检查洁净区所用工作服的清洗和处理方式是否能够保证其不携带有污染物，不会污染洁净区；是否按照相关操作规程进行工作服的清洗、灭菌，洗衣间最好单独设置。

①查看是否制定相关管理规定；

②查看是否制定洗衣的操作规程；建议检查关键区域（如B级区、产尘大的房间）洗衣效果的确认；

③检查无菌衣整理是否在保护下进行；

④查看无菌工作服的灭菌是否经过验证；

⑤查看工作服清洗、灭菌记录。

027　**生产区、检验区、仓储区应禁止吸烟和饮食，禁止存放食品、饮料、香烟和个人用品等非生产用物品。进入洁净生产区的人员不得化妆和佩戴饰物。**

检查要点

1. 查看相关管理规定。
2. 检查生产区、检验区、仓储区是否有非生产用物品。
3. 检查现场是否有化妆和佩戴饰物的人员进入洁净区的现象。

028　**操作人员应避免裸手直接接触兽药以及与兽药直接接触的容器具、包装材料和设备表面。**

检查要点

1. 查看相关管理规定。

2. 检查现场操作人员是否裸手操作，裸手操作是否可能与物料、产品、与物料产品直接接触的包装材料和设备表面接触；无法避免裸手接触时，应在质量风险评估的基础上做出相关规定；必要时应检查现场是否有手部消毒措施。

第三章　厂房与设施

＊029　兽药生产应有专用的厂房。

检查要点

1. 检查用于兽药生产的厂房是否为独立建筑，没有其他任何非兽药的生产、仓储等活动。

2. 不同兽药生产企业不得在同一厂房内进行兽药生产、仓储、检验等。

相关条款

053

030　厂房的选址、设计、布局、建造、改造和维护必须符合兽药生产要求，应能够最大限度地避免污染、交叉污染、混淆和差错，便于清洁、操作和维护。涉及无菌兽药时，还应符合《无菌兽药生产质量管理的特殊要求》第27条的要求。涉及原料药时，还应符合《原料药生产质量管理的特殊要求》第3条的相关要求。

《无菌兽药生产质量管理的特殊要求》第27条：

兽药生产应有专用的厂房。洁净厂房的设计，应当尽可能避免管理或监控人员不必要的进入。B级洁净区的设计应当能够使管理或监控人员从外部观察到内部的操作。

《原料药生产质量管理的特殊要求》第3条：

质量标准中有热原或细菌内毒素等检验项目的，厂房的设计应当特别注意防止微生物污染，根据产品的预定用途、工艺要求采取相应的控制措施。

检查要点

1. 查看厂区周边环境图、厂区总平面图。

2. 检查企业环境，周围是否有污染源；厂区内布局（生产、仓储、行政、生活和辅助区等）是否合理，能否最大限度地避免污染、交叉污染、混淆和差错。

3. 检查厂房设施的建造是否符合安全、消防、环保要求，是否便于清洁、操作和维护。

4. 无菌兽药应同时考虑是否满足《无菌兽药生产质量管理的特殊要求》第 27 条的要求。

5. 原料药应同时考虑是否满足《原料药生产质量管理的特殊要求》第 3 条的要求。

相关条款

031、032、033、038、054、075、093、094

031

应根据厂房及生产防护措施综合考虑选址，厂房所处的环境应能够最大限度地降低物料或产品遭受污染的风险。如涉及杀虫剂、消毒剂，其车间在选址上应注意远离其他兽药制剂生产线，并处于常年下风口位置。

检查要点

1. 查看厂区周边环境图。

2. 现场检查时应注意观察厂区的环境是否存在空气、噪声污染，周围是否有垃圾处理厂、火电厂等污染源。若环境有可能造成污染，企业是否有相应的控制措施。

3. 涉及杀虫剂、消毒剂生产的，其车间在选址上应注意远离其他兽药制剂生产线，并处于常年下风口位置。

条款说明

厂房选址应能避免其周围环境的影响，厂房应处于污染源的上风向侧或全年最小频率风向的下风向侧，避免受到污染的风险发生。位置应远离污染源，例如：铁路、码头、交通要道以及散发大量粉尘、烟气和有害气体的工厂、贮仓、堆场等有严重空气污染、震动或噪声干扰的地方。

相关条款

030、041

032

企业应有整洁的生产环境；厂区的地面、路面等设施及厂内运输等活动不得对兽药的生产造成污染；生产、行政、生活和辅助区的总体布局应合理，不得互

相妨碍；厂区内的人、物流走向应合理。

检查要点

1. 企业是否合理进行厂区内布局，是否能减少各个区域之间的相互影响。企业在厂房设计过程中应根据产品生产的各个环节，充分评估各区可能造成相互影响的因素，合理规划。

2. 检查企业生产区、行政区与生活区是否分开。

(1) 原料药生产区、三废化处理区、锅炉房、青霉素类高致敏性兽药生产厂房等应置于厂区最大频率风向的下风向侧。

(2) 厂区主要道路应贯彻人流与物流分开的原则。厂区道路应硬化，厂房周围应绿化。

(3) 厂区内是否有垃圾、痰迹；垃圾是否集中存放，生活、生产垃圾是否分开存放。

(4) 是否有垃圾处理设施，位置是否适当。

相关条款

030

033 **应对厂房进行适当维护，并确保维修活动不影响兽药的质量。应按照详细的书面操作规程对厂房进行清洁或必要的消毒。**

检查要点

1. 查看是否制定厂房维护操作规程，对厂房定期进行维护保养。

2. 查看是否按制定的维修计划执行，并有维修记录。

3. 查看是否制定厂房清洁、消毒规程。

4. 查看是否按规定对厂房进行清洁、消毒，并有相关记录。

相关条款

030

034 **厂房应有适当的照明、温度、湿度和通风，确保生产和贮存的产品质量以及相关设备性能不会直接或间接地受到影响。**

检查要点

1. 检查生产、仓储是否根据所生产产品的性质需求设置了温度和湿度监控、通风设施。

2. 查看是否有相应的管理规程。

3. 现场检查温、湿度监控装置的测试位置是否合适，并查看温、湿度记录。

4. 涉及空气洁净级别的厂房，还应检查厂房综合性能检测报告，查看相关参数是否符合要求。

5. 对照记录，查看出现偏差时的处理措施。

相关条款

076、079

035 厂房、设施的设计和安装应能够有效防止昆虫或其他动物进入。应采取必要的措施，避免所使用的灭鼠药、杀虫剂、烟熏剂等对设备、物料、产品造成污染。

检查要点

1. 检查生产区、仓储区、质量控制区等区域是否有防鼠、防鸟、防虫的设施（挡鼠板、灭蚊灯等）。

2. 查看是否有相应的规程，规定灭鼠、杀虫等设施的使用方法和注意事项，应避免所使用的灭鼠药、杀虫剂、烟熏剂等对设备、物料、产品造成污染。

036 应采取适当措施，防止未经批准人员的进入。生产、贮存和质量控制区不得作为非本区工作人员的直接通道。

检查要点

1. 查看企业的厂房设计图纸并结合现场检查，生产、贮存和质量控制区是否作为非本区工作人员的直接通道。

2. 查看是否有对人员进入进行权限限制的管理规定。

3. 参观人员和未经培训的人员不得进入生产区和质量控制区，特殊情况确需要进入的，应当事先对个人卫生、更衣等事项进行指导。检查企业采取的措施如门禁或中央监控系统是否有效，现场检查是否按规定执行。

相关条款

153

037 **应保存厂房、公用设施、固定管道建造或改造后的竣工图纸。**

检查要点

1. 查看是否保存厂房建筑、空气净化系统、排水系统、工艺用水系统以及药液管道系统等竣工图纸。

2. 竣工图纸是否与实际布局设置一致。

条款说明

对兽药厂房、设施的竣工图应予以保存，确保竣工图的信息与现场一致，以保证设施维护、设备验证、变更控制等工作有效实施。

相关条款

099

＊038 **为降低污染和交叉污染的风险，厂房、生产设施和设备应根据所生产兽药的特性、工艺流程及相应洁净度级别要求合理设计、布局和使用，厂房内的人、物流走向应合理。各类产品的生产操作环境设置，涉及无菌兽药时，还应符合《无菌兽药生产质量管理的特殊要求》第 13 条的相关要求。涉及非无菌兽药时，还应符合《非无菌兽药生产质量管理的特殊要求》第 3、4 和 24 条的相关要求。涉及原料药时，还应符合《原料药生产质量管理的特殊要求》第 2 条的相关要求。**

《无菌兽药生产质量管理的特殊要求》第 13 条：

无菌兽药的生产操作环境可参照表格中的示例进行选择。

洁净度级别	最终灭菌产品生产操作示例
C 级背景下的局部 A 级	大容量（≥50 毫升）静脉注射剂（含非 PVC 多层共挤膜）的灌封；容易长菌、灌装速度慢、灌装用容器为广口瓶、容器须暴露数秒后方可密封的高污染风险产品的灌装（或灌封）
C 级	大容量非静脉注射剂、小容量注射剂、注入剂和眼用制剂等产品的稀配、过滤、灌装（或灌封）；容易长菌、配制后需等待较长时间方可灭菌或不在密闭系统中配制的高污染风险产品的配制和过滤；直接接触兽药的包装材料最终处理后的暴露环境

（续）

洁净度级别	最终灭菌产品生产操作示例
D级	轧盖；灌装前物料的准备；大容量非静脉注射剂、小容量注射剂、乳房注入剂、子宫注入剂和眼用制剂等产品的配制（指浓配或采用密闭系统的稀配）和过滤；直接接触兽药的包装材料和器具的最后一次精洗

洁净度级别	非最终灭菌产品生产操作示例
B级背景下的A级	注射剂、注入剂等产品处于未完全密封(1)状态下的操作和转运，如产品灌装（或灌封）、分装、压塞、轧盖(2)等；注射剂、注入剂等药液或产品灌装前无法除菌过滤的配制；直接接触兽药的包装材料、器具灭菌后的装配以及处于未完全密封状态下的转运和存放；无菌原料药的粉碎、过筛、混合、分装
B级	注射剂、注入剂等产品处于未完全密封(1)状态下置于完全密封容器内的转运
C级	注射剂、注入剂等药液或产品灌装前可除菌过滤的配制、过滤；直接接触兽药的包装材料、器具灭菌后处于密闭容器内的转运和存放
D级	直接接触兽药的包装材料、器具的最终清洗、装配或包装、灭菌

注：(1) 轧盖前产品视为处于未完全密封状态。

(2) 根据已压塞产品的密封性、轧盖设备的设计、铝盖的特性等因素，轧盖操作可选择在C级或D级背景下的A级送风环境中进行。A级送风环境应当至少符合A级区的静态要求。

《非无菌兽药生产质量管理的特殊要求》第3条：

兽药生产应有专用的厂房。非无菌兽药的生产环境要求可分为三类：

第一类：片剂、颗粒剂、胶囊剂、丸剂、口服溶液剂、酊剂、软膏剂、滴耳剂、栓剂、中药浸膏剂与流浸膏剂、兽医手术器械消毒制剂等暴露工序的生产环境，应当按照附件1中D级洁净区的要求设置。

第二类：粉剂、预混剂（含发酵类预混剂）、散剂、蚕用溶液剂、蚕用胶囊剂、搽剂等及第一类非无菌兽药产品一般生产工序的生产环境，需符合一般生产区要求，门窗应能密闭、并有除尘净化设施或除尘、排湿、排风、降温等设施，人员、物料进出及生产操作和各项卫生管理措施应参照洁净区管理。

第三类：杀虫剂、消毒剂等的生产环境，需符合一般生产区要求，门窗一般不宜密闭，并有排风、降温等设施，人员、物料进出及生产操作和各项卫生管理措施应参照洁净区管理。

《非无菌兽药生产质量管理的特殊要求》第4条：

非无菌兽药的生产须满足其质量和预定用途的要求。

质量标准有微生物限度检查等要求或对生产环境有温湿度要求的产品，应有与其要求相适应的生产环境和设施。

《非无菌兽药生产质量管理的特殊要求》第24条：

生产车间应当按照生产工序及设备、工艺进行合理布局，干湿功能区相对分离，以减少污染。中药材仓库应独立设置，并配置相应的防潮、通风、防霉等设施。

《原料药生产质量管理的特殊要求》第2条：

兽药生产应有专用的厂房。非无菌原料药精制、干燥、粉碎、包装等生产操作的暴露环境应当按照D级洁净区的要求设置。

仅用于生产杀虫剂、消毒剂等制剂的原料药，其精制、干燥、粉碎、包装等生产操作的暴露环境可按照一般生产区的要求设置。

法定兽药质量标准规定可在商品饲料和养殖过程中使用的兽药制剂的原料药，其精制、干燥、粉碎、包装等生产操作的暴露环境可按照一般生产区的要求设置。

检查要点

1. 查看厂房车间设计图纸，厂房、生产设施和设备是否根据所生产兽药的特性、工艺流程及相应洁净度级别要求合理设计、布局和使用。现场检查是否有生产车间提高洁净级别的，查看相关文件，是否采取有效的控制措施，避免人流和物流、生产操作及清洁灭菌等对产品、环境造成污染、交叉污染以及生物安全风险。

2. 查看空气净化检测报告，各项指标是否符合《兽药生产质量管理规范（2020年修订）》、农业农村部公告第389号等相关要求。

3. 检查厂房、生产设施和设备的设计、布局和使用是否符合要求。

4. 无菌兽药应同时考虑是否满足《无菌兽药生产质量管理的特殊要求》第13条的要求。

5. 非无菌兽药应同时考虑是否满足《非无菌兽药生产质量管理的特殊要求》第3、4和24条的相关要求。

6. 原料药应同时考虑是否满足《原料药兽药生产质量管理的特殊要求》第2条的相关要求。

相关条款

040、041、042、043

039 一般生产区的门窗应能密闭（中药粗粉碎、杀虫剂、消毒剂等特殊品种除外），并根据不同的生产功能设置良好的除尘、排风、除湿和降温等设施。

检查要点

1. 检查一般生产区的门窗是否能密闭。

2. 检查是否根据不同的生产功能设置良好的除尘、排风、除湿和降温等设施。

条款说明

为控制中药粗粉碎过程中的粉尘，也可在门窗密闭的操作间中进行。

＊040

应根据兽药的特性、工艺等因素，确定厂房、生产设施和设备供多产品共用的可行性，并有相应的评估报告。涉及原料药时，还应符合《原料药生产质量管理的特殊要求》第 7 条的相关要求。

《原料药生产质量管理的特殊要求》第 7 条：

使用同一设备生产多种中间体或原料药品种的，应当说明设备可以共用的合理性，并有防止交叉污染的措施。

检查要点

1. 查看是否有多产品共用厂房、设施、设备的评估管理规程。

2. 检查是否按管理规程进行多产品共用厂房、设施、设备的风险评估，查看评估方案、检测数据、结果分析和评估结论。可检查其是否对公用设施和设备生产的产品的药理、毒理、适应症、用药途径、处方成分的分析、设施与设备结构、清洁方法和残留水平等项目进行风险评估，以此确定共用设施与设备的可行性。

3. 现场检查是否按风险评估后的有关要求和规定进行生产操作。

4. 原料药应同时考虑是否满足《原料药生产质量管理的特殊要求》第 7 条的相关要求。

相关条款

038、052、075

＊041

生产青霉素类等高致敏性兽药应使用相对独立的厂房、生产设施及专用的空气净化系统，分装室应保持相对负压，排至室外的废气应经净化处理并符合要求，排风口应远离其他空气净化系统的进风口。如需利用停产的该类车间分装其他产品时，则必须进行清洁处理，不得有残留并经测试合格后才能生产其他产品。空调排风系统，其排风应经过无害化处理。

检查要点

▲1. 检查是否具有相对独立的厂房、生产设施及专用的空气净化系统：

（1）是否具有独立的生产车间或独立建筑。

（2）是否具有独立的生产设施。

（3）空调机组、排风机组、送风、新风、回风、排风系统等是否仅供本生产线使用。

▲2. 分装室应保持相对负压：

（1）检查压差计，分装间与同级别的相邻区域、与轧盖间保持相对负压。

（2）分装间与轧盖间之间、轧盖间与灯检间（或外包间）之间的轨道传输口设置气流保护。

3. 排至室外的废气应经净化处理并符合要求，排风口应远离其他空气净化系统进风口：

（1）检查排出室外的废气的净化处理设施，如用碱液进行降解处理及空气过滤。

（2）检查室外排风口与其他空气净化系统进风口的距离、位置，评估污染风险。

（3）检查生产青霉素类等高致敏性兽药后排至室外的废气是否经净化处理，并有符合要求的残留检测合格的验证资料。

4. 生产青霉素类等高致敏性兽药停产后分装其他产品时：

（1）设施、设备、操作间等应进行清洁处理，并有残留检测合格的验证资料。

▲（2）检查多产品共用该生产线的风险评估资料。

相关条款

038

＊042 生产高生物活性兽药（如性激素类等）应使用专用的车间、生产设施及空气净化系统，并与其他兽药生产区严格分开。空调排风系统，其排风应经过无害化处理。

检查要点

▲1. 检查本车间是否与其他兽药生产车间完全分开，人流、物流不得有任何共用或交叉，检查现场是否有生产其他类产品的痕迹。

2. 检查生产设施、设备，如称量，混合，灌装（或分装），包装材料的清洗、烘干、灭菌设备等，是否是本车间专用。

3. 检查空气净化系统：

（1）空气净化系统的机组、送风、排风应为本车间独立系统。

（2）检查排风是否经过无害化处理，如灭活设施、排风过滤设施等。

（3）查看空气净化系统图纸，机组、送风、排风等应是独立的管道系统。

（4）查看排风无害化处理的相关规程、处理记录、验证及风险评估资料。

4. 查看生产记录、设备使用记录等，检查是否有在本车间生产其他类兽药产品的情况。

相关条款

038

＊043 生产吸入麻醉剂类兽药应使用专用的车间、生产设施及空气净化系统；配液和分装工序应保持相对负压，其空调排风系统采用全排风，不得利用回风方式。空调排风系统，其排风应经过无害化处理。

检查要点

▲1. 检查本车间是否与其他兽药生产车间完全分开，人流、物流不得有任何共用或交叉，检查现场是否有生产其他类产品的痕迹。

2. 检查生产设施、设备，如物料的称量，混合，灌装（或分装），包装材料的清洗、烘干、灭菌设备等，是否是本车间专用。

3. 检查空气净化系统：

（1）空气净化系统的机组、送风、排风应为本车间独立系统。

（2）配液和分装工序应有压差计，并保持相对负压。

▲（3）配液和分装工序空调排风系统应为全排风，无回风方式。

（4）排风应经过无害化处理，如排风的过滤设施等。

（5）查看空气净化系统图纸，机组、送风、排风等应是独立的管道系统，配液和分装工序为全排风、无回风设计。

（6）查看排风无害化处理的相关规程、处理记录、验证及风险评估资料。

4. 查看生产记录、设备使用记录等，检查是否有在本车间生产其他类兽药产品的情况。

相关条款

038

※044 对易燃易爆、腐蚀性强的消毒剂（如固体含氯制剂等）生产车间和仓库应设置独立的建筑物。

检查要点

1. 查看企业生产产品目录，是否生产本条款所列消毒剂品种。
2. 如涉及本条款所列消毒剂，其生产车间和仓库是否为独立的建筑物。
3. 检查该仓库内是否放置该生产线以外的其他产品。

条款说明

独立的建筑物：生产车间和仓库分别为独立建筑或生产车间和仓库共用同一独立建筑。

※045 粉剂、预混剂可共用车间，但应与散剂车间分开。

检查要点

检查粉剂、预混剂车间是否与散剂车间共用生产车间、生产设施和送风、排风、除尘系统。

条款说明

粉剂、预混剂可以共用同一车间，也可以分别是两个独立的车间。

046 散剂车间生产工序应从中药材拣选、清洗、干燥、粉碎等前处理开始，并根据中药材炮制、提取的需要，设置相应的功能区，配置相应设备。

检查要点

1. 查看散剂工艺规程，其生产工序是否从中药材拣选、清洗、干燥、粉碎等前处理开始，并有相关记录。
2. 检查是否根据需要设置中药材拣选、清洗、干燥、粉碎等功能区。
3. 检查是否根据需要设置中药材拣选、清洗、干燥、粉碎等相关设备。

相关条款

047、048

047 **直接入药的中药材和中药饮片的粉碎，应设置专用厂房（车间），其门窗应能密闭，并有捕尘、除湿、排风、降温等设施，且应与中药制剂生产线完全分开。**

检查要点

1. 检查直接入药的中药材和中药饮片的粉碎专用车间，是否与中药制剂生产线完全分开。

（1）检查该粉碎车间是否为专用车间，无其他产品的生产。

（2）查看工艺布局图和空调送排风图、除尘系统管道图等，本车间的设计是否为专用车间。

2. 现场检查相关设施：

（1）是否设置捕尘、除湿、排风、降温等设施。

（2）捕尘效果是否符合要求。

（3）排风设施是否能防止昆虫进入。

048 **中药材前处理的厂房内应当设拣选工作台，工作台表面应当平整、易清洁，不产生脱落物；根据生产品种所用中药材前处理工艺流程的需要，还应配备洗药池或洗药机、切药机、干燥机、粗碎机、粉碎机和独立的除尘系统等。**

检查要点

1. 检查中药材前处理的厂房内是否设置拣选工作台，工作台表面平整、易清洁，不产生脱落物。

2. 根据产品生产工艺进行检查：

（1）以原药材进行生产的中药材前处理，是否设置洗药池或洗药机、切药机、干燥机、粗碎机、粉碎机。

（2）以净药材进行生产的中药材前处理，是否设置切药机、干燥机、粗碎机、粉碎机。

（3）以饮片进行生产的中药材前处理，是否设置干燥机、粗碎机、粉碎机。

3. 检查中药材前处理车间是否有独立的除尘系统。

049 **中药提取、浓缩等厂房应当与其生产工艺要求相适应，有良好的排风、防止污染和交叉污染等设施；含有机溶剂提取工艺的，厂房应有防爆设施及有机溶剂监测报警系统。**

检查要点

1. 检查中药提取、浓缩等厂房是否设置良好的排风，以及防止污染和交叉污染的设施：

（1）检查中药提取、浓缩等厂房是否设置排风设施。

（2）检查投料区域，是否有专门的投料平台，用于生产的中药材或中药饮片不与中药废渣混用同一暂存区域。

（3）检查提取、浓缩、贮液、药液输送管道系统，是否能实现密闭、循环的清洗、消毒、灭菌，并有相应设施。

2. 检查含有机溶剂提取工艺的，是否设置防爆设施，检查防爆区内墙、仪表、开关、线路、灯具、排气扇等是否符合防爆要求，并有泄爆口。

3. 检查含有机溶剂提取工艺的，是否设置有机溶剂监测报警系统。

050 **中药提取、浓缩、收膏工序宜采用密闭系统进行操作，并在线进行清洁，以防止污染和交叉污染；对生产两种以上（含两种）剂型的中药制剂或生产有国家标准的中药提取物的，应在中药提取车间内设置独立的、功能完备的收膏间，其洁净度级别应不低于其制剂配制操作区的洁净度级别。**

检查要点

1. 检查中药提取相关设施设备：

（1）检查中药提取、浓缩、收膏工序无特殊工艺要求的，是否采用密闭系统进行操作。

（2）检查提取、浓缩、收膏等管道系统是否采用在线清洁方式。

（3）检查生产现场设施设备是否符合提取物（液）工艺规程要求。

（4）查看提取、浓缩、收膏等管道系统清洁规程，是否规定为在线清洁方式。

2. 检查生产两种以上（含两种）剂型的中药制剂是否在中药提取车间内设置独立的、功能完备的收膏间。

3. 检查生产有国家标准的中药提取物的相关设施设备：

（1）检查是否在中药提取车间内设置独立的、功能完备的收膏间。

（2）是否具备与所生产提取物相适应的功能间和设施设备，中药提取物的干燥、粉碎、混合等操作是否在本区域进行。

4. 检查中药收膏间的洁净度级别：

（1）检查收膏暴露工序的洁净度级别应不低于其制剂配制操作区的洁净度级别：

如生产颗粒剂、片剂、锭剂、口服液、最终灭菌注射液、最终灭菌注入剂等的提取物收料口的洁净级别应不低于D级，生产非最终灭菌注射液、非最终灭菌注入剂、冻干粉针剂等的提取物收料口的洁净级别应不低于C级，生产无菌分装粉针剂的提取物收料口的洁净级别应为B级环境下的A级或D级背景下的隔离操作器。

（2）查看空气净化检测报告，洁净度级别是否符合检查要点4（1）的要求。

051 **浸膏的配料、粉碎、过筛、混合等操作，其洁净度级别应当与其制剂配制操作区的洁净度级别一致。中药饮片经粉碎、过筛、混合后直接入药的，上述操作的厂房应当能够密闭，有良好的通风、除尘等设施，人员、物料进出及生产操作应当参照洁净区管理。**

检查要点

1. 查看空气净化检测报告，确认浸膏的配料、粉碎、过筛、混合等操作的洁净度级别是否与其制剂配制操作区的洁净度级别一致。

2. 中药饮片经粉碎、过筛、混合后直接入药的：

（1）检查厂房是否能够密闭，有良好的通风、除尘等设施。

（2）查看排风、除尘管道图纸，设置是否符合要求。

（3）查看人员、物料进出及生产操作等管理规程，是否参照洁净区管理。

052 **杀虫剂可与消毒剂共用生产车间，其厂房建筑、设施可采用耐腐蚀材料建设，但生产设备原则上不能共用。**

检查要点

1. 若杀虫剂与消毒剂共用生产车间，检查生产设备是否完全分开。

2. 核对企业所生产产品情况，如物料或产品具有腐蚀性，其厂房建筑、设施是否采用耐腐蚀材料。

评定参考

杀虫剂与消毒剂设备未完全分开，此条款判为N。

＊053 **兽药生产厂房不得用于生产非兽药产品。**

检查要点

检查车间、仓库等，并查看记录，是否存在生产非兽药产品的情况。

054 **生产区和贮存区应有足够的空间，确保有序地存放设备、物料、中间产品和成品，避免不同产品或物料的混淆、交叉污染，避免生产或质量控制操作发生遗漏或差错。**

检查要点

1. 了解企业的生产规模和生产流转情况，检查生产区空间面积是否合理。

2. 检查其生产操作区的面积是否能满足生产规模的要求，检查物料、中间产品、成品储存区域的面积和空间是否与生产规模相适应。

3. 检查生产区和贮存区（指生产车间内）的物料和产品是否做到有序存放。

4. 是否有防止混淆、交叉污染、差错或遗漏的有效措施。

5. 检查应关注以下区域：生产操作区、物料和产品中间站、物料缓冲间、物流走廊、模具间、容器具存放间等。

***055** **应根据兽药品种、生产操作要求及外部环境状况等配置空气净化系统，使生产区有效通风，并有温度、湿度控制和空气净化过滤，保证兽药的生产环境符合要求。**

检查要点

1. 查看空调净化系统平面布置图、洁净区平面布置图、洁净区换气次数（或风速）、温湿度监控标准，依据《无菌兽药生产质量管理的特殊要求》第 9 条的规定，确认是否与产品生产工序环境要求一致。

2. 查看空调净化机组和温湿度监测点、监测规程和数据。

3. 现场检查洁净室（区）的洁净级别、温湿度控制是否符合要求。

4. 检查空调机房，不同车间、不同洁净级别尽可能不共用同一系统；如共用，需要开展风险评估以证明可行性。

5. 新风口不宜设在室内，除非能证明不会对空气质量和人体健康造成明显影响。

056 **洁净区与非洁净区之间、不同级别洁净区之间的压差应不低于 10 帕斯**

卡。必要时，相同洁净度级别的不同功能区域（操作间）之间也应保持适当的压差梯度，并应有指示压差的装置和（或）设置监控系统。涉及无菌兽药时，还应符合《无菌兽药生产质量管理的特殊要求》第34条的相关要求。

《无菌兽药生产质量管理的特殊要求》第34条：

应设送风机组故障的报警系统。应当在压差十分重要的相邻级别区之间安装压差表。压差数据应当定期记录或者归入有关文档中。

1. 查看制定的压差梯度分布标准是否满足本条款要求。

2. 查看压差监测规程、空气净化检测报告和监测记录。

3. 对于同级别区域，考虑不同操作间压差的要求，为防止交叉污染，其他功能区与称量、粉碎、制粒、压片等产尘量大的房间应保持适当的压差梯度和气流流向。

4. 现场检查是否按要求安装压差计和（或）设置监控系统，压差监测数据是否符合法规要求和企业规定。

5. 无菌兽药应同时考虑是否满足《无菌兽药生产质量管理的特殊要求》第34条的要求。

＊057 生产不同类别兽药的洁净室（区）设计应符合相应的洁净度要求，包括达到“静态”和“动态”的标准。涉及无菌兽药时，还应符合《无菌兽药生产质量管理的特殊要求》第7、9条的相关要求。

《无菌兽药生产质量管理的特殊要求》第7条：

应当根据产品特性、工艺和设备等因素，确定无菌兽药生产用洁净区的级别。每一步生产操作的环境都应当达到适当的动态洁净度标准，尽可能降低产品或所处理的物料被微粒或微生物污染的风险。

《无菌兽药生产质量管理的特殊要求》第9条：

无菌兽药生产所需的洁净区可分为以下4个级别：

A级：高风险操作区，如灌装区、放置胶塞桶和与无菌制剂直接接触的敞口包装容器的区域及无菌装配或连接操作的区域，应当用单向流操作台（罩）维持该区的环境状态。单向流系统在其工作区域应当均匀送风，风速为0.45 m/s，不均匀度不超过±20%（指导值）。应当有数据证明单向流的状态并经过验证。

在密闭的隔离操作器或手套箱内，可使用较低的风速。

B级：指无菌配制和灌装等高风险操作A级洁净区所处的背景区域。

C级和D级：指无菌兽药生产过程中重要程度较低操作步骤的洁净区。

以上各级别空气悬浮粒子的标准规定如下表：

洁净度级别	悬浮粒子最大允许数/立方米			
	静态		动态[3]	
	≥0.5μm	≥5.0μm[2]	≥0.5μm	≥5.0μm
A级[1]	3520	不作规定	3520	不作规定
B级	3520	不作规定	352000	2900
C级	352000	2900	3520000	29000
D级	3520000	29000	不作规定	不作规定

注：(1) A级洁净区（静态和动态）、B级洁净区（静态）空气悬浮粒子的级别为ISO 5，以≥0.5μm的悬浮粒子为限度标准。B级洁净区（动态）的空气悬浮粒子的级别为ISO 7。对于C级洁净区（静态和动态）而言，空气悬浮粒子的级别分别为ISO 7和ISO 8。对于D级洁净区（静态）空气悬浮粒子的级别为ISO 8。测试方法可参照ISO 14644-1。

(2) 在确认级别时，应当使用采样管较短的便携式尘埃粒子计数器，避免≥5.0μm悬浮粒子在远程采样系统的长采样管中沉降。在单向流系统中，应当采用等动力学的取样头。

(3) 动态测试可在常规操作、培养基模拟灌装过程中进行，证明达到动态的洁净度级别，但培养基模拟灌装试验要求在"最差状况"下进行动态测试。

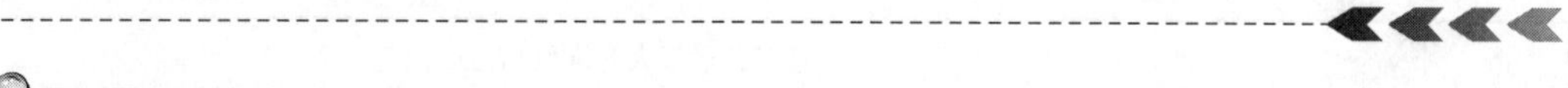

检查要点

1. 查看空气净化检测报告，不同类别兽药生产的洁净度要求是否达到《无菌兽药生产质量管理的特殊要求》第9条"静态"标准。

2. 查看企业悬浮粒子监测规程和记录，洁净度是否符合《无菌兽药生产质量管理的特殊要求》第9条"动态"标准。

3. 无菌兽药应同时考虑是否满足《无菌兽药生产质量管理的特殊要求》第7、9条的要求。

058 **无菌兽药生产的洁净区空气净化系统应保持连续运行，维持相应的洁净度级别。因故停机再次开启空气净化系统，应进行必要的测试以确认仍能达到规定的洁净度级别要求。**

检查要点

1. 查看无菌兽药生产的洁净区空气净化系统管理规程，是否有洁净区空气净化系统保持连续运行的有关规定或停机后开机的测试要求。

2. 查看空气净化系统运行记录，是否体现本条款相关要求。

※059　根据洁净度级别和空气净化系统确认的结果及风险评估确定悬浮粒子取样点的位置，并按照《无菌兽药生产质量管理的特殊要求》第9、10条的相关要求对洁净区的悬浮粒子进行日常动态监测。

《无菌兽药生产质量管理的特殊要求》第9条：

无菌兽药生产所需的洁净区可分为以下4个级别：

A级：高风险操作区，如灌装区、放置胶塞桶和与无菌制剂直接接触的敞口包装容器的区域及无菌装配或连接操作的区域，应当用单向流操作台（罩）维持该区的环境状态。单向流系统在其工作区域应当均匀送风，风速为0.45 m/s，不均匀度不超过±20%（指导值）。应当有数据证明单向流的状态并经过验证。

在密闭的隔离操作器或手套箱内，可使用较低的风速。

B级：指无菌配制和灌装等高风险操作A级洁净区所处的背景区域。

C级和D级：指无菌兽药生产过程中重要程度较低操作步骤的洁净区。

以上各级别空气悬浮粒子的标准规定如下表：

洁净度级别	悬浮粒子最大允许数/立方米			
	静态		动态[3]	
	≥0.5μm	≥5.0μm[2]	≥0.5μm	≥5.0μm
A级[1]	3520	不作规定	3520	不作规定
B级	3520	不作规定	352000	2900
C级	352000	2900	3520000	29000
D级	3520000	29000	不作规定	不作规定

注：(1) A级洁净区（静态和动态）、B级洁净区（静态）空气悬浮粒子的级别为ISO 5，以≥0.5μm的悬浮粒子为限度标准。B级洁净区（动态）的空气悬浮粒子的级别为ISO 7。对于C级洁净区（静态和动态）而言，空气悬浮粒子的级别分别为ISO 7和ISO 8。对于D级洁净区（静态）空气悬浮粒子的级别为ISO 8。测试方法可参照ISO 14644-1。

(2) 在确认级别时，应当使用采样管较短的便携式尘埃粒子计数器，避免≥5.0μm悬浮粒子在远程采样系统的长采样管中沉降。在单向流系统中，应当采用等动力学的取样头。

(3) 动态测试可在常规操作、培养基模拟灌装过程中进行，证明达到动态的洁净度级别，但培养基模拟灌装试验要求在“最差状况”下进行动态测试。

《无菌兽药生产质量管理的特殊要求》第10条：

应当按以下要求对洁净区的悬浮粒子进行动态监测：

（一）根据洁净度级别和空气净化系统确认的结果及风险评估，确定取样点的位置并进行日常动态监控。

（二）在关键操作的全过程中，包括设备组装操作，应当对A级洁净区进行悬浮粒子监测。生产过程中的污染（如活生物）可能损坏尘埃粒子计数器时，应当在设备调试操作和模拟操作期间进行测试。A级洁净区监测的频率及取样量，应能及时发现所有人为干预、偶发事件及任何系统的损坏。灌装或分装时，由于产品本身产生粒子或液滴，允许灌装点≥5.0μm的悬浮粒子出现不符合标准的情况。

（三）在B级洁净区可采用与A级洁净区相似的监测系统。可根据B级洁净区对相邻A级洁净区的影响程度，调整采样频率和采样量。

（四）悬浮粒子的监测系统应当考虑采样管的长度和弯管的半径对测试结果的影响。

（五）日常监测的采样量可与洁净度级别和空气净化系统确认时的空气采样量不同。

（六）在A级洁净区和B级洁净区，连续或有规律地出现少量≥5.0μm的悬浮粒子时，应当进行调查。

（七）生产操作全部结束、操作人员撤出生产现场并经15～20分钟（指导值）自净后，洁净区的悬浮粒子应当达到表中的“静态”标准。

（八）应当按照质量风险管理的原则对C级洁净区和D级洁净区（必要时）进行动态监测。监控要求、警戒限度和纠偏限度可根据操作的性质确定，但自净时间应当达到规定要求。

（九）应当根据产品及操作的性质制定温度、相对湿度等参数，这些参数不应对规定的洁净度造成不良影响。

检查要点

1. 查看空气净化系统确认报告和风险评估报告，悬浮粒子取样点的选择是否通过风险评估来确定，取样点的位置是否科学合理。

2. 查看悬浮粒子监测规程和日常动态监测记录，检查企业是否按要求进行动态监测。

3. 涉及A/B级区域的，查看成品批记录的审核是否包括悬浮粒子监测结果。

相关条款

199

＊060 **根据洁净度级别和空气净化系统确认的结果及风险评估确定微生物取样点的位置，并按照《无菌兽药生产质量管理的特殊要求》第11条的相关要求对洁净区的微生物进行日常动态监测。**

《无菌兽药生产质量管理的特殊要求》第11条：

应当对微生物进行动态监测，评估无菌生产的微生物状况。监测方法有沉降菌法、定量空气浮游菌采样法和表面取样法（如棉签擦拭法和接触碟法）等。动态取样应当避免对洁净区造成不良影响。成品批记录的审核应当包括环境监测的结果。

对表面和操作人员的监测，应当在关键操作完成后进行。在正常的生产操作监测外，可在系统验证、清洁或消毒等操作完成后增加微生物监测。

洁净区微生物监测的动态标准(1)如下：

洁净度级别	浮游菌 cfu/m^3	沉降菌（ϕ90mm） cfu /4 小时(2)	表面微生物	
			接触（ϕ55mm） cfu /碟	5 指手套 cfu /手套
A级	<1	<1	<1	<1
B级	10	5	5	5
C级	100	50	25	—
D级	200	100	50	—

注：(1) 表中各数值均为平均值。

(2) 单个沉降碟的暴露时间可以少于4小时，同一位置可使用多个沉降碟连续进行监测并累积计数。

检查要点

1. 查看空气净化系统确认报告和风险评估报告，微生物取样点的选择是否通过风险评估来确定，取样点的位置是否科学合理。

2. 查看微生物监测规程和日常动态监测记录，检查企业是否按要求进行动态监测。

3. 涉及A/B级区域的，查看成品批记录的审核是否包括微生物监测的结果。

相关条款

199

061 应制定适当的悬浮粒子与微生物监测警戒限度和纠偏限度。操作规程中应详细说明结果超标时需采取的纠偏措施。

检查要点

1. 查看企业是否制定悬浮粒子和微生物监测相关规程，所制定的警戒限度和纠偏限度是否合理。

2. 查看操作规程，是否详细说明结果超标时需采取的纠偏措施。

3. 现场检查操作人员，在监测结果超标时，纠偏措施是否及时合理。

条款说明

警戒限度：指系统的关键参数超出正常范围，但未达到纠偏限度，需要引起警觉，可能采取纠正措施的限度标准。

纠偏限度：指系统的关键参数超出可接受标准，需要进行调查并采取纠正措施的限度标准。

062 **无菌兽药生产的人员、设备和物料应通过气锁间进入洁净区，采用机械连续传输物料的，应用正压气流保护并监测压差。**

检查要点

1. 检查无菌兽药生产的人员更衣室或更衣后缓冲间是否设置气锁间，且能达到缓冲和空气自净的要求。

2. 检查无菌兽药生产的设备和物料是否通过气锁间进入洁净区，且能达到缓冲和空气自净的要求。

3. 检查采用机械连续传输物料的，是否采用正压气流进行保护，并安装压差监测设备。查看压差数据是否定期记录并归入有关文档中。

063 **在任何运行状态下，无菌兽药洁净区通过适当的送风应能够确保对周围低级别区域的正压，维持良好的气流方向，保证有效的净化能力。应特别保护已清洁的与产品直接接触的包装材料、器具，以及产品直接暴露的操作区域。当使用或生产某些有致病性、剧毒等物料与产品时，空气净化系统的送风和压差应适当调整，防止有害物质外溢。必要时，生产操作的设备及该区域的排风应作去污染处理（如排风口安装过滤器）。**

检查要点

1. 检查关键区域空气净化系统的验证资料，是否对风速、空气质量、气流组织、换气次数等确保净化能力的参数进行了考察；检查空气净化系统日常监测情况。

2. 检查已清洁的与产品直接接触的包装材料、器具及产品直接暴露的操作区域，是否有适合有效的净化保护措施。

3. 现场检查使用或生产特殊物料（如青霉素类等高致敏性兽药、性激素类高生物活性兽药、吸入麻醉剂类兽药等）的，空气净化系统是否保持相对负压；该区域的排风是否进行处理，避免污染。

相关条款

041、042、043

064 应当能够证明所用气流方式不会导致污染风险并有记录（如烟雾试验的录像）。

检查要点

查看单向流区域的气流流型录像，气流流向是否符合要求。

※065 生产无菌兽药时，原则上应设置单独的轧盖区域和适当的抽风装置。不单独设置轧盖区域的，应能证明轧盖操作对产品质量没有不利影响。

检查要点

1. 查看无菌兽药生产车间工艺平面图纸，结合现场检查，是否设置单独的轧盖区域和抽风装置。

2. 未单独设置轧盖区域的，是否通过验证及风险评估证明轧盖操作对产品质量没有不利影响。

※066 隔离操作器及其所处环境的设计，应能够保证相应区域空气的质量达到设定标准。物品进出隔离操作器应特别注意防止污染。隔离操作器所处环境取决于其设计及应用，无菌生产的隔离操作器所处的环境至少应为D级洁净区。

检查要点

1. 查看隔离操作器设备档案，企业是否根据产品特性和生产工艺制定用户需求标准（URS），选择合适的隔离操作器。

2. 查看隔离操作器确认记录，隔离系统内部和外部所处环境的空气质量，是否达到设定标准。用于无菌生产的隔离操作器是否安装在D级（含D级）以上洁净区。

3. 查看隔离操作器操作规程和监测记录，隔离操作器和隔离用袖管或手套系统是否按规程进行常规监测和检漏试验。

4. 查看操作人员培训记录，是否对隔离操作器运行和维护的操作规程进行培训。

条款说明

隔离操作器，是指配备B级（ISO 5级）或更高洁净度级别的空气净化装置，并能使其内部环境始终与外界环境（如其所在洁净室和操作人员）完全隔离的装置或系统。

相关条款

096

＊067 用于生产非最终灭菌产品的吹灌封设备至少应安装在C级洁净区环境中，设备自身应装有A级空气风淋装置，操作人员着装应符合A/B级洁净区的式样。在静态条件下，此环境的悬浮粒子和微生物均应达到标准，在动态条件下，此环境的微生物应达到标准。用于生产最终灭菌产品的吹灌封设备至少应安装在D级洁净区环境中。

检查要点

1. 检查生产非最终灭菌产品的吹瓶-灌装-封口技术是否符合以下要求：

（1）检查吹瓶-灌装-封口整个过程是否在A级条件下操作完成，设备自身是否装有A级空气风淋装置。

（2）设备安装的洁净环境是否在C级（含C级）以上洁净区。

（3）静态条件下，洁净环境的悬浮粒子和微生物是否达到标准，在动态条件下，洁净环境的微生物是否达到标准。

（4）操作人员的着装是否符合A/B级洁净区的式样。

2. 检查生产最终灭菌产品的吹瓶-灌装-封口设备是否安装在D级（含D级）以上洁净区环境中。

3. 检查吹瓶-灌装-封口前，是否有对塑料瓶中微粒的处置设施。

条款说明

吹瓶-灌装-封口设备，是指将热塑性材料吹制成容器并完成灌装和密封的全自动机器，可连续进行吹塑、灌装、封口（简称吹灌封）操作。

068 **洁净区的内表面（墙壁、地面、天棚）应平整光滑、无裂缝、接口严密、无颗粒物脱落，避免积尘，便于有效清洁，必要时应进行消毒。无菌兽药生产洁净区的清洁、消毒等应符合《无菌兽药生产质量管理的特殊要求》第43条的相关要求。**

《无菌兽药生产质量管理的特殊要求》第43条：

应当按照操作规程对洁净区进行清洁和消毒。一般情况下，所采用消毒剂的种类应当多于一种。不得用紫外线消毒替代化学消毒。应当定期进行环境监测，及时发现耐受菌株及污染情况。

检查要点

1. 检查洁净区的内表面（墙壁、地面、天棚等），是否平整光滑、无裂缝、无颗粒物脱落。

2. 检查洁净区的气密性，包括窗户、天棚及进入室内的管道、风口、灯具与墙壁或天棚的连接部位的密封情况，是否不易积尘、易于清洁。

3. 查看洁净区的维护、清洁、消毒管理规程、操作规程和记录，是否满足要求。

4. 无菌兽药应同时考虑是否满足《无菌兽药生产质量管理的特殊要求》第43条的要求：

（1）应按照操作规程对洁净区进行清洁和消毒。一般情况下，洁净区所采用消毒剂的种类应多于一种。不得用紫外线消毒替代化学消毒。

（2）查看是否定期进行环境监测，及时发现耐受菌株及污染情况。

（3）应监测消毒剂和清洁剂的微生物污染状况，配制后的消毒剂和清洁剂应当存放在清洁容器内，存放期不得超过规定时限。A/B级洁净区应当使用无菌的或经无菌处理的消毒剂和清洁剂。

069 **各种管道、工艺用水的水处理及其配套设施、照明设施、风口和其他公用设施的设计和安装应避免出现不易清洁的部位，应尽可能在生产区外部对其进行维护。为减少尘埃积聚并便于清洁，洁净区内货架、柜子、设备等不得有难清洁的部位。门的设计应便于清洁。**

检查要点

1. 检查各种管道、工艺用水的水处理及其配套设施、照明设施、风口以及其他公用设施，其设计和安装是否便于清洁，并考查维护工作是否尽可能在生产区外部进行。

2. 检查对厂房定期检查、维护的管理制度和记录。

3. 检查洁净区内货架、柜子、设备和门，其材质、形状、安装、设计是否便于清洁。

＊070 与无菌兽药直接接触的干燥用空气、压缩空气和惰性气体应经净化处理，其洁净程度、管道材质等应与对应的洁净区的要求相一致。应当定期检查气体除菌过滤器和呼吸过滤器的完整性。

检查要点

1. 检查与无菌兽药直接接触的气体的净化处理系统的安装是否齐全，是否安装终端过滤器。

2. 查看施工验收文件，检查管道材质是否与对应的洁净区的要求相一致。

3. 查看相应的验证资料，验证结果是否能证明与无菌兽药直接接触的干燥用空气、压缩空气和惰性气体的洁净程度与对应的洁净区的要求相一致。

4. 查看气体除菌过滤器和呼吸过滤器完整性检查的相关规定及记录，制定的过滤器检查周期是否合理。

＊071 排水设施应大小适宜，并安装防止倒灌的装置。无菌生产的A/B级洁净区内禁止设置水池和地漏。在其他洁净区内，水池或地漏应有适当的设计、布局和维护，并安装易于清洁且带有空气阻断功能的装置以防倒灌。同外部排水系统的连接方式应能够防止微生物的侵入。

检查要点

1. 检查地漏、水池等排水设施的位置、区域、安装情况，地漏、水池是否有防止倒灌的装置，是否易清洁耐腐蚀。设备排水与地漏是否分开设置，是否利用地漏作为设备排水口。洁净区内是否设置排水沟。

2. 无菌兽药还应关注，无菌生产的A/B级洁净区内是否设置水池和地漏。在其他洁净区内，水池或地漏是否有适当的设计、布局和维护，是否安装易清洁且带有空气阻断功能的装置以防倒灌。同外部排水系统的连接方式是否能够防止微生物的侵入。

3. 查看水池、地漏是否有管理制度和操作规程，内容是否符合要求，是否有维护记录。

评定参考

除特殊规定外，无菌生产的A/B级洁净区内设置有水池或地漏的，此条款判为N。

072 制剂的原辅料称量通常应在专门设计的称量室内进行。

检查要点

1. 检查无菌兽药的原辅料称量是否设置负压称量室。

2. 检查粉剂、预混剂、散剂的称量操作是否设置在独立的功能间内，并具备除尘控制设施。

3. 口服溶液剂与最终灭菌注射剂如共用生产车间时，口服溶液剂与注射剂的称量间是否各自单独设置。

4. 注射剂车间如涉及称量炭的，称量炭与原辅料称量是否分别设置，如在同一称量间，检查是否有各自独立的负压称量设施。

条款说明

负压称量室，是一种可以形成负压垂直层流，在其中进行称量操作可以避免危害到操作人员或称量室外部区域的空气净化设备。

评定参考

除特殊规定外，未按要求配备专门的称量室和称量设施的，或口服溶液剂与最终灭菌注射剂共用称量室的，此条款判为N。

*073 产尘操作间（如干燥物料或产品的取样、称量、混合、包装等操作间）应保持相对负压或采取专门的措施，防止粉尘扩散、避免交叉污染并便于清洁。产尘量大的洁净室（区）经捕尘处理仍不能避免交叉污染时，其空气净化系统不得利用回风。

检查要点

1. 确认产尘操作间是否设计为相对负压并进行有效监控，是否满足上述要求。现场检查压差监控装置和监测数据。

2. 如无相对负压，考查是否采用其他有效的专门措施，如称量操作单元和独立的除尘系统等。

产尘操作间一般包括干燥、粉碎、称量、混合、分装等房间或区域。

相关条款

039、047、048、051、074、221

074 **粉剂、预混剂、散剂车间应设置独立的中央除尘系统，在粉尘产生点配备有效除尘装置，称量、投料等操作应在单独除尘控制间中进行。**

检查要点

1. 检查粉剂、预混剂、散剂车间是否设置中央除尘系统，是否利用空调回风进行除尘。

2. 粉尘产生点是否有设备除尘或单点除尘等装置。

3. 称量、投料等操作是否设在单独除尘控制间进行。

4. 查看是否有除尘系统清洁规程，按规程执行并记录。

相关条款

047、048、051、073、221

075 **用于兽药包装的厂房或区域应合理设计和布局，以避免混淆或交叉污染。如同一区域内有数条包装线同时进行包装时，应采取隔离或其他有效防止污染、交叉污染或混淆的措施。**

检查要点

1. 检查包装操作区的布局设计是否符合本条款要求。

2. 检查包装材料（以下简称“包材”）暂存间的空间、位置是否与生产相适应。

3. 如同一区域内有数条包装线，检查不同产品的包装是否采取了隔离或其他有效防止污染、交叉污染或混淆的措施。

4. 查看包装相关管理文件，确认是否有多条生产线同时生产。如有，其规定的措施是否能有效防止污染、交叉污染或混淆。

条款说明

包装操作包括内包装和外包装。

相关条款

215、238

076 **生产区应根据功能要求提供足够的照明，目视操作区域的照明应满足操作要求。**

检查要点

1. 检查生产区是否有照明设施，其照度是否满足生产操作、清洗、设备维护保养等要求。对于有避光要求的产品，应检查照明光源是否符合要求。

2. 查看厂房施工验收报告中照度检测数据，是否符合规定。

相关条款

034、079、083

077 **生产区内可设中间产品检验区域，但中间产品检验操作不得给兽药带来质量风险。涉及原料药时，还应符合《原料药生产质量管理的特殊要求》第4条的相关要求。**

《原料药生产质量管理的特殊要求》第4条：

质量控制实验室通常应当与生产区分开。当生产操作不影响检验结果的准确性，且检验操作对生产也无不利影响时，中间控制实验室可设在生产区内。

检查要点

1. 检查中间产品检验区域是否对生产操作产生影响，是否可能给兽药带来质量风险。

2. 如设有中间产品检验区域，是否有相应的检测设备和器具。

3. 原料药应同时考虑是否满足《原料药生产质量管理的特殊要求》第4条的要求。

条款说明

中间控制一般在单独、专用的操作间进行；对于包装的中间过程控制一般在包装生产（线）区域内设置过程控制台。

相关条款

088

078 **仓储区应有足够的空间，确保有序存放待验、合格、不合格、退货或召回的原辅料、包装材料、中间产品和成品等各类物料和产品。**

检查要点

1. 查看企业是否有相关的管理文件，内容是否符合要求。

2. 根据企业生产情况、相关物料情况、成品的数量，查看仓储区分区情况，判断仓储区面积、空间是否满足生产要求，分区是否合理。

3. 检查物料和产品在仓储区是否按品种、批次分类存放，是否确保有序转运并按不同质量状态控制有序存放，防止混淆。

079 **仓储区的设计和建造应确保良好的仓储条件，并有通风和照明设施。仓储区应能够满足物料或产品的贮存条件（如温湿度、避光）和安全贮存的要求，并进行检查和监控。涉及中药制剂时，还应符合《中药制剂生产质量管理的特殊要求》第20条的相关要求。**

《中药制剂生产质量管理的特殊要求》第20条：

仓库内应当配备适当的设施，并采取有效措施，保证中药材和中药饮片、中药提取物以及中药制剂按照法定标准的规定贮存，符合其温、湿度或照度的特殊要求，并进行监控。

检查要点

1. 查看仓储区平面布局图是否符合要求。

2. 现场检查贮存条件：仓储区是否能满足物料或产品的贮存条件（如温度、光照）和安全贮存的控制要求。

3. 检查温、湿度计的放置位置是否合理，温、湿度调控设施和照明、通风设施，特殊贮存条件是否符合要求。

4. 查看温度、湿度控制管理文件，物料、成品贮存管理文件是否符合要求。

5. 查看库房温、湿度监控点的选择，是否通过适当评估来确定，必要时应进行温度分布试验。查看温、湿度定期监测及调控的记录，监控记录是否连续有可追溯性。

6. 中药制剂应同时考虑是否满足《中药制剂生产质量管理的特殊要求》第 20 条的要求。

034、083

080 中药材、中药饮片和提取物应贮存在单独设置的库房中，并配置相应的防潮、通风、防霉等设施，毒性和易串味的中药材和中药饮片应分别设置专库（柜）存放。贮存鲜活中药材应有适当的设施（如冷藏设施）。

检查要点

1. 检查是否有单独的中药材、中药饮片和提取物贮存库房，库房是否有相应的防潮、通风、防霉等设施。

2. 毒性药材、易制毒药材和易串味药材或饮片，是否分别设置专库（柜）存放。

3. 鲜活中药材（如鲜鱼腥草），是否有冷藏设施进行贮存。

4. 查看仓储区相关管理文件及监测记录等。

评定参考

除特殊规定外，未设置单独的中药材、中药饮片或提取物贮存库房的，此条款判为 N。

079

081 中药提取后的废渣如需暂存、处理时，应当有专用区域。

检查要点

1. 如中药废渣需在厂区内暂存，检查是否设置中药废渣暂存专用区域，该区域不得影响其他兽药生产和检验，并符合环保等相关要求。

2. 如中药废渣直接转运至厂区外，检查是否有及时处理的有效措施。查看是否有委托处理协议或相关证明材料。

3. 查看中药废渣暂存或处理等管理制度，是否符合要求，有可操作性。

4. 查看中药废渣暂存及处理记录，记录是否完整并有可追溯性，如及时处理，其处理记录应能证明其及时性。

082 如采用单独的隔离区域贮存待验物料或产品，待验区应有醒目的标识，且仅限经批准的人员出入。不合格、退货或召回的物料或产品应隔离存放。如果采用其他方法替代物理隔离，则该方法应具有同等的安全性。

检查要点

1. 检查待验的物料或产品是否存放在单独隔离区域内，并有醒目的标识。

2. 检查企业是否对不合格、退货或召回的物料或产品隔离存放，如果采用其他方法替代物理隔离，企业需通过风险评估或验证以证明该方法具有同等的安全性。

3. 检查是否有待验区人员出入的管理规定及落实执行情况。

评定参考

除特殊规定外，不合格、退货或召回的物料或产品无物理隔离措施，或采用的其他方法替代物理隔离不具有同等安全性的，此条款判为 N。

相关条款

078、148、158、311

＊083 易燃、易爆和其他危险品的生产和贮存的厂房设施应符合国家有关规定。兽用麻醉药品、精神药品、毒性药品的贮存设施应符合有关规定。

检查要点

1. 检查易燃、易爆和其他危险品的生产和贮存的厂房设施是否符合国家有关规定。

▲（1）易燃、易爆和其他危险品库房应为独立建筑或设在相对独立区域。

▲（2）仓库建筑的防火、防爆设施应满足消防要求。

（3）使用、存放和生产易燃、易爆产品的管道和贮存设施应无破损、残缺、渗漏、变形；厂房应通风良好。

▲（4）液体强酸、强碱物料贮罐周围应设有防泄漏的措施。

▲（5）对中药提取、化学合成工艺过程中需使用易燃、易爆有机溶剂的，其车间的建筑和设施应符合防爆要求。

（6）应有避雷设施。

2. 检查兽用麻醉药品、精神药品、毒性药品及其他有害物料贮存设施是否符合有关规定。

▲（1）应当具有独立或者隔离的仓库，或者独立的存放柜。

▲（2）应安装专用防盗门，实行双人双锁管理。

（3）应具有相应的防火设施。

（4）应有足够的消防器具，消防路线应畅通。

3. 查看相关的管理制度和操作规程：

（1）应有易燃、易爆和其他危险品仓储的管理制度。

（2）应有兽用麻醉药品、精神药品、毒性药品的管理制度。

（3）应有易燃、易爆和其他危险品泄漏的安全防范管理制度和操作规程。

（4）应有相应的贮存、出入库、使用、生产等记录。

评定参考

除特殊规定外，易燃、易爆和其他危险品库房为非独立建筑或未设在相对独立区域的，或兽用精神药品、麻醉药品、毒性药品及其他有害物料和产品未设立独立或者隔离的仓库、存放柜的，此条款判为N。

相关条款

044、049、157

084 高活性的物料或产品以及印刷包装材料应贮存于安全的区域。

检查要点

1. 查看企业是否对物料和产品的活性进行评估分类。

2. 检查高活性的物料或产品、印刷包装材料的贮存区域，是否符合安全防护、防盗、防丢、安全贮存等要求。

3. 查看相应的管理制度和记录。

085 接收、发放和销售区域及转运过程应能够保护物料、产品免受外界天气

（如雨、雪）的影响。接收区的布局和设施，应能够确保物料在进入仓储区前可对外包装进行必要的清洁。

检查要点

1. 检查仓储区是否设置接收、发放和转运区域，是否设有可避免物料和产品不受外界天气（如雨、雪）影响的设施。

2. 检查物料接受区域的布局和设施是否合理，并有设施方便对物料外包装进行清洁。

3. 查看是否有相关的管理制度和操作规程，内容具有可操作性并符合要求。

086 贮存区域应设置托盘等设施，避免物料、成品受潮。

检查要点

1. 检查仓储区是否设置有避免物料、成品受潮的设施，如托盘、立体货架等。

2. 检查仓储区设置的托盘、立体货架的数量或容积是否与生产规模相适应。

相关条款

080

087 仓储区应有单独的物料取样区，取样区的空气洁净度级别应与生产要求相一致。如在其他区域或采用其他方式取样，应能够防止污染或交叉污染。

检查要点

1. 查看取样区的空气洁净度级别设置是否与生产要求一致。

2. 检查取样区的设施、位置、条件，是否便于操作，在取样过程中是否存在物料污染、交叉污染、混淆和差错风险。

3. 查看取样区的相关管理规定和记录数据，包括取样区环境监测。

4. 如果在生产和质量检验操作区域进行取样，查看是否有防止污染、交叉污染、混淆和差错的相关规定。

评定参考

无菌兽药物料取样采用“一般区＋采样车”方式的，此条款判为 N。

相关条款

255

＊088 质量控制实验室通常应与生产区分开。根据生产品种，应有相应符合无菌检查、微生物限度检查和抗生素微生物检定等要求的实验室。生物检定和微生物实验室应分开。当生产操作不影响检验结果的准确性，且检验操作对生产也无不利影响时，中间控制实验室可设在生产区内。

检查要点

1. 查看质量检验室布局图，是否与生产区分开。

2. 检查各类检验室的设置，是否与生产品种、生产规模、检验项目相适应。

3. 根据检验需要设置无菌检查室、微生物限度检查室、阳性菌实验室、抗生素微生物检定（俗称效价测定）实验室，布局设计应符合《中华人民共和国兽药典》要求：

（1）无菌检查应在B级背景下的A级单向流洁净区域或D级背景下的隔离系统中进行，微生物限度检查应在不低于D级背景下的B级单向流空气区域或D级背景下的生物安全柜下进行。阳性菌实验室、抗生素微生物检定实验室可为一般区域或D级环境，阳性菌检查应设置生物安全柜。

（2）无菌检查室、阳性菌实验室、抗生素微生物检定实验室的空气净化系统应独立分别设置。如阳性菌实验室与微生物限度检查室共用空气净化系统时，阳性菌实验室排风应采用全排风方式。

4. 查看是否有微生物检验室相关管理规程、操作规程和使用记录。

5. 设置于生产区内的中间控制实验室，检查其检验操作是否与生产操作之间产生不利影响。

相关条款

077

089 实验室的设计应确保其适用于预定的用途，并能够避免混淆和交叉污染，应有足够的区域用于样品处置、留样和稳定性考察样品的存放以及记录的保存。涉及中药制剂时，还应符合《中药制剂生产质量管理的特殊要求》第15条的相关要求。

《中药制剂生产质量管理的特殊要求》第 15 条：

中药标本室应当与生产区分开。

检查要点

1. 查看实验室布局图。实验室一般设有样品处置间、试剂和标准品的接收/贮存区、清洁洗涤区、特殊作业区（如高温设备室）、留样观察室、稳定性考察室、理化分析室、仪器分析室、微生物检测室等。

（1）样品处置间能满足样品的接收、登记、收纳及分发等。

（2）留样室应满足不同贮存条件要求的各类产品的留样观察，通常有普通留样室、阴凉留样室，根据需要设置温度调节、遮光、通风、除湿等设施或设备。

（3）应有专门的稳定性考察实验室，并根据不同贮存条件要求的产品特性，设置适当的稳定性考察设备。

2. 查看实验室的布局设计是否合理，各分区之间和内部是否能够避免混淆和交叉污染。

3. 检查样品处置区、留样区、稳定性考察室样品的存放及记录保存等是否有足够的空间。

4. 中药制剂应同时考虑是否满足《中药制剂生产质量管理的特殊要求》第 15 条的要求。

090 有特殊要求的仪器应设置专门的仪器室，使灵敏度高的仪器免受静电、震动、潮湿或其他外界因素的干扰。

检查要点

1. 检查有特殊要求（如环境温湿度、气流、震动、静电等）的检验仪器（如红外光谱仪、原子吸收光谱仪等）的存放和运行环境是否可避免受到外界干扰，或者放在设有相应控制措施的专门仪器室内。

2. 查看精密仪器室管理规程。

评定参考

检查要点 1 不符合，此条款判为 N。

091 处理生物样品等特殊物品的实验室应符合国家的有关要求。

检查要点

处理生物样品等特殊物品的实验室应符合兽用生物制品生产和检验用菌（毒、虫）种管理的相关要求。

条款说明

生产检验用菌（毒、虫）种的制备和检定，应在与其微生物类别相适应的生物安全实验室和动物生物安全实验室内进行。不同菌（毒、虫）种不得在同一实验室内同时操作；同种的强毒、弱毒应分别在不同实验室内进行。属于一、二类动物病原菌（毒、虫）种的操作应在规定生物安全级别的实验室或动物实验室内进行；操作人畜共患传染病的病原菌（毒、虫）种时，应注意操作人员的防护。

092 需使用动物进行检验的兽药产品，可采取自行设置检验用动物实验室或委托其他单位进行有关动物实验。接受委托检验的单位，其检验用动物实验室必须具备相应的检验条件，并应符合相关规定要求。采取委托检验的，委托方对检验结果负责。实验动物房应与其他区域严格分开，其设计、建造应符合国家有关规定，并设有专用的空气处理设施以及动物的专用通道。

检查要点

1. 查看企业产品清单目录，是否涉及动物实验检验。

2. 企业自行设置实验动物房的，其设置是否符合国家有关规定：

（1）查看实验动物房布局图，现场检查其是否与其他区域严格分开。设计、建造应符合国家有关规定（如 GB 14925《实验动物环境及设施》），并设有专用的空气处理设施以及动物的专用通道。

（2）查看实验设施是否符合国家有关规定的证明文件，包括《实验动物生产许可证》和《实验动物使用许可证》；实验动物符合国家有关规定的证明文件，如清洁级、SPF 级等。

（3）查看实验动物房的管理规程、产品检验操作规程及检验记录。

3. 采用动物实验委托检验的：

（1）接受委托检验的单位是否有相关资质，具备相应的检验条件（证明文件和评估报告）。

（2）与接受委托检验的单位是否有合作协议或合同。

（3）每批产品是否均有委托实验的检验报告。

既无检验用动物房，也没进行委托检验的，此条款判为 N。

093 休息室的设置不得对生产区、仓储区和质量控制区造成不良影响。

检查要点

检查休息室的位置和环境，不得对生产区、仓储区和质量控制区造成不良影响。

094 更衣室和盥洗室应方便人员进出，并与使用人数相适应。盥洗室不得与生产区和仓储区直接相通。涉及无菌兽药时，还应符合《无菌兽药生产质量管理的特殊要求》第 30、31 条的相关要求。

《无菌兽药生产质量管理的特殊要求》第 30 条：

应当按照气锁方式设计更衣室，使更衣的不同阶段分开，尽可能避免工作服被微生物和微粒污染。更衣室应当有足够的换气次数。更衣室后段的静态级别应当与其相应洁净区的级别相同。必要时，可将进入和离开洁净区的更衣间分开设置。一般情况下，洗手设施只能安装在更衣的第一阶段。

《无菌兽药生产质量管理的特殊要求》第 31 条：

气锁间两侧的门不得同时打开。可采用连锁系统或光学或（和）声学的报警系统防止两侧的门同时打开。

1. 更衣室和盥洗室应满足人员进出。

2. 盥洗室不得与生产区和仓储区直接相通。

3. 无菌兽药应同时考虑是否满足《无菌兽药生产质量管理的特殊要求》第 30、31 条的相关要求。

095 维修间应尽可能远离生产区。存放在洁净区内的维修用备件和工具，应放置在专门的房间或工具柜中。

检查要点

1. 设置的维修间应尽量远离生产区。
2. 检查洁净区内的维修用备件和工具，是否放置在专门的房间或工具柜中。
3. 查看企业对工具带入洁净区是否有严格控制的流程。

第四章 设　　备

096 **设备的设计、选型、安装、改造和维护必须符合预定用途，应尽可能降低产生污染、交叉污染、混淆和差错的风险，便于操作、清洁、维护以及必要时进行的消毒或灭菌。涉及吹灌封技术的，还应符合《无菌兽药生产质量管理的特殊要求》第18条的要求。涉及原料药时，还应符合《原料药生产质量管理的特殊要求》第6条的相关要求。**

《无菌兽药生产质量管理的特殊要求》第18条：

因吹灌封技术的特殊性，应当特别注意设备的设计和确认、在线清洁和在线灭菌的验证及结果的重现性、设备所处的洁净区环境、操作人员的培训和着装，以及设备关键区域内的操作，包括灌装开始前设备的无菌装配。

《原料药生产质量管理的特殊要求》第6条：

生产宜使用密闭设备；密闭设备、管道可以安置于室外。使用敞口设备或打开设备操作时，应当有避免污染的措施。

1. 检查企业是否制定了设备的设计、选型、安装、改造和维护等方面的管理规程。检查是否有竣工图，包括工艺设备和公用系统，应检查其设备变更管理记录。

2. 生产设备是否设计合理，满足预定用途需求。对于定制设备，应对设备、设施供应商的设计方案与URS（用户需求说明）的符合程度进行确认；对于商业成熟设备，需要进行符合性检查。

安装位置应方便使用、清洁、消毒和日常保养。

3. 现场检查并查阅设备管理文件，注意以下几点：

（1）所选设备的材质。设备内表面应光滑平整，便于清洁，不应生锈、不产生脱落物、不得吸附和污染产品。

（2）清洗、消毒/灭菌的方法和一般周期。不能移动的设备应有原位清洗的设施。

（3）设备应安装在适当位置，不遮挡通风口，便于设备生产操作、清洗消毒/灭菌、维护，需清洗和灭菌的零部件应易于拆装。根据生产工艺要求查看设备是否具备必要的密闭性、空气过滤设施等。

（4）生产设备应在生产工艺规定的参数范围内运行。

4. 无菌兽药涉及吹灌封技术的，应同时考虑是否满足《无菌兽药生产质量管理的特殊要求》第 18 条的相关要求。

5. 原料药应同时考虑是否满足《原料药生产质量管理的特殊要求》第 6 条的相关要求：

（1）生产宜使用密闭设备；密闭设备、管道可以安置于室外。使用敞口设备或打开设备操作时，应当有避免污染的措施。

（2）使用同一设备生产多种中间体或原料药品种的，应当说明设备可以共用的合理性，并有防止交叉污染的措施。

097 **无菌兽药生产设备及辅助装置的设计和安装，应尽可能便于在洁净区外进行操作、保养和维修。需灭菌的设备应尽可能在完全装配后进行灭菌。**

检查要点

1. 检查无菌兽药生产设备及辅助装置，应注意以下几点：

（1）无菌兽药生产设备及辅助装置的设计和安装，是否便于在洁净区外进行操作、保养和维修。

（2）需灭菌的设备是否尽可能在完全装配后进行灭菌。

2. 查阅相关设备管理文件。

098 **应建立设备清洁、维护和维修的操作规程，以保证设备的性能，应按规程执行并记录。**

检查要点

1. 查看企业是否制定了设备使用、清洁、维护和维修操作规程，其内容是否规范、全面、有可操作性。

2. 操作记录是否清晰、准确、及时，记录保存是否完整。

099 **主要生产和检验设备、仪器、衡器均应建立设备档案，内容包括：生产厂家、型号、规格、技术参数、说明书、设备图纸、备件清单、安装位置及竣工图，**

以及检修和维修保养内容及记录、验证记录、事故记录等。

1. 检查企业是否对主要生产和检验设备、仪器、衡器建立了设备档案，每台设备是否有唯一编号；检查设备档案内容是否包涵了本条款规定的内容。

2. 检查企业是否建立和保存了设备采购、安装、确认的文件和记录，对影响产品质量、工艺参数、产率、可能引入污染的设备应尤其关注。

3. 检查上述文件和记录内容是否全面，能否为设备确认、变更控制、系统性回顾等工作的有效实施建立完善的基础管理机制。

100 **生产设备应避免对兽药质量产生不利影响。与兽药直接接触的生产设备表面应平整、光洁、易清洗或消毒、耐腐蚀，不得与兽药发生化学反应、吸附兽药或向兽药中释放物质而影响产品质量。涉及无菌兽药时，还应符合《无菌兽药生产质量管理的特殊要求》第 36、41 条的相关要求。**

《无菌兽药生产质量管理的特殊要求》第 36 条：

除传送带本身能连续灭菌（如隧道式灭菌设备）外，传送带不得在 A/B 级洁净区与低级别洁净区之间穿越。

《无菌兽药生产质量管理的特殊要求》第 41 条：

过滤器应当尽可能不脱落纤维。严禁使用含石棉的过滤器。过滤器不得因与产品发生反应、释放物质或吸附作用而对产品质量造成不利影响。

1. 查看体现本条款要求的文件，包括如生产设备的设计对兽药质量影响的分析、用户需求的确定、设备安装等。

2. 检查设备材质的选择是否有满足上述要求的支持性依据，如：

（1）检查设备是否有不易清洗的死角。与兽药直接接触的设备、容器、工具表面是否光洁、易清洗或消毒、耐腐蚀。

（2）与药液接触的设备、容器具、管路、阀门、输送泵等是否能满足工艺中耐腐蚀的要求。

（3）检查滤材材质的证明材料，过滤装置是否吸附药液组分、释放异物。

3. 无菌兽药应同时考虑是否满足《无菌兽药生产质量管理的特殊要求》第 36、

41条的相关要求：

（1）除传送带本身能连续灭菌（如隧道式灭菌设备）外，传送带不得在A/B级洁净区与低级别洁净区之间穿越。

（2）安装在跨越两个洁净级别不同的房间或墙面的设备（特别是联动线），应采取隔断装置或其他防止交叉污染的措施。

（3）过滤器应当尽可能不脱落纤维。严禁使用含石棉的过滤器。过滤器不得因与产品发生反应、释放物质或吸附作用而对产品质量造成不利影响。

＊101　生产、检验设备的性能、参数应能满足设计要求和实际生产需求，并应配备有适当量程和精度的衡器、量具、仪器和仪表。相关设备还应符合实施兽药产品电子追溯管理的要求。

检查要点

1. 对照企业生产产品的品种、剂型、工艺、生产规模和产品质量要求，检查所配置的生产、检验设备是否与之相适应。

2. 在检查中应结合质量标准、工艺参数的管理要求，检查计量器具是否具有适当的精度和合适的测量范围。

3. 检查二维码扫码读码设备及相关设备管理文件，确认是否符合实施兽药产品电子追溯管理的要求。

＊102　粉剂、散剂、预混剂的混合设备应具备良好的混合性能，混合、干燥、粉碎、暂存、主要输送管道等与物料直接接触的设施设备内表层，均应使用具有较强抗腐蚀性能的材质，并在设备确认时进行检查。粉剂、中药提取物制成的散剂的最终混合设备容积不小于1立方米，其他散剂、预混剂一般不小于2立方米。

检查要点

1. 检查粉剂、散剂、预混剂的混合设备，并查看设备档案及设备确认记录，是否满足相关产品混合均匀度的要求。

2. 查看混合、干燥、粉碎、暂存、主要输送管道等与物料直接接触的设施设备档案和设备确认文件，是否按规定使用具有较强抗腐蚀性能的材质，并在设备确认时进行检查。

3. 现场检查设备情况，并查看设备说明书等档案材料，确认粉剂、中药提取物制成的散剂的最终混合设备容积不小于1立方米，其他散剂、预混剂一般不小于2立方米。必要时，可现场测量设备尺寸并计算确认。

评定参考

除农业农村部另有规定外，粉剂、中药提取物制成的散剂的最终混合设备容积达不到 1 立方米，其他散剂、预混剂达不到 2 立方米要求的，此条款判为 N。

103 **粉剂、散剂、预混剂的分装工序应根据产品特性，配置符合各类制剂装量控制要求的自动上料、分装、密封等自动化联动设备，并配置适宜的装量监控装置。**

检查要点

1. 检查粉剂、散剂、预混剂的分装设备，是否配置符合各类制剂生产所需的自动上料、分装、密封等自动化联动设备。

2. 检查分装设备是否配置适宜的装量监控装置，其装量控制精度是否符合要求。

* **104** **中药提取设备应与其产品生产工艺要求相适应，提取单体罐容积不得小于 3 立方米。**

检查要点

1. 对照企业中兽药产品生产工艺，检查中药提取设备是否齐全，是否按照生产品种的质量标准、工艺要求和生产规模合理配置。

2. 提取单体罐容积不得小于 3 立方米，与其配套使用的浓缩、精制、过滤等设备的性能规模是否与之相匹配。

3. 中药提取后浸膏需要进行干燥的，是否根据生产工艺需要配置相应的喷雾干燥等干燥设备。

条款说明

1. 中药提取主要设备包括提取罐（煎煮罐、渗漉罐或多功能提取罐）、储液罐、浓缩设备、乙醇配制罐、乙醇储罐、沉淀罐、贮藏设施设备、过滤装置、干燥设备等。

2. 以中药挥发油作为制剂原料的产品、采用回流提取工艺的，其提取设施系统应密闭，并有冷却系统装置。其中采用中药挥发油作为制剂原料的产品还应设有分离、收集挥发油的装置，并配置芳香水储罐。

评定参考

除有特殊规定（如仅生产中药提取蚕用专用药的企业）外，提取单体罐容积达不到条款要求的，此条款判为N。

105 **应根据设施、设备等不同情况，配置相适应的清洗系统（设施），并防止这类清洗系统（设施）成为污染源。**

检查要点

1. 查看清洗、清洁设备的设计、安装、性能确认文件和管理文件。

2. 检查清洗、清洁设备的使用，是否给兽药生产带来污染。

3. 检查清洗、清洁设备是否具备自清洗、自清洁功能；清洗设备排水管口是否会产生污水返流或浊气返流。

106 **软膏剂、栓剂等剂型的生产配制和灌装生产设备、管道应方便清洗和消毒。**

检查要点

1. 检查软膏剂、栓剂等剂型的配制和灌装生产设备、管道，并查看其设计、安装、确认文件和管理文件，是否方便清洗和消毒。

2. 查看配制、灌装生产设备和管道的清洁验证文件，是否能达到清洁效果。

107 **设备所用的润滑剂、冷却剂等不得对兽药或容器造成污染，与兽药可能接触的部位应使用食用级或级别相当的润滑剂。涉及原料药时，还应符合《原料药生产质量管理的特殊要求》第5条的相关要求。**

《原料药生产质量管理的特殊要求》第5条：

设备所需的润滑剂、加热或冷却介质等，应当避免与中间产品或原料药直接接触，以免影响中间产品或原料药的质量。当任何偏离上述要求的情况发生时，应当进行评估和恰当处理，保证对产品的质量和用途无不良影响。

检查要点

1. 查看企业是否通过对设备结构的分析，并结合供应商建议，确认需要使用食用级或级别相当的润滑剂的设备位置。

2. 查看防止设备上使用的冷却系统泄漏冷却剂并对产品造成污染的措施，检查设备使用的冷却剂是否为食品级或同等级别。

3. 查看设备文件对润滑剂、冷却剂的管理规定。查看润滑剂的证明文件和质量标准，使用的润滑剂是否为符合食用级或级别相当的润滑剂（级别相当是指拟使用润滑剂如没有明确标明符合食用级要求，企业应进行评估以证明其与食品级相当）。

4. 现场检查设备使用的润滑油或冷却剂是否有污染产品的风险。

5. 原料药应同时考虑是否满足《原料药生产质量管理的特殊要求》第 5 条的相关要求。

108 生产用模具的采购、验收、保管、维护、发放及报废应制定相应操作规程，设专人专柜保管，并有相应记录。

检查要点

1. 查看生产用模具的采购、验收、保管、维护、发放及报废的操作规程。

2. 检查其保管条件是否满足安全、清洁、避免混淆的要求。检查是否设有专人专柜，查看相关记录。

* 109 生产设备应在确认的参数范围内使用。

检查要点

1. 查看企业的生产设备档案、设备验证文件和相关工艺规程文件，设备验证中确认的参数范围是否符合设备说明书规定范围，是否涵盖设备运行参数范围。

2. 检查各设备在生产中使用的参数范围，是否在工艺规程确认的参数范围内使用，如灭菌柜的运行参数，压力、温度、时间等；混合机的运行参数，转速、混合时间等。

3. 检查批生产记录中记录的参数是否在经确认的参数范围内。

条款说明

确认的参数范围：指经验证或确认的设备运行参数。

相关条款

167、169

110 **生产设备应有明显的状态标识，标明设备编号、名称、运行状态等。运行的设备应标明内容物的信息，如名称、规格、批号等，没有内容物的生产设备应标明清洁状态。**

检查要点

1. 查看是否有相应文件规定了生产设备的状态标识，包括运行状态标识、清洁状态标识，需检定的仪表是否有检定或校准状态标识。

▲2. 检查生产设备是否有明显的状态标识，状态标识是否醒目，内容是否准确。

3. 大型液体贮存容器及附属管路是否有内容物标识。

4. 检查现场设备或仪器状态标识是否与文件规定相一致。

条款说明

生产设备状态标识一般包括设备标识卡、计量器具检定或校准状态标识、运行状态标识、清洁状态标识、生产状态标识等。

状态标识可分为正常状态设备标识和特殊状态标识。生产设备正常状态标识包括设备的铭牌、设备运行状态标识如生产中、已清洁、待清洁、维修等；公用工程设备、固定管道设施的状态标识（包括铭牌、内容物名称、流向等）；测量、检验设备状态标识（包括铭牌、校准合格标识）；特殊产品、过程设备状态标识（如高温、毒害等设备状态）。特殊状态的设备状态标识包括验证设备状态标识、维修、维护设备状态标识、停用设备状态标识等。

（1）设备运行状态标识可分为运行、备用、维修、封存。

（2）计量器具状态标识可分为合格、准用、限用、禁用。

（3）清洁状态标识可分为已清洁、待清洁。

（4）生产状态标识内容可包括品名、批号、规格、数量、带班人、生产日期、班次等。

（5）状态标识卡的制作应统一印刷制作，易于清洗、消毒或更换，材料可采用不锈钢、铝板或无毒塑料材质制作。使用部门要做到计数领用；领用后的状态标识卡由使用部门专人统一保管、发放使用；使用部门应对领用的设备状态标识卡妥善保管，若有损坏、遗失应及时更换或重新领取。

相关条款

111、222、224

111 与设备连接的主要固定管道应标明内容物名称和流向。

检查要点

1. 查看设备文件对设备管道的管理规定。

2. 检查是否按规定对主要固定管道标明内容物名称和流向，包括公用工程系统（如风管、水管路、压缩空气、蒸汽等）、物料输送管道等。

条款说明

主要固定管道包括药液等物料输送管道、水处理系统等公共系统管道等，参考《医药工业设备及管路涂色的规定》、GB 7231《工业管道的基本识别色、识别符号和安全标识》相关要求。

相关条款

110

112 应制定设备的预防性维护计划，尤其关键设备如灭菌柜、空气净化系统和工艺用水系统等。设备的维护和维修应有相应的记录。

检查要点

1. 查看是否制定了预防性维护计划和操作规程，是否能保证企业的设备处于完好的状态。

▲2. 关键设备，如灭菌柜、空气净化系统和工艺用水系统等，应当经过确认，并进行计划性维护，经批准方可使用。

3. 查看相关维修保养记录，是否按计划执行，现场检查车间设备的状态。

4. 查看是否有变更预防维护计划的情形。如有，则进一步查看变更是否按相关程序执行。

条款说明

1. 设备的预防性维护具有优先权，确保设备持续处于验证完好状态，关键设备的预防性维护应受质量管理体系的监督。

2. 预防维修计划可包括设备名称、编号，负责部门或人员，具体的维护内容，维修或维护项目的时间、期限和周期。

＊113 无菌生产的隔离操作器和隔离用袖管或手套系统应进行常规监测，包括经常进行必要的检漏试验。

检查要点

1. 查看是否制定了隔离操作器和隔离用袖管或手套系统常规监测的操作规程，制定的监测频率是否合理。

2. 检查是否按规程要求进行常规监测，监测记录是否齐全。

3. 是否对相关操作人员针对隔离系统运行和维护所必需的操作规程进行培训；是否对灭菌试剂使用过程中操作人员的安全性进行评估。

条款说明

1. 隔离器常规监测的操作规程内容应包括：

（1）微生物监测：是否对隔离器内的环境进行微生物监测，是否制定了微生物日常取样的文件，并按要求执行。

（2）悬浮粒子监测：是否对隔离器内进行空气悬浮粒子的连续监控，注意悬浮粒子的取样是否不对隔离器内无菌状态的维持产生风险。

（3）完整性测试：是否对隔离器定期进行检漏测试。

（4）日常仪表校验：是否对关键量具和仪器进行校验。

2. 采用严格的无菌维持体系来确保隔离器的无菌状态。

相关条款

168

114 设备的维护和维修应保持设备的性能，并不得影响产品质量。

检查要点

1. 查看企业是否建立设备维护、维修的管理规程，是否规定有定期维修、保养计划，并有相应的保证产品质量的措施，如维修或维护操作前必要的产品保护，维修或维护操作后对设备进行清洁，以及对设备相关性能的确认。

2. 检查维修中排出的制冷剂、润滑油、酸碱液、粉尘及其他废弃物是否对生产环境造成污染。

3. 查看相应的记录，如批生产记录、设备日志，设备维修保养计划和记录，了解设备维修维护工作是否对设备使用和产品生产产生影响。

115 在洁净区内进行设备维修时，如洁净度或无菌状态遭到破坏，应对该区域进行必要的清洁、消毒或灭菌，待监测合格方可重新开始生产操作。

检查要点

1. 查看是否有在洁净区内进行设备维修的文件规定。

2. 查看洁净区内设备维修记录，是否评估了维修过程对洁净区洁净度或无菌状态的影响。

3. 维修过程对洁净区洁净度或无菌状态如有影响的，检查是否按相应的管理规程要求对洁净区进行必要的清洁、消毒或灭菌，是否进行了必要的监测，并记录。

相关条款

019、095、098

116 经改造或重大维修的设备应进行再确认，符合要求后方可继续使用。

检查要点

1. 设备发生改造、重大维修时，是否按照变更管理规程和再确认管理规程处理，是否进行了风险评估和必要的再确认。

2. 设备发生故障时，是否按照偏差管理程序进行偏差分类、调查，并采取纠正措施、预防措施，是否在偏差得到调查、处理后才批准产品放行，是否对该批产品进行持续稳定性考察。

3. 查看实际发生的变更是否履行了上述程序，并于批准后用于生产。

相关条款

114

117 不合格的设备应搬出生产和质量控制区，如未搬出，应有醒目的状态标识。

检查要点

1. 查看设备管理文件，对不合格设备是否有适当的存放管理规定。

2. 检查在生产和质量控制区现场，看现场是否有不合格设备。如有，不合格的设备或停用设备未搬出前是否有状态标识，标识是否与文件规定相符。

3. 不合格的设备或停用设备是否对正常生产操作造成影响，如未对停用设备进行定期清洁，是否会影响生产环境，是否存在交叉污染的风险。

118 生产或检验的设备和仪器，使用记录内容包括使用情况、日期、时间、所生产及检验的兽药名称、规格和批号等。

检查要点

1. 查看企业是否对设备和仪器使用记录的内容和格式进行了规定。

2. 查看现场或设备和仪器档案，是否具有设备和仪器的使用记录，能否依照时间顺序连续记录。

3. 查看使用记录内容是否全面，是否包括了使用情况、日期、时间、所生产及检验的兽药名称、规格和批号等内容，是否具有可追溯性。

119 兽药生产设备应保持良好的清洁卫生状态，不得对兽药的生产造成污染和交叉污染。已清洁的生产设备应在清洁、干燥的条件下存放。

检查要点

1. 查看清洁操作规程，是否要求设备清洁后尽快干燥，是否规定了保护已清洁设备在使用前免受污染的方法、已清洁设备最长的保存时限（应经验证确认）、使用前检查设备清洁状况的方法。

2. 检查是否对清洁后的设备、转运料斗等进行干燥，如压缩空气吹干、热风循环烘箱烘干等。

3. 检查已清洁的生产设备、容器具等的存放条件是否干燥，减少微生物滋生，是否有被污染的可能。

4. 无菌兽药生产所用的容器具和设备的清洁、灭菌、存放条件是否满足无菌产品对微生物、尘粒、热原的要求。

相关条款

120

120 生产、检验设备及器具均应制定清洁操作规程，并按照规程进行清洁和记录。

检查要点

1. 查看企业是否建立了生产、检验设备及器具的清洁规程。

2. 查看清洁操作规程是否规定了具体而完整的清洁方法（清洁用设备或工具、清洁剂的名称和配制方法、清洁温度、压力、时间等，去除前一批次标识的方法、已清洁设备最长的保存时限），同品种批次间的清洁、品种变更时的清洁是否有明确规定。如需拆装设备，是否规定了设备拆装的顺序和方法；如需对设备消毒或灭菌，是否规定了消毒或灭菌的具体方法、消毒剂的名称和配制方法。如必要时是否规定了设备生产结束至清洁前所允许的最长间隔时限。

3. 检查是否严格按照规程清洁，查看是否建立清洁记录。

相关条款

098、121、173

121 **原料药设备的清洁应符合《原料药生产质量管理的特殊要求》第9条的要求。难以清洁的设备或部件应专用。**

《原料药生产质量管理的特殊要求》第9条：

设备的清洁应当符合以下要求：

（一）同一设备连续生产同一原料药或阶段性生产连续数个批次时，宜间隔适当的时间对设备进行清洁，防止污染物（如降解产物、微生物）的累积。如有影响原料药质量的残留物，更换批次时，应当对设备进行彻底的清洁。

（二）非专用设备更换品种生产前，应当对设备（特别是从粗品精制开始的非专用设备）进行彻底的清洁，防止交叉污染。

（三）对残留物的可接受标准、清洁操作规程和清洁剂的选择，应当有明确规定并说明理由。

检查要点

检查原料药设备的清洁是否符合本条款的要求。

相关条款

173、209

※ 122　应根据国家标准及仪器使用特点对生产和检验用衡器、量具、仪表、记录和控制设备以及仪器制定检定（校准）计划，检定（校准）的范围应涵盖实际使用范围。应按计划进行检定或校准，并保存相关证书、报告或记录。

检查要点

1. 查看企业是否制定了生产和检验用衡器、量具、仪表和控制设备的计量管理制度或办法，并根据制度按年度制定生产、检验用仪器检定（校准）计划，检定（校准）范围是否涵盖所有与生产工艺和质量控制相关的衡器、量具、仪表、记录和控制设备。

2. 现场检查并查阅相关文件，注意以下几点：

（1）提供效期内的检定、校准合格设备设施台账。

（2）提供效期内的检定、校准合格设备设施检定或校准记录，包括检定或校准设备的名称、型号、编号、执行人和复核人、执行和复核时间、证书有效期等。

（3）检定（校准）的范围不超过测量设备的设计和确认范围。

▲（4）提供效期内的检定、校准合格证书原件。

条款说明

1. 国家标准：包括但不限于《中华人民共和国计量法》（以下简称《计量法》）、《中华人民共和国强制检定的工作计量器具明细目录》、国家计量检定规程、《兽药生产质量管理规范（2020年修订）》等相关法规、规范。

2. 使用特点：包括但不限于衡器、量具、仪表等的测量范围或量程、灵敏度、准确度、重复性等。

3. 检定：法定计量部门或其授权组织按照检定规程，查明和确认计量器具符合法定要求的程序，包括检查、加标记、出具检定证书。检定的对象是我国《计量法》明确规定的强制检定的测量设备。

4. 校准：确保测量设备符合预期使用要求的操作，预期使用要求包括使用范围、分辨率、最大允许误差等。校准单位应具备CNAS或CMA等相应资质。

5. 衡器包括但不限于电子天平、电子秤、配料秤等。量具包括游标卡尺、标尺等。仪表包括温度计、流量仪表、压力仪表、光学仪器（色差仪、显微镜）等。

123　应确保生产和检验使用的衡器、量具、仪器仪表经过校准，控制设备得到确认，确保得到的数据准确、可靠。

检查要点

1. 查看是否制定了校准的管理规程、台账、档案。

2. 检查校准操作规程是否与国家的相应计量规程要求一致，并按规程进行校准。

3. 抽查关键设备上显示的校准状态是否有据可查。日常使用期间是否有日常校准的要求，并按要求执行。

4. 主要生产监测设施的PLC系统（可编程逻辑控制器）、自控系统、远程控制系统等控制设备是否经过确认。

124 **仪器的检定和校准应符合国家有关规定，应保证校验数据的有效性。自校仪器、量具应制定自校规程，并具备自校设施条件，校验人员具有相应资质，并做好校验记录。**

检查要点

1. 查看是否制定了检定和校准相关管理规程，是否与国家有关规定一致，是否保存证书和校验数据。

2. 自校仪器、量具是否制定了符合规定的自校规程，检查企业从事校准工作的人员是否经过适当培训，具有足够的工作能力。

3. 自校是否按规程执行，是否有校准记录。

条款说明

相应资质：校验人员应满足《计量法》及相应法规的要求，持证上岗。

125 **衡器、量具、仪表、用于记录和控制的设备以及仪器应有明显标识，标明其检定或校准有效期。**

检查要点

查看相关设备和计量器具是否有明显的合格标识，标明校准有效期，必要时核对国家法定部门定期检定的合格证书。

条款说明

周期性校准：检定（校准）的周期遵循相关标准和法规，如《计量法》《强制检定明细目录》；同时适用于制造厂家的要求和建议等。具体校准周期，可参考对应设备检定（校准）规程推荐的检定周期。

日常校准：可在每次使用前或适当周期，使用标准器具进行校准，如用标准砝码对电子天平进行校准检查。

126 在生产、包装、仓储过程中使用自动或电子设备的，应按照操作规程定期进行校准和检查，确保其操作功能正常。校准和检查应有相应的记录。

检查要点

1. 检查企业是否对在生产、包装、仓储过程中使用的自动或电子设备建立校准和检查操作规程。

2. 检查企业是否按照操作规程对设备定期进行校准和检查，应检查其校准和检查记录内容是否完整。

条款说明

自动或电子设备：指生产、储运过程中，参与生产工艺、包装过程和储运的设备设施。如自动配料系统、自动包装设备和自动扫码存储设备，自动码垛和运输设施等。

＊127 制药用水应适合其用途，并符合《中华人民共和国兽药典》的质量标准及相关要求。制药用水至少应采用饮用水。应对制药用水及原水的水质进行定期监测，应有相应的记录。涉及非无菌制剂时，还应符合《非无菌兽药生产质量管理的特殊要求》第16、17条的相关要求。涉及非无菌原料药时，还应符合《原料药生产质量管理的特殊要求》第10条的相关要求。涉及中药制剂时，还应符合《中药制剂生产质量管理的特殊要求》第29条的相关要求。

《非无菌兽药生产质量管理的特殊要求》第16条：

有微生物限度检查要求的产品，其生产配料工艺用水及直接接触兽药的设备、器具和包装材料最后一次洗涤用水应符合纯化水质量标准。

《非无菌兽药生产质量管理的特殊要求》第17条：

无微生物限度检查要求的产品，其工艺用水及直接接触兽药的设备、器具和包装材料最后一次洗涤用水应符合饮用水质量标准。

《原料药生产质量管理的特殊要求》第10条：

非无菌原料药精制工艺用水应当符合纯化水的质量标准。

用于杀虫剂、消毒剂以及法定兽药质量标准规定可在商品饲料和养殖过程中使用的兽药制剂的原料药精制工艺用水至少应符合饮用水的质量标准。

《中药制剂生产质量管理的特殊要求》第 29 条：

中药材洗涤、浸润、提取用水的质量标准不得低于饮用水标准，无菌制剂的提取用水应当采用纯化水。

检查要点

1. 检查企业所用制药用水是否符合制药工艺的要求，并与《中华人民共和国兽药典》要求一致。关注纯化水和注射用水是否采用《中华人民共和国兽药典》允许的制水工艺。饮用水应符合国家饮用水质量标准。

2. 查看是否制定对制药用水及原水的水质进行定期监测的管理规程，内容包括监测项目、监测频次等。

3. 检查是否按规定对制药用水系统和原水水质进行日常监测和报告。

4. 非无菌制剂应同时考虑是否满足《非无菌兽药生产质量管理的特殊要求》第 16、17 条的相关要求。

5. 非无菌原料药应同时考虑是否满足《原料药生产质量管理的特殊要求》第 10 条的相关要求。

6. 中药制剂应同时考虑是否满足《中药制剂生产质量管理的特殊要求》第 29 条的相关要求。

128 **无菌原料药精制、无菌兽药配制、直接接触兽药的包装材料和量具等最终清洗、A/B 级洁净区内消毒剂和清洁剂配制的用水应符合注射用水的质量标准。**

检查要点

1. 检查上述无菌兽药生产车间是否配置符合要求的注射用水管道，各使用点注射用水的运送方式能否有效防止污染，是否存在污染产品的风险。

2. 现场检查并查阅设备管理文件，注意以下几点：

（1）是否有文件规定无菌原料药精制、无菌兽药配制、直接接触兽药的包装材料和器具最终清洗、A/B 级洁净区内消毒剂和清洁剂配制的用水为注射用水，并按照规定实施。

（2）是否定期对注射用水各使用点进行取样和监测，确认注射用水持续符合质量标准的要求。

（3）生产结束后各使用点能否将残存水排尽，是否存在污染的风险。

129 **水处理设备及其输送系统的设计、安装、运行和维护应确保制药用水达到设定的质量标准。水处理设备的运行不得超出其设计能力。**

1. 检查制药用水系统运行监控的操作规程，查看是否有工艺流程示意图，标明工艺用水制备、储存和分配管路。规程中应阐明系统运行控制参数范围、清洁消毒方法、取样监测点位置、编号及当系统运行超过设定范围时，采取什么纠偏措施等内容。

（1）制药用水的工艺流程图和分配管路图。

（2）制药用水标准操作规程、过程控制规程，含取样和记录。

（3）制药用水的内控标准。

（4）制备工艺用水的原水是否符合饮用水标准。

2. 注意检查系统清洁、消毒方法、频率及日常监控结果。

3. 纯化水和注射用水的储存及使用点之间应采用循环方式，并采用适当的方法清洁、消毒或灭菌。

4. 按制水工艺流程示意图进行现场检查。

（1）制药用水的制备是否符合要求。

（2）纯化水和注射用水的储存是否符合要求。

①储罐是否密封，内表面是否光滑，顶部宜安装清洗喷淋装置。

②储罐是否有放空管，通气口是否安装有疏水性过滤器。

（3）纯化水和注射用水的分配是否符合要求。

①分配系统的管路和有关部件是否保持倾斜并设有排放点，以便系统在必要时完全排空。

②分配系统的设计是否考虑安装各取样阀的位置。

③水循环的分配系统是否避免低流速。

5. 检查制水系统验证报告或年度质量回顾报告。

6. 结合企业生产状况，检查制水系统实际运行是否超出设备设计和验证的水处理能力。

130 **纯化水、注射用水储罐和输送管道所用材料应无毒、耐腐蚀；储罐的通气口应安装不脱落纤维的疏水性除菌滤器；管道的设计和安装应避免死角、盲管。**

检查要点

1. 查看水系统设计验证报告，查看纯化水、注射用水储罐和输送管道所用材料是否无毒、耐腐蚀。

2. 现场检查结合查看滤器档案，确认储罐的通气口是否安装不脱落纤维的疏水性除菌滤器。

3. 查看工艺用水分配管路图，同时现场检查管道是否存在死角、盲管。参考：支管的长度是否小于其管径的 6 倍，并小于主管路管径的 3 倍。

贮罐水位显示方式应能防止污染。

*131 纯化水、注射用水的制备、贮存和分配应能够防止微生物的滋生。纯化水可采用循环，注射用水可采用 70℃以上保温循环。

检查要点

1. 检查纯化水、注射用水的制备、贮存和分配系统是否设计合理，能够防止微生物的滋生。

2. 检查纯化水是否采用循环，注射用水是否采用 70℃以上保温循环，或采用其他有效防止微生物滋生的措施。

3. 查看水系统确认方案、报告和水质数据年度质量回顾，关注系统微生物污染控制情况。

*132 应按照操作规程对纯化水、注射用水管道进行清洗消毒，并有相关记录。发现制药用水微生物污染达到警戒限度、纠偏限度时应按照操作规程处理。

检查要点

1. 查看是否制定了纯化水、注射用水管道清洁消毒操作规程，其清洗消毒方式是否符合要求，并有相关记录。

2. 检查企业是否结合质量回顾和偏差控制要求制定了制药用水微生物污染的警戒限度和纠偏限度，并有微生物污染达到警戒限度、纠偏限度时具体的处理规程。

3. 检查企业在制药用水微生物污染达到警戒限度、纠偏限度时，是否按规程执行并记录。

第五章　物料与产品

＊133　兽药生产所用的原辅料、与兽药直接接触的包装材料应符合兽药标准、药品标准、包装材料标准或其他有关标准。兽药上直接印字所用油墨应符合食用标准要求。进口原辅料应符合国家相关的进口管理规定。

检查要点

1. 查看物料清单或合格供应商清单、库存物料实物、物料内控质量标准，确认生产所用物料是否均有内控标准。

2. 查看上述内控标准的制定依据，确认内控标准是否与相应的现行《中华人民共和国兽药典》、国家标准、行业标准或注册标准要求一致，并满足产品质量和生产工艺要求。如使用兽药上直接印字的油墨，查看该油墨是否符合食用级标准。检查进口原辅料是否符合国家相关进口管理规定。

▲3. 抽查物料进厂检验记录，确认是否严格按内控标准检验并出具报告。抽查企业留存的生产供应商检验报告，确认检验项目和结果符合相应的法定标准要求。

4. 无菌兽药包括无菌制剂和无菌原料药，物料的质量标准在必要时应包括无菌、微生物限度、细菌内毒素或热原检查项目。应查看物料的内控质量标准，结合产品生产工艺要求和中间控制方法，评估物料质量标准项目和限度制定的合理性和充分性。

5. 原料药应同时考虑是否满足以下要求：

（1）企业应当根据生产工艺要求、对产品质量的影响程度、物料的特性以及对供应商的质量评估情况，确定合理的物料质量标准。

（2）中间产品或原料药生产中使用的某些材料，如工艺助剂、垫圈或其他材料，可能对质量有重要影响时，也应当制定相应材料的质量标准。

134　应建立相应的操作规程，确保物料和产品的正确接收、贮存、发放、使用和销售，防止污染、交叉污染、混淆和差错。物料和产品的处理应按照操作规程或工艺规程执行，并有记录。涉及原料药时，还应符合《原料药生产质量管理的特殊要求》第11～18条的相关要求。涉及中药制剂时，还应符合《中药制剂生产质量管理

的特殊要求》第2、21、26和39条的相关要求。

《原料药生产质量管理的特殊要求》第11条：

进厂物料应当有正确清晰的标识。经取样（或检验合格）后，可与现有的库存（如储槽中的溶剂或物料）混合。经放行后，混合物料方可使用。应当有防止将物料错放到现有库存中的操作规程。

《原料药生产质量管理的特殊要求》第12条：

采用非专用槽车运送的大宗物料，应当采取适当措施避免槽车造成的交叉污染。

《原料药生产质量管理的特殊要求》第13条：

大的贮存容器及其所附配件、进料管路和出料管路都应当有适当的标识。

《原料药生产质量管理的特殊要求》第14条：

应当对每批物料至少做一项鉴别试验。如原料药生产企业有供应商审计系统时，供应商的检验报告可以用来替代其他试验项目的测试。

《原料药生产质量管理的特殊要求》第15条：

工艺助剂、有害或有剧毒的原料、其他特殊物料或来自本企业另一生产场地的物料可以免检，但应当取得供应商的检验报告，且检验报告显示这些物料符合规定的质量标准，还应当对其容器、标签和批号进行目检予以确认。免检应当说明理由并有正式记录。

《原料药生产质量管理的特殊要求》第16条：

应当对首次采购的最初三批物料全检合格后，方可对后续批次进行部分项目的检验，但应当定期进行全检，并与供应商的检验报告比较。应当定期评估供应商检验报告的可靠性、准确性。

《原料药生产质量管理的特殊要求》第17条：

对易燃易爆、强氧化性等特殊物料，应当建立专用的独立库房。可在室外存放的物料，应当存放在适当容器和环境中，根据物料特性有清晰的标识，在开启和使用前应当进行适当清洁。

《原料药生产质量管理的特殊要求》第18条：

必要时（如长期存放或贮存在热或潮湿的环境中），应当根据情况重新评估物料的质量，确定其适用性。

《中药制剂生产质量管理的特殊要求》第2条：

中药制剂的质量与中药材和中药饮片的质量、中药材前处理和中药提取工艺密切相关。应当对中药材和中药饮片的质量以及中药材前处理、中药提取工艺严格控制。在中药材前处理以及中药提取、贮存和运输过程中，应当采取措施控制微生物污染，防止变质。

《中药制剂生产质量管理的特殊要求》第21条：

贮存的中药材和中药饮片应当定期养护管理，仓库应当保持空气流通，应当配备相应的设施或采取安全有效的养护方法，防止昆虫、鸟类或啮齿类动物等进入，防止任何动物随中药材和中药饮片带入仓储区而造成污染和交叉污染。

《中药制剂生产质量管理的特殊要求》第26条：

鲜用中药材采收后应当在规定的期限内投料，可存放的鲜用中药材应当采取适当的措施贮存，贮存的条件和期限应当有规定并经验证，不得对产品质量和预定用途有不利影响。

《中药制剂生产质量管理的特殊要求》第39条：

中药材和中药饮片贮存期间各种养护操作应当有记录。

1. 对物料应关注以下内容：

（1）查看物料的相关管理规定、操作规程和记录，确认是否涵盖以下所有环节：

①库房环节：物料接收、清验、取样、放行拒收、储存、发放（至生产）。

②生产部门相关环节：物料领取（从库房）、车间暂存、称量配备料、暂存（待投料）。

③不合格的物料：储存、处理（销毁或退货等）。

（2）通过核对，确认操作规程是否反映管理规定的要求，记录是否反映操作规程的执行情况，记录内容是否涵盖了各环节的重要操作、过程、发生时间、参与人员、相关的数据（如数量、重量、体积）、现象（如是否发现包装破损、物料信息与订单不符等）或结论（如是否来自合格供应商、是否符合验收标准）。

（3）查看物料（接收后）被赋予的信息标识，确认是否包括内部编码批号、质量状态（待验、合格、不合格）、取样痕迹（取样证、封口处理方式）、取样件数是否符合要求等。

（4）检查储存条件、物料复验、取样封口的相关规定和要求，以及出现偏差后的相关处理程序。

（5）通过查看相关文件记录，考察物料管理的有效性及可追溯性。

①每批物料的库房台账和货位信息标识，历史信息是否完整、清晰且相互一致、便于查询、及时更新、与实物相符。

②相关文件记录是否保存足够长的年限，以便开展与产品质量相关的调查追溯。

（6）查看不合格物料的处理程序和实际处理情况，确认是否单独存放、有物理隔离（如专库上锁），及时按规定处理（如销毁）并有记录。

2. 对中间产品和待包装产品应关注以下内容：

对于生产周期中需要把中间产品和待包装产品移交到库房进行暂存或寄库，以备后续生产的：

(1) 查看中间产品和待包装产品库存管理（如涉及）规程、操作规程和记录，确认是否涵盖以下所有必要的环节：

①生产部门：将中间产品或待包装产品移交至库房。

②库房：中间产品和待包装产品接收（从生产部门，入库或寄库）、储存、发放（至生产或包装）。

③不合格的中间产品或待包装产品：接收、储存、处理（销毁或返工）等。

(2) 通过核对，确认操作规程是否反映管理规定的要求，记录是否反映操作规程的执行情况，涵盖了各环节的重要操作、过程、发生时间、参与人员、相关的数据（如数量）等。

(3) 通过查看相关文件记录，考察中间产品和待包装产品（包括不合格）库存管理（如涉及）的有效性及可追溯性。

①对每批中间产品和待包装产品的检验结果和放行审核意见（如涉及）是否进行了确认，确保中间产品和待包装产品放行后方可流入下一环节。

②中间产品和待包装产品的库存台账和货位信息标识，历史信息是否完整、清晰、相互一致、便于查询、及时更新、与实物相符。

③相关文件记录是否保存足够长的年限，以便开展与产品质量相关的调查追溯。

(4) 查看不合格中间产品或待包装产品的处理程序和实际处理情况，确认是否单独存放、有物理隔离（如专库上锁等），及时按规定处理（如销毁）并有记录。

3. 对成品应关注以下内容：

(1) 查看成品及退货/召回产品库存管理规程、操作规程和记录，确认是否涵盖以下所有环节：

①生产部门：将成品移交至库房。

②库房：成品接收（从生产部门，入库或寄库）、储存、发货。

③退货或召回产品：接收、储存、处理（如销毁）。

(2) 通过核对，确认操作规程是否反映管理规程的要求，记录是否反映操作规程的执行情况，涵盖了各环节的重要操作、过程、发生时间、参与人员相关的数据（如数量）等。

(3) 通过查看相关文件记录，考察成品及退货/召回产品库存管理的有效性及可追溯性。

①对每批成品检验结果和放行审核意见是否进行了确认，确保产品放行后方可销售。

②成品及退货/召回产品的库房台账和货位信息标识，历史信息是否完整、清晰、相互一致、便于查询、及时更新、与实物相符。

③相关文件记录是否保存足够长的年限，以便开展与产品质量相关的调查追溯。

（4）查看不合格产品的处理程序和实际处理情况，确认是否单独存放、有物理隔离（如专库上锁等），及时按规定处理（如销毁）并有记录。

4. **原料药**应同时考虑是否满足《原料药生产质量管理的特殊要求》第 11～18 条的相关要求。

5. **中药制剂**应同时考虑是否满足《中药制剂生产质量管理的特殊要求》第 2 条、第 21 条、第 26 条和第 39 条的相关要求。

＊135 物料供应商的确定及变更应当进行质量评估，并经质量管理部门批准后方可采购。必要时对关键物料进行现场考察。

检查要点

▲1. 查看是否有物料供应商的确定及变更的管理规定，规定中是否明确了质量评估的程序以及质量管理部门的职责。

2. 查看企业是否有需要现场考察的关键物料，是否按照规定进行了现场考察。

3. 抽查数个主要物料供应商的确定是否符合上述管理规定要求。

相关条款

284、285、286、287、288、289、290、291、292、293

136 物料和产品的运输应当能够满足质量和安全的要求，对运输有特殊要求的，其运输条件应当予以确认。涉及中药制剂时，还应符合《中药制剂生产质量管理的特殊要求》第 22 条的相关要求。

《中药制剂生产质量管理的特殊要求》第 22 条：

在运输过程中，应当采取有效可靠的措施，防止中药材和中药饮片、中药提取物以及中药制剂发生变质。

检查要点

1. 查看企业在物料运输方面的管理要求和记录，尤其是对物料运输过程中环境条件是否符合要求进行的确认（必要时）。对于物料在企业内部不同地点之间的运输，还要查看物料从原地点经运输到达目的地点这一过程的管理规定、操作规程、交接与监控确认记录等文件。

2. 查看企业在产品运输方面的管理要求和记录，尤其是对承运商（如第三方物流服务商）承运能力及质量体系的考察与选择，必要的在途过程监控和到货确认（均是质量和安全两方面），运输过程监控数据和到货确认证明文件的保存（足够的年限，以便调查追溯）。

3. 查看产品发运质量协议，是否涵盖特殊运输条件要求以及相关的确认资料。

4. 中药制剂应同时考虑是否满足《中药制剂生产质量管理的特殊要求》第22条的要求。

137 **原辅料、与兽药直接接触的包装材料和印刷包装材料的接收应当有操作规程，所有到货物料均应检查，确保与订单一致，并确认供应商已经质量管理部门批准。物料的外包装应当有标签，并注明规定的信息。必要时应进行清洁，发现外包装损坏或其他可能影响物料质量的问题，应当向质量管理部门报告并进行调查和记录。每次接收均应有记录，内容应符合《规范》第105条的要求。涉及中药制剂时，还应符合《中药制剂生产质量管理的特殊要求》第17条的相关要求。**

《规范》第105条：

每次接收均应当有记录，内容包括：

（一）交货单和包装容器上所注物料的名称；

（二）企业内部所用物料名称和（或）代码；

（三）接收日期；

（四）供应商和生产商（如不同）的名称；

（五）供应商和生产商（如不同）标识的批号；

（六）接收总量和包装容器数量；

（七）接收后企业指定的批号或流水号；

（八）有关说明（如包装状况）；

（九）检验报告单等合格性证明材料。

《中药制剂生产质量管理的特殊要求》第17条：

接收中药材、中药饮片和中药提取物时，应当核对外包装上的标识内容。中药材外包装上至少应当标明品名、规格、产地、采收（加工）时间、调出单位、质量合格标志；中药饮片外包装上至少应当标明品名、规格、产地、产品批号、生产日期、生产企业名称、质量合格标志；中药提取物外包装上至少应当标明品名、规格、批号、生产日期、贮存条件、生产企业名称、质量合格标志。

检查要点

1. 查看企业是否建立了合格供应商清单和物料接收规程：

（1）合格供应商信息（如清单或列表）是否发到库房验收人员手中，信息是否准确、完整（如是否包含规格、包装规格、生产商及经销商名称等），是否受控（文件编号、版本号、受控章等）。

（2）物料接收操作规程及记录中，是否包括物料规格、数量、效期、运输过程条件确认（必要时）、包装完好性检查结论、接收人签名等内容，以充分实现物料验收环节的控制目的。

（3）物料接收（验收）规程中，是否列举了如包装不完整或破损、包装式样可疑、标示信息不全或不正确、与订单不符、缺少送货票据或票据真实性可疑等的情形；如发现上述情形，是否向质量管理部门报告，进行调查和记录。

2. 现场查看物料验收情况是否符合企业规定。

3. 检查企业是否核对并保存了供应商发货单据，单据内容是否清晰完整、真实（如对单据的样式、印章或签名等细节的确认，以防非法来源供货）。

4. 检查接收记录是否能反映操作规程的要求，内容是否符合本条款要求。

5. 中药制剂应同时考虑是否满足《中药制剂生产质量管理的特殊要求》第17条的要求。

138 物料接收和成品生产后应当及时按照待验管理，直至放行。

检查要点

查看在库物料或产品的质量状态控制情况、相关规程和记录，确认是否符合以下要求：

1. 充分采取措施确保物料或成品在放行前处于受控状态，避免混淆、误用。如加贴标识，标识应显眼、明确、易辨。

2. 货位及发放管理规范、可靠（人工或系统自动方式）。

3. 台账清晰、完整、及时、易于查询。

139 物料和产品应根据其性质有序分批贮存和周转，发放及销售应符合先进

先出和近效期先出的原则。涉及中药制剂时，还应符合《中药制剂生产质量管理的特殊要求》第16条的相关要求。

《中药制剂生产质量管理的特殊要求》第16条：

对每次接收的中药材均应当按产地、采收时间、采集部位、药材等级、药材外形（如全株或切断）、包装形式等进行分类，分别编制批号并管理。

1. 查看在库物料和产品的存储和发放/销售现场情况、管理规程、操作规程和记录，是否满足本条款的要求。

2. 检查实际执行情况是否满足本条款的要求，包括：

（1）是否根据物料和产品性质（本身属性和对环境的要求）分库或分区存放。

（2）是否按品种、批号和规格分别存放。

（3）发放/销售是否符合先进先出和近效期先出的原则。

3. 中药制剂应同时考虑是否满足《中药制剂生产质量管理的特殊要求》第16条要求。

140 **使用计算机化仓储管理的，应有相应的操作规程，防止因系统故障、停机等特殊情况而造成物料和产品的混淆和差错。**

检查要点

1. 查看仓储管理方式，如涉及计算机化系统，查看计算机化系统文件，有效保证计算机化系统可靠性的相关管理规定、操作规程、数据和记录，确认是否满足防止物料和产品混淆和差错的要求。

2. 现场检查是否可能发生误操作、操作人员的管理权限是否受控，抽查某货位的实物种类、规格、批号和数量与系统内显示的信息是否一致等。

141 **应当制定相应的操作规程，采取核对或检验等适当措施，确认每一批次的原辅料准确无误。**

1. 查看是否有相关的操作规程。

2. 查看操作规程文件是否规定采取核对或检验等适当措施，以确认每一批次的原辅料准确无误。

3. 抽查相关记录，确认是否按规定对每种物料、每个批次、每次进货的每一件包装的内容物均进行了核对确认或检验。

142　一次接收数个批次的物料，应按批取样、检验、放行。

检查要点

1. 查看相关管理、操作规程，是否明确本条款的要求。

2. 检查仓储管理现场情况，抽查相应记录，确认是否按上述要求执行。此外，应关注同种物料同一批号分次到货接收的情形。

143　仓储区内的原辅料应当有适当的标识，标识内容应符合《规范》第111条的要求。

《规范》第111条：

仓储区内的原辅料应当有适当的标识，并至少标明下述内容：

（一）指定的物料名称和企业内部的物料代码；

（二）企业接收时设定的批号；

（三）物料质量状态（如待验、合格、不合格、已取样）；

（四）有效期或复验期。

检查要点

1. 检查仓库已接收的原辅料的标识信息是否满足本条款的要求，清晰、完整、牢固、正确。

2. 查看相关的管理、操作规程和实际操作情况，考察是否充分确保标识信息与实物状态一致。

条款说明

物料标识包括信息标识和质量状态标识。如果完全或部分依靠计算机化系统赋予并识别物料信息和质量状态时，应能达到与传统方式等同的控制功能和效果。

※ 144 只有经质量管理部门批准放行并在有效期或复验期内的原辅料方可使用。

检查要点

1. 查看原辅料放行管理文件，现场结合实物核对库房台账及入库验收、抽样、检验等记录及报告，检查已使用的原辅料（尤其是对临近有效期或复验期限的）领用凭证和对应的批生产记录，确认使用前是否经质量管理部门批准放行并在有效期或复验期内，物料使用记录所反映的使用时间是否在有效期或复验期内。

2. 采用发酵工艺生产原料药，还应关注工作菌种的批准放行。

相关条款

146、261

145 原辅料应按照有效期或复验期贮存。贮存期内，如发现对质量有不良影响的特殊情况，应进行复验。涉及中药制剂时，还应符合《中药制剂生产质量管理的特殊要求》第 36 条的相关要求。

《中药制剂生产质量管理的特殊要求》第 36 条：

对使用的每种中药材和中药饮片应当根据其特性和贮存条件，规定贮存期限和复验期。

《原料药生产质量管理的特殊要求》第 18 条：

必要时（如长期存放或贮存在热或潮湿的环境中），应当根据情况重新评估物料的质量，确定其适用性。

检查要点

1. 查看原辅料的内控质量标准，是否规定有效期或复验期。涉及中药制剂时，对使用的每种中药材和中药饮片是否根据其特性和贮存条件，规定贮存期限和复验期。对用于原料药生产中长期存放或贮存在热或潮湿或其他对质量有不良影响的环境中的物料，是否根据其特性及存放或贮存情况制定重新评估物料质量的周期，以确定物料的适用性。

2. 是否规定了需要复验的情形（如受潮、发霉、结块或外包装破损等情况），操作规程是否合理。

3. 如有复验情况，查看相关记录。查看临近有效期或复验期的原辅料的处理方式和记录，确认是否满足要求。

4. 查看库存原辅料质量受到不良影响时的处理程序和相关处理记录，如储存环境温湿度超标、库房设施问题（如漏雨、进水、虫鼠活动痕迹等）。

146 **采用发酵工艺生产的产品，工艺控制应包括工作菌种的维护。涉及全发酵兽药制剂时，还应符合《非无菌兽药生产质量管理的特殊要求》第 31 条的相关要求。涉及采用传统发酵工艺生产的原料药时，还应符合《原料药生产质量管理的特殊要求》第 45 条第（一）款、第 47 条的相关要求。**

《非无菌兽药生产质量管理的特殊要求》第 31 条：

菌种维护和记录保存：

（一）只有经授权的人员方能进入菌种存放的场所；

（二）菌种的贮存条件应当能够保持菌种生长能力达到要求水平，并防止污染；

（三）菌种的使用和贮存条件应当有记录；

（四）应当对菌种定期监控，以确定其适用性；

（五）必要时应当进行菌种鉴别。

《原料药生产质量管理的特殊要求》第 45 条第（一）款：

工作菌种的维护。

《原料药生产质量管理的特殊要求》第 47 条：

菌种的维护和记录的保存：

（一）只有经授权的人员方能进入菌种存放的场所。

（二）菌种的贮存条件应当能够保持菌种生长能力达到要求水平，并防止污染。

（三）菌种的使用和贮存条件应当有记录。

（四）应当对菌种定期监控，以确定其适用性。

（五）必要时应当进行菌种鉴别。

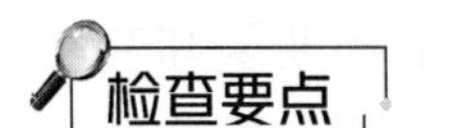

1. 采用发酵工艺生产的产品，查看工艺规程，其工艺控制是否包括工作菌种的维护。

2. 查看菌种的维护和记录内容是否符合本条款要求。

3. 查看授权进入菌种存放场所的人员名单。

4. 抽查菌种的定期监控记录、监控结果以及菌种鉴别结果，以确定工作菌种的维护是否达到质量控制要求。

147 **中间产品应在适当的条件下贮存。涉及非无菌兽药时，还应符合《非无菌兽药生产质量管理的特殊要求》第 20 条的相关要求。涉及原料药时，还应符合《原料药生产质量管理的特殊要求》第 28 条第（六）款、第 34 条第（一）和（四）款的相关要求。涉及中药制剂时，还应符合《中药制剂生产质量管理的特殊要求》第 37 条的相关要求。**

《非无菌兽药生产质量管理的特殊要求》第 20 条：

非无菌兽药生产过程中的中间产品应规定储存期和储存条件。

《原料药生产质量管理的特殊要求》第 28 条第（六）款：

需进一步加工的中间产品应当在适宜的条件下存放，确保其适用性。

《原料药生产质量管理的特殊要求》第 34 条第（一）款：

容器应当能够保护中间产品和原料药，使其在运输和规定的贮存条件下不变质、不受污染。容器不得因与产品发生反应、释放物质或吸附作用而影响中间产品或原料药的质量。

《原料药生产质量管理的特殊要求》第 34 条第（四）款：

应当对需外运的中间产品或原料药的容器采取适当的封装措施，便于发现封装状态的变化。

《中药制剂生产质量管理的特殊要求》第 37 条：

应当根据中药材、中药饮片、中药提取物、中间产品的特性和包装方式以及稳定性考察结果，确定其贮存条件和贮存期限。

检查要点

1. 查看各阶段中间产品的管理、储存方式、条件和储存期限规定和相应的支持性依据（包括超过储存期限中间产品和偏离储存条件中间产品的处理程序），制定的贮存条件和依据是否合适。

2. 检查实际储存情况、储存条件监控数据、超过储存期限产品和偏离储存条件产品的处理情况，是否与规定相符。

3. **原料药**应同时考虑是否满足《原料药生产质量管理的特殊要求》第 28、34 条的相关要求。

4. **中药制剂**应同时考虑是否满足《中药制剂生产质量管理的特殊要求》第 37 条的要求：查看中药材、中药饮片、中药提取物、中间产品的贮存条件和贮存期限规定和相应的支持性依据，包括超过储存期限产品和偏离储存条件产品的处理程序，制定依据是否包括其特性和包装方式以及稳定性考察结果。

148 中间产品应有明确的标识，标识内容应符合《规范》第 115 条的要求。

《规范》第 115 条：

中间产品应当有明确的标识，并至少标明下述内容：

（一）产品名称或企业内部的产品代码；

（二）产品批号；

（三）数量或重量（如毛重、净重等）；

（四）生产工序（必要时）；

（五）产品质量状态（必要时，如待验、合格、不合格、已取样）。

检查要点

1. 检查中间产品是否有明确的标识。
2. 标识信息是否符合本条款要求。
3. 标识是否清晰，不易造成误解或混淆。

评定参考

中间产品如无标识，此条款判为 N。

149 与兽药直接接触的包装材料以及印刷包装材料的管理和控制要求与原辅料相同。

检查要点

1. 查看相应的操作规程（参照原辅料相关条款），内容是否合理。
2. 查看操作记录内容是否符合操作规程的要求，记录是否规范。

相关条款

141、142、143、144、145

150 包装材料应由专人按照操作规程发放，并采取措施避免混淆和差错，确

保用于兽药生产的包装材料正确无误。

检查要点

1. 查看包装材料发放管理规程和操作规程，内容满足本条款要求。

2. 抽查相关记录，与实物核对，并观察发放操作过程，确认是否满足本条款的要求。

※151 应建立印刷包装材料设计、审核、批准的操作规程，确保印刷包装材料印制的内容与畜牧兽医主管部门核准的一致，并建立专门文档，保存经签名批准的印刷包装材料原版实样。

检查要点

1. 查看印刷包装材料设计、审核、批准的管理和操作规程。

2. 抽查产品批件和标签说明书备案样稿，检查印刷包装材料印制的内容与畜牧兽医主管部门核准的是否一致。

3. 是否对印有二维码的印刷包装材料的二维码信息的可读性进行确认，并有记录。

4. 查看是否建立了专门的文档，用于保存经签名批准的印刷包装材料原版实样。

评定参考

印刷包装材料印制的内容与畜牧兽医主管部门核准的不一致时，此条款判为N。

152 印刷包装材料的版本变更时，应采取措施，确保产品所用印刷包装材料的版本正确无误。应收回作废的旧版印刷模板并予以销毁。

检查要点

1. 查看印刷包装材料版本管理和版本变更相关的规程。

2. 查看有无印刷包装材料版本变更的情况。

3. 抽查相应记录以及与承印商签订的相关协议，确认是否满足本条款的要求。

4. 查看作废的旧版印刷模板的销毁记录。

※153 印刷包装材料应设置专门区域妥善存放，专人保管。未经批准，人员不

得进入。切割式标签或其他散装印刷包装材料应分别置于密闭容器内储运，以防混淆。

检查要点

1. 检查印刷包装材料是否存放在专门设置的区域（包括区域与相关管理措施）。标签、说明书等印刷包装材料是否按品种、规格设专柜（库）存放。

2. 进入存放印刷包装材料区域的人员是否经批准。

3. 查看切割式标签或其他散装印刷包装材料（如涉及）是否置于密闭容器内储运。

4. 查看相关的管理、操作规程和记录，确认是否满足本条款的要求。

评定参考

标签、说明书等印刷包装材料没有设专柜（库）存放时，此条款判为N。

154 **印刷包装材料应按照操作规程和需求量发放。每批或每次发放的与兽药直接接触的包装材料或印刷包装材料，均应有识别标志，标明所用产品的名称和批号。**

检查要点

1. 查看印刷包装材料发放操作规程，内容是否满足本条款的要求。

2. 查看相关记录。各种印刷包装材料应按生产计划由生产部门指派专人、凭相关生产任务指令单领取，印刷包装材料管理员填写发放使用记录，发放人和领用人均应在记录上签字。

3. 现场检查与兽药直接接触的包装材料或印刷包装材料是否有标识，标明所用产品的名称和批号。

4. 根据企业不同的生产组织形式，印刷包装材料可以逐批发放，也可以一次发放多批，后者中应注意查看生产部门领取后的储存和使用是否有相应的管理和操作要求，并按要求执行。此外，应特别关注剩余包装材料退回（至库房或生产车间物料暂存间）情形下的管理情况。

5. 特殊包材（如卷膜包材）的发放、领用计数方法是否合理。

155 **过期或废弃的印刷包装材料应予以销毁并记录。**

检查要点

1. 查看过期或废弃印刷包装材料的相关处理程序。

2. 检查过期或废弃的印刷包装材料是否销毁，并有记录，记录能否反映销毁处理全过程。

3. 查看印刷包装材料相关记录，如入库记录、使用记录、剩余记录、销毁记录等，印刷包装材料的数量是否平衡。

156 **成品的贮存条件应符合兽药质量标准。**

检查要点

1. 对照产品的法定质量标准，查看企业关于成品贮存条件的相关规定，另外查看成品实际贮存和相关管理情况，包括相应的监测记录，确认是否满足要求。

2. 对于温度敏感的成品（如冷处保存），应查看对生产过程（如灯检、包装）等超出贮存条件范围的温度控制要求和时间限制要求，以及相应的验证数据。

＊157 **兽用麻醉药品、精神药品、毒性药品（包括药材）和放射类药品等特殊药品，易制毒化学品及易燃、易爆和其他危险品的验收、贮存、管理应执行国家有关规定。**

检查要点

1. 查看上述特殊兽药产品（如涉及）的验收、贮存和管理规程及其制定依据，与相关法规要求相对照，是否符合要求。

2. 检查上述产品实际的验收、贮存和管理情况，包括相应的记录，确认是否满足本条款要求。

条款说明

1. 兽用麻醉药品和精神药品，可结合以下法规、规章进行检查：

《麻醉药品和精神药品管理条例》

《麻醉药品和精神药品生产管理办法（试行）》

2. 医疗用毒性药品，可结合以下法规进行检查：

《医疗用毒性药品管理办法》

3. 放射性药品，可结合以下法规、规章进行：

《放射性药品管理办法》

《放射性同位素与射线装置安全和防护条例》

4. 药品类易制毒化学品，可结合以下法规、规章进行检查：

《易制毒化学品管理条例》

《药品类易制毒化学品管理办法》

158 **不合格的物料、中间产品和成品的每个包装容器或批次上均应有清晰醒目的标志，并在隔离区内妥善保存。涉及中药制剂时，还应符合《中药制剂生产质量管理的特殊要求》第13条的相关要求。**

《中药制剂生产质量管理的特殊要求》第13条：

中药提取后的废渣如需暂存、处理时，应当有专用区域。

1. 查看是否制定相关管理规程，对不合格的物料、中间产品和成品的贮存方式进行规定。

2. 查看不合格的物料、中间产品和成品是否隔离保存，查看贮存地点、控制进入措施和每件包装上的标识信息，对照相关的管理、操作规程和记录，确认是否满足本条款要求。

3. 中药制剂应同时考虑是否满足《中药制剂生产质量管理的特殊要求》第13条的要求。

159 **不合格的物料、中间产品和成品的处理应经质量管理负责人批准，并有记录。**

1. 查看不合格的物料、中间产品和成品的管理规定，是否规定处理应经质量管理负责人批准。

2. 查看处理记录，并与实际情况（如实物）相对比，确认是否满足本条款要求。

160 **产品回收需经预先批准，并对相关的质量风险进行充分评估，根据评估**

结论决定是否回收。回收应按照预定的操作规程进行，并有相应记录。回收处理后的产品应按照回收处理中最早批次产品的生产日期确定有效期。

检查要点

1. 查看有关产品回收的管理规定和操作规程，确认是否满足本条款要求。

2. 抽查反映实际回收情况的相关文件，包括质量风险评估过程和结论、回收操作记录、回收处理后所得产品的有效期限，确认是否满足条款要求。

条款说明

回收：是指在某一特定的生产阶段，将以前生产的一批或数批符合相应质量要求的产品的一部分或全部，加入另一批次中的操作。

161 生产原料药的物料和溶剂的回收应符合《原料药生产质量管理的特殊要求》第38条的要求。

《原料药生产质量管理的特殊要求》第38条：

物料和溶剂的回收：

（一）回收反应物、中间产品或原料药（如从母液或滤液中回收），应当有经批准的回收操作规程，且回收的物料或产品符合与预定用途相适应的质量标准。

（二）溶剂可以回收。回收的溶剂在同品种相同或不同的工艺步骤中重新使用的，应当对回收过程进行控制和监测，确保回收的溶剂符合适当的质量标准。回收的溶剂用于其他品种的，应当证明不会对产品质量有不利影响。

（三）未使用过和回收的溶剂混合时，应当有足够的数据表明其对生产工艺的适用性。

（四）回收的母液和溶剂以及其他回收物料的回收与使用，应当有完整、可追溯的记录，并定期检测杂质。

检查要点

1. 查看物料和溶剂的回收相关管理规定和操作规程，内容是否符合要求。

2. 物料和溶剂的回收是否符合适当的质量标准，不会对产品质量造成不利影响。

3. 检查是否按文件规定执行，并有回收记录，以便追溯。

162 **制剂产品原则上不得进行重新加工。不合格的制剂中间产品和成品一般不得进行返工。只有不影响产品质量、符合相应质量标准，且根据预定、经批准的操作规程以及对相关风险充分评估后，才允许返工处理。返工应有相应记录。**

检查要点

1. 查看返工、重新加工（后者仅允许原料药在必要时涉及，制剂产品不得进行重新加工）的管理和操作规程。

2. 确认企业是否有重新加工或返工行为，抽查具体的返工、重新加工批次的相关文件，包括质量风险评估过程和结论、返工重新加工的操作记录，质量标准符合情况，确认是否满足本条款要求。

条款说明

重新加工：是指将某一生产工序生产的不符合质量标准的一批中间产品或待包装产品的一部分或全部，采用不同的生产工艺进行再加工，以符合预定的质量标准。

返工：是指将某一生产工序生产的不符合质量标准的一批中间产品或待包装产品、成品的一部分或全部返回到之前的工序，采用相同的生产工艺进行再加工，以符合预定的质量标准。

163 **对返工或重新加工或回收合并后生产的成品，质量管理部门应评估对产品质量的影响，必要时需要进行额外相关项目的检验和稳定性考察。涉及原料药时，还应符合《原料药生产质量管理的特殊要求》第35～37条的相关要求。**

《原料药生产质量管理的特殊要求》第35条：

不合格的中间产品和原料药可按第36条、第37条的要求进行返工或重新加工。不合格物料的最终处理情况应当有记录。

《原料药生产质量管理的特殊要求》第36条：

返工：

（一）不符合质量标准的中间产品或原料药可重复既定生产工艺中的步骤，进行重结晶等其他物理、化学处理，如蒸馏、过滤、层析、粉碎方法。

（二）多数批次都要进行的返工，应当作为一个工艺步骤列入常规的生产工艺中。

（三）除已列入常规生产工艺的返工外，应当对将未反应的物料返回至某一工艺步骤并重复进行化学反应的返工进行评估，确保中间产品或原料药的质量未受到生成副产物和过度反应物的不利影响。

（四）经中间控制检测表明某一工艺步骤尚未完成，仍可按正常工艺继续操作，不属于返工。

《原料药生产质量管理的特殊要求》第37条：

重新加工：

（一）应当对重新加工的批次进行评估、检验及必要的稳定性考察，并有完整的文件和记录，证明重新加工后的产品与原工艺生产的产品质量相同。可采用同步验证的方式确定重新加工的操作规程和预期结果。

（二）应当按照经验证的操作规程进行重新加工，将重新加工的每个批次的杂质分布与正常工艺生产的批次进行比较。常规检验方法不足以说明重新加工批次特性的，还应当采用其他的方法。

检查要点

1. 查看成品质量标准和稳定性考察管理规程中涉及返工、重新加工（后者允许原料药在必要时涉及，下同）及回收合并操作的成品的针对性检验项目及稳定性考察要求，与返工、重新加工及回收合并的具体操作过程和控制情况相对照，确认是否满足要求。

检查时需结合《兽药GMP检查验收评定标准（2020年修订）》第267条要求，重新加工、返工或回收的批次，也应考虑列入稳定性考察，除非已经过验证和稳定性考察。

2. 查看返工、重新加工及回收合并批次产品的相关检验数据、稳定性试验数据，以及相应的评估结论和必要的后续措施，如当批产品的处理、其他相关批次产品的调查、工艺可行性及过程控制充分性的重新评估等。

3. 原料药应同时考虑是否满足《原料药生产质量管理的特殊要求》第35～37条的相关要求。

相关条款

267

164 **企业应建立兽药退货的操作规程，并有相应的记录，内容至少应包括：产品名称、批号、规格、数量、退货单位及地址、退货原因及日期、最终处理意见。同一产品同一批号不同渠道的退货应分别记录、存放和处理。**

检查要点

1. 查看退货管理规程、操作规程，检查退货产品的储存地点与管理（包括标识和限制进入的措施）。

2. 抽查退货记录和退货产品处理记录（如涉及），确认是否满足本条款要求，并具有充分的规范性和可追溯性。

条款说明

退货：是指将兽药退还给企业的活动。

165 **只有经检查、检验和调查，有证据证明退货产品质量未受影响，且经质量管理部门根据操作规程评价后，方可考虑将退货产品重新包装、重新销售。评价考虑的因素至少应包括兽药的性质、所需的贮存条件、兽药的现状、历史，以及销售与退货之间的间隔时间等因素。对退货产品质量存有怀疑时，不得重新销售。对退货产品进行回收处理的，回收后的产品应符合预定的质量标准和《规范》第129条的要求。退货产品处理的过程和结果应有相应记录。**

《规范》第129条：

产品回收需经预先批准，并对相关的质量风险进行充分评估，根据评估结论决定是否回收。回收应当按照预定的操作规程进行，并有相应记录。回收处理后的产品应当按照回收处理中最早批次产品的生产日期确定有效期。

检查要点

1. 查看是否有相关的退货管理制度。

2. 查看退货管理规程中关于退货产品处理的规定，包括退回批准程序、退回处理程序和方法、对退货产品质量的评估程序和标准、退货处理方式、退回记录内容的规定等。

3. 抽查退货处理（包括销毁或回收）记录，确认是否满足本条款要求。

4. 对退货进行回收处理的，回收后的产品应当符合预定的质量标准和《规范》第129条的要求。查看退货质量判定依据（注意运输条件对原定有效期有何影响）。

5. 查看因质量原因退货的产品批号，调查发生质量问题的原因及纠偏措施。

6. 查看退回产品处理是否及时，处理方法是否得当。

第六章　确认与验证

166 **企业应确定需要进行的确认或验证工作，以证明有关操作的关键要素能够得到有效控制。确认或验证的范围和程度应经过风险评估来确定。**

检查要点

1. 查看是否制定关于确认与验证的相关管理文件，是否规定了如何制定验证总计划：

（1）是否明确确认与验证工作的负责部门或负责人及其职责。

（2）是否明确了企业的验证策略（或方针），并包括关键操作要素的确认或验证。

（3）确认与验证工作是否贯穿了厂房设施设备的设计、采购、施工/安装、测试、操作、维护、变更以及终止使用的整个生命周期。

2. 是否应用质量风险评估和系统影响评估的方法来确定确认或验证的范围和程度，范围应包括但不限于厂房与设施、公用工程系统、设备、分析方法、生产工艺、清洁方法、计算机化系统及产品运输等。

＊**167** **企业的厂房、设施、设备和检验仪器应经过确认，应采用经过验证的生产工艺、操作规程和检验方法进行生产、操作和检验，并保持持续的验证状态。涉及原料药时，还应符合《原料药生产质量管理的特殊要求》第20条的要求。**

《原料药生产质量管理的特殊要求》第20条：

验证应当包括对原料药质量（尤其是纯度和杂质等）有重要影响的关键操作。

检查要点

1. 厂房、设施、设备和检验仪器是否经过确认。

2. 生产工艺是否经过验证。

3. 操作规程及生产记录的规定是否与验证的结果相符合。

4. 采用的检验方法是否经过确认或验证。

5. 是否制定有再确认或再验证周期，并抽查是否按要求进行了再确认或再验证。

6. 原料药应同时考虑是否满足《原料药生产质量管理的特殊要求》第20条的要求。

条款说明

验证状态保持的主要手段：

（1）预防性维护保养（设备）。

（2）校验（设备）。

（3）变更控制（质量保证）。

（4）生产过程控制（物料采购、生产管理、质量检验）。

（5）产品质量回顾分析（质量保证）。

（6）再验证管理（质量保证、验证管理）。

168

无菌生产的隔离操作器只有经过适当的确认后方可投入使用。确认时应考虑隔离技术的所有关键因素，如隔离系统内部和外部所处环境的空气质量、隔离操作器的消毒、传递操作以及隔离系统的完整性。

检查要点

▲1. 无菌生产的隔离操作器投入使用前是否经过设计确认、安装确认、运行确认和性能确认，并有文件记录。

2. 查看相关记录，确认时是否考虑隔离技术的所有关键因素。

（1）隔离系统内部和外部所处环境的空气质量是否经确认并符合应用，外部所处的环境是否至少为D级区。

（2）隔离操作器的消毒效果及传递操作是否经确认并符合要求。

（3）是否对正常运行条件下隔离系统的完整性进行确认，包括已安装的高效空气过滤器的检漏、舱体的完整性、手套-袖套组件和半身服的完整性测试。

评定参考

无菌生产的隔离操作器未经适当的确认便投入使用的，此条款判为N。

169

企业应制定验证总计划，包括厂房与设施、设备、检验仪器、生产工艺、操作规程、清洁方法和检验方法等，确立验证工作的总体原则，明确企业所有验证的总体计划，规定各类验证应达到的目标、验证机构和人员的职责和要求。

检查要点

1. 查看是否制定有验证总计划。

2. 计划中是否对验证工作提出总体要求，是否包括验证涉及的所有内容。

3. 是否对验证工作的目标、范围和要求进行了明确的规定。

4. 是否制定有相关人员或部门的职责。

评定参考

企业未制定验证总计划，此条款判为 N。

170 应建立确认与验证的文件和记录，并能以文件和记录证明达到《规范》第 137 条要求的目标。

《规范》第 137 条：

应当建立确认与验证的文件和记录，并能以文件和记录证明达到以下预定的目标：

（一）设计确认应当证明厂房、设施、设备的设计符合预定用途和本规范要求；

（二）安装确认应当证明厂房、设施、设备的建造和安装符合设计标准；

（三）运行确认应当证明厂房、设施、设备的运行符合设计标准；

（四）性能确认应当证明厂房、设施、设备在正常操作方法和工艺条件下能够持续符合标准；

（五）工艺验证应当证明一个生产工艺按照规定的工艺参数能够持续生产出符合预定用途和注册要求的产品。

检查要点

1. 查看是否制定确认与验证的方案和相关记录。

（1）方案是否包括并明确叙述了应当确认或验证的关键步骤与操作。

（2）方案是否制定了科学合理的可接受标准。

（3）实施过程中的偏差与变更是否进行记录并有合理性说明。

2. 确认或验证的方案是否能满足本条款要求的预定目标。

3. 验证管理规程中，确认工作是否贯穿了厂房设施设备的设计、采购、施工/安装、测试、操作、维护、变更以及终止使用的整个生命周期。对于已有厂房、设施、设备，其设计确认和安装确认可通过其实施 GMP 的实际情况进行考查。

条款说明

企业在工艺验证中应对关键工艺参数进行测试并以正式记录形式收集在验证文件中。无菌产品验证应检查验证试验产品灭菌的所有文件，该批产品用水的检验结果。如是无菌原料药，还应注意检查器具、设备（灌装器具、接受容器）灭菌程序验证的验证报告，容器干热灭菌验证数据，生产人员无菌工作服的清洁、灭菌记录，无菌生产环境监控数据等。

171　采用新的生产处方或生产工艺前，应验证其常规生产的适用性。生产工艺在使用规定的原辅料和设备条件下，应能够始终生产出符合注册要求的产品。涉及原料药时，还应符合《原料药生产质量管理的特殊要求》第 19 条的相关要求。

《原料药生产质量管理的特殊要求》第 19 条：

应当在工艺验证前，根据研发阶段或历史资料和数据确定产品的关键质量属性、影响产品关键质量属性的关键工艺参数、工艺控制及范围，通过验证证明工艺操作的重现性。

检查要点

1. 查看采用新的生产处方或生产工艺前，是否进行了相应的验证。

2. 所进行的验证条件和环境是否与实际的一致。

3. 所取得的验证结果是否纳入所编写的生产工艺规程中。

4. 所取得的验证结果是否能证明生产工艺稳定并生产出符合注册要求的产品。

5. 原料药应同时考虑是否满足《原料药生产质量管理的特殊要求》第 19 条的相关要求。

＊172　当影响产品质量的主要因素，如原辅料、与兽药直接接触的包装材料、生产设备、生产环境（厂房）、生产工艺、检验方法等发生变更时，应进行确认或验证。必要时，还应经畜牧兽医主管部门批准。

检查要点

1. 当出现可能影响产品质量的变更时，是否进行确认或验证。

2. 是否对上述变更的确认或验证结果进行评估。

3. 对实施的上述变更是否是在确认或验证结果评估后才完成变更。

4. 影响产品质量的主要因素（如主要设施设备等）的变更，是否经畜牧兽医主管部门批准。

＊173 清洁方法应经过验证，证实其清洁的效果，以有效防止污染和交叉污染。清洁验证应综合考虑设备使用情况、所使用的清洁剂和消毒剂、取样方法和位置以及相应的取样回收率、残留物的性质和限度、残留物检验方法的灵敏度等因素。涉及原料药时，还应符合《原料药生产质量管理的特殊要求》第23条的相关要求。

《原料药生产质量管理的特殊要求》第23条：

清洁验证：

（一）清洁操作规程通常应当进行验证。清洁验证一般应当针对污染物、所用物料对原料药质量有最大风险的状况及工艺步骤。

（二）清洁操作规程的验证应当反映设备实际的使用情况。如果多个原料药或中间产品共用同一设备生产，且采用同一操作规程进行清洁的，可选择有代表性的中间产品或原料药作为清洁验证的参照物。应当根据溶解度、难以清洁的程度以及残留物的限度来选择清洁参照物，残留物的限度需根据活性、毒性和稳定性确定。

（三）清洁验证方案应当详细描述需清洁的对象、清洁操作规程、选用的清洁剂、可接受限度、需监控的参数以及检验方法。该方案还应当说明样品类型（化学或微生物）、取样位置、取样方法和样品标识。使用专用生产设备且产品质量稳定的，可采用目检法确定可接受限度。

（四）取样方法包括擦拭法、淋洗法或其他方法（如直接萃取法），以对不溶性和可溶性残留物进行检验。

（五）应当采用经验证的灵敏度高的分析方法检测残留物或污染物。每种分析方法的检测限应当足够灵敏，能达到检测残留物或污染物的限度标准。应当确定分析方法可达到的回收率。残留物的限度标准应当切实可行，并根据最有害的残留物来确定，可根据原料药的药理、毒理或生理活性来确定，也可根据原料药生产中最有害的组分来确定。

（六）对需控制热原或细菌内毒素污染水平的生产工艺，应当在设备清洁验证中进行效果确认。

（七）清洁操作规程经验证后应当按验证中设定的检验方法定期进行监测，保证日常生产中操作规程的有效性。

检查要点

1. 检查清洁方法是否经过验证：主要指与物料或产品直接接触的设备、容器或用具的清洁方法，包括人工清洁、自动清洁等方法。

2. 清洁验证的方法和结果是否能反映清洁的效果，并证明能有效防止污染和交叉污染。

3. 验证方案是否结合企业实际情况，在风险评估的基础上科学合理地制定，并重点关注多品种共用设备的清洁验证。

4. 清洁验证方案和报告中是否包括设备使用情况、所使用的清洁剂和消毒剂、清洁和消毒方法、取样方法和位置以及相应的取样回收率、残留物的可接受标准（性质和限度）、残留物检验方法的灵敏度等因素。

5. 原料药应同时考虑是否满足《原料药生产质量管理的特殊要求》第 23 条的相关要求。

174 **应根据确认或验证的对象制定确认或验证方案，并经审核、批准。确认或验证方案应明确职责，验证合格标准的设立及进度安排科学合理，可操作性强。**

检查要点

1. 依据企业验证总计划，抽查确认或验证方案是否根据确认或验证的对象制定。

2. 确认或验证方案是否按相关管理规定进行审核、批准。

3. 确认或验证方案是否明确所参与人员和部门的职责。

4. 确认或验证方案中验证合格标准的设立及进度安排是否科学合理，是否具有可操作性。

*** 175** **确认或验证应按照预先确定和批准的方案实施，并有记录。确认或验证工作完成后，应对验证结果进行评价，写出报告（包括评价与建议），并经审核、批准。验证的文件应存档。**

检查要点

1. 批准后的确认或验证方案是否进行了培训，是否有培训的记录。

▲2. 确认或验证实施的整个过程是否与预先确定和批准的方案一致，如变动是否履行了变更手续；记录是否完整正确。

3. 确认或验证完成后是否写出报告，并对确认或验证过程中产生的偏差进行分析和说明；如果验证失败，企业采取了何种处理方式。

4. 是否对确认或验证的结果、结论进行评价和建议。

5. 确认或验证报告是否经过相关人员审核和批准。

6. 验证过程中形成的文件是否分类归档保存。

176 应根据验证的结果确认工艺规程和操作规程。

检查要点

1. 是否根据验证的结果批准制定或适当修订（必要时）相应的工艺规程和操作规程。

2. 现场抽查工艺规程和操作规程是否与验证结果一致。

＊177 首次确认或验证后，应根据产品质量回顾分析情况进行再确认或再验证。关键的生产工艺和操作规程应定期进行再验证，确保其能够达到预期结果。涉及无菌兽药时，还应符合《无菌兽药生产质量管理的特殊要求》第 64 条。涉及原料药时，还应符合《原料药生产质量管理的特殊要求》第 21 条的相关要求。

《无菌兽药生产质量管理的特殊要求》第 64 条：

应当定期对灭菌工艺的有效性进行再验证（每年至少一次）。设备重大变更后，须进行再验证。应当保存再验证记录。

《原料药生产质量管理的特殊要求》第 21 条：

验证的方式：

（一）原料药生产工艺的验证方法一般应为前验证。因原料药不经常生产、批数不多或生产工艺已有变更等原因，难以从原料药的重复性生产获得现成的数据时，可进行同步验证。

（二）如没有发生因原料、设备、系统、设施或生产工艺改变而对原料药质量有影响的重大变更时，可例外进行回顾性验证。该验证方法适用于下列情况：

1. 关键质量属性和关键工艺参数均已确定；

2. 已设定合适的中间控制项目和合格标准；

3. 除操作人员失误或设备故障外，从未出现较大的工艺或产品不合格的问题；

4. 已明确原料药的杂质情况。

检查要点

1. 查看是否制定了再验证的管理规定，是否按照国家法规及企业文件规定的验证周期进行再验证。

2. 是否与年度质量回顾分析相结合，对常年生产品种进行年度审核，根据审核结果确定再验证周期。

3. 对于关键的设施设备、生产工艺、操作规程等是否定期进行再确认或再验证。

4. 是否按批准的再确认或再验证的方案实施。

5. 是否形成验证报告，对验证结果进行分析、评价和确认。

6. 再确认或再验证记录是否完整并归档保存。

7. **无菌兽药**应同时考虑是否满足《无菌兽药生产质量管理的特殊要求》第 64 条的要求。

8. **原料药**应同时考虑是否满足《原料药生产质量管理的特殊要求》第 21 条的要求。

*178 无菌生产工艺的验证应包括培养基模拟灌装试验。培养基模拟灌装试验应遵循《无菌兽药生产质量管理的特殊要求》第 47 条的相关要求。

《无菌兽药生产质量管理的特殊要求》第 47 条：

无菌生产工艺的验证应当包括培养基模拟灌装试验。

应当根据产品的剂型、培养基的选择性、澄清度、浓度和灭菌的适用性选择培养基。应当尽可能模拟常规的无菌生产工艺，包括所有对无菌结果有影响的关键操作，以及生产中可能出现的各种干预和最差条件。

培养基模拟灌装试验的首次验证，每班次应当连续进行 3 次合格试验。空气净化系统、设备、生产工艺及人员重大变更后，应当重复进行培养基模拟灌装试验。通常应当每班次半年进行 1 次培养基模拟灌装试验，每次至少一批。

培养基灌装容器的数量应当足以保证评价的有效性。批量较小的产品，培养基灌装的数量应当至少等于产品的批量。培养基模拟灌装试验的目标是零污染，应当遵循以下要求：

（一）灌装数量少于 5000 支时，不得检出污染品。

（二）灌装数量在 5000 至 10000 支时：

1. 有 1 支污染，需调查，可考虑重复试验；

2. 有 2 支污染，需调查后进行再验证。

（三）灌装数量超过 10000 支时：

1. 有 1 支污染，需调查；

2. 有 2 支污染，需调查后进行再验证。

（四）发生任何微生物污染时，均应当进行调查。

检查培养基模拟灌装试验是否按照本条款要求开展，并有相关记录。

检查时需注意：

①培养基是否按现行《中华人民共和国兽药典》要求进行促生长试验。

②培养基模拟灌装试验是否模拟最差生产条件，至少应考虑到灌装时间、灌装速度、正常生产中可能遇到的停机、设备维修、无菌区人数、人员更替及其出入无菌区的更衣情况等。

③除无菌操作工之外需要进入无菌区的其他人员（如 QA 监督人员和设备维修人员）是否参与培养基模拟灌装试验。

④培养基模拟灌装试验结果超出规定要求时，是否进行相关的偏差调查并保存必要的记录。

※179　无菌兽药生产中应对灭菌工艺的有效性进行验证，符合《无菌兽药生产质量管理的特殊要求》第 63、66、70 条第（一）款的相关要求。

《无菌兽药生产质量管理的特殊要求》第 63 条：

任何灭菌工艺在投入使用前，应当采用物理检测手段和生物指示剂，验证其对产品或物品的适用性及所有部位是否达到灭菌效果。

《无菌兽药生产质量管理的特殊要求》第 66 条：

应当通过验证确认灭菌设备腔室内待灭菌产品和物品的装载方式。

《无菌兽药生产质量管理的特殊要求》第 70 条第（一）款：

热力灭菌通常有湿热灭菌和干热灭菌，应当符合以下要求：

（一）在验证和生产过程中，用于监测或记录的温度探头与用于控制的温度探头应当分别设置，设置的位置应当通过验证确定。每次灭菌均应记录灭菌过程的时间-温度曲线。

采用自控和监测系统的，应当经过验证，保证符合关键工艺的要求。自控和监测系统应当能够记录系统以及工艺运行过程中出现的故障，并有操作人员监控。应当定期将独立的温度显示器的读数与灭菌过程中记录获得的图谱进行对照。

检查要点

1. 查看验证计划是否包含了无菌兽药灭菌工艺验证计划和再验证周期（每年至少一次）的规定，是否按照计划开展灭菌效果验证和再验证工作。

2. 是否对灭菌工艺（灭菌设备）投入使用前进行了验证，并保存相关记录。

3. 是否有经批准的灭菌工艺的验证方案、验证记录、验证报告、验证结果的评价和批准。

4. 查看验证批的灭菌记录的完整性，是否包含了灭菌试验的基本要素，如空载和满载时的装量、承载量、温度、时间、压力等。

5. 查看验证批的无菌检验（检测）记录，是否达到无菌规定要求。

6. 查看在安装、运行确认后，灭菌柜空载热分布和满载热分布试验的验证方案和验证记录，确认是否确定了灭菌柜腔室内的冷点。

7. 验证记录中是否采用生物指示剂对灭菌工艺进行挑战试验，挑战试验中生物指示剂的放置点是否有代表性；是否在最冷点放置了生物指示剂。

8. 若热穿透试验证明不同位置的产品间、不同装载量间、不同装量规格间的热穿透特性有显著差异，是否选择了灭菌 F_0 值最低的位置、装载量和装量规格（即最差条件）进行微生物挑战试验。

9. 查看试生产（验证）批的灭菌记录、灭菌温度监控记录（温度分布曲线）、F_0 值自动记录数据或计算结果，其 F_0 值是否大于 8。

10. 灭菌设备发生重大变更时，是否重新开展了再验证，并符合要求。

11. 待灭菌产品或相关生产工艺变更后，是否根据变更产品特性进行必要的灭菌工艺再验证。

第七章 文件管理

※180 企业应有内容正确的书面质量标准（含物料和成品）、生产处方和工艺规程、操作规程以及记录等文件。涉及中药制剂时，还应符合《中药制剂生产质量管理的特殊要求》第23条的相关要求。

《中药制剂生产质量管理的特殊要求》第23条：

应当制定控制产品质量的生产工艺规程和其他标准文件：

（一）制定中药材和中药饮片养护制度，并分类制定养护操作规程；

（二）制定每种中药材前处理、中药提取、中药制剂的生产工艺和工序操作规程，各关键工序的技术参数应当明确，如：标准投料量、提取、浓缩、精制、干燥、过筛、混合、贮存等要求，并明确相应的贮存条件及期限；

（三）根据中药材和中药饮片质量、投料量等因素，制定每种中药提取物的收率限度范围；

（四）制定每种经过前处理后的中药材、中药提取物、中间产品、中药制剂的质量标准和检验方法。

1. 是否有所生产品种的质量标准、生产处方和工艺规程、操作规程及相应的记录，并纳入文件管理体系中。

2. 所制定的质量标准、生产处方和工艺规程、操作规程以及相应的记录是否符合《兽药生产质量管理规范》要求。

3. 中药制剂应同时考虑是否满足《中药制剂生产质量管理的特殊要求》第23条的要求。

181 企业应建立文件管理的操作规程，系统地设计、制定、审核、批准、发放、收回和销毁文件。

检查要点

1. 查看是否制定有文件的管理规程，内容是否完整，是否涵盖文件的设计、制定、审核、批准和发放等内容，并有相关的管理规定。

2. 文件管理规程中是否明确文件的管理部门，是否在该部门的职责中体现。

3. 查看相关记录，检查执行情况是否符合规定要求。

182 **文件的内容应覆盖与兽药生产有关的所有方面，包括人员、设施设备、物料、验证、生产管理、质量管理、销售、召回和自检等，以及兽药产品赋电子追溯码（二维码）标识制度，保证产品质量可控并有助于追溯每批产品的历史情况。**

检查要点

▲1. 查看文件是否齐全，是否能覆盖兽药生产、质量管理等各个方面。

2. 查看所制定的文件是否能保证每批产品具有可追溯性。

183 **文件的起草、修订、审核、批准、替换或撤销、复制、保管和销毁等应按照操作规程管理，并有相应的文件分发、撤销、复制、收回、销毁记录。**

检查要点

1. 查看是否有文件起草、修订、审核、批准、替换或撤销、复制、保管和销毁的相关管理规程。

2. 现场抽查部分文件，检查是否按照制定的规程进行。

3. 是否建立有文件分发、撤销、复制、销毁记录，并按规定进行登记，确保现场使用的是最新版本文件，不会出现过期文件。

4. 现场抽查文件，看是否是最新版本。

5. 文件涉及多个部门时，职责是否明确，任务分配是否清晰。

6. 抽查已失效或作废文件的管理是否符合规定。

184 **文件的起草、修订、审核、批准均应由适当的人员签名并注明日期。**

检查要点

1. 查看相关的管理规定，看文件的起草、修订、审核、批准人员是否按规定进行。

2. 现场抽查部分文件，查看起草、修订、审核、批准人员的签名、日期是否与文件要求一致。

185 文件应标明题目、种类、目的以及文件编号和版本号。文字应确切、清晰、易懂，不能模棱两可。原版文件复制时，不得产生任何差错。

检查要点

1. 查看是否制定管理规程，明确文件题目种类、目的以及文件编号和版本号方面的要求。

2. 检查各类文件的制定是否符合相关要求，文件的标题是否针对文件内容提出，能清楚地说明文件的性质，各类文件是否有便于识别的文件编号和版本号。

3. 文件使用的语言是否确切、清晰、通俗易懂，不模棱两可。

4. 检查企业从管理上是否可以确保准确复制文件，并抽查部分文件确认。

相关条款

208

186 文件应分类存放、条理分明，便于查阅。

检查要点

查看文件的分类与存放是否满足本条款的要求。

187 文件应定期审核、修订；文件修订后，应按照规定管理，防止旧版文件的误用。分发、使用的文件应为批准的现行文本，已撤销的或旧版文件除留档备查外，不得在工作现场出现。

检查要点

1. 查看相关的管理文件，看文件是否按规定进行审核、修订。

2. 现场检查所使用的文件是否为批准的最新的版本。

3. 分发记录是否显示旧版文件均已收回，检查现场是否仍有旧版文件。

188 与规范有关的每项活动均应有记录，记录数据应完整可靠，以保证产品

生产、质量控制和质量保证、包装所赋电子追溯码等活动可追溯。记录应留有填写数据的足够空格。记录应及时填写，内容真实，字迹清晰、易读，不易擦除。涉及中药制剂时，还应符合《中药制剂生产质量管理的特殊要求》第24条的相关要求。

《中药制剂生产质量管理的特殊要求》第24条：

应当对从中药材的前处理到中药提取物整个生产过程中的生产、卫生和质量管理情况进行记录，并符合下列要求：

（一）当几个批号的中药材和中药饮片混合投料时，应当记录本次投料所用每批中药材和中药饮片的批号和数量。

（二）中药提取各生产工序的操作至少应当有以下记录：

1. 中药材和中药饮片名称、批号、投料量及监督投料记录；

2. 提取工艺的设备编号、相关溶剂、浸泡时间、升温时间、提取时间、提取温度、提取次数、溶剂回收等记录；

3. 浓缩和干燥工艺的设备编号、温度、浸膏干燥时间、浸膏数量记录；

4. 精制工艺的设备编号、溶剂使用情况、精制条件、收率等记录；

5. 其他工序的生产操作记录；

6. 中药材和中药饮片废渣处理的记录。

检查要点

1. 查看所制定的文件记录能否覆盖产品生产、质量控制、质量保证等与规范有关的各项活动，能否保证可以追溯。

2. 查看所制定的文件记录是否留有足够的空格填写相应数据。

3. 现场抽查相关记录，查看记录的填写内容是否真实、完整，字迹是否清晰、易读，不易擦除。

4. 中药制剂应同时考虑是否满足《中药制剂生产质量管理的特殊要求》第24条的要求。

189 **应尽可能采用生产和检验设备自动打印的记录、图谱和曲线图等，并标明产品或样品的名称、批号和记录设备的信息，操作人应签注姓名和日期。**

检查要点

1. 查看是否制定有采用生产和检验设备自动打印的记录、图谱和曲线图等的管理规程及相关人员的职责。

2. 现场检查是否按规定进行，且所打印的记录、图谱和曲线图等是否注明了相关的信息，以说明记录、图谱和曲线图等的真实性，是否有操作人员签名和日期。

190 **记录应保持清洁，不得撕毁和任意涂改。记录填写的任何更改都应签注姓名和日期，并使原有信息仍清晰可辨，必要时，应说明更改的理由。记录如需重新誊写，则原有记录不得销毁，应作为重新誊写记录的附件保存。**

检查要点

1. 检查是否制定了记录更改的规定，内容是否符合本条款要求。

2. 记录中如有更改，检查是否按文件规定执行。

* **191** **每批兽药应有批记录，包括批生产记录、批包装记录、批检验记录和兽药放行审核记录以及电子追溯码标识记录等。批记录应由质量管理部门负责管理，至少保存至兽药有效期后一年。质量标准、工艺规程、操作规程、稳定性考察、确认、验证、变更等其他重要文件应长期保存。涉及无菌兽药时，还应符合《无菌兽药生产质量管理的特殊要求》第 11、69 条的相关要求。**

《无菌兽药生产质量管理的特殊要求》第 11 条：

应当对微生物进行动态监测，评估无菌生产的微生物状况。监测方法有沉降菌法、定量空气浮游菌采样法和表面取样法（如棉签擦拭法和接触碟法）等。动态取样应当避免对洁净区造成不良影响。成品批记录的审核应当包括环境监测的结果。

对表面和操作人员的监测，应当在关键操作完成后进行。在正常的生产操作监测外，可在系统验证、清洁或消毒等操作完成后增加微生物监测。

《无菌兽药生产质量管理的特殊要求》第 69 条：

每一次灭菌操作应当有灭菌记录，并作为产品放行的依据之一。

1. 查看是否有关于文件、记录保存的相关管理规定，明确各种记录的保存年限和保存部门。

2. 检查实际保存情况与文件规定是否一致，确认与每批产品的生产和质量相关的记录是否保存于质量管理部门。

3. 检查重要的文件储存部门和时间是否符合文件规定。

4. 无菌兽药应同时考虑是否满足《无菌兽药生产质量管理的特殊要求》第11、69条的相关要求。

192 **如使用电子数据处理系统、照相技术或其他可靠方式记录数据资料，应有所用系统的操作规程；记录的准确性应经过核对。使用电子数据处理系统的，只有经授权的人员方可输入或更改数据，更改和删除情况应有记录；应使用密码或其他方式来控制系统的登录；关键数据输入后，应由他人独立进行复核。用电子方法保存的批记录，应采用磁带、缩微胶卷、纸质副本或其他方法进行备份，以确保记录的安全，且数据资料在保存期内便于查阅。**

检查要点

1. 查看是否制定有关于电子数据处理系统的管理规程。

（1）是否明确电子文档的保存方式。用电子方法保存的批记录，是否采用磁带、缩微胶卷、纸质副本或其他方法进行备份，以确保记录的安全与保存期内的查阅。

（2）是否明确电子文档的采集部门和采集人的职责。

（3）是否明确操作权限。

（4）建立对数据的完整性、正确性和保密性的保护程序。

（5）是否规定出现异常情况的处理办法。

（6）是否保留修改痕迹。

（7）是否对关键数据的准确性进行核对和定期确认。

2. 查看是否制定有所采用的电子数据处理系统的操作规程。

3. 检查是否能按规定要求管理、保存电子文档。

193 **物料和成品应有经批准的现行质量标准；必要时，中间产品也应有质量标准。涉及原料药时，还应符合《原料药生产质量管理的特殊要求》第25、26条的相关要求。**

《原料药生产质量管理的特殊要求》第25条：

企业应当根据生产工艺要求、对产品质量的影响程度、物料的特性以及对供应商的质量评估情况，确定合理的物料质量标准。

《原料药生产质量管理的特殊要求》第26条：

中间产品或原料药生产中使用的某些材料，如工艺助剂、垫圈或其他材料，可能对质量有重要影响时，也应当制定相应材料的质量标准。

1. 查看质量标准的制定是否符合相关文件管理的规定。

2. 是否制定原料、辅料和成品的质量标准。

3. 是否制定有中间产品的质量标准。

4. 原料药应同时考虑是否满足《原料药生产质量管理的特殊要求》第25、26条的要求。

194 **物料的质量标准内容应符合《规范》第160条的要求。涉及无菌兽药时，还应符合《无菌兽药生产质量管理的特殊要求》第52条的相关要求。涉及中药制剂时，还应符合《中药制剂生产质量管理的特殊要求》第32～34条的相关要求。**

《规范》第160条：

物料的质量标准一般应包括：

（一）物料的基本信息：

1. 企业统一指定的物料名称或内部使用的物料代码；

2. 质量标准的依据。

（二）取样、检验方法或相关操作规程编号。

（三）定性和定量的限度要求。

（四）贮存条件和注意事项。

（五）有效期和复验期。

《无菌兽药生产质量管理的特殊要求》第52条：

应当尽可能减少物料的微生物污染程度。必要时，物料的质量标准中应当包括微生物限度、细菌内毒素或热原检查项目。

《中药制剂生产质量管理的特殊要求》第32条：

中药材和中药饮片的质量控制项目应当至少包括：

（一）鉴别；

（二）中药材和中药饮片中所含有关成分的定性或定量指标；

（三）外购的中药饮片可增加相应原药材的检验项目；

（四）兽药国家标准或药品标准及省（自治区、直辖市）中药材标准和中药炮制规范中包含的其他检验项目。

《中药制剂生产质量管理的特殊要求》第33条：

中药提取、精制过程中使用有机溶剂的，如溶剂对产品质量和安全性有不利影响时，应当在中药提取物和中药制剂的质量标准中增加残留溶剂限度。

《中药制剂生产质量管理的特殊要求》第34条：

应当制定与回收溶剂预定用途相适应的质量标准。

1. 查企业所制定的物料质量标准是否包含本条款要求的内容。

2. 无菌兽药应同时考虑是否满足《无菌兽药生产质量管理的特殊要求》第52条的要求。

3. 中药制剂应同时考虑是否满足《中药制剂生产质量管理的特殊要求》第32～34条的要求。

195 **成品的质量标准内容应符合《规范》第161条的要求。涉及原料药时，还应符合《原料药生产质量管理的特殊要求》第39条的相关要求。**

《规范》第161条：

成品的质量标准至少应当包括：

（一）产品名称或产品代码；

（二）对应的产品处方编号（如有）；

（三）产品规格和包装形式；

（四）取样、检验方法或相关操作规程编号；

（五）定性和定量的限度要求；

（六）贮存条件和注意事项；

（七）有效期。

《原料药生产质量管理的特殊要求》第39条：

原料药质量标准应当包括对杂质的控制（如有机杂质、无机杂质、残留溶剂）。原料药有微生物或细菌内毒素控制要求的，还应当制定相应的限度标准。

1. 检查企业所制定的成品质量标准是否包含本条款要求的内容。

2. 原料药应同时考虑是否满足《原料药生产质量管理的特殊要求》第39条的要求。

196 每种兽药均应有经企业批准的工艺规程，不同兽药规格的每种包装形式均应有各自的包装操作要求。工艺规程的制定应以注册批准的工艺为依据。

检查要点

1. 查看是否制定了关于产品工艺规程的相关管理规程。
2. 是否按规定制定或修订产品的工艺规程，并经审核、批准后执行。
3. 所制定的工艺规程是否与注册批准的工艺一致。
4. 所制定的工艺规程是否包含了不同包装规程形式的要求。

评定参考

未制定产品工艺规程的，此条款判为N。

*197 工艺规程不得任意更改。如需更改，应按照相关的操作规程修订、审核、批准，影响兽药产品质量的更改应经过验证。

检查要点

1. 是否制定了工艺规程的修订、审核、批准的相关规程。
2. 是否按规定进行工艺规程的修订、审核、批准。
3. 影响兽药产品质量的工艺规程更改，是否经过验证。

198 制剂的工艺规程内容应符合《规范》第164条的要求。涉及原料药时，还应符合《原料药生产质量管理的特殊要求》第27条的相关要求。

《规范》第164条：

制剂的工艺规程内容至少应当包括：

（一）生产处方：

1. 产品名称；
2. 产品剂型、规格和批量；
3. 所用原辅料清单（包括生产过程中使用，但不在成品中出现的物料）。阐述每一物料的指定名称和用量；原辅料的用量需要折算时，还应当说明计算方法。

（二）生产操作要求

1. 对生产场所和所用设备的说明（如操作间的位置、洁净度级别、温湿度要求、设备型号等）；

2. 关键设备的准备（如清洗、组装、校正、灭菌等）所采用的方法和相应操作规程编号；

3. 详细的生产步骤和工艺参数说明（如物料的核对、预处理、加入物料的顺序、混合时间、温度等）；

4. 中间控制方法及标准；

5. 预期的最终产量限度，必要时，还应当说明中间产品的产量限度，以及物料平衡的计算方法和限度；

6. 待包装产品的贮存要求，包括容器、标签、贮存时间及特殊贮存条件；

7. 需要说明的注意事项。

（三）包装操作要求：

1. 以最终包装容器中产品的数量、重量或体积表示的包装形式；

2. 所需全部包装材料的完整清单，包括包装材料的名称、数量、规格、类型；

3. 印刷包装材料的实样或复制品，并标明产品批号、有效期打印位置；

4. 需要说明的注意事项，包括对生产区和设备进行的检查，在包装操作开始前，确认包装生产线的清场已经完成等；

5. 包装操作步骤的说明，包括重要的辅助性操作和所用设备的注意事项、包装材料使用前的核对；

6. 中间控制的详细操作，包括取样方法及标准；

7. 待包装产品、印刷包装材料的物料平衡计算方法和限度。

《原料药生产质量管理的特殊要求》第27条：

原料药的生产工艺规程应当包括：

（一）所生产的中间产品或原料药名称。

（二）标有名称和代码的原料和中间产品的完整清单。

（三）准确陈述每种原料或中间产品的投料量或投料比，包括计量单位。如果投料量不固定，应当注明每种批量或产率的计算方法。如有正当理由，可制定投料量合理变动的范围。

（四）生产地点、主要设备（型号及材质等）。

（五）生产操作的详细说明，包括：

1. 操作顺序；

2. 所用工艺参数的范围；

3. 取样方法说明，所用原料、中间产品及成品的质量标准；

4. 完成单个步骤或整个工艺过程的时限（如适用）；

5. 按生产阶段或时限计算的预期收率范围；

6. 必要时，需遵循的特殊预防措施、注意事项或有关参照内容；

7. 可保证中间产品或原料药适用性的贮存要求，包括标签、包装材料和特殊贮存条件以及期限。

1. 查看制剂的工艺规程是否包含本条款规定的内容。

2. 原料药：查看原料药工艺规程是否满足《原料药生产质量管理的特殊要求》第 27 条的相关要求。

※199 每批产品均应有相应的批生产记录，批生产记录应依据批准的现行工艺规程的相关内容制定，并应包括悬浮粒子等环境监测数据。记录的内容应确保该批产品的生产过程以及与质量有关的情况可追溯。

检查要点

▲1. 查看企业是否有所生产的每个品种和规格的批生产记录。

2. 抽查批生产记录，每批产品是否都有相应的批生产记录。

3. 批生产记录的内容是否与现行的工艺规程相对应。

4. 生产过程以及与质量有关情况的记录内容是否有可追溯性。

200 原版空白的批生产记录应经生产管理负责人和质量管理负责人审核和批准。批生产记录的复制和发放均应按照操作规程进行控制并有记录，每批产品的生产只能发放一份原版空白批生产记录的复制件。

检查要点

1. 是否制定有批生产记录的管理规程：

（1）是否明确原版空白批生产记录的审核人和批准人为生产管理负责人和质量管理负责人。

（2）是否明确有批生产记录的复制和发放的管理规定。

（3）是否明确批生产记录复制和发放人的职责。

（4）是否有复制和发放记录。

（5）是否规定原版空白批生产记录的保存要求和保存方法。

2. 检查每批产品的批生产记录是否只发放了一份复制件。

201 在生产过程中，进行每项操作时应及时记录，操作结束后，应由生产操作人员确认并签注姓名和日期。

检查要点

1. 检查生产人员在每项操作时是否及时现场记录，不得事前填写或事后补写。

2. 批生产记录填写是否经生产操作人员签名确认，并注明日期。

相关条款

210、237

202 批生产记录的每一工序应标注产品的名称、规格和批号。批生产记录的内容应符合《规范》第169条的要求。

《规范》第169条：

批生产记录的内容应当包括：

（一）产品名称、规格、批号；

（二）生产以及中间工序开始、结束的日期和时间；

（三）每一生产工序的负责人签名；

（四）生产步骤操作人员的签名；必要时，还应当有操作（如称量）复核人员的签名；

（五）每一原辅料的批号以及实际称量的数量（包括投入的回收或返工处理产品的批号及数量）；

（六）相关生产操作或活动、工艺参数及控制范围，以及所用主要生产设备的编号；

（七）中间控制结果的记录以及操作人员的签名；

（八）不同生产工序所得产量及必要时的物料平衡计算；

（九）对特殊问题或异常事件的记录，包括对偏离工艺规程的偏差情况的详细说明或调查报告，并经签字批准。

检查要点

1. 查看批生产记录的每一工序是否标注产品的名称、规格和批号。
2. 检查企业所制定的批生产记录是否包含本条款要求。

203　**产品的包装应有批包装记录，以便追溯该批产品包装操作以及与质量有关的情况。**

检查要点

1. 企业是否制定了所生产的每个品种和规格的批包装记录。
2. 批包装记录的内容是否能反映出该批产品的包装和质量情况。

相关条款

239、245、248、250

204　**批包装记录应依据工艺规程中与包装相关的内容制定。批包装记录应当有待包装产品的批号、数量以及成品的批号和计划数量。原版空白的批包装记录的审核、批准、复制和发放的要求与原版空白的批生产记录相同。**

检查要点

1. 批包装记录的制定是否与现行的工艺规程相对应：
(1) 批包装记录填写的内容是否是按现行的工艺规程及岗位操作规程的规定进行的。
(2) 批包装记录主要填写操作过程和参数（如数量、规格、时间等）。
2. 是否制定有批包装记录的管理规程：
(1) 是否明确原版空白批包装记录的审核人和批准人。
(2) 是否明确有原版空白批包装记录的复制和发放的管理规定。
(3) 是否明确发放部门及复制和发放人的职责。
(4) 是否有复制和发放记录。
(5) 是否规定原版空白批包装记录的保存要求和保存方法。
3. 检查每批产品的包装记录是否只发放了一份复制件。

205　**在包装过程中，进行每项操作时应及时记录，操作结束后，应由包装操**

作人员确认并签注姓名和日期。

检查要点

1. 检查生产人员在每项操作时是否及时记录，不得事前填写或事后补写。

2. 批包装记录填写是否经包装操作人员签名确认，并注明日期。

206 批包装记录的内容应符合《规范》第174条的要求。

《规范》第174条：

批包装记录的内容包括：

（一）产品名称、规格、包装形式、批号、生产日期和有效期。

（二）包装操作日期和时间。

（三）包装操作负责人签名。

（四）包装工序的操作人员签名。

（五）每一包装材料的名称、批号和实际使用的数量。

（六）包装操作的详细情况，包括所用设备及包装生产线的编号。

（七）兽药产品赋电子追溯码标识操作的详细情况，包括所用设备、编号。电子追溯码信息以及对两级以上包装进行赋码关联关系信息等记录可采用电子方式保存。

（八）所用印刷包装材料的实样，并印有批号、有效期及其他打印内容；不易随批包装记录归档的印刷包装材料可采用印有上述内容的复制品。

（九）对特殊问题或异常事件的记录，包括对偏离工艺规程的偏差情况的详细说明或调查报告，并经签字批准。

（十）所有印刷包装材料和待包装产品的名称、代码，以及发放、使用、销毁或退库的数量、实际产量等的物料平衡检查。

检查要点

检查企业所制定的批包装记录是否包含本条款要求。

相关条款

240、241、243、249

207 操作规程的内容应包括：题目、编号、版本号、颁发部门、生效日期、

分发部门以及制定人、审核人、批准人的签名并注明日期，标题、正文及变更历史。

检查要点

企业所制定的操作规程是否包含上述要求的内容，并与企业文件管理规程要求一致。

208 **厂房、设备、物料、文件和记录应有编号（代码），并制定编制编号（代码）的操作规程，确保编号（代码）的唯一性。**

检查要点

1. 是否以文件形式明确编号（代码）原则，确保所编制的编号（代码）是唯一的。

2. 检查企业编制的厂房、设备、物料、文件和记录的编号（代码）是否唯一。

相关条款

185

209 **确认和验证、设备的装配和校准、厂房和设备的维护、清洁和消毒，培训、更衣、卫生等与人员相关的事宜，环境监测，变更控制、偏差处理、投诉与兽药召回、退货等活动，应有相应的操作规程，其过程和结果应有记录。**

检查要点

1. 与兽药生产、质量管理相关的所有过程是否均制定了相应的操作规程。

2. 各操作规程的执行，是否均有相应的记录。

相关条款

022、098、108、120、134、137、140、141、164、169、180、188、192、210、212、213、257、261、278、280、282、285、298、302

第八章　生产管理

※210　兽药生产应按照批准的工艺规程和操作规程进行操作并有相关记录，确保兽药达到规定的质量标准，并符合兽药生产许可和注册批准的要求。涉及无菌兽药时，还应符合《无菌兽药生产质量管理的特殊要求》第3、61、62、65条的相关要求。涉及中药制剂时，还应符合《中药制剂生产质量管理的特殊要求》第25条的相关要求。

《无菌兽药生产质量管理的特殊要求》第3条：

无菌兽药的生产须满足其质量要求，应当最大限度降低微生物、各种微粒和热原的污染。生产人员的技能、所接受的培训及其工作态度是达到上述目标的关键因素，无菌兽药的生产应当严格按照设计并经验证的方法及规程进行，产品的无菌或其他质量特性绝不能只依赖于任何形式的最终处理或成品检验（包括无菌检查）。

《无菌兽药生产质量管理的特殊要求》第61条：

无菌兽药应当尽可能采用加热方式进行最终灭菌，最终灭菌产品中的微生物存活概率（即无菌保证水平，SAL）不得高于10^{-6}。采用湿热灭菌方法进行最终灭菌的，通常标准灭菌时间F_0值应当大于8分钟，流通蒸汽处理不属于最终灭菌。对热不稳定的产品，可采用无菌生产操作或过滤除菌的替代方法。

《无菌兽药生产质量管理的特殊要求》第62条：

可采用湿热、干热、离子辐射、环氧乙烷或过滤除菌的方式进行灭菌。每一种灭菌方式都有其特定的适用范围，灭菌工艺应当与注册批准的要求相一致，且应当经过验证。

《无菌兽药生产质量管理的特殊要求》第65条：

所有的待灭菌物品均须按规定要求处理，以获得良好的灭菌效果，灭菌工艺的设计应当保证符合灭菌要求。

《中药制剂生产质量管理的特殊要求》第25条：

中药材应当按照规定进行拣选、整理、剪切、洗涤、浸润或其他炮制加工。未经处理的中药材不得直接用于提取加工。

检查要点

1. 查看生产工艺规程、标准操作规程：

（1）所有品种应有生产工艺规程、标准操作规程，操作规程应包括岗位操作规程、清洁操作规程、设备操作规程等。

（2）核对工艺规程与注册批准的 致性，重点检查处方与注册资料的 致性。如不一致，检查是否对变更进行了风险评估，并执行了变更控制程序。

▲2. 抽查2条以上生产线批生产记录，特别是高级别生产线的，核查产品生产和包装全过程与规程、注册批准要求的一致性；批生产记录是否受控。

3. 查看员工操作能否按照操作规程要求执行，进一步确认工艺规程及操作规程的可行性和执行效果。

4. 现场检查各种生产操作行为能否及时记录，操作人员是否按照工艺规程操作。

5. 无菌兽药应同时考虑是否满足《无菌兽药生产质量管理的特殊要求》第3、61、62、65条的相关要求：

（1）检查厂房设施、设备、人员培训及现场操作是否满足无菌生产要求。

（2）查看工艺规程、操作规程及工艺验证等文件。

①根据产品特性是否选择适当的物理或化学灭菌方法。

②产品及待灭菌物品的灭菌工艺方法、灭菌工艺参数是否经过验证。

③是否对待灭菌物料、容器、器具及产品的处理和保存方式进行规定，并遵照执行。

（3）检查批生产记录所附的灭菌设备打印条上的数据是否与灭菌工艺验证报告中的灭菌参数一致，灭菌段温度波动是否在允许偏差范围内，超出偏差允许范围的是否进行了偏差处理。

6. 中药制剂应同时考虑是否满足《中药制剂生产质量管理的特殊要求》第25条的相关要求：

（1）查看工艺规程和操作规程，是否规定对中药材的拣选、整理、剪切、洗涤、浸润或其他炮制操作，并遵照执行。

（2）查看工艺验证报告，是否能够证明中药材成分在洗涤、浸润过程中的损失在控制范围内。

（3）未经处理的中药材是否存在直接用于提取加工的情况。

相关条款

134、180、196、197、199、204、226、240

211 **粉剂、预混剂、散剂生产线从投料到分装应采用密闭式生产工艺。**

检查要点

1. 检查生产线从投料到分装的设备连接密闭性，是否可实现密闭式生产。
2. 检查投料、混合、物料中转、分装等环节是否采用密闭设备。
3. 查看生产工艺规程及操作规程对密闭生产是否进行具体规定。

条款说明

1. 投料、混合、物料转移及分装必须采用密闭设备。
2. 中间产品取样，不视为非密闭式生产。
3. 原辅料前处理工序，不视为非密闭式生产。

212 **应建立划分产品生产批次的操作规程，生产批次的划分应能够确保同一批次产品质量和特性的均一性。涉及无菌兽药时，还应符合《无菌兽药生产质量管理的特殊要求》第60条的相关要求。涉及非无菌兽药时，还应符合《非无菌兽药生产质量管理的特殊要求》第5条的相关要求。涉及原料药时，还应符合《原料药兽药生产质量管理的特殊要求》的第32条的相关要求。涉及中药制剂时，还应符合《中药制剂生产质量管理的特殊要求》第1、3条的相关要求。**

《无菌兽药生产质量管理的特殊要求》第60条：

除另有规定外，无菌兽药批次划分的原则如下：

（一）大（小）容量注射剂以同一配液罐、最终一次配制的药液所生产的均质产品为一批；同一批产品如用不同的灭菌设备或同一灭菌设备分次灭菌的，应当可以追溯；

（二）粉针剂以一批无菌原料药、在同一连续生产周期内生产的均质产品为一批；

（三）冻干产品以同一批配制的药液使用同一台冻干设备、在同一生产周期内生产的均质产品为一批；

（四）眼用制剂、软膏剂、乳剂和混悬剂等以同一配制罐、最终一次配制所生产的均质产品为一批。

《非无菌兽药生产质量管理的特殊要求》第5条：

非无菌兽药批次划分原则：

（一）固体、半固体制剂：在成型或分装前使用同一台混合设备一次混合量所生产的均质产品为一批。

（二）液体制剂：以灌装（封）前经最后混合的药液所生产的均质产品为一批。

《原料药生产质量管理的特殊要求》第32条：

生产批次的划分原则：

（一）连续生产的原料药，在一定时间间隔内生产的在规定限度内的均质产品为一批。

（二）间歇生产的原料药，可由一定数量的产品经最后混合所得的在规定限度内的均质产品为一批。

《中药制剂生产质量管理的特殊要求》第1条：

本要求适用于中药材前处理、中药提取和中药制剂的生产、质量控制、贮存、发放和运输。

《中药制剂生产质量管理的特殊要求》第3条：

中药材来源应当相对稳定，尽可能采用规范化生产的中药材。

检查要点

▲1. 查看企业是否制定了划分产品生产批次的规程，批次划分原则是否合理。

2. 抽查批生产记录是否按照文件规定进行批次划分。

3. 检查企业是否存在亚批的管理情况，涉及亚批的，是否规定相应的取样及检验原则。

4. 无菌兽药

(1) 批次划分原则应同时考虑是否满足《无菌兽药生产质量管理的特殊要求》第60条的相关要求。

(2) 分批次灭菌的无菌产品批号的设定是否具有可追溯性，并按照亚批原则进行抽样检验和记录。

5. 非无菌兽药：批次划分原则应同时考虑是否满足《非无菌兽药生产质量管理的特殊要求》第5条的相关要求。

6. 原料药：批次划分原则应同时考虑是否满足《原料药生产质量管理的特殊要求》第32条的相关要求。

7. 中药制剂：批次划分原则应同时考虑是否满足《中药制剂生产质量管理的特殊要求》第1、3条的相关要求。

条款说明

中药提取物批次划分原则：中药提取物以经最后一次混合所生产的均质产品为一批。企业应根据GMP的要求，依据预期质量和特性均一性的原则建立产品划分生产批次的管理办法或操作规程，规定批量，并通过生产工艺验证、产品稳定性试验等，证明批产品质量的均一性和稳定性。

＊213 **应建立编制兽药批号和确定生产日期的操作规程。每批兽药均应编制唯一的批号。除另有法定要求外，生产日期不得迟于产品成型或灌装（封）前经最后混合的操作开始日期，不得以产品包装日期作为生产日期。涉及中药制剂时，还应符合《中药制剂生产质量管理的特殊要求》第16条的相关要求。**

《中药制剂生产质量管理的特殊要求》第16条：

对每次接收的中药材均应当按产地、采收时间、采集部位、药材等级、药材外形（如全株或切断）、包装形式等进行分类，分别编制批号并管理。

1. 查看是否制定批号管理规定，规范中间产品、成品批号（包括亚批）编制原则，是否能体现唯一性。

2. 是否制定操作规程，明确兽药生产日期确定的原则。生产日期确定原则是否符合法规要求。

3. 现场检查是否按照操作规程要求设定生产批号、确定生产日期。

4. 原料药：注意检查间歇生产的经最终混合的原料药生产日期是否为参与混合的最早批次产品的生产日期。

5. 中药制剂应同时考虑是否满足《中药制剂生产质量管理的特殊要求》第16条的相关要求：

（1）查看企业中药材存放管理文件，是否制定了中药材入库、存放批号编制原则。

（2）中药材库中存放的中药材是否分别编制批号并管理，批生产记录中是否体现中药材批次。

214 **每批产品应检查产量和物料平衡，确保物料平衡符合设定的限度。如有差异，必须查明原因，确认无潜在质量风险后，方可按照正常产品处理。涉及原料药时，还应符合《原料药生产质量管理的特殊要求》第28条第（四）款的相关要求。**

《原料药生产质量管理的特殊要求》第28条第（四）款：

生产操作：

（四）应当将生产过程中指定步骤的实际收率与预期收率比较。预期收率的范围应当根据以前的实验室、中试或生产的数据来确定。应当对关键工艺步骤收率的偏差进行调查，确定偏差对相关批次产品质量的影响或潜在影响。

检查要点

1. 查看是否通过文件（一般为工艺规程）确定每个品种的产量、物料平衡的计算方法和限度要求。

2. 检查企业是否按规定要求进行产量和物料平衡计算，当物料平衡超出规定限度时，是否按处理程序对偏差情况进行处理、分析，并保存相应的偏差处理记录。

3. 是否对异常批次的产品进行质量风险评估，确定偏差对相关批次产品的质量无影响或无潜在影响后才放行。

4. 原料药应同时考虑是否满足《原料药生产质量管理的特殊要求》第28条第（四）款的相关要求：

（1）收率

①原料药、中药提取工艺规程中应当设定指定步骤的预期收率。

②设定的预期收率范围应当有依据。

③批生产记录中应当将指定步骤实际收率与预期收率进行比较。

（2）当实际收率超出预期收率范围时，要进行偏差调查。

相关条款

249、280

215 不得在同一生产操作间同时进行不同品种和规格兽药的生产操作，除非没有发生混淆或交叉污染的可能。

检查要点

1. 查看是否有规定，明确不同品种和规格的兽药不得同时生产。

2. 检查是否能做到单机单间，若同一房间内有多台设备的，应查看设备使用记录、批生产记录、出入库台账等记录，检查是否存在同时生产不同品种或规格兽药的情况。

3. 若允许或存在同时生产，查看是否制定了防止混淆或交叉污染的措施，并现场检查所采取措施的有效性。

▲4. 生产操作是否经充足的风险评估和验证。

216 **在生产的每一阶段，应保护产品和物料免受微生物和其他污染。涉及无菌兽药时，还应符合《无菌兽药生产质量管理的特殊要求》第51～53、55条的相关要求。涉及非无菌兽药时，还应符合《非无菌兽药生产质量管理的特殊要求》第18～19条、32～33条的相关要求。涉及原料药时，还应符合《原料药生产质量管理的特殊要求》第44条、第48条第（一）至（三）和（五）至（九）款、第49条的相关要求。**

《无菌兽药生产质量管理的特殊要求》第51条：

当无菌生产正在进行时，应当特别注意减少洁净区内的各种活动。应当减少人员走动，避免剧烈活动散发过多的微粒和微生物。由于所穿工作服的特性，环境的温湿度应当保证操作人员的舒适性。

《无菌兽药生产质量管理的特殊要求》第52条：

应当尽可能减少物料的微生物污染程度。必要时，物料的质量标准中应当包括微生物限度、细菌内毒素或热原检查项目。

《无菌兽药生产质量管理的特殊要求》第53条：

洁净区内应当避免使用易脱落纤维的容器和物料；在无菌生产的过程中，不得使用此类容器和物料。

《无菌兽药生产质量管理的特殊要求》第55条：

最终清洗后，包装材料、容器和设备的处理应当避免被再次污染。

《非无菌兽药生产质量管理的特殊要求》第18条：

生产过程中应避免使用易碎、易脱屑、易长霉的器具、洁具；使用筛网时应有防止因筛网断裂而造成污染的措施。

《非无菌兽药生产质量管理的特殊要求》第19条：

液体制剂的配制、滤过、灌封、灭菌等过程应在规定时间内完成。

《非无菌兽药生产质量管理的特殊要求》第32条（全发酵制剂的生产要求）：

菌种培养或发酵：

（一）在无菌操作条件下添加细胞基质、培养基、缓冲液和气体，应当采用密闭或封闭系统。初始容器接种、转种或加料（培养基、缓冲液）使用敞口容器操作的，应当有控制措施避免污染；

（二）当微生物污染对兽药质量有影响时，敞口容器的操作应当在适当的控制环境下进行；

（三）操作人员应当穿着适宜的工作服，并在处理培养基时采取特殊的防护措施；

（四）应当对关键工艺参数（如温度、ph值、搅拌速度、通气量、压力）进行监控，保证与规定的工艺一致。必要时，还应当对菌体生长、产率进行监控；

（五）必要时，发酵设备应当清洁、消毒或灭菌；

（六）菌种培养基使用前应当灭菌；

（七）应当制定监测各工序微生物污染的操作规程，并规定所采取的措施，包括评估微生物污染对产品质量的影响，确定消除污染使设备恢复到正常的生产条件。处理被污染的生产物料时，应当对发酵过程中检出的外源微生物进行鉴别，必要时评估其对产品质量的影响；

（八）应当保存所有微生物污染和处理的记录；

（九）更换品种生产时，应当对清洁后的共用设备进行必要的检测，将交叉污染的风险降到最低程度。

《非无菌兽药生产质量管理的特殊要求》第33条（全发酵制剂的生产要求）：

收获、干燥、混合和分装：

（一）收获工序应当通过厂房、设施和设备等的设计，将污染风险降低到最低程度；

（二）收获步骤应当制定相应的操作规程，采取措施减少产品的降解和污染，保证所得产品具有持续稳定的质量；

（三）收获、干燥、混合和分装工序应尽可能采用生产过程自动化控制，并采用相对密闭式生产工艺；

（四）干燥、混合和分装工序应设置除尘系统，在粉尘产生点配备有效除尘装置。

《原料药生产质量管理的特殊要求》第44条：

采用传统发酵工艺生产原料药的，应当在生产过程中采取防止微生物污染的措施。

《原料药生产质量管理的特殊要求》第48条第（一）至（三）款：

菌种培养或发酵：

（一）在无菌操作条件下添加细胞基质、培养基、缓冲液和气体，应当采用密闭或封闭系统。初始容器接种、转种或加料（培养基、缓冲液）使用敞口容器操作的，应当有控制措施避免污染。

（二）当微生物污染对原料药质量有影响时，敞口容器的操作应当在适当的控制环境下进行。

（三）操作人员应当穿着适宜的工作服，并在处理培养基时采取特殊的防护措施。

《原料药生产质量管理的特殊要求》第48条第（五）至（九）款：

（五）必要时，发酵设备应当清洁、消毒或灭菌。

（六）菌种培养基使用前应当灭菌。

（七）应当制定监测各工序微生物污染的操作规程，并规定所采取的措施，包括评估微生物污染对产品质量的影响，确定消除污染使工艺恢复到正常的生产条件。

（八）应当保存所有微生物污染和处理的记录。

（九）更换品种生产时，应当对清洁后的共用设备进行必要的检测，将交叉污染的风险降低到最低程度。

《原料药生产质量管理的特殊要求》第49条：

收获、分离和纯化：

（一）收获步骤中的破碎后除去菌体或菌体碎片、收集菌体组分的操作区和所用设备的设计，应当能够将污染风险降低到最低程度。

（二）包括菌体灭活、菌体碎片或培养基组分去除在内的收获及纯化，应当制定相应的操作规程，采取措施减少产品的降解和污染，保证所得产品具有持续稳定的质量。

（三）分离和纯化采用敞口操作的，其环境应当能够保证产品质量。

（四）设备用于多个产品的收获、分离、纯化时，应进行清洁，并增加相应的控制措施，如使用专用的层析介质或进行额外的检验。

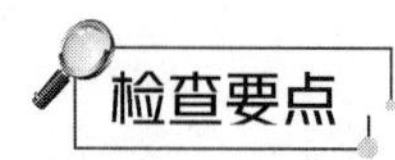

1. 查看企业是否根据生产品种的剂型特点制定相应的操作规程，对生产的各个阶段采取措施，以保护产品和物料免微生物和其他污染：

（1）生产前物料或产品的转运有无防止污染和交叉污染的措施，如：待加工物料或产品质量、储存条件及储存期限是否符合生产工艺要求；生产用的设备、容器是否已清洁或消毒，在规定的条件下储存、在清洁和消毒效期内使用；车间洁净度级别是否符合生产工艺要求，生产车间清场是否符合要求；环境监测是否符合要求，不会对物料或产品造成不良影响。

（2）操作规程中是否明确兽药生产过程中，物料、中间产品在流转过程中采取的避免混淆和污染的措施（如人员更衣、人员操作行为、密闭转移控制等）；必要时是否明确关键工序的操作时间。

（3）操作规程中是否明确生产结束后产品和物料在工艺要求的条件下储存，储存条件是否经过验证确认，查看相关的验证文件。

2. 现场检查企业在生产各阶段是否按照操作规程的要求采取适当的措施，考察措施是否有效。

3. **无菌兽药**应同时考虑是否满足《无菌兽药生产质量管理的特殊要求》第 51、52、53、55 条的相关要求：

（1）查看是否有对环境温度、湿度控制的相关规定，检查是否符合规定。

（2）查看规程是否对洁净区人员数量、操作及活动进行规定，并进行培训和考核。

（3）查看是否根据产品特点制定物料内控质量标准，必要时应包括微生物限度、细菌内毒素或热原检查项目。

（4）检查库房，查看无菌产品的原料药贮存过程中是否存在污染风险。

（5）检查洁净区内所使用的容器和物料的清洁方式是否经过验证。洁净区内使用的容器和物料不易脱落纤维。

（6）查看管理规程，是否规定包装材料、容器和设备最终清洗到使用的时间限度和贮存条件，时间限度是否经过验证，现场检查贮存条件是否按照规定执行。

4. **非无菌兽药**应同时考虑是否满足《非无菌兽药生产质量管理的特殊要求》第 18、19、32、33 条的相关要求：

（1）生产中应尽量使用不锈钢材质的器具、洁具。

①检查使用的器具、洁具、筛网是否易碎、易脱屑、易长霉。

②检查是否有防止筛网断裂造成污染采取的措施。

（2）生产时限。

①查看液体制剂各工艺环节是否规定了生产时限，并经过验证。

②查看批生产记录，整个生产过程是否在规定的时间内完成。

③是否有超出时限后的处理规定。

（3）全发酵制剂菌种培养或发酵。

①查看无菌操作规程，是否能有效控制外源微生物的污染，包括接种、转种、加料等环节。

②查看批生产记录，应对关键工艺参数进行记录，应当与规定的工艺一致。

③查看发酵设备清洁、消毒或灭菌记录（必要时）及菌种培养基使用前的灭菌记录。

④查看监测各工序微生物污染操作规程，内容还应包括微生物鉴别及对产品质量影响的评估。

⑤应保存所有微生物污染和处理记录。

⑥更换品种时应对公用设备进行清洁和检测，并做好记录。

⑦应制定受限空间操作规程并严格执行。

（4）收获、干燥、混合和分装。

①检查厂房设施设备能否有效降低污染。

②应当制定收获步骤的操作规程，查看其采取的措施在减少产品降解和防止污染的有效性。

③所有生产工序应采用相对密闭式生产设备和工艺，生产工序尽可能采用自动化控制。

④检查各工序是否设置除尘系统，产尘点应配备有效除尘装置。

5. **原料药**应同时考虑是否满足《原料药生产质量管理的特殊要求》第44条、第48条第（一）至（三）和（五）至（九）款、第49条的相关要求：

（1）检查发酵工艺中采取防止微生物污染的有效措施。

（2）菌种培养和发酵：

①无菌操作应当采用密闭或密封系统。

②使用敞口容器操作的，应检查其环境控制和无菌操作规程，应能有效控制外源微生物的污染，包括初始接种、转种、加料等环节。

③应建有处理培养基的特殊防护措施。

④应制定发酵设备的清洁、消毒规程，必要时要进行灭菌；更换品种时，还应当对清洁后的设备进行检测；所有操作都要有详细记录。

⑤企业应制定受限空间操作规程并严格执行。

（3）收获、分离和纯化：

①收获步骤所用过滤设备应当能够有效降低污染风险，采用敞口设备操作的，环境应得到有效控制。

②企业应当制定相应的操作规程，确保减少产品降解和被污染风险。

③更换生产产品时，应根据制定的清洁规程进行清洁并记录，同时要增加相应的控制措施。

＊217　无菌兽药生产应尽可能缩短包装材料、容器和设备的清洗、干燥和灭菌的间隔时间，以及灭菌至使用的间隔时间。应建立规定贮存条件下的间隔时间控制标准。

检查要点

1. 查看生产工艺规程或操作规程，是否规定了包装材料、容器和设备清洗、干燥和灭菌以及灭菌后至使用的间隔时间。

2. 间隔时间限度的确立是否有验证数据的支持。

▲3. 检查现场及相关记录，企业是否按规定执行。

4. 若出现时间限度的偏离情况，是否进行了必要的偏差调查并制定相应的

CAPA措施。

※218 无菌兽药生产应尽可能缩短药液从开始配制到灭菌（或除菌过滤）的间隔时间。应根据产品的特性及贮存条件建立相应的间隔时间控制标准。

检查要点

1. 查看生产工艺规程或操作规程，是否根据产品特性规定了药液从开始配制到灭菌（或除菌过滤）的间隔时间和贮存条件。

2. 药液从开始配制到灭菌（或除菌过滤）时间限度的确立是否有验证数据支持。当确定各生产阶段药液存放时间时，应充分评估生物负荷和内毒素负荷。

3. 检查现场及相关记录，企业是否按规定执行。

▲4. 检查关键生产设备的生产能力（如灌装速度、灭菌柜容积等）是否能满足规定的间隔时间要求。

5. 若出现时间限度的偏离情况，是否进行了必要的偏差调查并制定相应的CAPA措施。

219 无菌兽药生产应根据所用灭菌方法的效果确定灭菌前产品微生物污染水平的监控标准，并定期监控。必要时，还应监控热原或细菌内毒素。

检查要点

1. 查看是否规定产品灭菌前微生物负荷控制标准及监控周期。

2. 是否制定了灭菌前微生物污染的控制标准，该标准应与所采用灭菌/除菌方法的有效性和热原污染的风险相关。

3. 检查是否对灭菌前产品的微生物污染水平进行监控，并保存相关记录。当微生物污染超标时，是否进行了必要的偏差调查并制定了相应的纠正和预防措施。

※220 无菌生产所用的包装材料、容器、设备和任何其他物品都应灭菌，并通过双扉灭菌柜进入无菌生产区，或以其他方式进入无菌生产区，但应避免引入污染。

检查要点

1. 查看企业是否制定相关制度或操作规程，规定进入无菌生产区的包装材料、容器、设备和其他物品的灭菌等管理。对不能进行灭菌的物品，是否制定了有效的消毒或除菌措施。

▲2. 检查是否有用于传递包装材料、容器、设备和其他物品进入无菌生产区的灭菌设备，灭菌设备是否为双扉式灭菌柜；双扉灭菌柜的柜门是否有互锁装置，是否有可能给无菌区带来污染的风险；未设置双扉式灭菌柜的，现场检查进入无菌生产区的包装材料、容器、设备和其他物品的方式及其措施，评价其引入污染的风险，并考查措施的有效性。

3. 检查空白批生产记录等文件、临时使用的维修工具等进入无菌生产区的传递方式是否存在污染无菌区的风险。

4. 通过查看现场或查阅产品质量回顾及环境监控等结果的趋势分析数据，了解企业防止污染和交叉污染的措施是否有效。

221 **在干燥物料或产品，尤其是高活性、高毒性或高致敏性物料或产品的生产过程中，应采取特殊措施，防止粉尘的产生和扩散。**

检查要点

了解企业的生产品种，确定有无高活性、高毒性或高致敏性物料或产品及易产尘的干燥物料或产品，并进行下列检查：

（1）查看企业是否制定操作规程，明确高活性、高毒性或高致敏性以及易产尘物料或产品的防止粉尘产生和扩散的措施。

（2）检查企业是否有防止粉尘产生和扩散的设施（如产尘量大的房间是否采取负压措施等）。

（3）检查企业采取的措施是否有效，如涉及高活性、高毒性或高致敏性物料或产品，是否能有效避免操作人员受到不良影响；是否能确保有效限制易产尘的物料或产品扩散，不对环境造成污染（如查看空气净化系统及其回风图，核实高活性、高毒性或高致敏性产品生产暴露工序操作间的回风是否直排，并进行无害化处理）。

相关条款

073、231

222 **生产期间使用的所有物料、中间产品的容器及主要设备、必要的操作室应粘贴标签标识，或以其他方式标明生产中的产品或物料名称、规格和批号，如有必要，还应标明生产工序。涉及原料药时，还应符合《原料药生产质量管理的特殊要**

求》第28条第（二）款的相关要求。

《原料药生产质量管理的特殊要求》第28条第（二）款：

生产操作：

（二）如将物料分装后用于生产的，应当使用适当的分装容器。分装容器应当有标识并标明以下内容：

1. 物料的名称或代码；

2. 接收批号或流水号；

3. 分装容器中物料的重量或数量；

4. 必要时，标明复验或重新评估日期。

检查要点

1. 查看企业是否通过文件对物料和产品状态标识、生产状态标识进行明确规定，文件中是否明确规定了状态标识的种类、对象、内容、色标、文字、符号等内容；样式若有变化，是否按照文件修订规程进行修订、发放、使用。

▲2. 现场检查主要生产设备、操作室，以及物料、中间产品或待包装产品的盛装容器是否有明显的状态标识，是否标明被加工产品或物料的名称、规格、批号、数量、生产日期、必要的生产工序、有效期、存放条件、质量状态等信息，并核实与文件规定的要求和内容是否一致。

3. 核实批生产记录与被加工产品物料的标识内容是否一致。

4. 采用计算机系统控制的，可以不使用贴签标识，但系统的相关质量状态控制功能应经过测试证明可靠，并在现场核实是否与实际情况一致。

5. 原料药：应同时考虑是否满足《原料药生产质量管理的特殊要求》第28条相关要求。如果原料药生产中将物料分装后用于生产的，现场核查使用的分装容器是否能保证物料不受污染、不易混淆和变质；分装容器是否有标识并标明物料的名称或代码、接收批号或流水号、分装容器中物料的重量或数量，以及必要时标明的复验或重新评估日期。

条款说明

标识管理是便于物料和产品的追溯、有效防止差错和混淆发生的重要手段之一。标识的形式应以不发生差错为前提，企业应根据产品的特点和生产工艺要求明确标识的内容、样式。

相关条款

110、111、224

223 **应有明确区分已灭菌产品和待灭菌产品的方法。每一车（盘或其他装载设备）产品或物料均应贴签，清晰地注明品名、批号并标明是否已经灭菌。应有措施防止已辐射物品与未辐射物品的混淆。在每个包装上均应有辐射后能产生颜色变化的辐射指示片。**

检查要点

了解企业无菌兽药生产的灭菌方式，进行以下检查：

（1）查看是否制定相应的管理规程，规定区分已灭菌和待灭菌产品的方法。

（2）检查是否对灭菌产品进行明确标识，至少应包括品名、批号及数量。

▲（3）采用湿热灭菌的，现场检查是否设置双扉式灭菌柜并在灭菌前室、后室分别开口；如果设置单开门灭菌设备或双扉式灭菌柜未在灭菌前室、后室分别开口的，每一车（盘或其他装载设备）产品或物料是否贴签，清晰地注明品名、批号、是否已经灭菌；已灭菌和待灭菌的是否分区存放。

（4）采用辐射灭菌的，现场检查每一车（盘或其他装载设备）产品或物料是否贴签，清晰地注明品名、批号、是否已经灭菌；每个包装上是否有辐射指示片，是否按照辐射指示片的颜色将已灭菌和待灭菌的分区存放。

（5）查看相关记录，核实标示的批号与批号编制规则是否一致、合规。

224 **容器、设备或设施所用标识应清晰明了，标识的格式应经企业相关部门批准。除在标识上使用文字说明外，还可采用不同颜色区分被标识物的状态（如待验、合格、不合格或已清洁等）。**

检查要点

1. 查看企业是否制定相关文件，规定容器、设备或设施的标识管理，并核查其内容是否涵盖了物料及产品状态标识（待验、合格、不合格）、设备状态标识（运行、清洁待用、停用）、生产状态标识（产品名称、批号、数量、规格、生产日期、负责人）、清洁状态标识（已清洁、待清洁）等，文件是否经过质量管理部门审核或批准。

▲2. 检查生产用关键容器、设备或设施是否均有适宜的标识，其内容、所用格式是否与文件规定的一致，记录是否齐全。

3. 检查容器、设备或设施的状态的标识是否易于识别。

相关条款

111、222

225 应检查产品从一个区域输送至另一个区域的管道和其他设备连接，确保连接正确无误。

检查要点

1. 查看企业是否针对设备特点制定相关操作规程，明确设备或管道连接操作要求，是否有防止管道连接错误的措施，并核实相关的生产前操作或检查记录，是否能体现相关操作要求。

2. 查看设备工程图、设备安装确认报告，对照现场核查生产设备、管道连接情况，按物料流向确认管道连接是否正确，连接点是否紧密。

3. 对发酵罐、反应釜等备件、管线连接复杂的设备，以及一台配液设备连接多个灌装（灌封）设备或多个原料药共线生产时，重点关注其管线连接的准确性。

评定参考

要点 2、3 任一项不符合要求，该条款判为 N。

226 应尽可能避免出现任何偏离工艺规程或操作规程的偏差。一旦出现偏差，应按照偏差处理操作规程执行。

检查要点

1. 查看企业是否建立了偏差确定、上报与处理规程，评价规程是否具有合理性、合规性。

2. 检查企业是否采取相关措施以避免偏差出现，如开展操作人员的有效培训、生产设施设备确认和维护保养，以及生产环境的监控、生产过程中物料和产品管理、工艺过程控制和记录等；考核操作人员是否能够对“偏差”进行正确地识别。

3. 查看偏差清单或产品质量回顾，了解企业是否出现偏离工艺规程或操作规程的情况。

▲4. 查看批生产记录，每批产品是否检查产量和物料平衡；物料平衡是否符合设定的限度。

▲5. 若出现偏差，批生产记录中是否对生产中出现的偏差情况进行了描述和记录；是否按照偏差处理操作规程进行偏差调查、分析，以及采取纠正预防措施；是否确认无潜在质量风险后，按照正常产品处理，偏差处理过程应有完整的记录并按规定保存。

相关条款

209、278、279、280

227 **生产过程中应尽可能采取有效措施，防止污染和交叉污染，采取的具体措施应符合《规范》第190条的要求。涉及无菌兽药时，还应符合《无菌兽药生产质量管理的特殊要求》第46、51、53～55、72条第（一）款、76、79条的相关要求。涉及非无菌兽药时，还应符合《非无菌兽药生产质量管理的特殊要求》第18、20条的相关要求。涉及原料药时，还应符合《原料药生产质量管理的特殊要求》第30、33条的相关要求。涉及中药制剂时，还应符合《中药制剂生产质量管理的特殊要求》第27条的相关要求。**

《规范》第190条：

生产过程中应当尽可能采取措施，防止污染和交叉污染，如：

（一）在分隔的区域内生产不同品种的兽药；

（二）采用阶段性生产方式；

（三）设置必要的气锁间和排风；空气洁净度级别不同的区域应当有压差控制；

（四）应当降低未经处理或未经充分处理的空气再次进入生产区导致污染的风险；

（五）在易产生交叉污染的生产区内，操作人员应当穿戴该区域专用的防护服；

（六）采用经过验证或已知有效的清洁和去污染操作规程进行设备清洁；必要时，应当对与物料直接接触的设备表面的残留物进行检测；

（七）采用密闭系统生产；

（八）干燥设备的进风应当有空气过滤器，且过滤后的空气洁净度应当与所干燥产品要求的洁净度相匹配，排风应当有防止空气倒流装置；

（九）生产和清洁过程中应当避免使用易碎、易脱屑、易发霉器具；使用筛网时，应当有防止因筛网断裂而造成污染的措施；

（十）液体制剂的配制、过滤、灌封、灭菌等工序应当在规定时间内完成；

（十一）软膏剂、乳膏剂、凝胶剂等半固体制剂以及栓剂的中间产品应当规定贮存期和贮存条件。

《无菌兽药生产质量管理的特殊要求》第46条：

生产的每个阶段（包括灭菌前的各阶段）应当采取措施降低污染。

《无菌兽药生产质量管理的特殊要求》第51条：

当无菌生产正在进行时，应当特别注意减少洁净区内的各种活动。应当减少人员走动，避免剧烈活动散发过多的微粒和微生物。由于所穿工作服的特性，环境的温湿度应当保证操作人员的舒适性。

《无菌兽药生产质量管理的特殊要求》第53条：

洁净区内应当避免使用易脱落纤维的容器和物料；在无菌生产的过程中，不得使用此类容器和物料。

《无菌兽药生产质量管理的特殊要求》第54条：

应当采取各种措施减少最终产品的微粒污染。

《无菌兽药生产质量管理的特殊要求》第55条：

最终清洗后，包装材料、容器和设备的处理应当避免被再次污染。

《无菌兽药生产质量管理的特殊要求》第72条第（一）款：

干热灭菌符合以下要求：

（一）干热灭菌时，灭菌柜腔室内的空气应当循环并保持正压，阻止非无菌空气进入。进入腔室的空气应当经过高效过滤器过滤，高效过滤器应当经过完整性测试。

《无菌兽药生产质量管理的特殊要求》第76条：

小瓶压塞后应当尽快完成轧盖，轧盖前离开无菌操作区或房间的，应当采取适当措施防止产品受到污染。

《无菌兽药生产质量管理的特殊要求》第79条：

应当逐一对无菌兽药的外部污染或其他缺陷进行检查。如采用灯检法，应当在符合要求的条件下进行检查，灯检人员连续灯检时间不宜过长。应当定期检查灯检人员的视力。如果采用其他检查方法，该方法应当经过验证，定期检查设备的性能并记录。

《非无菌兽药生产质量管理的特殊要求》第18条：

生产过程中应避免使用易碎、易脱屑、易长霉的器具、洁具；使用筛网时应有防止因筛网断裂而造成污染的措施。

《非无菌兽药生产质量管理的特殊要求》第20条：

非无菌兽药生产过程中的中间产品应规定储存期和储存条件。

《原料药生产质量管理的特殊要求》第30条：

病毒的去除或灭活：

（一）应当按照经验证的操作规程进行病毒去除和灭活。

（二）应当采取必要的措施，防止病毒去除和灭活操作后可能的病毒污染。敞口操作区应当与其他操作区分开，并设独立的空气净化系统。

（三）同一设备通常不得用于不同产品或同一产品不同阶段的纯化操作。如果使用同一设备，应当采取适当的清洁和消毒措施，防止病毒通过设备或环境由前次纯化操作带入后续纯化操作。

《原料药生产质量管理的特殊要求》第33条：

污染的控制：

（一）同一中间产品或原料药的残留物带入后续数个批次中的，应当严格控制。带入的残留物不得引入降解物或微生物污染，也不得对原料药的杂质分布产生不利影响。

（二）生产操作应当能够防止中间产品或原料药被其他物料污染。

（三）原料药精制后的操作，应当特别注意防止污染。

（四）精制用的溶剂应当过滤。

《中药制剂生产质量管理的特殊要求》第27条：

在生产过程中应当采取以下措施防止微生物污染：

（一）处理后的中药材不得直接接触地面，不得露天干燥；

（二）应当使用流动的工艺用水洗涤拣选后的中药材，用过的水不得用于洗涤其他药材，不同的中药材不得同时在同一容器中洗涤。

1. 查看企业是否根据所生产产品的特性、生产工艺、生产组织方式（如生产设施设备专用或共用）等方面分析生产过程中可能导致污染或交叉污染的情形，并根据分析结果制定相应的防范措施。

2. 查看企业是否针对已制定的防范措施建立具体的管理和操作规程，并进行必要的确认和验证。现场检查企业是否按照所制定的规程要求采取措施，并考查措施的有效性。

（1）查看相关文件、记录，是否对可能引起污染和交叉污染、混淆评估活动进行明确规定；是否制定设备清洁操作规程，制定的清洁规程是否验证有效性；核查清洁操作规程的清洁方法、工具、清洁及管理、已清洁的管理等要求与清洁记录是否一致。

（2）生产操作和管理人员是否经过污染控制等培训。

（3）不同品种的兽药同时生产，是否在分隔的区域内进行。

▲（4）是否按相应洁净度级别要求合理设计、布局和使用厂房；洁净厂房是否设置必要的气锁间和排风；空气洁净度级别不同的区域是否有压差控制；循环使用回风的是否经过相应的过滤处理。

（5）阶段性生产时是否对清洁措施进行验证，验证结果是否符合要求。

（6）是否采用密闭系统生产；使用敞口设备时是否采用相应的防护措施（如局部排风系统、有效的除尘系统、层流保护等）；是否采取压差等有效措施，保证非洁净区空气不进入洁净区、低级别洁净区的空气不进入高级别洁净区，产尘量大的操作间空气不得“外溢”。

（7）对照设备操作规程、设备档案，检查干燥设备的进风是否有空气过滤器，排风是否有防止空气倒流装置；核实相关确认或验证报告，评价过滤后的空气洁净度是否与所干燥产品要求的洁净度相匹配。

（8）生产和清洁器具是否易碎、易脱屑、易发霉，操作人员是否穿戴该区域专用的工作服，工作服是否合规；使用筛网时，是否制定检查筛网完整性的文件规定和相应的记录，防止因筛网断裂而造成污染。

（9）工艺规程中是否有“液体制剂的配制、过滤、灌封、灭菌等工序在规定时间内完成”的要求并经过验证，是否有“软膏剂、乳膏剂、凝胶剂等半固体制剂以及栓剂的中间产品贮存期和贮存条件”规定并经过验证。

（10）是否通过确认或验证活动对防止污染和交叉污染的措施进行周期性再评价；能否保持现有防止污染和交叉污染措施的持续有效状态；重大变更（如工艺变更、关键人员变更、质量保证体系变更等）后是否对防止污染和交叉污染的措施进行重新评价。

（11）查看相关制度和记录，核实对生产用制药用水的质量是否进行有效控制，对发现微生物污染达到警戒限度、纠偏限度的，是否按规定进行处理。

3. 无菌兽药应同时考虑是否满足《无菌兽药生产质量管理的特殊要求》第46、51、53～55、72条第（一）款、76、79条的相关要求：

（1）查看是否制定文件，规定减少洁净区内的各种活动和人员走动，以及进入洁净区物料的清洁要求，并在现场核实生产的每个阶段（包括灭菌前的各阶段）是否通过厂房洁净度合规、减少人员流动、厂房和设备清洁合格、有效控尘和除尘等措施降低污染；采取措施经验证能否保证对生产不会造成不良影响。

（2）查看工艺规程、批生产记录等文件，结合现场检查，是否根据验证结果制定相应文件，规定包装材料、容器和设备的清洗干燥和灭菌的间隔时间，以及灭菌至使用的间隔时间及其控制标准；最终清洗后包装材料、容器、设备和中间产品的储存条件、运送过程等环节能否避免被再次污染。

（3）查看生产管理文件和验证报告、相关记录，无菌兽药包装容器的密封性是否经过验证；熔封的产品（如玻璃安瓿或塑料安瓿）是否进行100%的检漏试验，其他包装容器的密封性是否根据操作规程进行在线抽样，检查密封性并剔除密封不合格的产品或物品；灭菌过程中任何与产品或物品相接触的冷却用介质（液体或气体）

是否经过灭菌或除菌处理；生产过程中是否有检漏设备设施，并剔除渗漏的产品或物品。

（4）检查相关质量标准和检验记录，非最终灭菌生产的，物料的质量标准中是否包括微生物限度、细菌内毒素或热原检查项目。

（5）查看文件规定和相关验证报告，对未密封的被灭菌物品是否用合适的材料适当包扎，所用材料及包扎方式是否有利于空气排放和蒸汽穿透，并在灭菌后能防止污染。

（6）检查设备并核实设备档案，干热灭菌柜腔室内的空气是否循环并保持正压，阻止非无菌空气进入；进入腔室的空气是否经过高效过滤器过滤，高效过滤器是否经过完整性测试。

（7）是否根据验证结果制定压塞后完成轧盖的时间间隔；轧盖前离开无菌操作区是否采取适当措施防止产品受到污染。

（8）在抽真空状态下密封的产品包装容器，是否根据验证或确认结果制定操作规程，规定检查其真空度的时间间隔，并核实相关记录并评价其执行情况。

4. **非无菌兽药**应同时考虑是否满足《非无菌兽药生产质量管理的特殊要求》第18、20条的相关要求。

5. **原料药**应同时考虑是否满足《原料药生产质量管理的特殊要求》第30、33条的相关要求。

6. **中药制剂**应同时考虑是否满足《中药制剂生产质量管理的特殊要求》第27条的相关要求。

条款说明

污染防护一般应依据生产工艺流程的设计，从建筑布局、建筑材料、空调系统、设备选型、材料等方面进行控制，在生产过程中应通过对生产管理系统的各个关键要素如人员操作、物料流转储存管理、厂房和设备清洁操作控制、生产环境监控等方面进行控制，减少或避免污染、交叉污染、混淆和差错的发生。

相关条款

038、073

228

无菌兽药生产应有措施防止已灭菌产品或物品在冷却过程中被污染。除非能证明生产过程中可剔除任何渗漏的产品或物品，任何与产品或物品相接触的冷却用介质（液体或气体）应经过灭菌或除菌处理。

检查要点

了解企业的生产线设置情况，如果生产无菌兽药并有灭菌工艺的，核实是否根据产品及物品的特点，选择适宜的灭菌方式，并进行以下检查：

(1) 所采用的湿热灭菌工艺是否经过验证，是否进行了微生物挑战试验。

(2) 企业是否制定已灭菌产品或物品在冷却过程中防止污染的规定，并通过相关质量检验报告的核查，评价其规定的适用性和合理性。

(3) 查看文件规定和相关记录，与产品或物品相接触的冷却用介质（液体或气体）是否经过灭菌或除菌处理。此外，对于灭菌后的物品（如安瓿等），应关注其在冷却过程中是否容易被污染。

▲ (4) 检查灭菌设备，是否设置灭菌检漏设施；是否设置有效剔除渗漏的产品或物品的措施，并与设备的说明书、确认报告核实其一致性、合规性。

(5) 用于监测或记录的温度探头是否经过校准，是否处于校准有效期内。

229 **采用湿热灭菌方法时，除已密封的产品外，被灭菌物品应用合适的材料适当包扎，所用材料及包扎方式应有利于空气排放、蒸汽穿透并在灭菌后能防止污染。在规定的温度和时间内，被灭菌物品所有部位均应与灭菌介质充分接触。**

检查要点

1. 查看文件规定、相关验证报告及其记录，确认对未密封的被灭菌物品是否用合适的材料适当包扎，所用材料及包扎方式是否有利于气体排放和蒸汽穿透，并在灭菌后能防止污染。

2. 查看湿热灭菌设备的确认报告、操作规程和相关记录等，被灭菌物品所有部位在规定的温度和时间内是否均与灭菌介质充分接触，重点核实是否对湿热灭菌的装载方式进行确认，在实际生产中是否制定了标准装载示意图或相关指示装载方式的文件。

***230** **无菌兽药包装容器的密封性应经过验证，避免产品遭受污染。熔封的产品（如玻璃安瓿或塑料安瓿）应作100%的检漏试验，其他包装容器的密封性应根据操作规程进行抽样检查。在抽真空状态下密封的无菌兽药产品包装容器，应在预先确定的适当时间后，检查其真空度。**

检查要点

1. 检查密封性验证所用培养基是否经过促生长试验；所用微生物菌悬液是否符

合要求，其活细胞数应达到 1×10^6 cfu/mL。

2. 当密封件发生变更时，是否评估其对密封性的影响。必要时应重新进行密封性验证。

▲3. 熔封产品的检漏比例是否达到 100%，对其他包装容器密封性的抽查是否按照规程进行。

4. 对于抽真空状态下密封的产品，是否按照规程要求进行真空度检查。

条款说明

容器密封性验证常采用物理和微生物学检测手段。微生物侵入试验是对最终灭菌容器/密封系统完好性的挑战性试验，应在产品的验证阶段进行；而物理检测方法一般在产品的生产阶段采用抽查的方式进行。

*231 毒性中药材和中药饮片的操作应有防止污染和交叉污染的措施。

检查要点

1. 企业是否根据风险评估结果确定毒性药材、饮片的操作是否需要采用专用设备或独立生产线。

2. 是否根据风险评估的结果确定有独立的空气处理系统或独立的排风系统，排出气体是否经过集尘、过滤，不直接排入大气。

3. 是否建立清洗毒性药材废水及废弃物的处理规程，并按规定执行。

4. 前处理及提取工艺规程中是否明确毒性药材监控投料，是否明确毒性药材操作过程需要特殊注意的事项，如对操作人员的保护措施、中毒后解救等。

5. 毒性药材和饮片如果涉及与普通药材和饮片共用生产设备的，需对设备进行严格的清洁验证，如捕尘罩、洗涤、浸润过程使用的工器具等，避免因空调系统产生交叉污染的风险。

232 中药提取用溶剂需回收使用的，应制定回收操作规程。回收后溶剂的再使用不得对产品造成交叉污染，不得对产品的质量和安全性有不利影响。

检查要点

1. 查看是否建立提取溶剂回收的操作规程及质量标准（不得低于原标准），对回收溶剂进行质量控制。

2. 检查是否通过验证确定回收使用次数，包括新鲜溶剂与回收溶剂混合使用的情况，提取毒性饮片的溶剂原则上不允许在其他品种提取中使用，不允许用于容器、设备的消毒。

3. 是否对溶剂、回收溶剂实施批号管理，回收溶剂的使用是否具有可追溯性。

233 应定期检查防止污染和交叉污染的措施并评估其适用性和有效性。

检查要点

1. 询问企业有无定期检查和评估的计划、措施，如通过自检、再确认或验证活动、产品年度回顾等对防止污染和交叉污染的措施进行周期性再评价。

▲2. 查看企业是否有定期检查和评估记录，能否保持现有防止污染和交叉污染措施的持续有效状态，分析评估内容是否全面。

3. 通过现场检查或查看产品质量回顾及环境监控等结果的趋势分析数据，了解企业防止污染和交叉污染的措施是否有效。

4. 是否对评估活动进行了明确规定，并保存相关记录。

（1）重大变更（例如，工艺变更、关键人员变更、质量保证体系变更等）后是否对防止污染和交叉污染的措施进行重新评价。

（2）当现有措施不能满足防止污染和交叉污染的要求时（例如，B级区消毒方法不能杀灭新发现的微生物等），能否通过评估及时发现并进行变更。

＊234 生产开始前应进行检查，确保设备和工作场所没有上批遗留的产品、文件和物料，设备处于已清洁及待用状态。检查结果应有记录。生产操作前，还应核对物料或中间产品的名称、代码、批号和标识，确保生产所用物料或中间产品正确且符合要求。涉及无菌兽药时，还应符合《无菌兽药生产质量管理的特殊要求》第59条的相关要求。

《无菌兽药生产质量管理的特殊要求》第59条：

无菌生产所用的包装材料、容器、设备和任何其他物品都应当灭菌，并通过双扉灭菌柜进入无菌生产区，或以其他方式进入无菌生产区，但应当避免引入污染。

检查要点

1. 是否有生产前检查的相关文件，是否在所生产产品的工艺规程中作出规定。

▲2. 每个岗位每次生产前是否进行检查，检查内容应包括文件、物料、环境、设

施、设备、容器清洁卫生状况等，应能通过检查确认无上次生产遗留物。

3. 检查生产车间状态，查看清场和清洁是否彻底；设备是否清洁，是否存在清洁不彻底的情况；物料产品是否符合生产指令要求，状态标识是否明确；生产操作间是否留有与本次生产无关的物料、产品、文件等。应有上批清场合格证副本，不应发现上次生产遗留物。

4. 查看生产前检查确认的记录，填写记录是否齐全，是否及时对确认情况进行了记录，是否有检查人和复核人签名。

5. 检查情况是否纳入批生产记录。

6. 无菌兽药应同时考虑是否满足《无菌兽药生产质量管理的特殊要求》第59条的要求。

＊235　应进行中间控制和必要的环境监测，并记录。涉及无菌兽药时，还应符合《无菌兽药生产质量管理的特殊要求》第50、58、67、第70条第（二）～（四）款、71～75条的相关要求。涉及非无菌兽药时，还应符合《非无菌兽药生产质量管理的特殊要求》第30条的相关要求。涉及原料药时，还应符合《原料药生产质量管理的特殊要求》第28条第（三）款和第（五）款、第29、31、45、46条、第48条第（四）款的相关要求。

《无菌兽药生产质量管理的特殊要求》第50条：

必要时，应当定期监测制药用水的细菌内毒素，保存监测结果及所采取纠偏措施的相关记录。

《无菌兽药生产质量管理的特殊要求》第58条：

应当根据所用灭菌方法的效果确定灭菌前产品微生物污染水平的监控标准，并定期监控。必要时，还应当监控热原或细菌内毒素。

《无菌兽药生产质量管理的特殊要求》第67条：

应当按照供应商的要求保存和使用生物指示剂，并通过阳性对照试验确认其质量。

使用生物指示剂时，应当采取严格管理措施，防止引发微生物污染。

《无菌兽药生产质量管理的特殊要求》第70条第（二）～（四）款：

（二）可使用化学或生物指示剂监控灭菌工艺，但不得替代物理测试。

（三）应当监测每种装载方式所需升温时间，且从所有被灭菌产品或物品达到设定的灭菌温度后开始计算灭菌时间。

（四）应当有措施防止已灭菌产品或物品在冷却过程中被污染。除非能证明生产过程中可剔除任何渗漏的产品或物品，任何与产品或物品相接触的冷却用介质（液体或气体）应当经过灭菌或除菌处理。

《无菌兽药生产质量管理的特殊要求》第71条：

湿热灭菌应当符合以下要求：

（一）湿热灭菌工艺监测的参数应当包括灭菌时间、温度或压力。

腔室底部装有排水口的灭菌柜，必要时应当测定并记录该点在灭菌全过程中的温度数据。灭菌工艺中包括抽真空操作的，应当定期对腔室作检漏测试。

（二）除已密封的产品外，被灭菌物品应当用合适的材料适当包扎，所用材料及包扎方式应当有利于空气排放、蒸汽穿透并在灭菌后能防止污染。在规定的温度和时间内，被灭菌物品所有部位均应与灭菌介质充分接触。

《无菌兽药生产质量管理的特殊要求》第72条：

干热灭菌符合以下要求：

（一）干热灭菌时，灭菌柜腔室内的空气应当循环并保持正压，阻止非无菌空气进入。进入腔室的空气应当经过高效过滤器过滤，高效过滤器应当经过完整性测试。

（二）干热灭菌用于去除热原时，验证应当包括细菌内毒素挑战试验。

（三）干热灭菌过程中的温度、时间和腔室内、外压差应当有记录。

《无菌兽药生产质量管理的特殊要求》第73条：

辐射灭菌应当符合以下要求：

（一）经证明对产品质量没有不利影响的，方可采用辐射灭菌。辐射灭菌应当符合《中华人民共和国兽药典》和注册批准的相关要求。

（二）辐射灭菌工艺应当经过验证。验证方案应当包括辐射剂量、辐射时间、包装材质、装载方式，并考察包装密度变化对灭菌效果的影响。

（三）辐射灭菌过程中，应当采用剂量指示剂测定辐射剂量。

（四）生物指示剂可作为一种附加的监控手段。

（五）应当有措施防止已辐射物品与未辐射物品的混淆。在每个包装上均应有辐射后能产生颜色变化的辐射指示片。

（六）应当在规定的时间内达到总辐射剂量标准。

（七）辐射灭菌应当有记录。

《无菌兽药生产质量管理的特殊要求》第74条：

环氧乙烷灭菌应当符合以下要求：

（一）环氧乙烷灭菌应当符合《中华人民共和国兽药典》和注册批准的相关要求。

（二）灭菌工艺验证应当能够证明环氧乙烷对产品不会造成破坏性影响，且针对不同产品或物料所设定的排气条件和时间，能够保证所有残留气体及反应产物降至设定的合格限度。

（三）应当采取措施避免微生物被包藏在晶体或干燥的蛋白质内，保证灭菌气体与微生物直接接触。应当确认被灭菌物品的包装材料的性质和数量对灭菌效果的影响。

（四）被灭菌物品达到灭菌工艺所规定的温、湿度条件后，应当尽快通入灭菌气体，保证灭菌效果。

（五）每次灭菌时，应当将适当的、一定数量的生物指示剂放置在被灭菌物品的不同部位，监测灭菌效果，监测结果应当纳入相应的批记录。

（六）每次灭菌记录的内容应当包括完成整个灭菌过程的时间、灭菌过程中腔室的压力、温度和湿度、环氧乙烷的浓度及总消耗量。应当记录整个灭菌过程的压力和温度，灭菌曲线应当纳入相应的批记录。

（七）灭菌后的物品应当存放在受控的通风环境中，以便将残留的气体及反应产物降至规定的限度内。

《无菌兽药生产质量管理的特殊要求》第75条：

非最终灭菌产品的过滤除菌应当符合以下要求：

（一）可最终灭菌的产品不得以过滤除菌工艺替代最终灭菌工艺。如果兽药不能在其最终包装容器中灭菌，可用0.22μm（更小或相同过滤效力）的除菌过滤器将药液滤入预先灭菌的容器内。由于除菌过滤器不能将病毒或支原体全部滤除，可采用热处理方法来弥补除菌过滤的不足。

（二）应当采取措施降低过滤除菌的风险。宜安装第二只已灭菌的除菌过滤器再次过滤药液，最终的除菌过滤滤器应当尽可能接近灌装点。

（三）除菌过滤器使用后，应当采用适当的方法立即对其完整性进行检查并记录。常用的方法有起泡点试验、扩散流试验或压力保持试验。

（四）过滤除菌工艺应当经过验证，验证中应当确定过滤一定量药液所需时间及过滤器两侧的压力。任何明显偏离正常时间或压力的情况应当有记录并进行调查，调查结果应当归入批记录。

（五）同一规格和型号的除菌过滤器使用时限应当经过验证，一般不得超过一个工作日。

《非无菌兽药生产质量管理的特殊要求》第30条：

发酵工艺控制应当重点考虑以下内容：

（一）工作菌种的维护；

（二）接种和扩增培养的控制；

（三）发酵过程中关键工艺参数的监控；

（四）菌体生长、产率的监控；

（五）收集和纯化工艺过程需保护兽药不受污染；

（六）在适当的生产阶段进行微生物污染监控。

《原料药生产质量管理的特殊要求》第28条第（三）款和第（五）款：

（三）关键的称量或分装操作应当有复核或有类似的控制手段。使用前，生产人员应当核实所用物料正确无误。

（五）应当遵循工艺规程中有关时限控制的规定。发生偏差时，应当作记录并进行评价。如反应终点或加工步骤的完成是根据中间控制的取样和检验来确定的，则不适用时限控制。

《原料药生产质量管理的特殊要求》第29条：

生产的中间控制和取样：

（一）应当综合考虑所生产原料药的特性、反应类型、工艺步骤对产品质量影响的大小等因素来确定控制标准、检验类型和范围。前期生产的中间控制严格程度可较低，越接近最终工序（如分离和纯化）中间控制越严格。

（二）有资质的生产部门人员可进行中间控制，并可在质量管理部门事先批准的范围内对生产操作进行必要的调整。在调整过程中发生的中间控制检验结果超标通常不需要进行调查。

（三）应当制定操作规程，详细规定中间产品和原料药的取样方法。

（四）应当按照操作规程进行取样，取样后样品密封完好，防止所取的中间产品和原料药样品被污染。

《原料药生产质量管理的特殊要求》第31条：

原料药或中间产品的混合：

（一）本条中的混合指将符合同一质量标准的原料药或中间产品合并，以得到均一产品的工艺过程。将来自同一批次的各部分产品（如同一结晶批号的中间产品分数次离心）在生产中进行合并，或将几个批次的中间产品合并在一起作进一步加工，可作为生产工艺的组成部分，不视为混合。

（二）不得将不合格批次与其他合格批次混合。

（三）拟混合的每批产品均应当按照规定的工艺生产、单独检验，并符合相应质量标准。

（四）混合操作可包括：

1. 将数个小批次混合以增加批量；

2. 将同一原料药的多批零头产品混合成为一个批次。

（五）混合过程应当加以控制并有完整记录，混合后的批次应当进行检验，确认其符合质量标准。

（六）混合的批记录应当能够追溯到参与混合的每个单独批次。

（七）物理性质至关重要的原料药（如用于口服固体制剂或混悬剂的原料药），其混合工艺应当进行验证，验证包括证明混合批次的质量均一性及对关键特性（如粒径分布、松密度和堆密度）的检测。

（八）混合可能对产品的稳定性产生不利影响的，应当对最终混合的批次进行稳定性考察。

（九）混合批次的有效期应当根据参与混合的最早批次产品的生产日期确定。

《原料药生产质量管理的特殊要求》第45条：

工艺控制应当重点考虑以下内容：

（一）工作菌种的维护。

（二）接种和扩增培养的控制。

（三）发酵过程中关键工艺参数的确定和监控。

（四）菌体生长、产率的监控。

（五）收集和纯化工艺过程需保护中间产品和原料药不受污染。

（六）在适当的生产阶段进行微生物污染水平监控，必要时进行细菌内毒素监测。

《原料药生产质量管理的特殊要求》第46条：

必要时，应当验证培养基、宿主蛋白、其他与工艺、产品有关的杂质和污染物的去除效果。

《原料药生产质量管理的特殊要求》第48条第（四）款：

菌种培养或发酵：

（四）应当对工艺参数（如温度、pH值、搅拌速度、通气量、压力）进行监控，保证与规定的工艺一致。必要时，还应当对菌体生长、产率进行监控。

1. 查看企业是否制定中间产品控制和环境监测的标准及操作规程，对关键工序操作进行控制。

（1）是否规定了中间控制和环境监测的警戒限和行动限。

（2）是否确定了明确的中间控制参数和监测频次。

2. 查看相关记录文件，是否记录中间控制及环境监测结果，并能够通过批生产记录进行追溯。

3. 抽查2～3个品种的年度质量回顾信息，了解中间控制或环境监测结果趋势，若出现异常时企业是否按照相应的偏差处理程序进行处理。

4. **无菌兽药**应同时考虑是否满足《无菌兽药生产质量管理的特殊要求》第50、58、67、第70条第（二）～（四）款、71～75条的相关要求。

5. **非无菌兽药**应同时考虑是否满足《非无菌兽药生产质量管理的特殊要求》第

30 条的相关要求。

6. **原料药**应同时考虑是否满足《原料药生产质量管理的特殊要求》第 28 条第（三）款和第（五）款、第 29、31、45、46 条、第 48 条第（四）款的相关要求。

条款说明

企业应根据生产工艺特点，明确各工序必要的中间控制要求，明确必要的环境监测频率、监测指标及限度要求，如温湿度、压差、悬浮粒子、沉降菌、浮游菌等指标。

相关条款

209、247

236

应由配料岗位人员按照操作规程进行配料，核对物料后，精确称量或计量，并做好标识。配制的每一物料及其重量或体积应由他人进行复核，并有复核记录。

检查要点

1. 查看称量配料操作规程、记录和实际操作，包括：

（1）称量操作开始前的物料核对。

（2）称量或计量工具的使用是否能避免污染和交叉污染。

（3）评估实际生产中是否充分确保了称量或计量数据的准确性，有独立复核。

2. 检查配料的包装措施、存放方式和标识信息，每批产品的生产配料是否集中存放，充分防止混淆、差错、交叉污染。

3. 查看相关的人员培训和资格确认。

评定参考

要点 1 不符合要求，该条判为“N”。

237

每批产品的每一生产阶段完成后必须由生产操作人员清场，并填写清场记录，确保设备和工作场所没有遗留与本次生产有关的物料、产品和文件。清场记录内容包括：操作间名称或编号、产品名称、批号、生产工序、清场日期、检查项目及结果、清场负责人及复核人签名。清场记录应纳入批生产记录。

检查要点

1. 查看企业是否建立清场管理规程，内容是否全面、清晰明确，如清场（包括清洁）项目、操作要求、时间要求等。企业规定的措施能否保证清场的有效性，一般情况下，由生产操作人员清场，质量管理部门人员对清场情况进行检查复核。

2. 检查清场是否彻底，有无遗留与下次生产无关的产品、物料、标志、容器具、文件、记录等。清场所用器具、洁具等的存放和安置是否有造成二次污染的可能。

3. 清场操作是否及时记录，记录内容是否符合规范要求，相关人员有无及时签字确认。

条款说明

清场记录内容包括操作间编号、产品名称、批号、生产工序、清场日期、检查项目及结果、清场负责人及复核人签名等。

238 包装操作规程应规定降低污染和交叉污染、混淆或差错风险的措施。

检查要点

1. 查看企业是否制定兽药包装操作规程，是否包括内包装、外包装两个方面。

▲2. 操作规程中是否对包装过程中所采取的防止污染、交叉污染、混淆或差错的措施进行明确规定。

3. 是否对防止污染、交叉污染、混淆或差错所采取措施的适用性和有效性进行评估。

4. 通过现场检查和查看产品年度回顾结果等方式，分析评估采取的措施是否全面有效。

（1）现场检查包装生产过程管理是否存在污染、交叉污染、混淆或差错的风险。

（2）未打印批号的产品是否每个周转箱内均有包含品名、规格、批号等内容的状态标识，能否有效防止差错和混淆的发生。

（3）包装操作前应对产品、物料、容器及设备进行检查，对包装过程进行严格控制，对包装中产品进行密闭保护或确认其密闭状态。

条款说明

包装是指待包装产品变成成品所需的所有操作步骤，包括分装、贴签等。但无菌生产工艺中产品的无菌灌装，以及最终灭菌产品的灌装等不视为包装。

企业应制定包装操作规程，对分装、贴签等过程进行规范，对手工包装、可能出现的补签等情况应格外引起关注，并明确防止污染混淆或差错产生的措施。

239 **包装开始前应进行检查，确保工作场所、包装生产线、印刷机及其他设备已处于清洁或待用状态，无上批遗留的产品和物料。检查结果应有记录。**

检查要点

1. 查看是否有文件对包装开始前的检查及其确认内容进行明确规定。

2. 检查包装生产线上是否存留与当前包装活动无关的产品、物料及文件，车间、设备是否清洁，状态标识是否明确。

3. 检查前次包装操作结束后是否对包装现场进行清场，是否存有清场记录或其副本。是否对前次清场记录或副本进行确认，是否处于清场有效期内。

4. 记录是否纳入批包装记录中管理。前次清场记录或副本是否纳入本批批包装记录中。包装开始前现场检查记录，填写记录是否齐全，并有检查人签名。

240 **包装操作前，应检查所领用的包装材料正确无误，核对待包装产品和所用包装材料的名称、规格、数量、质量状态，且与工艺规程一致。**

检查要点

1. 检查岗位人员是否按照批包装指令和物料使用管理的要求领用包材，是否对领用的待包装产品及包装材料的名称、规格、数量等进行核对。

2. 领用的待包装产品及包装材料标识内容是否齐全，包括名称、规格、批号、数量、质量状态等。

3. 查看待包装产品及包装材料的领用情况，是否及时准确记录。

4. 检查待包装的产品状态标识，包括名称、规格、数量、质量状态等。

▲5. 检查所领用的包装材料上所赋的产品名称、规格（含量规格和包装规格）是否与待包装产品及工艺规程一致。

相关条款

222

241 **每一包装操作场所或包装生产线，应有标识标明包装中的产品名称、规**

格、批号和批量的生产状态。

检查要点

1. 查看包装场所的管理规程，是否明确标识规定。

2. 检查现场是否在明显位置设置生产状态标识卡。

3. 状态标识的内容是否完整，包括品名、规格、批号、数量等。

4. 如同一车间同时有数条生产线进行包装时，是否有防止混淆的措施或隔离栏等。

242 产品分装、封口后应及时贴签。

检查要点

1. 检查存放的已完成内包的产品是否已完成贴签，未贴签的产品是否有措施能够有效防止混淆和差错。

2. 查看企业是否有相关文件，明确未贴签产品的防止混淆、差错的措施。

243 单独打印或包装过程中在线打印、赋码的信息（如产品批号或有效期）均应进行检查，确保其准确无误，并记录。如手工打印，应增加检查频次。

检查要点

1. 查看企业是否制定打印信息的设定和检查的操作规程，是否明确检查方法和频次。如为手工打印，查看是否设定了适当的检查频次。

2. 查看打印信息的检查记录，记录有无复核人员签字。

3. 查看现场工艺规程或岗位操作规程，是否对二维码采集的检查做出频次规定。

4. 检查现场是否有 QA 检查记录或批包装记录，记录是否及时。

244 使用切割式标签或在包装线以外单独打印标签，应采取专门措施，防止混淆。

检查要点

1. 查看企业是否制定相关文件，明确规定对易散落的切割式标签或已打印信息的标签进行管理。

2. 检查企业管理措施是否有效，能够防止混淆和差错。

3. 是否有单独打印标签的管理制度和岗位操作规程，并做好记录。

4. 打印现场是否出现两个以上产品的包装材料。如有两个以上产品的包装物，是否有隔离措施。

相关条款

153

245 应对电子读码机、标签计数器或其他类似装置的功能进行检查，确保其准确运行。检查应有记录。

检查要点

1. 查看电子读码机、标签计数器或其他类似装置的检查、维护、保养和操作规程等文件，是否明确对其功能进行检查的方法及频率。

2. 检查电子读码机、标签计数器或其他类似装置能否正常运行，是否有功能测试所需要的样本，是否根据实际生产精度需求或设备需求选用自制、外购或机配样品。

3. 查看相关记录，是否按照文件规定的周期进行功能测试或检查。

相关条款

112、126

246 包装材料上印刷或模压的内容应清晰，不易褪色和擦除。

检查要点

1. 企业是否在相关文件中明确包装材料上印刷或模压内容的检查周期。

2. 包装现场抽查是否存在内容模糊的包装材料，是否按照规定时间间隔对印刷或模压内容进行检查。

247 包装期间，产品的中间控制检查内容应符合《规范》第206条的要求。

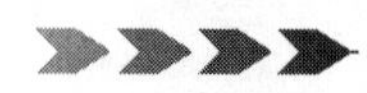

《规范》第206条：

包装期间，产品的中间控制检查应当至少包括以下内容：

（一）包装外观；

（二）包装是否完整；

（三）产品和包装材料是否正确；

（四）打印、赋码信息是否正确；

（五）在线监控装置的功能是否正常。

检查要点

1. 查看企业是否制定相关的文件，明确包装工序中间控制检查项目和检查频次，文件规定的内容是否满足条款的要求。

2. 抽查批包装记录，检查企业是否按照文件规定的检查项目和频次进行检查并记录。

248 **因包装过程产生异常情况需要重新装包装产品的，必须经专门检查、调查并指定人员批准。重新包装应有详细记录。**

检查要点

对包装过程出现设备故障、印刷打签错误、装箱错误等异常情况需要重新包装产品时应加强监控，做好偏差记录。

（1）从偏差处理、不合格产品处理和退货产品处理等环节核查企业是否存在重新包装产品的行为。

（2）重新包装前是否有检查和调查分析，重新包装操作是否经指定人员批准。

（3）查看相关产品的重新包装记录，是否明确重新包装数量、使用的设备等信息。

相关条款

160、162、163、165

249 **在物料平衡检查中，发现待包装产品、印刷包装材料以及成品数量有显著差异时，应进行调查，未得出结论前，成品不得放行。**

检查要点

▲1. 查看企业文件，是否规定包装工序待包装产品、印刷包装材料及成品物料平

衡计算的公式和物料平衡限度，是否规定超出限度时应进行调查，未得出结论前不得放行。物料平衡限度的设定是否合理。

2. 查看有关产品批包装记录，是否进行了物料平衡计算，计算结果是否在物料平衡限度内，计算过程有无差错。

3. 查看有关产品物料失衡调查报告，出现物料平衡超标情况，是否按偏差处理规程进行处理。

4. 查看相应的成品放行记录，待包装产品、印刷包装材料以及成品数量有显著差异时，是否进行调查，未得出结论前，成品是否放行。

相关条款

214、280

250 包装结束时，已打印批号的剩余包装材料应由专人负责全部计数销毁，并有记录。如将未打印批号的印刷包装材料退库，应按照操作规程执行。

检查要点

1. 查看企业是否有已打印批号的剩余包装材料的处理规程，是否明确销毁时应详细记录被销毁标签品名、规格、销毁数量、销毁日期、销毁方式、质量保证部门（QA）监控员签字等。

2. 查看包装材料销毁记录，内容是否完整，数量是否准确，是否在质量管理部门监督下由专人销毁。

3. 查看企业是否有文件明确规定未打印批号的剩余印刷包装材料退库操作要求，是否明确退库印刷包装材料的管理要求。

4. 查看物料货位卡或台账、退库记录，未打印批号的印刷包装材料退库是否及时记录，是否妥善保管，能够防止差错或混淆。可与相对应的批生产记录进行比对。

相关条款

155

第九章　质量控制与质量保证

※251　质量控制实验室的人员、设施、设备和环境洁净要求应与产品性质和生产规模相适应。

检查要点

1. 查看质量控制人员一览表，人员数量、能力是否能满足物料、中间产品、成品等兽药生产全过程的取样、检查、检验以及环境监测和产品持续稳定性考察的需要，对质量控制人员的教育背景和实践技能是否有相应的要求。

2. 结合现场，检查质量控制实验室的面积、房间设置是否与兽药生产规模、品种、检验要求相适应。

3. 检查需要有洁净级别要求的实验室是否符合要求，并进行洁净区环境监测。

4. 检查企业是否配备相应的仪器设备以满足检验的需要：

（1）仪器、设备的放置环境是否防震、防潮、防尘、防静电、防高温和防强光等措施；仪器之间是否相互影响：如气相色谱仪避免与高效液相色谱仪及可能产生大量有机气体的仪器设备在同一室内；水分测定仪避免与溶出仪、崩解仪等有水操作的仪器设备在同一室内；红外分光光度计避免与产生水汽、二氧化碳、有机气体的仪器在无适当配套设施的情况下置于同一室内等。

（2）仪器、设备的维护保养装置和方法是否正确：如减压干燥设备进气是否有除水分的干燥装置。

（3）仪器、设备的检定/校准及状态标识：是否按规定对分析仪器及量具进行定期检定/校准，其项目和范围应涵盖使用范围，有校准合格标识，对检定/校准周期进行合理规定；在周期性校准的基础上，应对必要的仪器进行日常使用前的检查和必要的期间核查；检验仪器应有使用和维护记录。

252　质量控制负责人应具有足够的管理实验室的资质和经验。

检查要点

1. 查看质量控制负责人档案，查看其资质和工作经验是否能够满足实验室管理要求。

2. 通过现场检查，考查实验室管理情况。

253 **质量控制实验室应配备《中华人民共和国兽药典》、兽药质量标准、标准图谱等必要的工具书，以及标准品或对照品等相关的标准物质。**

检查要点

1. 检查质量控制实验室是否配备与本企业检验需要相关的工具书。

2. 检查标准品或对照品台账和相关管理要求，查看企业是否有与所生产产品检验使用相应的标准品或对照品；标准品、对照品应专人管理，入库领用均有台账，账、物相符。

3. 检查标准品或对照品的来源、储存方式、储存条件和使用期限。用于兽药检验的原始标准品和对照品应来源于中国兽医药品监察所或其他国内外药典标准物质供应单位；企业如有自制工作标准品或对照品，检查是否建立工作标准品或工作对照品的质量标准以及制备、鉴别、检验、批准和贮存的操作规程，每批工作标准品或工作对照品应当用法定标准品或对照品进行标准化，并检查记录是否完整。

4. 抽查具体品种的检验记录，核对相应标准品或对照品的消耗情况，考察可追溯性。

254 **质量控制实验室的文件应齐全，内容应符合《规范》第214条的要求。还应符合《原料药生产质量管理的特殊要求》第40条的相关要求。**

《规范》第214条：

质量控制实验室的文件应当符合第八章的原则，并符合下列要求：

（一）质量控制实验室应当至少有下列文件：

1. 质量标准；

2. 取样操作规程和记录；

3. 检验操作规程和记录（包括检验记录或实验室工作记事簿）；

4. 检验报告或证书；

5. 必要的环境监测操作规程、记录和报告；

6. 必要的检验方法验证方案、记录和报告；

7. 仪器校准和设备使用、清洁、维护的操作规程及记录。

（二）每批兽药的检验记录应当包括中间产品和成品的质量检验记录，可追溯该批兽药所有相关的质量检验情况；

（三）应保存和统计（宜采用便于趋势分析的方法）相关的检验和监测数据（如检验数据、环境监测数据、制药用水的微生物监测数据）；

（四）除与批记录相关的资料信息外，还应当保存与检验相关的其他原始资料或记录，便于追溯查阅。

《原料药生产质量管理的特殊要求》第40条：

按受控的常规生产工艺生产的每种原料药应当有杂质档案。杂质档案应当描述产品中存在的已知和未知的杂质情况，注明观察到的每一杂质的鉴别或定性分析指标（如保留时间）、杂质含量范围，以及已确认杂质的类别（如有机杂质、无机杂质、溶剂）。杂质分布一般与原料药的生产工艺和所用起始原料有关，从植物或动物组织制得的原料药、发酵生产的原料药的杂质档案通常不一定有杂质分布图。

1. 查看质量控制实验室的相关管理、操作文件和记录，是否满足本条款要求。

2. 查看质量检验和环境监控数据的保存情况，保存方式是否便于趋势分析。

3. 抽查在批记录之外另行保存的相关原始资料或记录，查看保存方式是否便于查阅。

4. 原料药应同时考虑是否满足《原料药生产质量管理的特殊要求》第40条的相关要求。

255 取样应符合《规范》第215条的要求。涉及无菌兽药时，还应符合《无菌兽药生产质量管理的特殊要求》第80条的相关要求。

《规范》第215条：

取样应当至少符合以下要求：

（一）质量管理部门的人员可进入生产区和仓储区进行取样及调查；

（二）应当按照经批准的操作规程取样，操作规程应当详细规定：

1. 经授权的取样人；

2. 取样方法；

3. 取样用器具；

4. 样品量；

5. 分样的方法；

6. 存放样品容器的类型和状态；

7. 实施取样后物料及样品的处置和标识；

8. 取样注意事项，包括为降低取样过程产生的各种风险所采取的预防措施，尤其是无菌或有害物料的取样以及防止取样过程中污染和交叉污染的取样注意事项；

9. 贮存条件；

10. 取样器具的清洁方法和贮存要求。

（三）取样方法应当科学、合理，以保证样品的代表性；

（四）样品应当能够代表被取样批次的产品或物料的质量状况，为监控生产过程中最重要的环节（如生产初始或结束），也可抽取该阶段样品进行检测；

（五）样品容器应当贴有标签，注明样品名称、批号、取样人、取样日期等信息；

（六）样品应当按照被取样产品或物料规定的贮存要求保存。

《无菌兽药生产质量管理的特殊要求》第80条：

无菌检查的取样计划应当根据风险评估结果制定，样品应当包括微生物污染风险最大的产品。无菌检查样品的取样至少应当符合以下要求：

（一）无菌灌装产品的样品应当包括最初、最终灌装的产品以及灌装过程中发生较大偏差后的产品；

（二）最终灭菌产品应当从可能的灭菌冷点处取样；

（三）同一批产品经多个灭菌设备或同一灭菌设备分次灭菌的，样品应当从各个/次灭菌设备中抽取。

▲1. 查看企业是否建立原辅料、包装材料、中间产品、成品以及工艺用水等的取样管理规程，规程是否涵盖本条款相关要求，取样规程是否结合物料特性进行制订，例如原料药生产使用的大体积溶剂的取样，中药材、中药饮片的取样等。

2. 查看企业是否按照上述规定进行取样、留样等。

3. 检查取样用工具的清洁、消毒或灭菌、存放、使用是否合理，并与规程一致；检查存放样品的容器是否符合规定；如需要进行无菌、微生物限度和细菌内毒素检查，取样工具、容器是否经灭菌或除热原。

4. 无菌兽药应同时考虑是否满足《无菌兽药生产质量管理的特殊要求》第80条的要求，并注意查看无菌原料取样后，重新密封方法的规定和执行情况。

＊256 **物料和不同生产阶段产品的检验应符合《规范》第216条的要求。涉及中药制剂时，还应符合《中药制剂生产质量管理的特殊要求》第31条的相关要求。**

《规范》第216条：

物料和不同生产阶段产品的检验应当至少符合以下要求：

（一）企业应当确保成品按照质量标准进行全项检验。

（二）有下列情形之一的，应当对检验方法进行验证：

1. 采用新的检验方法；

2. 检验方法需变更的；

3. 采用《中华人民共和国兽药典》及其他法定标准未收载的检验方法；

4. 法规规定的其他需要验证的检验方法。

（三）对不需要进行验证的检验方法，必要时企业应当对检验方法进行确认，确保检验数据准确、可靠。

（四）检验应当有书面操作规程，规定所用方法、仪器和设备，检验操作规程的内容应当与经确认或验证的检验方法一致。

（五）检验应当有可追溯的记录并应当复核，确保结果与记录一致。所有计算均应当严格核对。

（六）检验记录应当至少包括以下内容：

1. 产品或物料的名称、剂型、规格、批号或供货批号，必要时注明供应商和生产商（如不同）的名称或来源；

2. 依据的质量标准和检验操作规程；

3. 检验所用的仪器或设备的型号和编号；

4. 检验所用的试液和培养基的配制批号、对照品或标准品的来源和批号；

5. 检验所用动物的相关信息；

6. 检验过程，包括对照品溶液的配制、各项具体的检验操作、必要的环境温湿度；

7. 检验结果，包括观察情况、计算和图谱或曲线图，以及依据的检验报告编号；

8. 检验日期；

9. 检验人员的签名和日期；

10. 检验、计算复核人员的签名和日期。

（七）所有中间控制（包括生产人员所进行的中间控制），均应当按照经质量管理部门批准的方法进行，检验应当有记录。

（八）应当对实验室容量分析用玻璃仪器、试剂、试液、对照品以及培养基进行质量检查。

（九）必要时检验用实验动物应当在使用前进行检验或隔离检疫。

《中药制剂生产质量管理的特殊要求》第31条：

中药材和中药饮片的质量应当符合兽药国家标准或药品标准及省（自治区、直辖市）中药材标准和中药炮制规范，并在现有技术条件下，根据对中药制剂质量的影响程度，在相关的质量标准中增加必要的质量控制项目。

1. 检查物料、成品的检验是否与法定标准（如有）中的项目、方法一致；法定标准为最低标准，内控质量标准可高于法定标准。

2. 查看企业关于物料和不同生产阶段产品的检验是否符合本条款的要求。

3. 检查企业是否对采用的法定标准的方法进行确认，对非法定方法按《中华人民共和国兽药典》相关附录要求进行验证。

4. 查看检验操作规程中检验方法是否与检验规程、验证、检验记录中体现的方法一致；是否与成品法定标准一致；检查是否按照中间产品内控标准对中间产品进行检验。

5. 查看检验记录内容是否全面、真实、准确；建议采取关联的检查方法进行检查，如检查某产品含量测定项目时，对所用仪器追溯检查使用记录、清洁维护记录、电脑中原始图谱、标准品领用记录等。

6. 检查企业所生产品种的检验如果涉及动物实验，是否具备《实验动物生产许可证》《实验动物使用许可证》等相关的证件。如果委托检验，要检查是否有委托合同及被委托单位的相关资质。

7. 抽查记录，查看实验室是否对容量分析用玻璃仪器、试剂、试液、对照品以及培养基进行质量检查。

8. 中药制剂应同时考虑是否满足《中药制剂生产质量管理的特殊要求》第 31 条的要求。

257 **质量控制实验室应建立检验结果超标调查的操作规程。任何检验结果超标都必须按照操作规程进行调查，并有相应的记录。**

检查要点

1. 查看实验室是否有检验结果超标调查操作规程。

2. 查看实验室超标检验结果的清单，抽查超标检验结果调查确认记录，确认是否符合规程要求，调查内容是否清晰、详细、完整，调查结论是否明确、具有充分的支持依据。

3. 检查是否根据调查结果采取必要的纠正、预防措施，并对措施的有效性进行评估。

258 **留样应符合《规范》第218条的要求。涉及中药制剂时，还应符合《中药制剂生产质量管理的特殊要求》第38条的相关要求。**

《规范》第218条：

企业按规定保存的、用于兽药质量追溯或调查的物料、产品样品为留样。用于产品稳定性考察的样品不属于留样。

留样应当至少符合以下要求：

（一）应当按照操作规程对留样进行管理。

（二）留样应当能够代表被取样批次的物料或产品。

（三）成品的留样：

1. 每批兽药均应当有留样；如果一批兽药分成数次进行包装，则每次包装至少应当保留一件最小市售包装的成品；

2. 留样的包装形式应当与兽药市售包装形式相同，大包装规格或原料药的留样如无法采用市售包装形式的，可采用模拟包装；

3. 每批兽药的留样量一般至少应当能够确保按照批准的质量标准完成两次全检（无菌检查和热原检查等除外）；

4. 如果不影响留样的包装完整性，保存期间内至少应当每年对留样进行一次目检或接触观察，如发现异常，应当调查分析原因并采取相应的处理措施；

5. 留样观察应当有记录；

6. 留样应当按照注册批准的贮存条件至少保存至兽药有效期后一年；

7. 企业终止兽药生产或关闭的，应当告知当地畜牧兽医主管部门，并将留样转交授权单位保存，以便在必要时可随时取得留样。

（四）物料的留样：

1. 制剂生产用每批原辅料和与兽药直接接触的包装材料均应当有留样。与兽药直接接触的包装材料（如安瓿瓶），在成品已有留样后，可不必单独留样；

2. 物料的留样量应当至少满足鉴别检查的需要；

3. 除稳定性较差的原辅料外，用于制剂生产的原辅料（不包括生产过程中使用的溶剂、气体或制药用水）的留样应当至少保存至产品失效后。如果物料的有效期较短，则留样时间可相应缩短；

4. 物料的留样应当按照规定的条件贮存，必要时还应当适当包装密封。

《中药制剂生产质量管理的特殊要求》第38条：

每批中药材或中药饮片应当留样，留样量至少能满足鉴别的需要，留样时间应当有规定；用于中药注射剂的中药材或中药饮片的留样，应当保存至使用该批中药材或中药饮片生产的最后一批制剂产品放行后一年。

1. 查看企业是否建立物料、成品留样管理规程，内容是否涵盖本条款的相关要求；是否有留样记录并对留样进行观察。

2. 检查留样是否能够代表被取样批次的物料或产品，检查成品和物料的实际留样是否符合本条款的要求。

（1）检查留样量是否符合规定，留样室环境是否满足产品储存环境要求，是否监测留样室温湿度。

（2）检查企业是否对原辅料进行留样，留样包装是否采用模拟包装。

（3）检查留样样品间是否存在交叉污染的风险，如易挥发性液体物料是否与其他物料分开留样。

（4）抽查几批留样，留样时间是否符合规定。

3. 中药制剂应同时考虑是否满足《中药制剂生产质量管理的特殊要求》第 38 条的要求。

259 试剂、试液、培养基和检定菌的管理应符合《规范》第 219 条的要求。

《规范》第 219 条：

试剂、试液、培养基和检定菌的管理应当至少符合以下要求：

（一）商品化试剂和培养基应当从可靠的、有资质的供应商处采购，必要时应当对供应商进行评估。

（二）应当有接收试剂、试液、培养基的记录，必要时，应当在试剂、试液、培养基的容器上标注接收日期和首次开口日期、有效期（如有）。

（三）应当按照相关规定或使用说明配制、贮存和使用试剂、试液和培养基。特殊情况下，在接收或使用前，还应当对试剂进行鉴别或其他检验。

（四）试液和已配制的培养基应当标注配制批号、配制日期和配制人员姓名，并有配制（包括灭菌）记录。不稳定的试剂、试液和培养基应当标注有效期及特殊贮存条件。标准液、滴定液还应当标注最后一次标化的日期和校正因子，并有标化记录。

（五）配制的培养基应当进行适用性检查，并有相关记录。应当有培养基使用记录。

（六）应当有检验所需的各种检定菌，并建立检定菌保存、传代、使用、销毁的操作规程和相应记录。

（七）检定菌应当有适当的标识，内容至少包括菌种名称、编号、代次、传代日期、传代操作人。

（八）检定菌应当按照规定的条件贮存，贮存的方式和时间不得对检定菌的生长特性有不利影响。

1. 查看企业关于试剂、试液、培养基和检定菌的管理规定中是否涵盖了本条款的要求。

2. 检查试剂、试液、培养基和检定菌的实际管理情况，是否符合企业相关规定：

（1）检查试剂、试液、培养基贮存环境是否符合要求。

（2）检查培养基的配制、灭菌是否有相应记录。

（3）检查培养基是否按照规定进行灵敏度检查和无菌检查等。

（4）检查配制好的培养基是否合理贮存，并在规定的时间内使用。

（5）检查试剂、试液是否按规定粘贴标签，标签内容是否全面。

（6）检查滴定液、标准液标签是否符合规定，是否有对应的标定记录。

（7）检查实验所用的各种检定菌种的标签是否标明菌种的名称、编号、传代次数、操作者等内容。

（8）检查菌种传代代次是否符合规定，传代记录是否与实物的标志相符合。

260 **标准品或对照品的管理应符合《规范》第220条的要求。涉及中药制剂时，还应符合《中药制剂生产质量管理的特殊要求》第35条的相关要求。**

《规范》第220条：

标准品或对照品的管理应当至少符合以下要求：

（一）标准品或对照品应当按照规定贮存和使用；

（二）标准品或对照品应当有适当的标识，内容至少包括名称、批号、制备日期（如有）、有效期（如有）、首次开启日期、含量或效价、贮存条件；

（三）企业如需自制工作标准品或对照品，应当建立工作标准品或对照品的质量标准以及制备、鉴别、检验、批准和贮存的操作规程，每批工作标准品或对照品应当用法定标准品或对照品进行标化，并确定有效期，还应当通过定期标化证明工作标准品或对照品的效价或含量在有效期内保持稳定。标化的过程和结果应当有相应的记录。

《中药制剂生产质量管理的特殊要求》第35条：

应当建立生产所用中药材和中药饮片的标本，如原植（动、矿）物、中药材使用部位、经批准的替代品、伪品等标本。

1. 查看是否制定了标准品、工作标准品或对照品的管理规程，内容是否符合本条款的要求。

2. 检查标准品或对照品的管理应符合本条款要求：

（1）检查标准品或对照品，工作标准品或工作对照品的贮存条件是否符合标签规定，标识是否正确。

（2）检查对照品验收、使用记录，账、物是否相符。

（3）检查称量标准品或对照品电子天平的分度值是否符合要求。

（4）如有工作对照品或工作标准品，检查是否建立了工作对照品或工作标准品标准化操作规程；标准化是否记录、是否对工作对照品或工作标准品的贮存条件、有效期进行考察，贮存条件是否符合要求。

3. 中药制剂应同时考虑是否满足《中药制剂生产质量管理的特殊要求》第35条的要求。

261 **应分别建立物料和产品批准放行的操作规程，明确批准放行的标准、职责，并有相应的记录。**

检查要点

1. 查看企业是否建立物料、产品放行的操作规程。

2. 操作规程是否明确了批准放行的标准、职责及相应的记录文件。

3. 检查企业放行人员的职责和相关资质、接受的培训，是否能满足放行人员要求。

4. 查看放行审核内容是否全面。

5. 检查是否按批对物料和产品进行放行。

262 **物料的放行应符合《规范》第222条的要求。**

《规范》第222条：

物料的放行应当至少符合以下要求：

（一）物料的质量评价内容应当至少包括生产商的检验报告、物料入库接收初验情况（是否为合格供应商、物料包装完整性和密封性的检查情况等）和检验结果；

（二）物料的质量评价应当有明确的结论，如批准放行、不合格或其他决定；

（三）物料应当由指定的质量管理人员签名批准放行。

检查要点

1. 查看物料放行操作规程，包括对批准放行人员的指定要求、放行质量评价内容是否涵盖本条款中的相关要求。

2. 抽查具体批次的放行记录，查看是否符合本条款的要求。

3. 物料放行人应相对固定，应对授权的人员进行培训。

＊263　产品的放行应符合《规范》第223条的要求。每批兽药均应由质量管理负责人签名批准放行。

《规范》第223条：

产品的放行应当至少符合以下要求：

（一）在批准放行前，应当对每批兽药进行质量评价，并确认以下各项内容：

1. 已完成所有必需的检查、检验，批生产和检验记录完整；

2. 所有必需的生产和质量控制均已完成并经相关主管人员签名；

3. 确认与该批相关的变更或偏差已按照相关规程处理完毕，包括所有必要的取样、检查、检验和审核；

4. 所有与该批产品有关的偏差均已有明确的解释或说明，或者已经过彻底调查和适当处理；如偏差还涉及其他批次产品，应当一并处理。

（二）兽药的质量评价应当有明确的结论，如批准放行、不合格或其他决定。

（三）每批兽药均应当由质量管理负责人签名批准放行。

（四）兽用生物制品放行前还应当取得批签发合格证明。

检查要点

1. 查看产品放行操作规程，是否满足本条款的相关要求。

2. 查看兽药质量评价的内容和结论，是否满足本条款的相关要求。

3. 查看是否有质量管理负责人签名批准放行记录。

264 **持续稳定性考察应有考察方案，结果应有报告。用于持续稳定性考察的设备（即稳定性试验设备或设施）应按照规范第七章和第五章的要求进行确认和维护。持续稳定性考察的目的和样品应分别符合《规范》第 224、225 条的要求。**

《规范》第 224 条：

持续稳定性考察的目的是在有效期内监控已上市兽药的质量，以发现兽药与生产相关的稳定性问题（如杂质含量或溶出度特性的变化），并确定兽药能够在标示的贮存条件下，符合质量标准的各项要求。

《规范》第 225 条：

持续稳定性考察主要针对市售包装兽药，但也需兼顾待包装产品。此外，还应当考虑对贮存时间较长的中间产品进行考察。

检查要点

1. 查看企业是否按照本条款的要求建立了持续稳定性考察的管理规定，持续稳定性考察是否包括成品、待包装产品（必要时）和相应的中间产品（必要时）。查看成品稳定性考察中是否适当考虑了中间产品和待包装产品（如涉及）贮存期间对质量产生的影响。

2. 查看产品持续稳定性考察的实际执行情况，是否满足本条款的要求。

3. 抽查具体品种的上市包装兽药、贮存时间较长的中间产品的持续稳定性考察方案和报告。

4. 查看稳定性试验设备的管理规程、确认报告、维护记录、设备上温湿度测量装置的校准情况。

5. 查看稳定性试验设备（如恒温恒湿箱）的监控情况，包括温湿度和光照度（如涉及）是否维持在规定的范围内（监控数据）、是否有超限报警功能、出现过的异常情况以及相关的记录和调查处理。

6. 稳定性试验设备（如恒温恒湿箱）应放置在适宜的地点，不受其他设备影响（如不能与高温室同室），或不影响其他设备或操作（如不能与有温湿度要求的留样同室）。

评定参考

无持续稳定性考察设施设备的，此条款判为 N。

相关条款

269

265 **持续稳定性考察的时间应涵盖兽药有效期，考察方案内容应符合《规范》第 227 条的要求。涉及原料药时，还应符合《原料药生产质量管理的特殊要求》第 42 条的相关要求。**

《规范》第 227 条：

持续稳定性考察的时间应当涵盖兽药有效期，考察方案应当至少包括以下内容：

（一）每种规格、每种生产批量兽药的考察批次数；

（二）相关的物理、化学、微生物和生物学检验方法，可考虑采用稳定性考察专属的检验方法；

（三）检验方法依据；

（四）合格标准；

（五）容器密封系统的描述；

（六）试验间隔时间（测试时间点）；

（七）贮存条件（应当采用与兽药标示贮存条件相对应的《中华人民共和国兽药典》规定的长期稳定性试验标准条件）；

（八）检验项目，如检验项目少于成品质量标准所包含的项目，应当说明理由。

《原料药生产质量管理的特殊要求》第 42 条：

原料药的持续稳定性考察：

（一）稳定性考察样品的包装方式和包装材质应当与上市产品相同或相仿。

（二）正常批量生产的最初三批产品应当列入持续稳定性考察计划，以进一步确认有效期。

（三）有效期短的原料药，在进行持续稳定性考察时应适当增加检验频次。

检查要点

1. 查看具体品种的持续稳定性考察方案，确认是否符合本条款的各项要求。

2. 原料药应同时考虑是否满足《原料药生产质量管理的特殊要求》第 42 条的要求。

266 **持续稳定性考察的考察批次数和检验频次应能够获得足够的数据，用于趋势分析。通常情况下，每种规格、每种内包装形式至少每年应考察一个批次，除非当年没有生产。**

检查要点

1. 查看持续稳定性考察管理规定中是否涵盖了本条款的要求。

2. 查看生产台账、持续稳定性考察台账和具体品种的相关检验情况，确认实际的稳定性考察品种、批次和检验间隔是否符合企业规定。

3. 抽查具体品种的持续稳定性试验数据，考察数据的完整性、可追溯性和充分性，并查看数据趋势分析、结论。

267 **某些情况下，持续稳定性考察中应额外增加批次数，如重大变更或生产和包装有重大偏差的兽药应列入稳定性考察。此外，重新加工、返工或回收的批次，也应考虑列入考察，除非已经过验证和稳定性考察。**

检查要点

1. 查看持续稳定性考察规程中是否根据本条款要求进行了相应规定。

2. 查看持续稳定性考察规程相关要求的执行情况：

（1）结合制备工艺、处方组成、规格和包装材料等方面的变更或偏差情况，查看相应的持续稳定性试验情况、数据分析、结论和必要的相关建议措施，并且是否符合变更或偏差的相关管理要求。

（2）结合产品重新加工（仅涉及原料药）、返工或回收情况，查看相应的持续稳定性试验情况、数据分析、结论和必要的相关建议措施。

268 **持续稳定性考察时应对不符合质量标准的结果或重要的异常趋势进行调查。对任何已确认的不符合质量标准的结果或重大不良趋势，企业都应考虑是否可能对已上市兽药造成影响，必要时应实施召回，调查结果以及采取的措施应报告当地畜牧兽医主管部门。**

检查要点

1. 查看企业关于对持续稳定性考察中发现的不符合质量标准的结果或重要异常趋势的处理程序，是否包括调查、必要的召回或其他相关措施以及向畜牧兽医主管部门报告的要求。

2. 查看企业是否有过不符合质量标准的结果或发现过重要的异常趋势，并考查相应的处理情况，是否符合企业相关规定。

269 **应根据获得的持续稳定性考察全部数据资料，包括考察的阶段性结论，撰写总结报告并保存。应定期审核总结报告。**

1. 查看持续稳定性考察管理规程是否涵盖了本条款的要求。

2. 抽查若干产品的持续稳定性考察数据资料、总结报告及定期审核情况。

270 **企业应建立变更控制系统，对所有影响产品质量的变更进行评估和管理。**

检查要点

1. 查看企业是否制定了变更控制的管理文件和操作文件。

2. 与兽药生产和质量管理相关的变更是否由质量负责人批准。

3. 通过询问，考查企业质量部门变更控制工作管理人员对相应规定的理解和掌握程度。例如：如何启动变更控制程序，变更控制的基本过程，质量部门在变更控制中的作用等。

4. 从现场检查过程中了解，企业的厂房、设施、设备、物料、工艺、操作规程、质量标准、检验方法是否有变更，发生的变更是否按规定进行。包括但不限于以下方面：

（1）如由于生产偏差反复出现，或由于在自检或产品质量回顾中发现质量偏离而决定改变控制条件或操作规程时，是否严格按照变更管理程序进行控制和管理。

（2）对每一项变更的批准之前是否评估了该项变更对兽药的质量与安全、有效性、纯度和相关法律法规等方面的总体影响。

（3）是否针对变更进行验证，验证工作是否考虑了与该项变更相关的所有影响因素，是否包含了变更前后这些影响因素的对比。

（4）对批准的变更是否进行了跟踪检查，变更后的效果是否达到了预期要求。

（5）变更的文件是否按照文件管理程序收回了所有相关的旧文件，将新的文件发放到位。

（6）是否对变更后的文件进行了相关的培训。

（7）兽药生产关键要素或关键控制参数变更后，是否对变更后三批以上的产品进行重点监控和稳定性考察，并对变更前后产品质量做对比分析。

（8）所有变更是否按照兽药 GMP 要求在自检和产品质量回顾中得到充分的审查。

271 **企业应建立变更控制操作规程，规定原辅料、包装材料、质量标准、检验方法、操作规程、厂房、设施、设备、仪器、生产工艺和计算机软件变更的申请、评估、审核、批准和实施。质量管理部门应指定专人负责变更控制。**

检查要点

1. 查看企业是否制定了变更控制操作规程。

2. 检查变更方面的管理和操作文件的制定是否符合企业文件管理规程的要求，如文件编码，版本号，实施时间，起草、审核和批准的人员和时间。

3. 查看变更方面的管理和操作文件中规定的变更范围是否包括了影响产品质量的各个方面，如厂房、设施、设备、仪器、物料、工艺、操作规程、质量标准、检验方法及计算机软件等。具体可分为：

（1）生产环境变更。

（2）生产工艺、批记录、稳定性考察方案、质量标准、检验方法、操作规程、清洁方法的变更。

（3）物料、供应商、储存条件、有效期、复验期的变更。

（4）空气净化系统、工艺用水系统、蒸汽、压缩空气系统等公用工程系统的变更生产、检测、控制用设备、计算机系统的变更及报废陈旧设备等情形。

4. 查看变更操作规程中规定的变更处理的程序是否至少包括申请、评估、审核、批准和实施五个环节，可参考以下内容进行检查：

（1）变更申请内容可包括变更理由、变更的性质、受影响的文件和产品、受影响的生产厂和客户、支持变更的增加文件、变更计划和实施方案、变更申请日期、变更申请人和变更申请批准人。

（2）变更评估：宜由相关领域的专家和有经验的专业人员共同进行评估，可视企业具体的管理模式来确定，如研发人员、生产人员、质量人员、物料人员、工程设备人员、注册人员、上一级主管部门人员等参加评估，确定采取哪些行动确保变更在技术上、法规上等方面的合理性，并确定变更级别。

（3）变更审核：变更评估后确定的研究项目、新增或减少项目，均宜由企业相关部门（如前述）审核认可，如需增加或修改，则再次评估。

（4）变更批准：变更必须得到质量部门的批准后方可实施。

（5）变更执行：只有得到书面批准后，方可执行变更。建议企业建立起追踪体系，保证变更按计划实施。

（6）变更执行后，要进行效果评估，确认变更是否达到预期效果。

（7）变更执行完毕，相关文件已被更新，行动已经完成，评估结果为有效，方可关闭变更。

5. 检查变更控制管理和操作规程中是否规定了质量部门专人负责变更控制管理，该人员对生产、设备、物料、质量等方面的知识是否有一定了解，是否对变更控制过程熟练掌握。

272 **企业根据变更的性质、范围、对产品质量潜在影响的程度进行变更分类（如主要、次要变更）并建档。**

检查要点

1. 查看是否对变更进行了评估和分类，并建档。

2. 检查企业的变更台账，并抽查几个具体变更，以确定变更是否可追溯，如是否制订变更编号规程，对变更进行统一编号。变更控制过程每一个环节是否均有记录，有签字。

273 **原料药生产应定期将产品的杂质分析资料与注册申报资料中的杂质档案，或与以往的杂质数据相比较，查明原料、设备运行参数和生产工艺的变更所致原料药质量的变化。**

检查要点

1. 检查是否有相关管理规定。

2. 检查原料药的杂质分析资料档案是否齐全。

3. 检查企业是否定期进行杂质数据分析比较，以查明原料药质量变化的原因。

274 **与产品质量有关的变更由申请部门提出后，应经评估、制定实施计划并明确实施职责，由质量管理部门审核批准后实施，变更实施应有相应的完整记录。质量管理部门应保存所有变更的文件和记录。**

检查要点

1. 变更控制的流程与《兽药GMP检查验收评定标准（2020年修订）》第271条

的相关要求一致。检查时，可参照第271条的内容检查。

2. 抽查具体变更的实施过程记录，查看记录内容是否完整。

※275 **改变原辅料、与兽药直接接触的包装材料、生产工艺、主要生产设备以及其他影响兽药质量的主要因素时，还应根据风险评估对变更实施后最初至少三个批次的兽药质量进行评估。如果变更可能影响兽药的有效期，则质量评估还应包括对变更实施后生产的兽药进行稳定性考察。**

检查要点

1. 查看企业的变更管理台账，是否发生了生产环境、生产处方、生产工艺、原辅料、内包装材料、储存条件和主要生产设备等方面的变更。

2. 根据台账记录抽取具体变更的实施过程记录，查看企业是否对最初至少3个批次兽药的质量进行了风险评估。

3. 如果变更可能影响有效期，应有变更后最初至少3批产品的稳定性试验考察记录。

276 **变更实施时，应确保与变更相关的文件均已修订。**

检查要点

1. 抽查部分变更控制实例的文件档案，检查是否根据变更需要增加或修订了相关文件。

2. 检查变更是否在相关文件修订后开始实施。

277 **各部门负责人应确保所有人员正确执行生产工艺、质量标准、检验方法和操作规程，防止偏差的产生。**

检查要点

1. 考查企业生产、质量、工程和物料管理等部门、岗位和操作人员是否均有明确的管理文件、技术标准、操作规程。

2. 检查每个员工是否均有机会受到本岗位知识培训，确保所有人员严格、正确执行制订的管理文件、技术标准和操作规程。

3. 检查企业是否对所有员工进行偏差报告管理规程的培训。

4. 检查企业偏差记录，是否有已发生的偏差未被记录的情况。

278 **企业应建立偏差处理的操作规程，规定偏差的报告、记录、评估、调查、处理以及所采取的纠正、预防措施，并保存相应的记录。**

检查要点

1. 查看企业是否建立了偏差处理规程，其制定是否符合企业文件管理规程的要求，如文件编码，版本号，实施时间，起草、审核和批准的人员和时间等。

2. 查看偏差处理规程中规定的偏差范围是否包括了偏离生产工艺、物料平衡限度、质量标准、检验方法、操作规程等情形，如产品受到的外来污染、仪器设备故障、物料偏差（包括物料异常、标识异常、储存条件异常）、生产工艺偏差、生产环境偏差、实验室偏差、质量状态管理偏差、记录填写偏差等。

3. 查看偏差处理规程中是否包括偏差的发现与报告、偏差记录、偏差调查、偏差处理、纠正措施和预防措施等环节，是否有相应的记录。

评定参考

未建立偏差处理规程的，此条款判为 N。

279 **企业应评估偏差对产品质量的潜在影响。质量管理部门根据偏差的性质、范围、对产品质量潜在影响的程度进行偏差分类（如重大、次要偏差），对重大偏差的评估应考虑是否需要对产品进行额外的检验以及产品是否可以放行，必要时，应对涉及重大偏差的产品进行稳定性考察。**

检查要点

1. 查看企业的偏差处理规程中是否规定应对偏差进行风险评估，是否要求根据偏差的性质、范围、产品潜在质量影响程度对偏差进行分类，并进行编号管理。偏差的分类方式视企业具体情况而定，但应科学合理。

2. 检查企业的偏差台账或清单，抽取偏差处理的分类和评估是否合理。

3. 查看重大偏差记录，是否对重大偏差进行必要的额外检验并评估对产品效期的影响，是否进行了必要的产品稳定性考察。

280 **任何偏离生产工艺、物料平衡限度、质量标准、检验方法、操作规程等的情况均应有记录，并立即报告主管人员及质量管理部门，重大偏差应由质量管理部门会同其他部门进行彻底调查，并有调查报告。偏差调查应包括相关批次产品的**

评估，偏差调查报告应由质量管理部门的指定人员审核并签字。质量管理部门应保存偏差调查、处理的文件和记录。

检查要点

1. 检查偏差台账是否有完整的偏差记录。

2. 检查发生偏差时是否立即报告主管人员及质量管理部门，抽查重大偏差是否由质量管理部门与其他部门进行彻底调查，并有调查报告。

3. 检查偏差调查报告是否有质量管理部门指定人员审核并签字，偏差调查、处理的文件和记录是否由质量管理部门保存。

4. 查看指定人员的工作经历和培训档案等资料，结合现场检查，考查该指定人员是否经过一定的生产、设备、物料、质量等方面的知识培训，具备偏差识别和处理的能力。

※281

企业应建立纠正措施和预防措施系统，对投诉、召回、偏差、自检或外部检查结果、工艺性能和质量监测趋势等进行调查并采取纠正和预防措施。调查的深度和形式应与风险的级别相适应。纠正措施和预防措施系统应能够增进对产品和工艺的理解，改进产品和工艺。

检查要点

1. 检查企业纠正措施和预防措施的相关程序文件和人员培训，考查企业是否建立起纠正措施和预防措施系统，可从以下方面进行考查：产品质量引起的投诉和召回、偏差处理、自检和外部检查出现的缺陷、产品质量回顾中出现的不良趋势。

2. 检查企业是否对本条款中述及的各方面情况进行风险评估，评估其对产品质量影响的风险程度，确定根源调查的深度和形式。

3. 抽查部分纠正措施和预防措施的实例，考查是否通过纠正措施和预防措施系统增进了对产品和工艺的理解，更有利于产品质量的保证。

相关条款

278、295、313

282

企业应建立实施纠正和预防措施的操作规程，内容应符合《规范》第245条的要求。

《规范》第245条：

企业应当建立实施纠正和预防措施的操作规程，内容至少包括：

（一）对投诉、召回、偏差、自检或外部检查结果、工艺性能和质量监测趋势以及其他来源的质量数据进行分析，确定已有和潜在的质量问题；

（二）调查与产品、工艺和质量保证系统有关的原因；

（三）确定所需采取的纠正和预防措施，防止问题的再次发生；

（四）评估纠正和预防措施的合理性、有效性和充分性；

（五）对实施纠正和预防措施过程中所有发生的变更应当予以记录；

（六）确保相关信息已传递到质量管理负责人和预防问题再次发生的直接负责人；

（七）确保相关信息及其纠正和预防措施已通过高层管理人员的评审。

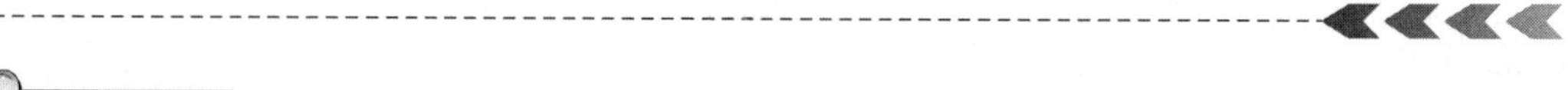

检查要点

▲1. 检查企业是否建立纠正和预防措施的操作规程，内容是否涵盖本条款要求。

2. 抽查部分纠正和预防措施的实例，考查是否符合企业相关操作规程的要求。

评定参考

未建立纠正和预防措施操作规程的，此条款判为N。

283 实施纠正和预防措施应有文件记录，并由质量管理部门保存。

检查要点

1. 抽取部分纠正和预防措施的实例，检查其过程是否均有记录。

2. 检查所有纠正和预防措施记录是否由质量管理部门保存。

284 质量管理部门应对生产用关键物料的供应商进行质量评估，必要时会同有关部门对主要物料供应商（尤其是生产商）的质量体系进行现场质量考查，并对质量评估不符合要求的供应商行使否决权。

检查要点

1. 查看质量管理部门职责文件、物料供应商考查管理文件，是否明确规定部门在生产用物料供应商的质量评估和质量考查方面的职责和权利。

2. 检查是否有文件规定主要物料的确定原则，该原则是否至少是基于兽药质量风险、物料用量和对兽药质量的影响程度等。

3. 抽查主要物料质量考查档案，查看是否有现场考查的相关记录，是否有质量管理部门相关负责人签字。

285

应建立物料供应商评估和批准的操作规程，明确供应商的资质、选择的原则、质量评估方式、评估标准、物料供应商批准的程序。如质量评估需采用现场质量考查方式的，还应明确考查内容、周期、考查人员的组成及资质。必要时，应对主要物料供应商提供的样品进行小批量试生产，并对试生产的兽药进行稳定性考察。需采用样品小批量试生产的，还应明确生产批量、生产工艺、产品质量标准、稳定性考察方案。

检查要点

▲1. 查看是否建立了供应商评估操作规程，是否明确了以下内容：

(1) 供应商的资质、选择的原则、质量评估方式、评估标准、物料供应商批准的程序。

(2) 如质量评估涉及现场质量考查的，是否有明确的现场考查内容、程序、标准、周期、考查人员的组成及资质。

(3) 需采用样品小批量试生产的，是否有明确的生产批量、生产工艺、产品质量标准、稳定性考察方案。

2. 抽查相关记录，考查是否符合企业规定及《规范》要求。

相关条款

287

286

质量管理部门应指定专人负责物料供应商质量评估和现场质量考查，被指定的人员应具有相关的法规和专业知识，具有足够的质量评估和现场质量考查的实践经验。

检查要点

1. 查看相关文件，结合现场检查，考查企业是否指定专人负责供应商质量评估和现场质量考查。

2. 查看该指定人员的实践经验和相关的培训，结合现场检查，考查其是否具备执行质量评估和现场质量考查的能力。

287 **现场质量考查应核实供应商资质证明文件。应对其人员机构、厂房设施和设备、物料管理、生产工艺流程和生产管理、质量控制实验室的设备、仪器、文件管理等进行检查，以全面评估其质量保证系统。现场质量考查应有报告。**

检查要点

1. 查看企业是否制定供应商的现场质量考查文件，查看文件内容是否包括：

（1）核实供应商资质证明文件和检验报告的真实性，确保资质证明文件在有效期内。

（2）现场质量考查范围，要对如人员机构、厂房设施和设备、物料管理、生产工艺流程和生产管理、质量控制实验室的设备和仪器、文件管理等进行检查。

（3）对影响产品质量的关键属性进行检查，如无菌制剂生产企业对免洗胶塞生产企业的现场考查中是否重点检查无菌生产条件等。

（4）如经销商有仓库，并且物料在经销商仓库中停放的，对经销商相应的储存条件、能力及质量管理进行现场考查。

2. 结合产品特点，抽取主要物料供应商（包括经销商）的考查记录及考查报告，查看是否满足企业文件规定以及本条款的要求。

288 **质量管理部门对物料供应商的评估内容应符合《规范》第252条的要求。**

《规范》第252条：

质量管理部门对物料供应商的评估至少应当包括：供应商的资质证明文件、质量标准、检验报告、企业对物料样品的检验数据和报告。如进行现场质量考查和样品小批量试生产的，还应当包括现场质量考查报告，以及小试产品的质量检验报告和稳定性考察报告。

检查要点

1. 查看企业物料供应商管理规程，是否涵盖本条款要求。

2. 抽查物料供应商评估档案，查看是否包含上述必要资料。

289 **改变物料供应商，应对新的供应商进行质量评估；改变主要物料供应商的，还需要对产品进行相关的验证及稳定性考察。**

检查要点

1. 查看物料供应商（包括生产商和经销商）变更控制的相关文件，其内容规定是否符合本条款要求。

2. 抽查企业主要物料供应商变更实例，查看变更过程中是否进行了质量评估，是否对产品进行了相关验证和稳定性考察。

3. 应注意检查物料供应商变更控制文件和相关记录，考查是否涵盖了新增物料或在用物料的新增或变更生产商、经销商的质量考查要求。

290 **质量管理部门应向物料管理部门分发经批准的合格供应商名单，该名单内容至少包括物料名称、规格、质量标准、生产商名称和地址、经销商（如有）名称等，并及时更新。**

检查要点

1. 检查物料管理部门、仓库是否有由质量管理部门分发的受控的合格供应商目录，供应商名单是否是最新的名单。如采用计算机系统，考查系统内的合格供应商目录是否与质量管理部门批准的一致。

2. 查看合格供应商目录中的内容是否满足本条款要求。

291 **质量管理部门应与主要物料供应商签订质量协议，在协议中应明确双方所承担的质量责任。**

检查要点

1. 检查主要物料供应商档案中是否有质量协议，协议内容是否明确了双方的质量责任。查看协议中是否明确要求当物料供应商的生产条件、工艺、质量标准和检验方法等可能影响质量的关键因素发生重大改变时，应及时告知物料使用方（即兽药生产企业）。

2. 查看协议内容是否合理，有无相关责任人员签字，协议是否有效。

292 **质量管理部门应定期对物料供应商进行评估或现场质量考查，回顾分析物料质量检验结果、质量投诉和不合格处理记录。如物料出现质量问题或生产条件、工艺、质量标准和检验方法等可能影响质量的关键因素发生重大改变时，还应尽快**

进行相关的现场质量考查。

检查要点

1. 查看企业供应商管理的相关文件，文件内容是否至少包括：

（1）定期对物料供应商进行评估和现场质量考查的规定。

（2）定期回顾分析物料检验结果、质量投诉和不合格处理记录。

（3）物料质量问题、物料生产条件、工艺、质量标准和检验方法等可能影响质量的关键因素发生重大改变时，企业应尽快采取针对性的现场考查。

2. 当物料出现问题时，或物料供应商的生产条件、工艺、质量标准和检验方法等可能影响质量的关键因素发生重大改变时，查看企业是如何处理的，与其建立的规程是否一致。

293 **企业应对每家物料供应商建立质量档案，档案内容应包括供应商资质证明文件、质量协议、质量标准、样品检验数据和报告、供应商检验报告、供应商评估报告、定期的质量回顾分析报告等。**

检查要点

检查企业是否对每家物料供应商建立了质量档案，抽查物料供应商档案，查看档案内容是否满足本条款的要求，其内容是否完整、合理。

***294** **企业应建立产品质量回顾分析操作规程，每年按照《规范》第258条要求的情形对所有生产的兽药按品种进行产品质量回顾分析。**

《规范》第258条：

企业应当建立产品质量回顾分析操作规程，每年对所有生产的兽药按品种进行产品质量回顾分析，以确认工艺稳定可靠性，以及原辅料、成品现行质量标准的适用性，及时发现不良趋势，确定产品及工艺改进的方法。

企业至少应当对下列情形进行回顾分析：

（一）产品所用原辅料的所有变更，尤其是来自新供应商的原辅料；

（二）关键中间控制点及成品的检验结果以及趋势图；

（三）所有不符合质量标准的批次及其调查；

（四）所有重大偏差及相关的调查、所采取的纠正措施和预防措施的有效性；

（五）稳定性考察的结果及任何不良趋势；

（六）所有因质量原因造成的退货、投诉、召回及调查；
（七）当年执行法规自查情况；
（八）验证评估概述；
（九）对该产品该年度质量评估和总结。

检查要点

1. 查看企业是否建立了产品质量回顾分析管理规程、操作规程，内容是否符合本条款的要求。

2. 抽查部分产品的质量回顾文件，考查是否符合以下要求：

（1）内容是否完整，是否符合企业文件规定要求。

（2）是否对本年度生产的所有产品进行了产品质量回顾分析。

（3）是否考虑了以往历史数据的趋势。

（4）是否有评价和报告。

3. 检查企业是否对产品质量回顾分析的有效性进行了评估。

评定参考

未建立产品质量回顾分析操作规程的，此条款判为 N。

295　**应对回顾分析的结果进行评估，提出是否需要采取纠正和预防措施，并及时、有效地完成整改。**

检查要点

抽查产品的质量回顾分析记录和报告，考查是否满足本条款规定。

296　**应建立兽药投诉与不良反应报告制度，设立专门机构并配备专职人员负责管理。应有专人负责进行质量投诉的调查和处理，所有投诉、调查的信息应向质量管理负责人通报。**

检查要点

1. 查看企业是否建立投诉与不良反应报告制度。

2. 企业不良反应报告制度规定是否符合相关法规要求。

3. 是否有专门机构并配备专职人员负责投诉与不良反应报告工作。

4. 抽查投诉与不良反应情况处理情况，考查是否满足企业相关规定以及本条款的要求。

5. 考查质量管理负责人是否了解所有的投诉、调查信息。

297 **应主动收集兽药不良反应，对不良反应应详细记录、评价、调查和处理，及时采取措施控制可能存在的风险，并按照要求向企业所在地畜牧兽医主管部门报告。**

检查要点

1. 检查企业是否有主动收集不良反应的渠道和措施。

2. 抽查不良反应处理记录，考查企业对不良反应是否详细记录、调查和处理，并及时采取措施控制可能存在的风险。

3. 检查企业是否按照兽药不良反应的相关规定进行报告。

298 **应建立投诉操作规程，规定投诉登记、评价、调查和处理的程序，并规定因可能的产品缺陷发生投诉时所采取的措施，包括考虑是否有必要从市场召回兽药。**

检查要点

1. 查看企业是否建立了投诉操作规程。

2. 操作规程是否规定了投诉登记、评价、调查和处理，以及因可能的产品缺陷发生投诉时采取的措施，包括考虑是否有必要从市场召回兽药。如果涉及召回，应按规定启动召回程序。

299 **投诉调查和处理应有记录，并注明所查相关批次产品的信息。**

检查要点

查看投诉调查是否有记录，记录中是否注明相关批次产品信息，如品名、规格、批号、批量、生产日期、有效期等。

300 **应定期回顾分析投诉记录，以便发现需要预防、重复出现以及可能需要从市场召回兽药的问题，并采取相应措施。**

检查要点

1. 查看投诉处理规定中是否明确了本条款的要求。

2. 查看企业是否对投诉记录进行了定期回顾分析，是否通过分析尽可能发现需要预防、可能会重复出现以及可能需要从市场召回兽药的问题，并采取相应措施。

301 **企业出现生产失误、兽药变质或其他重大质量问题，应及时采取相应措施，必要时还应向当地畜牧兽医主管部门报告。**

检查要点

1. 检查企业是否有相关的管理制度，包括质量事故判定标准、质量事故报告程序和处理程序等。

2. 检查企业是否出现过失误、兽药变质或其他重大质量问题，是否在必要时向当地畜牧兽医主管部门报告。

第十章　产品销售与召回

302 **企业应建立产品召回系统，制定召回操作规程，必要时可迅速、有效地从市场召回任何一批存在安全隐患的产品。**

检查要点

1. 查看企业是否建立产品召回系统、制定召回操作规程，内容是否包含召回计划的制定（应根据召回的级别来制定）、计划实施和召回完成后的报告。

2. 查看企业是否有确保迅速、有效地从市场召回任何一批存在安全隐患的产品的措施。

（1）是否有相关责任人员实施产品召回。

（2）是否保证市场产品的可追溯性。

303 **因质量原因退货和召回的产品，均应按照规定监督销毁，有证据证明退货产品质量未受影响的除外。**

检查要点

1. 查看制定的相关管理规程是否符合本条款规定。

2. 如有因质量原因退货和召回的产品，查看退货和召回处理记录，质量问题产品是否按规定监督销毁并记录。

***304** **企业应建立产品销售管理制度，每批产品均应有销售记录。根据销售记录，应能够追查每批产品的销售情况，必要时应能够及时全部追回。**

检查要点

1. 查看是否制定了符合要求的销售管理制度，内容是否包括销售程序、运输管理、客户档案管理、售后服务等。

2. 是否每批产品均有销售记录。

3. 根据销售记录是否能追查每批产品的销售情况。

305 **销售记录内容应包括：产品名称、规格、批号、数量、收货单位和地址、联系方式、发货日期、运输方式等。**

检查要点

1. 查看销售记录内容是否符合本条款规定。
2. 查看记录填写是否完整准确、可追溯。

***306** **产品上市销售前，应将产品生产和入库信息上传到国家兽药产品追溯系统。销售出库时，应向国家兽药产品追溯系统上传产品出库信息。**

检查要点

1. 查看相关管理规程是否符合本条款规定。
2. 查询国家兽药产品追溯系统，抽查具体品种的入库、出库与库存是否相符(新建企业除外)。

307 **兽药的零头可直接销售，若需合箱，包装只限两个批号为一个合箱，合箱外应标明全部批号，并建立合箱记录。**

检查要点

涉及合箱时：
(1) 查看有无合箱的相关规定，是否符合本条款规定。
(2) 检查有无合箱记录，是否仅限两个批号为一个合箱。
(3) 现场检查成品库时，注意查看合箱外的标识是否标明全部批号。

条款说明

企业规定不进行合箱销售的，可不作检查。

308 **销售记录应至少保存至兽药有效期后一年。**

检查要点

1. 查看产品销售相关管理规程是否明确规定销售记录的保存期限。

2. 从企业销售台账或国家兽药产品追溯系统中抽查不同批次产品，检查其销售记录是否按规定期限保存。

309 **应指定专人负责组织协调召回工作，并配备足够数量的人员。如产品召回负责人不是质量管理负责人，则应向质量管理负责人通报召回处理情况。召回应随时启动，产品召回负责人应根据销售记录迅速组织召回。应定期对产品召回系统的有效性进行评估。**

检查要点

1. 检查是否指定专人负责召回工作，并有足够数量的人员配合。

2. 是否定期对产品召回系统进行有效性评估：

（1）检查管理规程中是否制定评估方法、标准和召回演练周期，周期制定是否合理；在演练周期内有真正的召回发生，可以不进行模拟召回。

（2）查看召回、模拟召回记录是否符合规定。

3. 如负责人不是质量管理负责人，是否向质量管理负责人通报召回处理情况。

310 **因产品存在安全隐患决定从市场召回的，应立即向当地畜牧兽医主管部门报告。**

检查要点

1. 查看管理规程中是否明确相关内容。

2. 如有召回发生，查看记录，是否按规定立即向当地畜牧兽医主管部门报告。

311 **已召回的产品应有标识，并单独、妥善贮存，等待最终处理决定。**

检查要点

1. 查看管理规程中是否明确相关的规定。

2. 查看召回产品的存放地点是否为独立库房或有安全可靠的措施，以保证与其他产品隔离。

3. 如有召回产品实物，查看是否有醒目标识。

312 **召回的进展过程应有记录，并有最终报告。产品销售数量、已召回数量**

以及数量平衡情况应在报告中予以说明。

1. 查看召回管理规程关于召回实施过程记录及召回完成后报告的相关规定，注意查看报告规定中有无关于产品销售数量、已召回数量以及数量平衡情况的说明。

2. 查看空白记录样张。

3. 如有召回发生，对照规程要求，查看相应的记录、调查评估过程、召回计划制定、实施过程和召回完毕后的总结报告情况：

（1）是否有过程记录。

（2）是否有最终报告。

（3）报告中是否有关于产品销售数量、已召回数量以及数量平衡情况的说明。

4. 如无召回发生，查看模拟召回记录和报告。

第十一章　自　　检

313 **质量管理部门应定期组织对企业进行自检，监控规范的实施情况，评估企业是否符合《规范》要求，并提出必要的纠正和预防措施。应由企业指定人员进行独立、系统、全面的自检，也可由外部人员或专家进行独立的质量审计。**

检查要点

1. 查看企业是否制定自检的管理规程或操作规程，以确保企业能持续不断地执行《规范》的要求。

2. 考查质量管理部门在自检工作中是否充分履行了上述职责。

3. 对自检发现的问题，是否能及时提出必要的纠正和预防措施，需要时是否能实时启动相关的变更控制、偏差处理。

4. 是否指定部门或人员进行独立、系统、全面的自检（如聘请外部人员或专家进行独立的质量审计，企业应对其专业资质和能力进行审核；对外部人员或专家进行的审计，应有相应记录、报告和结论）。

314 **自检应有计划，对机构与人员、厂房与设施、设备、物料与产品、确认与验证、文件管理、生产管理、质量控制与质量保证、产品销售与召回等项目定期进行检查。**

检查要点

1. 查看是否制定有自检计划。

2. 是否定期按照《规范》的要求进行全面自检。自检内容包括但不限于：上次自检不合格项目情况表；上次自检缺陷项目整改情况；自上次自检至现在企业软硬件变化；起始原料、中间体、原料药的生产管理与中间控制情况；原料药多品种或制剂多剂型共线生产情况；厂房及设施、设备的维护；人员培训情况；仓储管理情况；物料管理情况；卫生管理情况；检验室情况；公用设施，水、电、气供应情况；工艺用水系统情况；空气净化系统情况；仪器及仪表的校准；验证及再验证计划；兽药的召回；投诉与不良反应报告处理。

＊315 **自检应有记录。自检完成后应有自检报告，内容至少包括自检过程中观察到的所有情况、评价的结论以及提出纠正和预防措施的建议。有关部门和人员应立即进行整改，自检和整改情况应报告企业高层管理人员。**

检查要点

1. 查看企业自检是否有记录。

2. 查看企业自检完成后是否形成自检报告，报告是否包括了相应的偏差处理记录、纠正和预防措施等内容。

3. 查看企业对自检中发现的问题是否制定整改计划和措施，并按计划及时整改。

4. 检查自检报告是否上报。

5. 检查企业最近一次自检报告，确认纠正和预防措施是否落实。

第二部分

相关法规标准

兽药管理条例

（2004 年 4 月 9 日国务院令第 404 号公布，2014 年 7 月 29 日国务院令第 653 号部分修订，2016 年 2 月 6 日国务院令第 666 号部分修订，2020 年 3 月 27 日国务院令第 726 号部分修订）

第一章　总　　则

第一条　为了加强兽药管理，保证兽药质量，防治动物疾病，促进养殖业的发展，维护人体健康，制定本条例。

第二条　在中华人民共和国境内从事兽药的研制、生产、经营、进出口、使用和监督管理，应当遵守本条例。

第三条　国务院兽医行政管理部门负责全国的兽药监督管理工作。

县级以上地方人民政府兽医行政管理部门负责本行政区域内的兽药监督管理工作。

第四条　国家实行兽用处方药和非处方药分类管理制度。兽用处方药和非处方药分类管理的办法和具体实施步骤，由国务院兽医行政管理部门规定。

第五条　国家实行兽药储备制度。

发生重大动物疫情、灾情或者其他突发事件时，国务院兽医行政管理部门可以紧急调用国家储备的兽药；必要时，也可以调用国家储备以外的兽药。

第二章　新兽药研制

第六条　国家鼓励研制新兽药，依法保护研制者的合法权益。

第七条　研制新兽药，应当具有与研制相适应的场所、仪器设备、专业技术人员、安全管理规范和措施。

研制新兽药，应当进行安全性评价。从事兽药安全性评价的单位应当遵守国务院兽医行政管理部门制定的兽药非临床研究质量管理规范和兽药临床试验质量管理规范。

省级以上人民政府兽医行政管理部门应当对兽药安全性评价单位是否符合兽药非临床研究质量管理规范和兽药临床试验质量管理规范的要求进行监督检查，并公布监督检查结果。

第八条 研制新兽药，应当在临床试验前向临床试验场所所在地省、自治区、直辖市人民政府兽医行政管理部门备案，并附具该新兽药实验室阶段安全性评价报告及其他临床前研究资料。

研制的新兽药属于生物制品的，应当在临床试验前向国务院兽医行政管理部门提出申请，国务院兽医行政管理部门应当自收到申请之日起60个工作日内将审查结果书面通知申请人。

研制新兽药需要使用一类病原微生物的，还应当具备国务院兽医行政管理部门规定的条件，并在实验室阶段前报国务院兽医行政管理部门批准。

第九条 临床试验完成后，新兽药研制者向国务院兽医行政管理部门提出新兽药注册申请时，应当提交该新兽药的样品和下列资料：

（一）名称、主要成分、理化性质；

（二）研制方法、生产工艺、质量标准和检测方法；

（三）药理和毒理试验结果、临床试验报告和稳定性试验报告；

（四）环境影响报告和污染防治措施。

研制的新兽药属于生物制品的，还应当提供菌（毒、虫）种、细胞等有关材料和资料。菌（毒、虫）种、细胞由国务院兽医行政管理部门指定的机构保藏。

研制用于食用动物的新兽药，还应当按照国务院兽医行政管理部门的规定进行兽药残留试验并提供休药期、最高残留限量标准、残留检测方法及其制定依据等资料。

国务院兽医行政管理部门应当自收到申请之日起10个工作日内，将决定受理的新兽药资料送其设立的兽药评审机构进行评审，将新兽药样品送其指定的检验机构复核检验，并自收到评审和复核检验结论之日起60个工作日内完成审查。审查合格的，发给新兽药注册证书，并发布该兽药的质量标准；不合格的，应当书面通知申请人。

第十条 国家对依法获得注册的、含有新化合物的兽药的申请人提交的其自己所取得且未披露的试验数据和其他数据实施保护。

自注册之日起6年内，对其他申请人未经已获得注册兽药的申请人同意，使用前款规定的数据申请兽药注册的，兽药注册机关不予注册；但是，其他申请人提交其自己所取得的数据的除外。

除下列情况外，兽药注册机关不得披露本条第一款规定的数据：

（一）公共利益需要；

（二）已采取措施确保该类信息不会被不正当地进行商业使用。

第三章 兽药生产

第十一条 从事兽药生产的企业，应当符合国家兽药行业发展规划和产业政策，并具备下列条件：

（一）与所生产的兽药相适应的兽医学、药学或者相关专业的技术人员；

（二）与所生产的兽药相适应的厂房、设施；

（三）与所生产的兽药相适应的兽药质量管理和质量检验的机构、人员、仪器设备；

（四）符合安全、卫生要求的生产环境；

（五）兽药生产质量管理规范规定的其他生产条件。

符合前款规定条件的，申请人方可向省、自治区、直辖市人民政府兽医行政管理部门提出申请，并附具符合前款规定条件的证明材料；省、自治区、直辖市人民政府兽医行政管理部门应当自收到申请之日起40个工作日内完成审查。经审查合格的，发给兽药生产许可证；不合格的，应当书面通知申请人。

第十二条 兽药生产许可证应当载明生产范围、生产地点、有效期和法定代表人姓名、住址等事项。

兽药生产许可证有效期为5年。有效期届满，需要继续生产兽药的，应当在许可证有效期届满前6个月到发证机关申请换发兽药生产许可证。

第十三条 兽药生产企业变更生产范围、生产地点的，应当依照本条例第十一条的规定申请换发兽药生产许可证；变更企业名称、法定代表人的，应当在办理工商变更登记手续后15个工作日内，到发证机关申请换发兽药生产许可证。

第十四条 兽药生产企业应当按照国务院兽医行政管理部门制定的兽药生产质量管理规范组织生产。

省级以上人民政府兽医行政管理部门，应当对兽药生产企业是否符合兽药生产质量管理规范的要求进行监督检查，并公布检查结果。

第十五条 兽药生产企业生产兽药，应当取得国务院兽医行政管理部门核发的产品批准文号，产品批准文号的有效期为5年。兽药产品批准文号的核发办法由国务院兽医行政管理部门制定。

第十六条 兽药生产企业应当按照兽药国家标准和国务院兽医行政管理部门批准的生产工艺进行生产。兽药生产企业改变影响兽药质量的生产工艺的，应当报原批准部门审核批准。

兽药生产企业应当建立生产记录，生产记录应当完整、准确。

第十七条 生产兽药所需的原料、辅料，应当符合国家标准或者所生产兽药的质量要求。

直接接触兽药的包装材料和容器应当符合药用要求。

第十八条　兽药出厂前应当经过质量检验，不符合质量标准的不得出厂。

兽药出厂应当附有产品质量合格证。

禁止生产假、劣兽药。

第十九条　兽药生产企业生产的每批兽用生物制品，在出厂前应当由国务院兽医行政管理部门指定的检验机构审查核对，并在必要时进行抽查检验；未经审查核对或者抽查检验不合格的，不得销售。

强制免疫所需兽用生物制品，由国务院兽医行政管理部门指定的企业生产。

第二十条　兽药包装应当按照规定印有或者贴有标签，附具说明书，并在显著位置注明“兽用”字样。

兽药的标签和说明书经国务院兽医行政管理部门批准并公布后，方可使用。

兽药的标签或者说明书，应当以中文注明兽药的通用名称、成分及其含量、规格、生产企业、产品批准文号（进口兽药注册证号）、产品批号、生产日期、有效期、适应症或者功能主治、用法、用量、休药期、禁忌、不良反应、注意事项、运输贮存保管条件及其他应当说明的内容。有商品名称的，还应当注明商品名称。

除前款规定的内容外，兽用处方药的标签或者说明书还应当印有国务院兽医行政管理部门规定的警示内容，其中兽用麻醉药品、精神药品、毒性药品和放射性药品还应当印有国务院兽医行政管理部门规定的特殊标志；兽用非处方药的标签或者说明书还应当印有国务院兽医行政管理部门规定的非处方药标志。

第二十一条　国务院兽医行政管理部门，根据保证动物产品质量安全和人体健康的需要，可以对新兽药设立不超过5年的监测期；在监测期内，不得批准其他企业生产或者进口该新兽药。生产企业应当在监测期内收集该新兽药的疗效、不良反应等资料，并及时报送国务院兽医行政管理部门。

第四章　兽药经营

第二十二条　经营兽药的企业，应当具备下列条件：

（一）与所经营的兽药相适应的兽药技术人员；

（二）与所经营的兽药相适应的营业场所、设备、仓库设施；

（三）与所经营的兽药相适应的质量管理机构或者人员；

（四）兽药经营质量管理规范规定的其他经营条件。

符合前款规定条件的，申请人方可向市、县人民政府兽医行政管理部门提出申请，并附具符合前款规定条件的证明材料；经营兽用生物制品的，应当向省、自治区、直辖市人民政府兽医行政管理部门提出申请，并附具符合前款规定条件的证明材料。

县级以上地方人民政府兽医行政管理部门，应当自收到申请之日起 30 个工作日内完成审查。审查合格的，发给兽药经营许可证；不合格的，应当书面通知申请人。

第二十三条 兽药经营许可证应当载明经营范围、经营地点、有效期和法定代表人姓名、住址等事项。

兽药经营许可证有效期为 5 年。有效期届满，需要继续经营兽药的，应当在许可证有效期届满前 6 个月到发证机关申请换发兽药经营许可证。

第二十四条 兽药经营企业变更经营范围、经营地点的，应当依照本条例第二十二条的规定申请换发兽药经营许可证；变更企业名称、法定代表人的，应当在办理工商变更登记手续后 15 个工作日内，到发证机关申请换发兽药经营许可证。

第二十五条 兽药经营企业，应当遵守国务院兽医行政管理部门制定的兽药经营质量管理规范。

县级以上地方人民政府兽医行政管理部门，应当对兽药经营企业是否符合兽药经营质量管理规范的要求进行监督检查，并公布检查结果。

第二十六条 兽药经营企业购进兽药，应当将兽药产品与产品标签或者说明书、产品质量合格证核对无误。

第二十七条 兽药经营企业，应当向购买者说明兽药的功能主治、用法、用量和注意事项。销售兽用处方药的，应当遵守兽用处方药管理办法。

兽药经营企业销售兽用中药材的，应当注明产地。

禁止兽药经营企业经营人用药品和假、劣兽药。

第二十八条 兽药经营企业购销兽药，应当建立购销记录。购销记录应当载明兽药的商品名称、通用名称、剂型、规格、批号、有效期、生产厂商、购销单位、购销数量、购销日期和国务院兽医行政管理部门规定的其他事项。

第二十九条 兽药经营企业，应当建立兽药保管制度，采取必要的冷藏、防冻、防潮、防虫、防鼠等措施，保持所经营兽药的质量。

兽药入库、出库，应当执行检查验收制度，并有准确记录。

第三十条 强制免疫所需兽用生物制品的经营，应当符合国务院兽医行政管理部门的规定。

第三十一条 兽药广告的内容应当与兽药说明书内容相一致，在全国重点媒体发布兽药广告的，应当经国务院兽医行政管理部门审查批准，取得兽药广告审查批准文号。在地方媒体发布兽药广告的，应当经省、自治区、直辖市人民政府兽医行政管理部门审查批准，取得兽药广告审查批准文号；未经批准的，不得发布。

第五章　兽药进出口

第三十二条　首次向中国出口的兽药，由出口方驻中国境内的办事机构或者其委托的中国境内代理机构向国务院兽医行政管理部门申请注册，并提交下列资料和物品：

（一）生产企业所在国家（地区）兽药管理部门批准生产、销售的证明文件；

（二）生产企业所在国家（地区）兽药管理部门颁发的符合兽药生产质量管理规范的证明文件；

（三）兽药的制造方法、生产工艺、质量标准、检测方法、药理和毒理试验结果、临床试验报告、稳定性试验报告及其他相关资料；用于食用动物的兽药的休药期、最高残留限量标准、残留检测方法及其制定依据等资料；

（四）兽药的标签和说明书样本；

（五）兽药的样品、对照品、标准品；

（六）环境影响报告和污染防治措施；

（七）涉及兽药安全性的其他资料。

申请向中国出口兽用生物制品的，还应当提供菌（毒、虫）种、细胞等有关材料和资料。

第三十三条　国务院兽医行政管理部门，应当自收到申请之日起10个工作日内组织初步审查。经初步审查合格的，应当将决定受理的兽药资料送其设立的兽药评审机构进行评审，将该兽药样品送其指定的检验机构复核检验，并自收到评审和复核检验结论之日起60个工作日内完成审查。经审查合格的，发给进口兽药注册证书，并发布该兽药的质量标准；不合格的，应当书面通知申请人。

在审查过程中，国务院兽医行政管理部门可以对向中国出口兽药的企业是否符合兽药生产质量管理规范的要求进行考查，并有权要求该企业在国务院兽医行政管理部门指定的机构进行该兽药的安全性和有效性试验。

国内急需兽药、少量科研用兽药或者注册兽药的样品、对照品、标准品的进口，按照国务院兽医行政管理部门的规定办理。

第三十四条　进口兽药注册证书的有效期为5年。有效期届满，需要继续向中国出口兽药的，应当在有效期届满前6个月到发证机关申请再注册。

第三十五条　境外企业不得在中国直接销售兽药。境外企业在中国销售兽药，应当依法在中国境内设立销售机构或者委托符合条件的中国境内代理机构。

进口在中国已取得进口兽药注册证书的兽药的，中国境内代理机构凭进口兽药注册证书到口岸所在地人民政府兽医行政管理部门办理进口兽药通关单。海关凭进口兽药通关单放行。兽药进口管理办法由国务院兽医行政管理部门会同海关总署制定。

兽用生物制品进口后，应当依照本条例第十九条的规定进行审查核对和抽查检验。其他兽药进口后，由当地兽医行政管理部门通知兽药检验机构进行抽查检验。

第三十六条 禁止进口下列兽药：

（一）药效不确定、不良反应大以及可能对养殖业、人体健康造成危害或者存在潜在风险的；

（二）来自疫区可能造成疫病在中国境内传播的兽用生物制品；

（三）经考查生产条件不符合规定的；

（四）国务院兽医行政管理部门禁止生产、经营和使用的。

第三十七条 向中国境外出口兽药，进口方要求提供兽药出口证明文件的，国务院兽医行政管理部门或者企业所在地的省、自治区、直辖市人民政府兽医行政管理部门可以出具出口兽药证明文件。

国内防疫急需的疫苗，国务院兽医行政管理部门可以限制或者禁止出口。

第六章 兽药使用

第三十八条 兽药使用单位，应当遵守国务院兽医行政管理部门制定的兽药安全使用规定，并建立用药记录。

第三十九条 禁止使用假、劣兽药以及国务院兽医行政管理部门规定禁止使用的药品和其他化合物。禁止使用的药品和其他化合物目录由国务院兽医行政管理部门制定公布。

第四十条 有休药期规定的兽药用于食用动物时，饲养者应当向购买者或者屠宰者提供准确、真实的用药记录；购买者或者屠宰者应当确保动物及其产品在用药期、休药期内不被用于食品消费。

第四十一条 国务院兽医行政管理部门，负责制定公布在饲料中允许添加的药物饲料添加剂品种目录。

禁止在饲料和动物饮用水中添加激素类药品和国务院兽医行政管理部门规定的其他禁用药品。

经批准可以在饲料中添加的兽药，应当由兽药生产企业制成药物饲料添加剂后方可添加。禁止将原料药直接添加到饲料及动物饮用水中或者直接饲喂动物。

禁止将人用药品用于动物。

第四十二条 国务院兽医行政管理部门，应当制定并组织实施国家动物及动物产品兽药残留监控计划。

县级以上人民政府兽医行政管理部门，负责组织对动物产品中兽药残留量的检测。兽药残留检测结果，由国务院兽医行政管理部门或者省、自治区、直辖市人民政府兽医行政管理部门按照权限予以公布。

动物产品的生产者、销售者对检测结果有异议的，可以自收到检测结果之日起 7 个工作日内向组织实施兽药残留检测的兽医行政管理部门或者其上级兽医行政管理部门提出申请，由受理申请的兽医行政管理部门指定检验机构进行复检。

兽药残留限量标准和残留检测方法，由国务院兽医行政管理部门制定发布。

第四十三条　禁止销售含有违禁药物或者兽药残留量超过标准的食用动物产品。

第七章　兽药监督管理

第四十四条　县级以上人民政府兽医行政管理部门行使兽药监督管理权。

兽药检验工作由国务院兽医行政管理部门和省、自治区、直辖市人民政府兽医行政管理部门设立的兽药检验机构承担。国务院兽医行政管理部门，可以根据需要认定其他检验机构承担兽药检验工作。

当事人对兽药检验结果有异议的，可以自收到检验结果之日起 7 个工作日内向实施检验的机构或者上级兽医行政管理部门设立的检验机构申请复检。

第四十五条　兽药应当符合兽药国家标准。

国家兽药典委员会拟定的、国务院兽医行政管理部门发布的《中华人民共和国兽药典》和国务院兽医行政管理部门发布的其他兽药质量标准为兽药国家标准。

兽药国家标准的标准品和对照品的标定工作由国务院兽医行政管理部门设立的兽药检验机构负责。

第四十六条　兽医行政管理部门依法进行监督检查时，对有证据证明可能是假、劣兽药的，应当采取查封、扣押的行政强制措施，并自采取行政强制措施之日起 7 个工作日内作出是否立案的决定；需要检验的，应当自检验报告书发出之日起 15 个工作日内作出是否立案的决定；不符合立案条件的，应当解除行政强制措施；需要暂停生产的，由国务院兽医行政管理部门或者省、自治区、直辖市人民政府兽医行政管理部门按照权限作出决定；需要暂停经营、使用的，由县级以上人民政府兽医行政管理部门按照权限作出决定。

未经行政强制措施决定机关或者其上级机关批准，不得擅自转移、使用、销毁、销售被查封或者扣押的兽药及有关材料。

第四十七条　有下列情形之一的，为假兽药：

（一）以非兽药冒充兽药或者以他种兽药冒充此种兽药的；

（二）兽药所含成分的种类、名称与兽药国家标准不符合的。

有下列情形之一的，按照假兽药处理：

（一）国务院兽医行政管理部门规定禁止使用的；

（二）依照本条例规定应当经审查批准而未经审查批准即生产、进口的，或者依照本条例规定应当经抽查检验、审查核对而未经抽查检验、审查核对即销售、进口的；

（三）变质的；

（四）被污染的；

（五）所标明的适应症或者功能主治超出规定范围的。

第四十八条 有下列情形之一的，为劣兽药：

（一）成分含量不符合兽药国家标准或者不标明有效成分的；

（二）不标明或者更改有效期或者超过有效期的；

（三）不标明或者更改产品批号的；

（四）其他不符合兽药国家标准，但不属于假兽药的。

第四十九条 禁止将兽用原料药拆零销售或者销售给兽药生产企业以外的单位和个人。

禁止未经兽医开具处方销售、购买、使用国务院兽医行政管理部门规定实行处方药管理的兽药。

第五十条 国家实行兽药不良反应报告制度。

兽药生产企业、经营企业、兽药使用单位和开具处方的兽医人员发现可能与兽药使用有关的严重不良反应，应当立即向所在地人民政府兽医行政管理部门报告。

第五十一条 兽药生产企业、经营企业停止生产、经营超过 6 个月或者关闭的，由发证机关责令其交回兽药生产许可证、兽药经营许可证。

第五十二条 禁止买卖、出租、出借兽药生产许可证、兽药经营许可证和兽药批准证明文件。

第五十三条 兽药评审检验的收费项目和标准，由国务院财政部门会同国务院价格主管部门制定，并予以公告。

第五十四条 各级兽医行政管理部门、兽药检验机构及其工作人员，不得参与兽药生产、经营活动，不得以其名义推荐或者监制、监销兽药。

第八章 法律责任

第五十五条 兽医行政管理部门及其工作人员利用职务上的便利收取他人财物或者谋取其他利益，对不符合法定条件的单位和个人核发许可证、签署审查同意意见，不履行监督职责，或者发现违法行为不予查处，造成严重后果，构成犯罪的，依法追究刑事责任；尚不构成犯罪的，依法给予行政处分。

第五十六条　违反本条例规定，无兽药生产许可证、兽药经营许可证生产、经营兽药的，或者虽有兽药生产许可证、兽药经营许可证，生产、经营假、劣兽药的，或者兽药经营企业经营人用药品的，责令其停止生产、经营，没收用于违法生产的原料、辅料、包装材料及生产、经营的兽药和违法所得，并处违法生产、经营的兽药（包括已出售的和未出售的兽药，下同）货值金额2倍以上5倍以下罚款，货值金额无法查证核实的，处10万元以上20万元以下罚款；无兽药生产许可证生产兽药，情节严重的，没收其生产设备；生产、经营假、劣兽药，情节严重的，吊销兽药生产许可证、兽药经营许可证；构成犯罪的，依法追究刑事责任；给他人造成损失的，依法承担赔偿责任。生产、经营企业的主要负责人和直接负责的主管人员终身不得从事兽药的生产、经营活动。

擅自生产强制免疫所需兽用生物制品的，按照无兽药生产许可证生产兽药处罚。

第五十七条　违反本条例规定，提供虚假的资料、样品或者采取其他欺骗手段取得兽药生产许可证、兽药经营许可证或者兽药批准证明文件的，吊销兽药生产许可证、兽药经营许可证或者撤销兽药批准证明文件，并处5万元以上10万元以下罚款；给他人造成损失的，依法承担赔偿责任。其主要负责人和直接负责的主管人员终身不得从事兽药的生产、经营和进出口活动。

第五十八条　买卖、出租、出借兽药生产许可证、兽药经营许可证和兽药批准证明文件的，没收违法所得，并处1万元以上10万元以下罚款；情节严重的，吊销兽药生产许可证、兽药经营许可证或者撤销兽药批准证明文件；构成犯罪的，依法追究刑事责任；给他人造成损失的，依法承担赔偿责任。

第五十九条　违反本条例规定，兽药安全性评价单位、临床试验单位、生产和经营企业未按照规定实施兽药研究试验、生产、经营质量管理规范的，给予警告，责令其限期改正；逾期不改正的，责令停止兽药研究试验、生产、经营活动，并处5万元以下罚款；情节严重的，吊销兽药生产许可证、兽药经营许可证；给他人造成损失的，依法承担赔偿责任。

违反本条例规定，研制新兽药不具备规定的条件擅自使用一类病原微生物或者在实验室阶段前未经批准的，责令其停止实验，并处5万元以上10万元以下罚款；构成犯罪的，依法追究刑事责任；给他人造成损失的，依法承担赔偿责任。

违反本条例规定，开展新兽药临床试验应当备案而未备案的，责令其立即改正，给予警告，并处5万元以上10万元以下罚款；给他人造成损失的，依法承担赔偿责任。

第六十条　违反本条例规定，兽药的标签和说明书未经批准的，责令其限期改正；逾期不改正的，按照生产、经营假兽药处罚；有兽药产品批准文号的，撤销兽药产品批准文号；给他人造成损失的，依法承担赔偿责任。

兽药包装上未附有标签和说明书，或者标签和说明书与批准的内容不一致的，责令其限期改正；情节严重的，依照前款规定处罚。

第六十一条 违反本条例规定，境外企业在中国直接销售兽药的，责令其限期改正，没收直接销售的兽药和违法所得，并处5万元以上10万元以下罚款；情节严重的，吊销进口兽药注册证书；给他人造成损失的，依法承担赔偿责任。

第六十二条 违反本条例规定，未按照国家有关兽药安全使用规定使用兽药的、未建立用药记录或者记录不完整真实的，或者使用禁止使用的药品和其他化合物的，或者将人用药品用于动物的，责令其立即改正，并对饲喂了违禁药物及其他化合物的动物及其产品进行无害化处理；对违法单位处1万元以上5万元以下罚款；给他人造成损失的，依法承担赔偿责任。

第六十三条 违反本条例规定，销售尚在用药期、休药期内的动物及其产品用于食品消费的，或者销售含有违禁药物和兽药残留超标的动物产品用于食品消费的，责令其对含有违禁药物和兽药残留超标的动物产品进行无害化处理，没收违法所得，并处3万元以上10万元以下罚款；构成犯罪的，依法追究刑事责任；给他人造成损失的，依法承担赔偿责任。

第六十四条 违反本条例规定，擅自转移、使用、销毁、销售被查封或者扣押的兽药及有关材料的，责令其停止违法行为，给予警告，并处5万元以上10万元以下罚款。

第六十五条 违反本条例规定，兽药生产企业、经营企业、兽药使用单位和开具处方的兽医人员发现可能与兽药使用有关的严重不良反应，不向所在地人民政府兽医行政管理部门报告的，给予警告，并处5000元以上1万元以下罚款。

生产企业在新兽药监测期内不收集或者不及时报送该新兽药的疗效、不良反应等资料的，责令其限期改正，并处1万元以上5万元以下罚款；情节严重的，撤销该新兽药的产品批准文号。

第六十六条 违反本条例规定，未经兽医开具处方销售、购买、使用兽用处方药的，责令其限期改正，没收违法所得，并处5万元以下罚款；给他人造成损失的，依法承担赔偿责任。

第六十七条 违反本条例规定，兽药生产、经营企业把原料药销售给兽药生产企业以外的单位和个人的，或者兽药经营企业拆零销售原料药的，责令其立即改正，给予警告，没收违法所得，并处2万元以上5万元以下罚款；情节严重的，吊销兽药生产许可证、兽药经营许可证；给他人造成损失的，依法承担赔偿责任。

第六十八条 违反本条例规定，在饲料和动物饮用水中添加激素类药品和国务院兽医行政管理部门规定的其他禁用药品，依照《饲料和饲料添加剂管理条例》的有关规定处罚；直接将原料药添加到饲料及动物饮用水中，或者饲喂动物的，责令其立即改正，并处1万元以上3万元以下罚款；给他人造成损失的，依法承担赔偿责任。

第六十九条　有下列情形之一的，撤销兽药的产品批准文号或者吊销进口兽药注册证书：

（一）抽查检验连续2次不合格的；

（二）药效不确定、不良反应大以及可能对养殖业、人体健康造成危害或者存在潜在风险的；

（三）国务院兽医行政管理部门禁止生产、经营和使用的兽药。

被撤销产品批准文号或者被吊销进口兽药注册证书的兽药，不得继续生产、进口、经营和使用。已经生产、进口的，由所在地兽医行政管理部门监督销毁，所需费用由违法行为人承担；给他人造成损失的，依法承担赔偿责任。

第七十条　本条例规定的行政处罚由县级以上人民政府兽医行政管理部门决定；其中吊销兽药生产许可证、兽药经营许可证，撤销兽药批准证明文件或者责令停止兽药研究试验的，由发证、批准、备案部门决定。

上级兽医行政管理部门对下级兽医行政管理部门违反本条例的行政行为，应当责令限期改正；逾期不改正的，有权予以改变或者撤销。

第七十一条　本条例规定的货值金额以违法生产、经营兽药的标价计算；没有标价的，按照同类兽药的市场价格计算。

第九章　附　　则

第七十二条　本条例下列用语的含义是：

（一）兽药，是指用于预防、治疗、诊断动物疾病或者有目的地调节动物生理机能的物质（含药物饲料添加剂），主要包括：血清制品、疫苗、诊断制品、微生态制品、中药材、中成药、化学药品、抗生素、生化药品、放射性药品及外用杀虫剂、消毒剂等。

（二）兽用处方药，是指凭兽医处方方可购买和使用的兽药。

（三）兽用非处方药，是指由国务院兽医行政管理部门公布的、不需要凭兽医处方就可以自行购买并按照说明书使用的兽药。

（四）兽药生产企业，是指专门生产兽药的企业和兼产兽药的企业，包括从事兽药分装的企业。

（五）兽药经营企业，是指经营兽药的专营企业或者兼营企业。

（六）新兽药，是指未曾在中国境内上市销售的兽用药品。

（七）兽药批准证明文件，是指兽药产品批准文号、进口兽药注册证书、出口兽药证明文件、新兽药注册证书等文件。

第七十三条 兽用麻醉药品、精神药品、毒性药品和放射性药品等特殊药品，依照国家有关规定管理。

第七十四条 水产养殖中的兽药使用、兽药残留检测和监督管理以及水产养殖过程中违法用药的行政处罚，由县级以上人民政府渔业主管部门及其所属的渔政监督管理机构负责。

第七十五条 本条例自2004年11月1日起施行。

兽药生产质量管理规范（2020年修订）

（农业农村部令2020年第3号）

《兽药生产质量管理规范（2020年修订）》已经农业农村部2020年4月2日第6次常务会议审议通过，现予公布，自2020年6月1日起施行。

部长韩长赋

2020年4月21日

第一章　总　　则

第一条　为加强兽药生产质量管理，根据《兽药管理条例》，制定兽药生产质量管理规范（兽药GMP）。

第二条　本规范是兽药生产管理和质量控制的基本要求，旨在确保持续稳定地生产出符合注册要求的兽药。

第三条　企业应当严格执行本规范，坚持诚实守信，禁止任何虚假、欺骗行为。

第二章　质量管理

第一节　原　　则

第四条　企业应当建立符合兽药质量管理要求的质量目标，将兽药有关安全、有效和质量可控的所有要求，系统地贯彻到兽药生产、控制及产品放行、贮存、销售的全过程中，确保所生产的兽药符合注册要求。

第五条　企业高层管理人员应当确保实现既定的质量目标，不同层次的人员应当共同参与并承担各自的责任。

第六条　企业配备的人员、厂房、设施和设备等条件，应当满足质量目标的需要。

第二节　质量保证

第七条　企业应当建立质量保证系统，同时建立完整的文件体系，以保证系统有效运行。

企业应当对高风险产品的关键生产环节建立信息化管理系统，进行在线记录和监控。

第八条　质量保证系统应当确保：

（一）兽药的设计与研发体现本规范的要求；

（二）生产管理和质量控制活动符合本规范的要求；

（三）管理职责明确；

（四）采购和使用的原辅料和包装材料符合要求；

（五）中间产品得到有效控制；

（六）确认、验证的实施；

（七）严格按照规程进行生产、检查、检验和复核；

（八）每批产品经质量管理负责人批准后方可放行；

（九）在贮存、销售和随后的各种操作过程中有保证兽药质量的适当措施；

（十）按照自检规程，定期检查评估质量保证系统的有效性和适用性。

第九条　兽药生产质量管理的基本要求：

（一）制定生产工艺，系统地回顾并证明其可持续稳定地生产出符合要求的产品。

（二）生产工艺及影响产品质量的工艺变更均须经过验证。

（三）配备所需的资源，至少包括：

1. 具有相应能力并经培训合格的人员；

2. 足够的厂房和空间；

3. 适用的设施、设备和维修保障；

4. 正确的原辅料、包装材料和标签；

5. 经批准的工艺规程和操作规程；

6. 适当的贮运条件。

（四）应当使用准确、易懂的语言制定操作规程。

（五）操作人员经过培训，能够按照操作规程正确操作。

（六）生产全过程应当有记录，偏差均经过调查并记录。

（七）批记录、销售记录和电子追溯码信息应当能够追溯批产品的完整历史，并妥善保存、便于查阅。

（八）采取适当的措施，降低兽药销售过程中的质量风险。

（九）建立兽药召回系统，确保能够召回已销售的产品。

（十）调查导致兽药投诉和质量缺陷的原因，并采取措施，防止类似投诉和质量缺陷再次发生。

第三节　质量控制

第十条　质量控制包括相应的组织机构、文件系统以及取样、检验等，确保物料或产品在放行前完成必要的检验，确认其质量符合要求。

第十一条　质量控制的基本要求：

（一）应当配备适当的设施、设备、仪器和经过培训的人员，有效、可靠地完成所有质量控制的相关活动；

（二）应当有批准的操作规程，用于原辅料、包装材料、中间产品和成品的取样、检查、检验以及产品的稳定性考察，必要时进行环境监测，以确保符合本规范的要求；

（三）由经授权的人员按照规定的方法对原辅料、包装材料、中间产品和成品取样；

（四）检验方法应当经过验证或确认；

（五）应当按照质量标准对物料、中间产品和成品进行检查和检验；

（六）取样、检查、检验应当有记录，偏差应当经过调查并记录；

（七）物料和成品应当有足够的留样，以备必要的检查或检验；除最终包装容器过大的成品外，成品的留样包装应当与最终包装相同。最终包装容器过大的成品应使用材质和结构一样的市售模拟包装。

第四节　质量风险管理

第十二条　质量风险管理是在整个产品生命周期中采用前瞻或回顾的方式，对质量风险进行识别、评估、控制、沟通、审核的系统过程。

第十三条　应当根据科学知识及经验对质量风险进行评估，以保证产品质量。

第十四条　质量风险管理过程所采用的方法、措施、形式及形成的文件应当与存在风险的级别相适应。

第三章　机构与人员

第一节　原　　则

第十五条　企业应当建立与兽药生产相适应的管理机构，并有组织机构图。

企业应当设立独立的质量管理部门，履行质量保证和质量控制的职责。质量管理部门可以分别设立质量保证部门和质量控制部门。

第十六条　质量管理部门应当参与所有与质量有关的活动，负责审核所有与本规范有关的文件。质量管理部门人员不得将职责委托给其他部门的人员。

第十七条　企业应当配备足够数量并具有相应能力（含学历、培训和实践经验）的管理和操作人员，应当明确规定每个部门和每个岗位的职责。岗位职责不得遗漏，交叉的职责应当有明确规定。每个人承担的职责不得过多。

所有人员应当明确并理解自己的职责，熟悉与其职责相关的要求，并接受必要的培训，包括上岗前培训和继续培训。

第十八条　职责通常不得委托给他人。确需委托的，其职责应委托给具有相当资质的指定人员。

第二节　关键人员

第十九条　关键人员应当为企业的全职人员，至少包括企业负责人、生产管理负责人和质量管理负责人。

质量管理负责人和生产管理负责人不得互相兼任。企业应当制定操作规程确保质量管理负责人独立履行职责，不受企业负责人和其他人员的干扰。

第二十条　企业负责人是兽药质量的主要责任人，全面负责企业日常管理。为确保企业实现质量目标并按照本规范要求生产兽药，企业负责人负责提供并合理计划、组织和协调必要的资源，保证质量管理部门独立履行其职责。

第二十一条　生产管理负责人

（一）资质：

生产管理负责人应当至少具有药学、兽医学、生物学、化学等相关专业本科学历（中级专业技术职称），具有至少三年从事兽药（药品）生产或质量管理的实践经验，其中至少有一年的兽药（药品）生产管理经验，接受过与所生产产品相关的专业知识培训。

（二）主要职责：

1. 确保兽药按照批准的工艺规程生产、贮存，以保证兽药质量；

2. 确保严格执行与生产操作相关的各种操作规程；

3. 确保批生产记录和批包装记录已经指定人员审核并送交质量管理部门；

4. 确保厂房和设备的维护保养，以保持其良好的运行状态；

5. 确保完成各种必要的验证工作；

6. 确保生产相关人员经过必要的上岗前培训和继续培训，并根据实际需要调整培训内容。

第二十二条　质量管理负责人

（一）资质：

质量管理负责人应当至少具有药学、兽医学、生物学、化学等相关专业本科学历（中级专业技术职称），具有至少五年从事兽药（药品）生产或质量管理的实践经验，其中至少一年的兽药（药品）质量管理经验，接受过与所生产产品相关的专业知识培训。

（二）主要职责：

1. 确保原辅料、包装材料、中间产品和成品符合工艺规程的要求和质量标准；

2. 确保在产品放行前完成对批记录的审核；

3. 确保完成所有必要的检验；

4. 批准质量标准、取样方法、检验方法和其他质量管理的操作规程；

5. 审核和批准所有与质量有关的变更；

6. 确保所有重大偏差和检验结果超标已经过调查并得到及时处理；

7. 监督厂房和设备的维护，以保持其良好的运行状态；

8. 确保完成各种必要的确认或验证工作，审核和批准确认或验证方案和报告；

9. 确保完成自检；

10. 评估和批准物料供应商；

11. 确保所有与产品质量有关的投诉已经过调查，并得到及时、正确的处理；

12. 确保完成产品的持续稳定性考察计划，提供稳定性考察的数据；

13. 确保完成产品质量回顾分析；

14. 确保质量控制和质量保证人员都已经过必要的上岗前培训和继续培训，并根据实际需要调整培训内容。

第三节　培　　训

第二十三条　企业应当指定部门或专人负责培训管理工作，应当有批准的培训方案或计划，培训记录应当予以保存。

第二十四条　与兽药生产、质量有关的所有人员都应当经过培训，培训的内容应当与岗位的要求相适应。除进行本规范理论和实践的培训外，还应当有相关法规、相应岗位的职责、技能的培训，并定期评估培训实际效果。应对检验人员进行检验能力考核，合格后上岗。

第二十五条　高风险操作区（如高活性、高毒性、传染性、高致敏性物料的生产区）的工作人员应当接受专门的专业知识和安全防护要求的培训。

第四节　人员卫生

第二十六条　企业应当建立人员卫生操作规程，最大限度地降低人员对兽药生产造成污染的风险。

第二十七条　人员卫生操作规程应当包括与健康、卫生习惯及人员着装相关的内容。企业应当采取措施确保人员卫生操作规程的执行。

第二十八条 企业应当对人员健康进行管理，并建立健康档案。直接接触兽药的生产人员上岗前应当接受健康检查，以后每年至少进行一次健康检查。

第二十九条 企业应当采取适当措施，避免体表有伤口、患有传染病或其他疾病可能污染兽药的人员从事直接接触兽药的生产活动。

第三十条 参观人员和未经培训的人员不得进入生产区和质量控制区，特殊情况确需进入的，应当经过批准，并对进入人员的个人卫生、更衣等事项进行指导。

第三十一条 任何进入生产区的人员均应当按照规定更衣。工作服的选材、式样及穿戴方式应当与所从事的工作和空气洁净度级别要求相适应。

第三十二条 进入洁净生产区的人员不得化妆和佩戴饰物。

第三十三条 生产区、检验区、仓储区应当禁止吸烟和饮食，禁止存放食品、饮料、香烟和个人用品等非生产用物品。

第三十四条 操作人员应当避免裸手直接接触兽药以及与兽药直接接触的容器具、包装材料和设备表面。

第四章 厂房与设施

第一节 原 则

第三十五条 厂房的选址、设计、布局、建造、改造和维护必须符合兽药生产要求，应当能够最大限度地避免污染、交叉污染、混淆和差错，便于清洁、操作和维护。

第三十六条 应当根据厂房及生产防护措施综合考虑选址，厂房所处的环境应当能够最大限度地降低物料或产品遭受污染的风险。

第三十七条 企业应当有整洁的生产环境；厂区的地面、路面等设施及厂内运输等活动不得对兽药的生产造成污染；生产、行政、生活和辅助区的总体布局应当合理，不得互相妨碍；厂区和厂房内的人、物流走向应当合理。

第三十八条 应当对厂房进行适当维护，并确保维修活动不影响兽药的质量。应当按照详细的书面操作规程对厂房进行清洁或必要的消毒。

第三十九条 厂房应当有适当的照明、温度、湿度和通风，确保生产和贮存的产品质量以及相关设备性能不会直接或间接地受到影响。

第四十条 厂房、设施的设计和安装应当能够有效防止昆虫或其他动物进入。应当采取必要的措施，避免所使用的灭鼠药、杀虫剂、烟熏剂等对设备、物料、产品造成污染。

第四十一条 应当采取适当措施，防止未经批准人员的进入。生产、贮存和质量控制区不得作为非本区工作人员的直接通道。

第四十二条　应当保存厂房、公用设施、固定管道建造或改造后的竣工图纸。

第二节　生 产 区

第四十三条　为降低污染和交叉污染的风险，厂房、生产设施和设备应当根据所生产兽药的特性、工艺流程及相应洁净度级别要求合理设计、布局和使用，并符合下列要求：

（一）应当根据兽药的特性、工艺等因素，确定厂房、生产设施和设备供多产品共用的可行性，并有相应的评估报告。

（二）生产青霉素类等高致敏性兽药应使用相对独立的厂房、生产设施及专用的空气净化系统，分装室应保持相对负压，排至室外的废气应经净化处理并符合要求，排风口应远离其他空气净化系统的进风口。如需利用停产的该类车间分装其他产品时，则必须进行清洁处理，不得有残留并经测试合格后才能生产其他产品。

（三）生产高生物活性兽药（如性激素类等）应使用专用的车间、生产设施及空气净化系统，并与其他兽药生产区严格分开。

（四）生产吸入麻醉剂类兽药应使用专用的车间、生产设施及空气净化系统；配液和分装工序应保持相对负压，其空调排风系统采用全排风，不得利用回风方式。

（五）兽用生物制品应按微生物类别、性质的不同分开生产。强毒菌种与弱毒菌种、病毒与细菌、活疫苗与灭活疫苗、灭活前与灭活后、脱毒前与脱毒后其生产操作区域和储存设备等应严格分开。

生产兽用生物制品涉及高致病性病原微生物、有感染人风险的人兽共患病病原微生物以及芽孢类微生物的，应在生物安全风险评估基础上，至少采取专用区域、专用设备和专用空调排风系统等措施，确保生物安全。有生物安全三级防护要求的兽用生物制品的生产，还应符合相关规定。

（六）用于上述第（二）、（三）、（四）、（五）项的空调排风系统，其排风应当经过无害化处理。

（七）生产厂房不得用于生产非兽药产品。

（八）对易燃易爆、腐蚀性强的消毒剂（如固体含氯制剂等）生产车间和仓库应设置独立的建筑物。

第四十四条　生产区和贮存区应当有足够的空间，确保有序地存放设备、物料、中间产品和成品，避免不同产品或物料的混淆、交叉污染，避免生产或质量控制操作发生遗漏或差错。

第四十五条　应当根据兽药品种、生产操作要求及外部环境状况等配置空气净化系统，使生产区有效通风，并有温度、湿度控制和空气净化过滤，保证兽药的生产环境符合要求。

洁净区与非洁净区之间、不同级别洁净区之间的压差应当不低于10帕斯卡。必要时，相同洁净度级别的不同功能区域（操作间）之间也应当保持适当的压差梯度，并应有指示压差的装置和（或）设置监控系统。

兽药生产洁净室（区）分为A级、B级、C级和D级4个级别。生产不同类别兽药的洁净室（区）设计应当符合相应的洁净度要求，包括达到“静态”和“动态”的标准。

第四十六条 洁净区的内表面（墙壁、地面、天棚）应当平整光滑、无裂缝、接口严密、无颗粒物脱落，避免积尘，便于有效清洁，必要时应当进行消毒。

第四十七条 各种管道、工艺用水的水处理及其配套设施、照明设施、风口和其他公用设施的设计和安装应当避免出现不易清洁的部位，应当尽可能在生产区外部对其进行维护。

与无菌兽药直接接触的干燥用空气、压缩空气和惰性气体应经净化处理，其洁净程度、管道材质等应与对应的洁净区的要求相一致。

第四十八条 排水设施应当大小适宜，并安装防止倒灌的装置。含高致病性病原微生物以及有感染人风险的人兽共患病病原微生物的活毒废水，应有有效的无害化处理设施。

第四十九条 制剂的原辅料称量通常应当在专门设计的称量室内进行。

第五十条 产尘操作间（如干燥物料或产品的取样、称量、混合、包装等操作间）应当保持相对负压或采取专门的措施，防止粉尘扩散、避免交叉污染并便于清洁。

第五十一条 用于兽药包装的厂房或区域应当合理设计和布局，以避免混淆或交叉污染。如同一区域内有数条包装线，应当有隔离措施。

第五十二条 生产区应根据功能要求提供足够的照明，目视操作区域的照明应当满足操作要求。

第五十三条 生产区内可设中间产品检验区域，但中间产品检验操作不得给兽药带来质量风险。

第三节 仓储区

第五十四条 仓储区应当有足够的空间，确保有序存放待验、合格、不合格、退货或召回的原辅料、包装材料、中间产品和成品等各类物料和产品。

第五十五条 仓储区的设计和建造应当确保良好的仓储条件，并有通风和照明设施。仓储区应当能够满足物料或产品的贮存条件（如温湿度、避光）和安全贮存的要求，并进行检查和监控。

第五十六条 如采用单独的隔离区域贮存待验物料或产品，待验区应当有醒目的标识，且仅限经批准的人员出入。

不合格、退货或召回的物料或产品应当隔离存放。

如果采用其他方法替代物理隔离，则该方法应当具有同等的安全性。

第五十七条　易燃、易爆和其他危险品的生产和贮存的厂房设施应符合国家有关规定。兽用麻醉药品、精神药品、毒性药品的贮存设施应符合有关规定。

第五十八条　高活性的物料或产品以及印刷包装材料应当贮存于安全的区域。

第五十九条　接收、发放和销售区域及转运过程应当能够保护物料、产品免受外界天气（如雨、雪）的影响。接收区的布局和设施，应当能够确保物料在进入仓储区前可对外包装进行必要的清洁。

第六十条　贮存区域应当设置托盘等设施，避免物料、成品受潮。

第六十一条　应当有单独的物料取样区，取样区的空气洁净度级别应当与生产要求相一致。如在其他区域或采用其他方式取样，应当能够防止污染或交叉污染。

第四节　质量控制区

第六十二条　质量控制实验室通常应当与生产区分开。根据生产品种，应有相应符合无菌检查、微生物限度检查和抗生素微生物检定等要求的实验室。生物检定和微生物实验室还应当彼此分开。

第六十三条　实验室的设计应当确保其适用于预定的用途，并能够避免混淆和交叉污染，应当有足够的区域用于样品处置、留样和稳定性考察样品的存放以及记录的保存。

第六十四条　有特殊要求的仪器应当设置专门的仪器室，使灵敏度高的仪器免受静电、震动、潮湿或其他外界因素的干扰。

第六十五条　处理生物样品等特殊物品的实验室应当符合国家的有关要求。

第六十六条　实验动物房应当与其他区域严格分开，其设计、建造应当符合国家有关规定，并设有专用的空气处理设施以及动物的专用通道。如需采用动物生产兽用生物制品，生产用动物房必须单独设置，并设有专用的空气处理设施以及动物的专用通道。

生产兽用生物制品的企业应设置检验用动物实验室。同一集团控股的不同生物制品生产企业，可由每个生产企业分别设置检验用动物实验室或委托集团内具备相应检验条件和能力的生产企业进行有关动物实验。有生物安全三级防护要求的兽用生物制品检验用实验室和动物实验室，还应符合相关规定。

生产兽用生物制品外其他需使用动物进行检验的兽药产品，兽药生产企业可采取自行设置检验用动物实验室或委托其他单位进行有关动物实验。接受委托检验的单位，其检验用动物实验室必须具备相应的检验条件，并应符合相关规定要求。采取委托检验的，委托方对检验结果负责。

第五节 辅助区

第六十七条 休息室的设置不得对生产区、仓储区和质量控制区造成不良影响。

第六十八条 更衣室和盥洗室应当方便人员进出，并与使用人数相适应。盥洗室不得与生产区和仓储区直接相通。

第六十九条 维修间应当尽可能远离生产区。存放在洁净区内的维修用备件和工具，应当放置在专门的房间或工具柜中。

第五章 设 备

第一节 原 则

第七十条 设备的设计、选型、安装、改造和维护必须符合预定用途，应当尽可能降低产生污染、交叉污染、混淆和差错的风险，便于操作、清洁、维护以及必要时进行的消毒或灭菌。

第七十一条 应当建立设备使用、清洁、维护和维修的操作规程，以保证设备的性能，应按规程使用设备并记录。

第七十二条 主要生产和检验设备、仪器、衡器均应建立设备档案，内容包括：生产厂家、型号、规格、技术参数、说明书、设备图纸、备件清单、安装位置及竣工图，以及检修和维修保养内容及记录、验证记录、事故记录等。

第二节 设计和安装

第七十三条 生产设备应当避免对兽药质量产生不利影响。与兽药直接接触的生产设备表面应当平整、光洁、易清洗或消毒、耐腐蚀，不得与兽药发生化学反应、吸附兽药或向兽药中释放物质而影响产品质量。

第七十四条 生产、检验设备的性能、参数应能满足设计要求和实际生产需求，并应当配备有适当量程和精度的衡器、量具、仪器和仪表。相关设备还应符合实施兽药产品电子追溯管理的要求。

第七十五条 应当选择适当的清洗、清洁设备，并防止这类设备成为污染源。

第七十六条 设备所用的润滑剂、冷却剂等不得对兽药或容器造成污染，与兽药可能接触的部位应当使用食用级或级别相当的润滑剂。

第七十七条 生产用模具的采购、验收、保管、维护、发放及报废应当制定相应操作规程，设专人专柜保管，并有相应记录。

第三节 使用、维护和维修

第七十八条 主要生产和检验设备都应当有明确的操作规程。

第七十九条 生产设备应当在确认的参数范围内使用。

第八十条 生产设备应当有明显的状态标识，标明设备编号、名称、运行状态等。运行的设备应当标明内容物的信息，如名称、规格、批号等，没有内容物的生产设备应当标明清洁状态。

第八十一条 与设备连接的主要固定管道应当标明内容物名称和流向。

第八十二条 应当制定设备的预防性维护计划，设备的维护和维修应当有相应的记录。

第八十三条 设备的维护和维修应保持设备的性能，并不得影响产品质量。

第八十四条 经改造或重大维修的设备应当进行再确认，符合要求后方可继续使用。

第八十五条 不合格的设备应当搬出生产和质量控制区，如未搬出，应当有醒目的状态标识。

第八十六条 用于兽药生产或检验的设备和仪器，应当有使用和维修、维护记录，使用记录内容包括使用情况、日期、时间、所生产及检验的兽药名称、规格和批号等。

第四节 清洁和卫生

第八十七条 兽药生产设备应保持良好的清洁卫生状态，不得对兽药的生产造成污染和交叉污染。

第八十八条 生产、检验设备及器具均应制定清洁操作规程，并按照规程进行清洁和记录。

第八十九条 已清洁的生产设备应当在清洁、干燥的条件下存放。

第五节 检定或校准

第九十条 应当根据国家标准及仪器使用特点对生产和检验用衡器、量具、仪表、记录和控制设备以及仪器制定检定（校准）计划，检定（校准）的范围应当涵盖实际使用范围。应按计划进行检定或校准，并保存相关证书、报告或记录。

第九十一条 应当确保生产和检验使用的衡器、量具、仪器仪表经过校准，控制设备得到确认，确保得到的数据准确、可靠。

第九十二条 仪器的检定和校准应当符合国家有关规定，应保证校验数据的有效性。

自校仪器、量具应制定自校规程，并具备自校设施条件，校验人员具有相应资质，并做好校验记录。

第九十三条 衡器、量具、仪表、用于记录和控制的设备以及仪器应当有明显的标识，标明其检定或校准有效期。

第九十四条 在生产、包装、仓储过程中使用自动或电子设备的，应当按照操作规程定期进行校准和检查，确保其操作功能正常。校准和检查应当有相应的记录。

第六节 制药用水

第九十五条 制药用水应当适合其用途，并符合《中华人民共和国兽药典》的质量标准及相关要求。制药用水至少应当采用饮用水。

第九十六条 水处理设备及其输送系统的设计、安装、运行和维护应当确保制药用水达到设定的质量标准。水处理设备的运行不得超出其设计能力。

第九十七条 纯化水、注射用水储罐和输送管道所用材料应当无毒、耐腐蚀；储罐的通气口应当安装不脱落纤维的疏水性除菌滤器；管道的设计和安装应当避免死角、盲管。

第九十八条 纯化水、注射用水的制备、贮存和分配应当能够防止微生物的滋生。纯化水可采用循环，注射用水可采用70℃以上保温循环。

第九十九条 应当对制药用水及原水的水质进行定期监测，并有相应的记录。

第一百条 应当按照操作规程对纯化水、注射用水管道进行清洗消毒，并有相关记录。发现制药用水微生物污染达到警戒限度、纠偏限度时应当按照操作规程处理。

第六章 物料与产品

第一节 原 则

第一百零一条 兽药生产所用的原辅料、与兽药直接接触的包装材料应当符合兽药标准、药品标准、包装材料标准或其他有关标准。兽药上直接印字所用油墨应当符合食用标准要求。

进口原辅料应当符合国家相关的进口管理规定。

第一百零二条 应当建立相应的操作规程，确保物料和产品的正确接收、贮存、发放、使用和销售，防止污染、交叉污染、混淆和差错。

物料和产品的处理应当按照操作规程或工艺规程执行，并有记录。

第一百零三条 物料供应商的确定及变更应当进行质量评估，并经质量管理部门批准后方可采购。必要时对关键物料进行现场考查。

第一百零四条 物料和产品的运输应当能够满足质量和安全的要求，对运输有特殊要求的，其运输条件应当予以确认。

第一百零五条 原辅料、与兽药直接接触的包装材料和印刷包装材料的接收应当有操作规程，所有到货物料均应当检查，确保与订单一致，并确认供应商已经质量管理部门批准。

物料的外包装应当有标签，并注明规定的信息。必要时应当进行清洁，发现外包装损坏或其他可能影响物料质量的问题，应当向质量管理部门报告并进行调查和记录。

每次接收均应当有记录，内容包括：

（一）交货单和包装容器上所注物料的名称；

（二）企业内部所用物料名称和（或）代码；

（三）接收日期；

（四）供应商和生产商（如不同）的名称；

（五）供应商和生产商（如不同）标识的批号；

（六）接收总量和包装容器数量；

（七）接收后企业指定的批号或流水号；

（八）有关说明（如包装状况）；

（九）检验报告单等合格性证明材料。

第一百零六条　物料接收和成品生产后应当及时按照待验管理，直至放行。

第一百零七条　物料和产品应当根据其性质有序分批贮存和周转，发放及销售应当符合先进先出和近效期先出的原则。

第一百零八条　使用计算机化仓储管理的，应当有相应的操作规程，防止因系统故障、停机等特殊情况而造成物料和产品的混淆和差错。

第二节　原辅料

第一百零九条　应当制定相应的操作规程，采取核对或检验等适当措施，确认每一批次的原辅料准确无误。

第一百一十条　一次接收数个批次的物料，应当按批取样、检验、放行。

第一百一十一条　仓储区内的原辅料应当有适当的标识，并至少标明下述内容：

（一）指定的物料名称或企业内部的物料代码；

（二）企业接收时设定的批号；

（三）物料质量状态（如待验、合格、不合格、已取样）；

（四）有效期或复验期。

第一百一十二条　只有经质量管理部门批准放行并在有效期或复验期内的原辅料方可使用。

第一百一十三条　原辅料应当按照有效期或复验期贮存。贮存期内，如发现对质量有不良影响的特殊情况，应当进行复验。

第三节 中间产品

第一百一十四条 中间产品应当在适当的条件下贮存。

第一百一十五条 中间产品应当有明确的标识，并至少标明下述内容：

（一）产品名称或企业内部的产品代码；

（二）产品批号；

（三）数量或重量（如毛重、净重等）；

（四）生产工序（必要时）；

（五）产品质量状态（必要时，如待验、合格、不合格、已取样）。

第四节 包装材料

第一百一十六条 与兽药直接接触的包装材料以及印刷包装材料的管理和控制要求与原辅料相同。

第一百一十七条 包装材料应当由专人按照操作规程发放，并采取措施避免混淆和差错，确保用于兽药生产的包装材料正确无误。

第一百一十八条 应当建立印刷包装材料设计、审核、批准的操作规程，确保印刷包装材料印制的内容与畜牧兽医主管部门核准的一致，并建立专门文档，保存经签名批准的印刷包装材料原版实样。

第一百一十九条 印刷包装材料的版本变更时，应当采取措施，确保产品所用印刷包装材料的版本正确无误。应收回作废的旧版印刷模板并予以销毁。

第一百二十条 印刷包装材料应当设置专门区域妥善存放，未经批准，人员不得进入。切割式标签或其他散装印刷包装材料应当分别置于密闭容器内储运，以防混淆。

第一百二十一条 印刷包装材料应当由专人保管，并按照操作规程和需求量发放。

第一百二十二条 每批或每次发放的与兽药直接接触的包装材料或印刷包装材料，均应当有识别标志，标明所用产品的名称和批号。

第一百二十三条 过期或废弃的印刷包装材料应当予以销毁并记录。

第五节 成　品

第一百二十四条 成品放行前应当待验贮存。

第一百二十五条 成品的贮存条件应当符合兽药质量标准。

第六节 特殊管理的物料和产品

第一百二十六条 兽用麻醉药品、精神药品、毒性药品（包括药材）和放射类药品等特殊药品，易制毒化学品及易燃、易爆和其他危险品的验收、贮存、管理应当执行国家有关规定。

第七节　其　　他

第一百二十七条　不合格的物料、中间产品和成品的每个包装容器或批次上均应当有清晰醒目的标志，并在隔离区内妥善保存。

第一百二十八条　不合格的物料、中间产品和成品的处理应当经质量管理负责人批准，并有记录。

第一百二十九条　产品回收需经预先批准，并对相关的质量风险进行充分评估，根据评估结论决定是否回收。回收应当按照预定的操作规程进行，并有相应记录。回收处理后的产品应当按照回收处理中最早批次产品的生产日期确定有效期。

第一百三十条　制剂产品原则上不得进行重新加工。不合格的制剂中间产品和成品一般不得进行返工。只有不影响产品质量、符合相应质量标准，且根据预定、经批准的操作规程以及对相关风险充分评估后，才允许返工处理。返工应当有相应记录。

第一百三十一条　对返工或重新加工或回收合并后生产的成品，质量管理部门应当评估对产品质量的影响，必要时需要进行额外相关项目的检验和稳定性考察。

第一百三十二条　企业应当建立兽药退货的操作规程，并有相应的记录，内容至少应包括：产品名称、批号、规格、数量、退货单位及地址、退货原因及日期、最终处理意见。同一产品同一批号不同渠道的退货应当分别记录、存放和处理。

第一百三十三条　只有经检查、检验和调查，有证据证明退货产品质量未受影响，且经质量管理部门根据操作规程评价后，方可考虑将退货产品重新包装、重新销售。评价考虑的因素至少应当包括兽药的性质、所需的贮存条件、兽药的现状、历史，以及销售与退货之间的间隔时间等因素。对退货产品质量存有怀疑时，不得重新销售。

对退货产品进行回收处理的，回收后的产品应当符合预定的质量标准和第一百二十九条的要求。

退货产品处理的过程和结果应当有相应记录。

第七章　确认与验证

第一百三十四条　企业应当确定需要进行的确认或验证工作，以证明有关操作的关键要素能够得到有效控制。确认或验证的范围和程度应当经过风险评估来确定。

第一百三十五条　企业的厂房、设施、设备和检验仪器应当经过确认，应当采用经过验证的生产工艺、操作规程和检验方法进行生产、操作和检验，并保持持续的验证状态。

第一百三十六条 企业应当制定验证总计划，包括厂房与设施、设备、检验仪器、生产工艺、操作规程、清洁方法和检验方法等，确立验证工作的总体原则，明确企业所有验证的总体计划，规定各类验证应达到的目标、验证机构和人员的职责和要求。

第一百三十七条 应当建立确认与验证的文件和记录，并能以文件和记录证明达到以下预定的目标：

（一）设计确认应当证明厂房、设施、设备的设计符合预定用途和本规范要求；

（二）安装确认应当证明厂房、设施、设备的建造和安装符合设计标准；

（三）运行确认应当证明厂房、设施、设备的运行符合设计标准；

（四）性能确认应当证明厂房、设施、设备在正常操作方法和工艺条件下能够持续符合标准；

（五）工艺验证应当证明一个生产工艺按照规定的工艺参数能够持续生产出符合预定用途和注册要求的产品。

第一百三十八条 采用新的生产处方或生产工艺前，应当验证其常规生产的适用性。生产工艺在使用规定的原辅料和设备条件下，应当能够始终生产出符合注册要求的产品。

第一百三十九条 当影响产品质量的主要因素，如原辅料、与药品直接接触的包装材料、生产设备、生产环境（厂房）、生产工艺、检验方法等发生变更时，应当进行确认或验证。必要时，还应当经畜牧兽医主管部门批准。

第一百四十条 清洁方法应当经过验证，证实其清洁的效果，以有效防止污染和交叉污染。清洁验证应当综合考虑设备使用情况、所使用的清洁剂和消毒剂、取样方法和位置以及相应的取样回收率、残留物的性质和限度、残留物检验方法的灵敏度等因素。

第一百四十一条 应当根据确认或验证的对象制定确认或验证方案，并经审核、批准。确认或验证方案应当明确职责，验证合格标准的设立及进度安排科学合理，可操作性强。

第一百四十二条 确认或验证应当按照预先确定和批准的方案实施，并有记录。确认或验证工作完成后，应当对验证结果进行评价，写出报告（包括评价与建议），并经审核、批准。验证的文件应存档。

第一百四十三条 应当根据验证的结果确认工艺规程和操作规程。

第一百四十四条 确认和验证不是一次性的行为。首次确认或验证后，应当根据产品质量回顾分析情况进行再确认或再验证。关键的生产工艺和操作规程应当定期进行再验证，确保其能够达到预期结果。

第八章　文件管理

第一节　原　　则

第一百四十五条　文件是质量保证系统的基本要素。企业应当有内容正确的书面质量标准、生产处方和工艺规程、操作规程以及记录等文件。

第一百四十六条　企业应当建立文件管理的操作规程，系统地设计、制定、审核、批准、发放、收回和销毁文件。

第一百四十七条　文件的内容应当覆盖与兽药生产有关的所有方面，包括人员、设施设备、物料、验证、生产管理、质量管理、销售、召回和自检等，以及兽药产品赋电子追溯码（二维码）标识制度，保证产品质量可控并有助于追溯每批产品的历史情况。

第一百四十八条　文件的起草、修订、审核、批准、替换或撤销、复制、保管和销毁等应当按照操作规程管理，并有相应的文件分发、撤销、复制、收回、销毁记录。

第一百四十九条　文件的起草、修订、审核、批准均应当由适当的人员签名并注明日期。

第一百五十条　文件应当标明题目、种类、目的以及文件编号和版本号。文字应当确切、清晰、易懂，不能模棱两可。

第一百五十一条　文件应当分类存放、条理分明，便于查阅。

第一百五十二条　原版文件复制时，不得产生任何差错；复制的文件应当清晰可辨。

第一百五十三条　文件应当定期审核、修订；文件修订后，应当按照规定管理，防止旧版文件的误用。分发、使用的文件应当为批准的现行文本，已撤销的或旧版文件除留档备查外，不得在工作现场出现。

第一百五十四条　与本规范有关的每项活动均应当有记录，记录数据应完整可靠，以保证产品生产、质量控制和质量保证、包装所赋电子追溯码等活动可追溯。记录应当留有填写数据的足够空格。记录应当及时填写，内容真实，字迹清晰、易读，不易擦除。

第一百五十五条　应当尽可能采用生产和检验设备自动打印的记录、图谱和曲线图等，并标明产品或样品的名称、批号和记录设备的信息，操作人应当签注姓名和日期。

第一百五十六条　记录应当保持清洁，不得撕毁和任意涂改。记录填写的任何更改都应当签注姓名和日期，并使原有信息仍清晰可辨，必要时，应当说明更改的理由。记录如需重新誊写，则原有记录不得销毁，应当作为重新誊写记录的附件保存。

第一百五十七条　每批兽药应当有批记录，包括批生产记录、批包装记录、批检验记录和兽药放行审核记录以及电子追溯码标识记录等。批记录应当由质量管理部门负责管理，至少保存至兽药有效期后一年。质量标准、工艺规程、操作规程、稳定性考察、确认、验证、变更等其他重要文件应当长期保存。

第一百五十八条 如使用电子数据处理系统、照相技术或其他可靠方式记录数据资料，应当有所用系统的操作规程；记录的准确性应当经过核对。

使用电了数据处理系统的，只有经授权的人员方可输入或更改数据，更改和删除情况应当有记录；应当使用密码或其他方式来控制系统的登录；关键数据输入后，应当由他人独立进行复核。

用电子方法保存的批记录，应当采用磁带、缩微胶卷、纸质副本或其他方法进行备份，以确保记录的安全，且数据资料在保存期内便于查阅。

第二节 质量标准

第一百五十九条 物料和成品应当有经批准的现行质量标准；必要时，中间产品也应当有质量标准。

第一百六十条 物料的质量标准一般应当包括：

（一）物料的基本信息：

1. 企业统一指定的物料名称或内部使用的物料代码；

2. 质量标准的依据。

（二）取样、检验方法或相关操作规程编号。

（三）定性和定量的限度要求。

（四）贮存条件和注意事项。

（五）有效期或复验期。

第一百六十一条 成品的质量标准至少应当包括：

（一）产品名称或产品代码；

（二）对应的产品处方编号（如有）；

（三）产品规格和包装形式；

（四）取样、检验方法或相关操作规程编号；

（五）定性和定量的限度要求；

（六）贮存条件和注意事项；

（七）有效期。

第三节 工艺规程

第一百六十二条 每种兽药均应当有经企业批准的工艺规程，不同兽药规格的每种包装形式均应当有各自的包装操作要求。工艺规程的制定应当以注册批准的工艺为依据。

第一百六十三条　工艺规程不得任意更改。如需更改，应当按照相关的操作规程修订、审核、批准，影响兽药产品质量的更改应当经过验证。

第一百六十四条　制剂的工艺规程内容至少应当包括：

（一）生产处方：

1. 产品名称；

2. 产品剂型、规格和批量；

3. 所用原辅料清单（包括生产过程中使用，但不在成品中出现的物料），阐明每一物料的指定名称和用量；原辅料的用量需要折算时，还应当说明计算方法。

（二）生产操作要求：

1. 对生产场所和所用设备的说明（如操作间的位置、洁净度级别、温湿度要求、设备型号等）；

2. 关键设备的准备（如清洗、组装、校准、灭菌等）所采用的方法或相应操作规程编号；

3. 详细的生产步骤和工艺参数说明（如物料的核对、预处理、加入物料的顺序、混合时间、温度等）；

4. 中间控制方法及标准；

5. 预期的最终产量限度，必要时，还应当说明中间产品的产量限度，以及物料平衡的计算方法和限度；

6. 待包装产品的贮存要求，包括容器、标签、贮存时间及特殊贮存条件；

7. 需要说明的注意事项。

（三）包装操作要求：

1. 以最终包装容器中产品的数量、重量或体积表示的包装形式；

2. 所需全部包装材料的完整清单，包括包装材料的名称、数量、规格、类型；

3. 印刷包装材料的实样或复制品，并标明产品批号、有效期打印位置；

4. 需要说明的注意事项，包括对生产区和设备进行的检查，在包装操作开始前，确认包装生产线的清场已经完成等；

5. 包装操作步骤的说明，包括重要的辅助性操作和所用设备的注意事项、包装材料使用前的核对；

6. 中间控制的详细操作，包括取样方法及标准；

7. 待包装产品、印刷包装材料的物料平衡计算方法和限度。

第四节　批生产与批包装记录

第一百六十五条　每批产品均应当有相应的批生产记录，记录的内容应确保该批产品的生产历史以及与质量有关的情况可追溯。

第一百六十六条 批生产记录应当依据批准的现行工艺规程的相关内容制定。批生产记录的每一工序应当标注产品的名称、规格和批号。

第一百六十七条 原版空白的批生产记录应当经生产管理负责人和质量管理负责人审核和批准。批生产记录的复制和发放均应当按照操作规程进行控制并有记录，每批产品的生产只能发放一份原版空白批生产记录的复制件。

第一百六十八条 在生产过程中，进行每项操作时应当及时记录，操作结束后，应当由生产操作人员确认并签注姓名和日期。

第一百六十九条 批生产记录的内容应当包括：

（一）产品名称、规格、批号；

（二）生产以及中间工序开始、结束的日期和时间；

（三）每一生产工序的负责人签名；

（四）生产步骤操作人员的签名；必要时，还应当有操作（如称量）复核人员的签名；

（五）每一原辅料的批号以及实际称量的数量（包括投入的回收或返工处理产品的批号及数量）；

（六）相关生产操作或活动、工艺参数及控制范围，以及所用主要生产设备的编号；

（七）中间控制结果的记录以及操作人员的签名；

（八）不同生产工序所得产量及必要时的物料平衡计算；

（九）对特殊问题或异常事件的记录，包括对偏离工艺规程的偏差情况的详细说明或调查报告，并经签字批准。

第一百七十条 产品的包装应当有批包装记录，以便追溯该批产品包装操作以及与质量有关的情况。

第一百七十一条 批包装记录应当依据工艺规程中与包装相关的内容制定。

第一百七十二条 批包装记录应当有待包装产品的批号、数量以及成品的批号和计划数量。原版空白的批包装记录的审核、批准、复制和发放的要求与原版空白的批生产记录相同。

第一百七十三条 在包装过程中，进行每项操作时应当及时记录，操作结束后，应当由包装操作人员确认并签注姓名和日期。

第一百七十四条 批包装记录的内容包括：

（一）产品名称、规格、包装形式、批号、生产日期和有效期。

（二）包装操作日期和时间。

（三）包装操作负责人签名。

（四）包装工序的操作人员签名。

（五）每一包装材料的名称、批号和实际使用的数量。

（六）包装操作的详细情况，包括所用设备及包装生产线的编号。

（七）兽药产品赋电子追溯码标识操作的详细情况，包括所用设备、编号。电子追溯码信息以及对两级以上包装进行赋码关联关系信息等记录可采用电子方式保存。

（八）所用印刷包装材料的实样，并印有批号、有效期及其他打印内容；不易随批包装记录归档的印刷包装材料可采用印有上述内容的复制品。

（九）对特殊问题或异常事件的记录，包括对偏离工艺规程的偏差情况的详细说明或调查报告，并经签字批准。

（十）所有印刷包装材料和待包装产品的名称、代码，以及发放、使用、销毁或退库的数量、实际产量等的物料平衡检查。

第五节　操作规程和记录

第一百七十五条　操作规程的内容应当包括：题目、编号、版本号、颁发部门、生效日期、分发部门以及制定人、审核人、批准人的签名并注明日期，标题、正文及变更历史。

第一百七十六条　厂房、设备、物料、文件和记录应当有编号（代码），并制定编制编号（代码）的操作规程，确保编号（代码）的唯一性。

第一百七十七条　下述活动也应当有相应的操作规程，其过程和结果应当有记录：

（一）确认和验证；

（二）设备的装配和校准；

（三）厂房和设备的维护、清洁和消毒；

（四）培训、更衣、卫生等与人员相关的事宜；

（五）环境监测；

（六）虫害控制；

（七）变更控制；

（八）偏差处理；

（九）投诉；

（十）兽药召回；

（十一）退货。

第九章　生产管理

第一节　原　　则

第一百七十八条　兽药生产应当按照批准的工艺规程和操作规程进行操作并有

相关记录，确保兽药达到规定的质量标准，并符合兽药生产许可和注册批准的要求。

第一百七十九条　应当建立划分产品生产批次的操作规程，生产批次的划分应当能够确保同一批次产品质量和特性的均一性。

第一百八十条　应当建立编制兽药批号和确定生产日期的操作规程。每批兽药均应当编制唯一的批号。除另有法定要求外，生产日期不得迟于产品成型或灌装（封）前经最后混合的操作开始日期，不得以产品包装日期作为生产日期。

第一百八十一条　每批产品应当检查产量和物料平衡，确保物料平衡符合设定的限度。如有差异，必须查明原因，确认无潜在质量风险后，方可按照正常产品处理。

第一百八十二条　不得在同一生产操作间同时进行不同品种和规格兽药的生产操作，除非没有发生混淆或交叉污染的可能。

第一百八十三条　在生产的每一阶段，应当保护产品和物料免受微生物和其他污染。

第一百八十四条　在干燥物料或产品，尤其是高活性、高毒性或高致敏性物料或产品的生产过程中，应当采取特殊措施，防止粉尘的产生和扩散。

第一百八十五条　生产期间使用的所有物料、中间产品的容器及主要设备、必要的操作室应当粘贴标签标识，或以其他方式标明生产中的产品或物料名称、规格和批号，如有必要，还应当标明生产工序。

第一百八十六条　容器、设备或设施所用标识应当清晰明了，标识的格式应当经企业相关部门批准。除在标识上使用文字说明外，还可采用不同颜色区分被标识物的状态（如待验、合格、不合格或已清洁等）。

第一百八十七条　应当检查产品从一个区域输送至另一个区域的管道和其他设备连接，确保连接正确无误。

第一百八十八条　每次生产结束后应当进行清场，确保设备和工作场所没有遗留与本次生产有关的物料、产品和文件。下次生产开始前，应当对前次清场情况进行确认。

第一百八十九条　应当尽可能避免出现任何偏离工艺规程或操作规程的偏差。一旦出现偏差，应当按照偏差处理操作规程执行。

第二节　防止生产过程中的污染和交叉污染

第一百九十条　生产过程中应当尽可能采取措施，防止污染和交叉污染，如：

（一）在分隔的区域内生产不同品种的兽药；

（二）采用阶段性生产方式；

（三）设置必要的气锁间和排风；空气洁净度级别不同的区域应当有压差控制；

（四）应当降低未经处理或未经充分处理的空气再次进入生产区导致污染的风险；

（五）在易产生交叉污染的生产区内，操作人员应当穿戴该区域专用的防护服；

（六）采用经过验证或已知有效的清洁和去污染操作规程进行设备清洁；必要时，应当对与物料直接接触的设备表面的残留物进行检测；

（七）采用密闭系统生产；

（八）干燥设备的进风应当有空气过滤器，且过滤后的空气洁净度应当与所干燥产品要求的洁净度相匹配，排风应当有防止空气倒流装置；

（九）生产和清洁过程中应当避免使用易碎、易脱屑、易发霉器具；使用筛网时，应当有防止因筛网断裂而造成污染的措施；

（十）液体制剂的配制、过滤、灌封、灭菌等工序应当在规定时间内完成；

（十一）软膏剂、乳膏剂、凝胶剂等半固体制剂以及栓剂的中间产品应当规定贮存期和贮存条件。

第一百九十一条 应当定期检查防止污染和交叉污染的措施并评估其适用性和有效性。

第三节 生产操作

第一百九十二条 生产开始前应当进行检查，确保设备和工作场所没有上批遗留的产品、文件和物料，设备处于已清洁及待用状态。检查结果应当有记录。

生产操作前，还应当核对物料或中间产品的名称、代码、批号和标识，确保生产所用物料或中间产品正确且符合要求。

第一百九十三条 应当由配料岗位人员按照操作规程进行配料，核对物料后，精确称量或计量，并作好标识。

第一百九十四条 配制的每一物料及其重量或体积应当由他人进行复核，并有复核记录。

第一百九十五条 每批产品的每一生产阶段完成后必须由生产操作人员清场，并填写清场记录。清场记录内容包括：操作间名称或编号、产品名称、批号、生产工序、清场日期、检查项目及结果、清场负责人及复核人签名。清场记录应当纳入批生产记录。

第一百九十六条 包装操作规程应当规定降低污染和交叉污染、混淆或差错风险的措施。

第一百九十七条 包装开始前应当进行检查，确保工作场所、包装生产线、印刷机及其他设备已处于清洁或待用状态，无上批遗留的产品和物料。检查结果应当有记录。

第一百九十八条 包装操作前，还应当检查所领用的包装材料正确无误，核对待包装产品和所用包装材料的名称、规格、数量、质量状态，且与工艺规程相符。

第一百九十九条 每一包装操作场所或包装生产线，应当有标识标明包装中的产品名称、规格、批号和批量的生产状态。

第二百条 有数条包装线同时进行包装时，应当采取隔离或其他有效防止污染、交叉污染或混淆的措施。

第二百零一条 产品分装、封口后应当及时贴签。

第二百零二条 单独打印或包装过程中在线打印、赋码的信息（如产品批号或有效期）均应当进行检查，确保其准确无误，并予以记录。如手工打印，应当增加检查频次。

第二百零三条 使用切割式标签或在包装线以外单独打印标签，应当采取专门措施，防止混淆。

第二百零四条 应当对电子读码机、标签计数器或其他类似装置的功能进行检查，确保其准确运行。检查应当有记录。

第二百零五条 包装材料上印刷或模压的内容应当清晰，不易褪色和擦除。

第二百零六条 包装期间，产品的中间控制检查应当至少包括以下内容：

（一）包装外观；

（二）包装是否完整；

（三）产品和包装材料是否正确；

（四）打印、赋码信息是否正确；

（五）在线监控装置的功能是否正常。

第二百零七条 因包装过程产生异常情况需要重新包装产品的，必须经专门检查、调查并由指定人员批准。重新包装应当有详细记录。

第二百零八条 在物料平衡检查中，发现待包装产品、印刷包装材料以及成品数量有显著差异时，应当进行调查，未得出结论前，成品不得放行。

第二百零九条 包装结束时，已打印批号的剩余包装材料应当由专人负责全部计数销毁，并有记录。如将未打印批号的印刷包装材料退库，应当按照操作规程执行。

第十章 质量控制与质量保证

第一节 质量控制实验室管理

第二百一十条 质量控制实验室的人员、设施、设备和环境洁净要求应当与产品性质和生产规模相适应。

第二百一十一条 质量控制负责人应当具有足够的管理实验室的资质和经验，

可以管理同一企业的一个或多个实验室。

第二百一十二条　质量控制实验室的检验人员至少应当具有药学、兽医学、生物学、化学等相关专业大专学历或从事检验工作3年以上的中专、高中以上学历，并经过与所从事的检验操作相关的实践培训且考核通过。

第二百一十三条　质量控制实验室应当配备《中华人民共和国兽药典》、兽药质量标准、标准图谱等必要的工具书，以及标准品或对照品等相关的标准物质。

第二百一十四条　质量控制实验室的文件应当符合第八章的原则，并符合下列要求：

（一）质量控制实验室应当至少有下列文件：

1. 质量标准；

2. 取样操作规程和记录；

3. 检验操作规程和记录（包括检验记录或实验室工作记事簿）；

4. 检验报告或证书；

5. 必要的环境监测操作规程、记录和报告；

6. 必要的检验方法验证方案、记录和报告；

7. 仪器校准和设备使用、清洁、维护的操作规程及记录。

（二）每批兽药的检验记录应当包括中间产品和成品的质量检验记录，可追溯该批兽药所有相关的质量检验情况；

（三）应保存和统计（宜采用便于趋势分析的方法）相关的检验和监测数据（如检验数据、环境监测数据、制药用水的微生物监测数据）；

（四）除与批记录相关的资料信息外，还应当保存与检验相关的其他原始资料或记录，便于追溯查阅。

第二百一十五条　取样应当至少符合以下要求：

（一）质量管理部门的人员可进入生产区和仓储区进行取样及调查；

（二）应当按照经批准的操作规程取样，操作规程应当详细规定：

1. 经授权的取样人；

2. 取样方法；

3. 取样用器具；

4. 样品量；

5. 分样的方法；

6. 存放样品容器的类型和状态；

7. 实施取样后物料及样品的处置和标识；

8. 取样注意事项，包括为降低取样过程产生的各种风险所采取的预防措施，尤其是无菌或有害物料的取样以及防止取样过程中污染和交叉污染的取样注意事项；

9. 贮存条件；

10. 取样器具的清洁方法和贮存要求。

（三）取样方法应当科学、合理，以保证样品的代表性；

（四）样品应当能够代表被取样批次的产品或物料的质量状况，为监控生产过程中最重要的环节（如生产初始或结束），也可抽取该阶段样品进行检测；

（五）样品容器应当贴有标签，注明样品名称、批号、取样人、取样日期等信息；

（六）样品应当按照被取样产品或物料规定的贮存要求保存。

第二百一十六条 物料和不同生产阶段产品的检验应当至少符合以下要求：

（一）企业应当确保成品按照质量标准进行全项检验。

（二）有下列情形之一的，应当对检验方法进行验证：

1. 采用新的检验方法；

2. 检验方法需变更的；

3. 采用《中华人民共和国兽药典》及其他法定标准未收载的检验方法；

4. 法规规定的其他需要验证的检验方法。

（三）对不需要进行验证的检验方法，必要时企业应当对检验方法进行确认，确保检验数据准确、可靠。

（四）检验应当有书面操作规程，规定所用方法、仪器和设备，检验操作规程的内容应当与经确认或验证的检验方法一致。

（五）检验应当有可追溯的记录并应当复核，确保结果与记录一致。所有计算均应当严格核对。

（六）检验记录应当至少包括以下内容：

1. 产品或物料的名称、剂型、规格、批号或供货批号，必要时注明供应商和生产商（如不同）的名称或来源；

2. 依据的质量标准和检验操作规程；

3. 检验所用的仪器或设备的型号和编号；

4. 检验所用的试液和培养基的配制批号、对照品或标准品的来源和批号；

5. 检验所用动物的相关信息；

6. 检验过程，包括对照品溶液的配制、各项具体的检验操作、必要的环境温湿度；

7. 检验结果，包括观察情况、计算和图谱或曲线图，以及依据的检验报告编号；

8. 检验日期；

9. 检验人员的签名和日期；

10. 检验、计算复核人员的签名和日期。

（七）所有中间控制（包括生产人员所进行的中间控制），均应当按照经质量管理部门批准的方法进行，检验应当有记录。

（八）应当对实验室容量分析用玻璃仪器、试剂、试液、对照品以及培养基进行质量检查。

（九）必要时检验用实验动物应当在使用前进行检验或隔离检疫。

第二百一十七条　质量控制实验室应当建立检验结果超标调查的操作规程。任何检验结果超标都必须按照操作规程进行调查，并有相应的记录。

第二百一十八条　企业按规定保存的、用于兽药质量追溯或调查的物料、产品样品为留样。用于产品稳定性考察的样品不属于留样。

留样应当至少符合以下要求：

（一）应当按照操作规程对留样进行管理。

（二）留样应当能够代表被取样批次的物料或产品。

（三）成品的留样：

1. 每批兽药均应当有留样；如果一批兽药分成数次进行包装，则每次包装至少应当保留一件最小市售包装的成品；

2. 留样的包装形式应当与兽药市售包装形式相同，大包装规格或原料药的留样如无法采用市售包装形式的，可采用模拟包装；

3. 每批兽药的留样量一般至少应当能够确保按照批准的质量标准完成两次全检（无菌检查和热原检查等除外）；

4. 如果不影响留样的包装完整性，保存期间内至少应当每年对留样进行一次目检或接触观察，如发现异常，应当调查分析原因并采取相应的处理措施；

5. 留样观察应当有记录；

6. 留样应当按照注册批准的贮存条件至少保存至兽药有效期后一年；

7. 企业终止兽药生产或关闭的，应当告知当地畜牧兽医主管部门，并将留样转交授权单位保存，以便在必要时可随时取得留样。

（四）物料的留样：

1. 制剂生产用每批原辅料和与兽药直接接触的包装材料均应当有留样。与兽药直接接触的包装材料（如安瓿瓶），在成品已有留样后，可不必单独留样。

2. 物料的留样量应当至少满足鉴别检查的需要。

3. 除稳定性较差的原辅料外，用于制剂生产的原辅料（不包括生产过程中使用的溶剂、气体或制药用水）的留样应当至少保存至产品失效后。如果物料的有效期较短，则留样时间可相应缩短。

4. 物料的留样应当按照规定的条件贮存，必要时还应当适当包装密封。

第二百一十九条　试剂、试液、培养基和检定菌的管理应当至少符合以下要求：

（一）商品化试剂和培养基应当从可靠的、有资质的供应商处采购，必要时应当对供应商进行评估。

（二）应当有接收试剂、试液、培养基的记录，必要时，应当在试剂、试液、培养基的容器上标注接收日期和首次开口日期、有效期（如有）。

（三）应当按照相关规定或使用说明配制、贮存和使用试剂、试液和培养基。特殊情况下，在接收或使用前，还应当对试剂进行鉴别或其他检验。

（四）试液和已配制的培养基应当标注配制批号、配制日期和配制人员姓名，并有配制（包括灭菌）记录。不稳定的试剂、试液和培养基应当标注有效期及特殊贮存条件。标准液、滴定液还应当标注最后一次标化的日期和校正因子，并有标化记录。

（五）配制的培养基应当进行适用性检查，并有相关记录。应当有培养基使用记录。

（六）应当有检验所需的各种检定菌，并建立检定菌保存、传代、使用、销毁的操作规程和相应记录。

（七）检定菌应当有适当的标识，内容至少包括菌种名称、编号、代次、传代日期、传代操作人。

（八）检定菌应当按照规定的条件贮存，贮存的方式和时间不得对检定菌的生长特性有不利影响。

第二百二十条 标准品或对照品的管理应当至少符合以下要求：

（一）标准品或对照品应当按照规定贮存和使用；

（二）标准品或对照品应当有适当的标识，内容至少包括名称、批号、制备日期（如有）、有效期（如有）、首次开启日期、含量或效价、贮存条件；

（三）企业如需自制工作标准品或对照品，应当建立工作标准品或对照品的质量标准以及制备、鉴别、检验、批准和贮存的操作规程，每批工作标准品或对照品应当用法定标准品或对照品进行标化，并确定有效期，还应当通过定期标化证明工作标准品或对照品的效价或含量在有效期内保持稳定。标化的过程和结果应当有相应的记录。

第二节 物料和产品放行

第二百二十一条 应当分别建立物料和产品批准放行的操作规程，明确批准放行的标准、职责，并有相应的记录。

第二百二十二条 物料的放行应当至少符合以下要求：

（一）物料的质量评价内容应当至少包括生产商的检验报告、物料入库接收初验情况（是否为合格供应商、物料包装完整性和密封性的检查情况等）和检验结果；

（二）物料的质量评价应当有明确的结论，如批准放行、不合格或其他决定；

（三）物料应当由指定的质量管理人员签名批准放行。

第二百二十三条　产品的放行应当至少符合以下要求：

（一）在批准放行前，应当对每批兽药进行质量评价，并确认以下各项内容：

1. 已完成所有必需的检查、检验，批生产和检验记录完整；

2. 所有必需的生产和质量控制均已完成并经相关主管人员签名；

3. 确认与该批相关的变更或偏差已按照相关规程处理完毕，包括所有必要的取样、检查、检验和审核；

4. 所有与该批产品有关的偏差均已有明确的解释或说明，或者已经过彻底调查和适当处理；如偏差还涉及其他批次产品，应当一并处理。

（二）兽药的质量评价应当有明确的结论，如批准放行、不合格或其他决定。

（三）每批兽药均应当由质量管理负责人签名批准放行。

（四）兽用生物制品放行前还应当取得批签发合格证明。

第三节　持续稳定性考察

第二百二十四条　持续稳定性考察的目的是在有效期内监控已上市兽药的质量，以发现兽药与生产相关的稳定性问题（如杂质含量或溶出度特性的变化），并确定兽药能够在标示的贮存条件下，符合质量标准的各项要求。

第二百二十五条　持续稳定性考察主要针对市售包装兽药，但也需兼顾待包装产品。此外，还应当考虑对贮存时间较长的中间产品进行考察。

第二百二十六条　持续稳定性考察应当有考察方案，结果应当有报告。用于持续稳定性考察的设备（即稳定性试验设备或设施）应当按照第七章和第五章的要求进行确认和维护。

第二百二十七条　持续稳定性考察的时间应当涵盖兽药有效期，考察方案应当至少包括以下内容：

（一）每种规格、每种生产批量兽药的考察批次数；

（二）相关的物理、化学、微生物和生物学检验方法，可考虑采用稳定性考察专属的检验方法；

（三）检验方法依据；

（四）合格标准；

（五）容器密封系统的描述；

（六）试验间隔时间（测试时间点）；

（七）贮存条件（应当采用与兽药标示贮存条件相对应的《中华人民共和国兽药典》规定的长期稳定性试验标准条件）；

（八）检验项目，如检验项目少于成品质量标准所包含的项目，应当说明理由。

第二百二十八条　考察批次数和检验频次应当能够获得足够的数据，用于趋势分析。通常情况下，每种规格、每种内包装形式至少每年应当考察一个批次，除非当年没有生产。

第二百二十九条　某些情况下，持续稳定性考察中应当额外增加批次数，如重大变更或生产和包装有重大偏差的兽药应当列入稳定性考察。此外，重新加工、返工或回收的批次，也应当考虑列入考察，除非已经过验证和稳定性考察。

第二百三十条　应当对不符合质量标准的结果或重要的异常趋势进行调查。对任何已确认的不符合质量标准的结果或重大不良趋势，企业都应当考虑是否可能对已上市兽药造成影响，必要时应当实施召回，调查结果以及采取的措施应当报告当地畜牧兽医主管部门。

第二百三十一条　应当根据获得的全部数据资料，包括考察的阶段性结论，撰写总结报告并保存。应当定期审核总结报告。

第四节　变更控制

第二百三十二条　企业应当建立变更控制系统，对所有影响产品质量的变更进行评估和管理。

第二百三十三条　企业应当建立变更控制操作规程，规定原辅料、包装材料、质量标准、检验方法、操作规程、厂房、设施、设备、仪器、生产工艺和计算机软件变更的申请、评估、审核、批准和实施。质量管理部门应当指定专人负责变更控制。

第二百三十四条　企业可以根据变更的性质、范围、对产品质量潜在影响的程度进行变更分类（如主要、次要变更）并建档。

第二百三十五条　与产品质量有关的变更由申请部门提出后，应当经评估、制定实施计划并明确实施职责，由质量管理部门审核批准后实施，变更实施应当有相应的完整记录。

第二百三十六条　改变原辅料、与兽药直接接触的包装材料、生产工艺、主要生产设备以及其他影响兽药质量的主要因素时，还应当根据风险评估对变更实施后最初至少三个批次的兽药质量进行评估。如果变更可能影响兽药的有效期，则质量评估还应当包括对变更实施后生产的兽药进行稳定性考察。

第二百三十七条　变更实施时，应当确保与变更相关的文件均已修订。

第二百三十八条　质量管理部门应当保存所有变更的文件和记录。

第五节　偏差处理

第二百三十九条　各部门负责人应当确保所有人员正确执行生产工艺、质量标准、检验方法和操作规程，防止偏差的产生。

第二百四十条　企业应当建立偏差处理的操作规程，规定偏差的报告、记录、评估、调查、处理以及所采取的纠正、预防措施，并保存相应的记录。

第二百四十一条　企业应当评估偏差对产品质量的潜在影响。质量管理部门可以根据偏差的性质、范围、对产品质量潜在影响的程度进行偏差分类（如重大、次要偏差），对重大偏差的评估应当考虑是否需要对产品进行额外的检验以及产品是否可以放行，必要时，应当对涉及重大偏差的产品进行稳定性考察。

第二百四十二条　任何偏离生产工艺、物料平衡限度、质量标准、检验方法、操作规程等的情况均应当有记录，并立即报告主管人员及质量管理部门，重大偏差应当由质量管理部门会同其他部门进行彻底调查，并有调查报告。偏差调查应当包括相关批次产品的评估，偏差调查报告应当由质量管理部门的指定人员审核并签字。

第二百四十三条　质量管理部门应当保存偏差调查、处理的文件和记录。

第六节　纠正措施和预防措施

第二百四十四条　企业应当建立纠正措施和预防措施系统，对投诉、召回、偏差、自检或外部检查结果、工艺性能和质量监测趋势等进行调查并采取纠正和预防措施。调查的深度和形式应当与风险的级别相适应。纠正措施和预防措施系统应当能够增进对产品和工艺的理解，改进产品和工艺。

第二百四十五条　企业应当建立实施纠正和预防措施的操作规程，内容至少包括：

（一）对投诉、召回、偏差、自检或外部检查结果、工艺性能和质量监测趋势以及其他来源的质量数据进行分析，确定已有和潜在的质量问题；

（二）调查与产品、工艺和质量保证系统有关的原因；

（三）确定需采取的纠正和预防措施，防止问题的再次发生；

（四）评估纠正和预防措施的合理性、有效性和充分性；

（五）对实施纠正和预防措施过程中所有发生的变更应当予以记录；

（六）确保相关信息已传递到质量管理负责人和预防问题再次发生的直接负责人；

（七）确保相关信息及其纠正和预防措施已通过高层管理人员的评审。

第二百四十六条　实施纠正和预防措施应当有文件记录，并由质量管理部门保存。

第七节　供应商的评估和批准

第二百四十七条　质量管理部门应当对生产用关键物料的供应商进行质量评估，必要时会同有关部门对主要物料供应商（尤其是生产商）的质量体系进行现场质量考查，并对质量评估不符合要求的供应商行使否决权。

第二百四十八条　应当建立物料供应商评估和批准的操作规程，明确供应商的资质、选择的原则、质量评估方式、评估标准、物料供应商批准的程序。

如质量评估需采用现场质量考查方式的，还应当明确考查内容、周期、考查人员的组成及资质。需采用样品小批量试生产的，还应当明确生产批量、生产工艺、产品质量标准、稳定性考察方案。

第二百四十九条 质量管理部门应当指定专人负责物料供应商质量评估和现场质量考查，被指定的人员应当具有相关的法规和专业知识，具有足够的质量评估和现场质量考查的实践经验。

第二百五十条 现场质量考查应当核实供应商资质证明文件。应当对其人员机构、厂房设施和设备、物料管理、生产工艺流程和生产管理、质量控制实验室的设备、仪器、文件管理等进行检查，以全面评估其质量保证系统。现场质量考查应当有报告。

第二百五十一条 必要时，应当对主要物料供应商提供的样品进行小批量试生产，并对试生产的兽药进行稳定性考察。

第二百五十二条 质量管理部门对物料供应商的评估至少应当包括：供应商的资质证明文件、质量标准、检验报告、企业对物料样品的检验数据和报告。如进行现场质量考查和样品小批量试生产的，还应当包括现场质量考查报告，以及小试产品的质量检验报告和稳定性考察报告。

第二百五十三条 改变物料供应商，应当对新的供应商进行质量评估；改变主要物料供应商的，还需要对产品进行相关的验证及稳定性考察。

第二百五十四条 质量管理部门应当向物料管理部门分发经批准的合格供应商名单，该名单内容至少包括物料名称、规格、质量标准、生产商名称和地址、经销商（如有）名称等，并及时更新。

第二百五十五条 质量管理部门应当与主要物料供应商签订质量协议，在协议中应当明确双方所承担的质量责任。

第二百五十六条 质量管理部门应当定期对物料供应商进行评估或现场质量考查，回顾分析物料质量检验结果、质量投诉和不合格处理记录。如物料出现质量问题或生产条件、工艺、质量标准和检验方法等可能影响质量的关键因素发生重大改变时，还应当尽快进行相关的现场质量考查。

第二百五十七条 企业应当对每家物料供应商建立质量档案，档案内容应当包括供应商资质证明文件、质量协议、质量标准、样品检验数据和报告、供应商检验报告、供应商评估报告、定期的质量回顾分析报告等。

第八节 产品质量回顾分析

第二百五十八条 企业应当建立产品质量回顾分析操作规程，每年对所有生产的兽药按品种进行产品质量回顾分析，以确认工艺稳定可靠性，以及原辅料、成品现行质量标准的适用性，及时发现不良趋势，确定产品及工艺改进的方向。

企业至少应当对下列情形进行回顾分析：

（一）产品所用原辅料的所有变更，尤其是来自新供应商的原辅料；

（二）关键中间控制点及成品的检验结果以及趋势图；

（三）所有不符合质量标准的批次及其调查；

（四）所有重大偏差及变更相关的调查、所采取的纠正措施和预防措施的有效性；

（五）稳定性考察的结果及任何不良趋势；

（六）所有因质量原因造成的退货、投诉、召回及调查；

（七）当年执行法规自查情况；

（八）验证评估概述；

（九）对该产品该年度质量评估和总结。

第二百五十九条　应当对回顾分析的结果进行评估，提出是否需要采取纠正和预防措施，并及时、有效地完成整改。

第九节　投诉与不良反应报告

第二百六十条　应当建立兽药投诉与不良反应报告制度，设立专门机构并配备专职人员负责管理。

第二百六十一条　应当主动收集兽药不良反应，对不良反应应当详细记录、评价、调查和处理，及时采取措施控制可能存在的风险，并按照要求向企业所在地畜牧兽医主管部门报告。

第二百六十二条　应当建立投诉操作规程，规定投诉登记、评价、调查和处理的程序，并规定因可能的产品缺陷发生投诉时所采取的措施，包括考虑是否有必要从市场召回兽药。

第二百六十三条　应当有专人负责进行质量投诉的调查和处理，所有投诉、调查的信息应当向质量管理负责人通报。

第二百六十四条　投诉调查和处理应当有记录，并注明所查相关批次产品的信息。

第二百六十五条　应当定期回顾分析投诉记录，以便发现需要预防、重复出现以及可能需要从市场召回兽药的问题，并采取相应措施。

第二百六十六条　企业出现生产失误、兽药变质或其他重大质量问题，应当及时采取相应措施，必要时还应当向当地畜牧兽医主管部门报告。

第十一章　产品销售与召回

第一节　原　　则

第二百六十七条　企业应当建立产品召回系统，必要时可迅速、有效地从市场召回任何一批存在安全隐患的产品。

第二百六十八条 因质量原因退货和召回的产品，均应当按照规定监督销毁，有证据证明退货产品质量未受影响的除外。

第二节 销 售

第二百六十九条 企业应当建立产品销售管理制度，并有销售记录。根据销售记录，应当能够追查每批产品的销售情况，必要时应当能够及时全部追回。

第二百七十条 每批产品均应当有销售记录。销售记录内容应当包括：产品名称、规格、批号、数量、收货单位和地址、联系方式、发货日期、运输方式等。

第二百七十一条 产品上市销售前，应将产品生产和入库信息上传到国家兽药产品追溯系统。销售出库时，需向国家兽药产品追溯系统上传产品出库信息。

第二百七十二条 兽药的零头可直接销售，若需合箱，包装只限两个批号为一个合箱，合箱外应当标明全部批号，并建立合箱记录。

第二百七十三条 销售记录应当至少保存至兽药有效期后一年。

第三节 召 回

第二百七十四条 应当制定召回操作规程，确保召回工作的有效性。

第二百七十五条 应当指定专人负责组织协调召回工作，并配备足够数量的人员。如产品召回负责人不是质量管理负责人，则应当向质量管理负责人通报召回处理情况。

第二百七十六条 召回应当随时启动，产品召回负责人应当根据销售记录迅速组织召回。

第二百七十七条 因产品存在安全隐患决定从市场召回的，应当立即向当地畜牧兽医主管部门报告。

第二百七十八条 已召回的产品应当有标识，并单独、妥善贮存，等待最终处理决定。

第二百七十九条 召回的进展过程应当有记录，并有最终报告。产品销售数量、已召回数量以及数量平衡情况应当在报告中予以说明。

第二百八十条 应当定期对产品召回系统的有效性进行评估。

第十二章 自 检

第一节 原 则

第二百八十一条 质量管理部门应当定期组织对企业进行自检，监控本规范的实施情况，评估企业是否符合本规范要求，并提出必要的纠正和预防措施。

第二节　自　　检

第二百八十二条　自检应当有计划，对机构与人员、厂房与设施、设备、物料与产品、确认与验证、文件管理、生产管理、质量控制与质量保证、产品销售与召回等项目定期进行检查。

第二百八十三条　应当由企业指定人员进行独立、系统、全面的自检，也可由外部人员或专家进行独立的质量审计。

第二百八十四条　自检应当有记录。自检完成后应当有自检报告，内容至少包括自检过程中观察到的所有情况、评价的结论以及提出纠正和预防措施的建议。有关部门和人员应立即进行整改，自检和整改情况应当报告企业高层管理人员。

第十三章　附　　则

第二百八十五条　本规范为兽药生产质量管理的基本要求。对不同类别兽药或生产质量管理活动的特殊要求，列入本规范附录，另行以公告发布。

第二百八十六条　本规范中下列用语的含义是：

（一）包装材料，是指兽药包装所用的材料，包括与兽药直接接触的包装材料和容器、印刷包装材料，但不包括运输用的外包装材料。

（二）操作规程，是指经批准用来指导设备操作、维护与清洁、验证、环境控制、生产操作、取样和检验等兽药生产活动的通用性文件，也称标准操作规程。

（三）产品生命周期，是指产品从最初的研发、上市直至退市的所有阶段。

（四）成品，是指已完成所有生产操作步骤和最终包装的产品。

（五）重新加工，是指将某一生产工序生产的不符合质量标准的一批中间产品的一部分或全部，采用不同的生产工艺进行再加工，以符合预定的质量标准。

（六）待验，是指原辅料、包装材料、中间产品或成品，采用物理手段或其他有效方式将其隔离或区分，在允许用于投料生产或上市销售之前贮存、等待作出放行决定的状态。

（七）发放，是指生产过程中物料、中间产品、文件、生产用模具等在企业内部流转的一系列操作。

（八）复验期，是指原辅料、包装材料贮存一定时间后，为确保其仍适用于预定用途，由企业确定的需重新检验的日期。

（九）返工，是指将某一生产工序生产的不符合质量标准的一批中间产品、成品的一部分或全部返回到之前的工序，采用相同的生产工艺进行再加工，以符合预定的质量标准。

（十）放行，是指对一批物料或产品进行质量评价，作出批准使用或投放市场或其他决定的操作。

（十一）高层管理人员，是指在企业内部最高层指挥和控制企业、具有调动资源的权力和职责的人员。

（十二）工艺规程，是指为生产特定数量的成品而制定的一个或一套文件，包括生产处方、生产操作要求和包装操作要求，规定原辅料和包装材料的数量、工艺参数和条件、加工说明（包括中间控制）、注意事项等内容。

（十三）供应商，是指物料、设备、仪器、试剂、服务等的提供方，如生产商、经销商等。

（十四）回收，是指在某一特定的生产阶段，将以前生产的一批或数批符合相应质量要求的产品的一部分或全部，加入到另一批次中的操作。

（十五）计算机化系统，是指用于报告或自动控制的集成系统，包括数据输入、电子处理和信息输出。

（十六）交叉污染，是指不同原料、辅料及产品之间发生的相互污染。

（十七）校准，是指在规定条件下，确定测量、记录、控制仪器或系统的示值（尤指称量）或实物量具所代表的量值，与对应的参照标准量值之间关系的一系列活动。

（十八）阶段性生产方式，是指在共用生产区内，在一段时间内集中生产某一产品，再对相应的共用生产区、设施、设备、工器具等进行彻底清洁，更换生产另一种产品的方式。

（十九）洁净区，是指需要对环境中尘粒及微生物数量进行控制的房间（区域），其建筑结构、装备及其使用应当能够减少该区域内污染物的引入、产生和滞留。

（二十）警戒限度，是指系统的关键参数超出正常范围，但未达到纠偏限度，需要引起警觉，可能需要采取纠正措施的限度标准。

（二十一）纠偏限度，是指系统的关键参数超出可接受标准，需要进行调查并采取纠正措施的限度标准。

（二十二）检验结果超标，是指检验结果超出法定标准及企业制定标准的所有情形。

（二十三）批，是指经一个或若干加工过程生产的、具有预期均一质量和特性的一定数量的原辅料、包装材料或成品。为完成某些生产操作步骤，可能有必要将一批产品分成若干亚批，最终合并成为一个均一的批。在连续生产情况下，批必须与生产中具有预期均一特性的确定数量的产品相对应，批量可以是固定数量或固定时间段内生产的产品量。例如：口服或外用的固体、半固体制剂在成型或分装前使用同一台混合设备一次混合所生产的均质产品为一批；口服或外用的液体制剂以灌装（封）前经最后混合的药液所生产的均质产品为一批。

（二十四）批号，是指用于识别一个特定批的具有唯一性的数字和（或）字母的组合。

（二十五）批记录，是指用于记述每批兽药生产、质量检验和放行审核的所有文件和记录，可追溯所有与成品质量有关的历史信息。

（二十六）气锁间，是指设置于两个或数个房间之间（如不同洁净度级别的房间之间）的具有两扇或多扇门的隔离空间。设置气锁间的目的是在人员或物料出入时，对气流进行控制。气锁间有人员气锁间和物料气锁间。

（二十七）确认，是指证明厂房、设施、设备能正确运行并可达到预期结果的一系列活动。

（二十八）退货，是指将兽药退还给企业的活动。

（二十九）文件，包括质量标准、工艺规程、操作规程、记录、报告等。

（三十）物料，是指原料、辅料和包装材料等。例如：化学药品制剂的原料是指原料药；生物制品的原料是指原材料；中药制剂的原料是指中药材、中药饮片和外购中药提取物；原料药的原料是指用于原料药生产的除包装材料以外的其他物料。

（三十一）物料平衡，是指产品或物料实际产量或实际用量及收集到的损耗之和与理论产量或理论用量之间的比较，并考虑可允许的偏差范围。

（三十二）污染，是指在生产、取样、包装或重新包装、贮存或运输等操作过程中，原辅料、中间产品、成品受到具有化学或微生物特性的杂质或异物的不利影响。

（三十三）验证，是指证明任何操作规程（方法）、生产工艺或系统能够达到预期结果的一系列活动。

（三十四）印刷包装材料，是指具有特定式样和印刷内容的包装材料，如印字铝箔、标签、说明书、纸盒等。

（三十五）原辅料，是指除包装材料之外，兽药生产中使用的任何物料。

（三十六）中间控制，也称过程控制，是指为确保产品符合有关标准，生产中对工艺过程加以监控，以便在必要时进行调节而做的各项检查。可将对环境或设备控制视作中间控制的一部分。

第二百八十七条 本规范自 2020 年 6 月 1 日起施行。具体实施要求另行公告。

无菌兽药、非无菌兽药、兽用生物制品、原料药、中药制剂等5类兽药生产质量管理的特殊要求

（农业农村部公告第292号）

根据《兽药生产质量管理规范（2020年修订）》第二百八十五条规定，现发布无菌兽药、非无菌兽药、兽用生物制品、原料药、中药制剂等5类兽药生产质量管理的特殊要求，作为《兽药生产质量管理规范（2020年修订）》配套文件，自2020年6月1日起施行。

特此公告。

附件：1. 无菌兽药生产质量管理的特殊要求

2. 非无菌兽药生产质量管理的特殊要求

3. 兽用生物制品生产质量管理的特殊要求

4. 原料药生产质量管理的特殊要求

5. 中药制剂生产质量管理的特殊要求

农业农村部

2020年4月30日

附件1

无菌兽药生产质量管理的特殊要求

第一章　范　　围

第一条　无菌兽药是指法定兽药标准中列有无菌检查项目的制剂和原料药，包括无菌制剂和无菌原料药。

第二条　本要求适用于无菌制剂生产全过程以及无菌原料药的灭菌和无菌生

产过程。

第二章　原　　则

第三条　无菌兽药的生产须满足其质量要求，应当最大限度降低微生物、各种微粒和热原的污染。生产人员的技能、所接受的培训及其工作态度是达到上述目标的关键因素，无菌兽药的生产应当严格按照设计并经验证的方法及规程进行，产品的无菌或其他质量特性绝不能只依赖于任何形式的最终处理或成品检验（包括无菌检查）。

第四条　无菌兽药按生产工艺可分为两类：采用最终灭菌工艺的为最终灭菌产品；部分或全部工序采用无菌生产工艺的为非最终灭菌产品。

第五条　无菌兽药生产的人员、设备和物料应通过气锁间进入洁净区，采用机械连续传输物料的，应当用正压气流保护并监测压差。

第六条　物料准备、产品配制和灌装（灌封）或分装等操作应当在洁净区内分区域（室）进行。

第七条　应当根据产品特性、工艺和设备等因素，确定无菌兽药生产用洁净区的级别。每一步生产操作的环境都应当达到适当的动态洁净度标准，尽可能降低产品或所处理的物料被微粒或微生物污染的风险。

第三章　洁净度级别与监测

第八条　洁净区的设计应当符合相应的洁净度要求，包括达到“静态”和“动态”的标准。

第九条　无菌兽药生产所需的洁净区可分为以下4个级别：

A级：高风险操作区，如灌装区、放置胶塞桶和与无菌制剂直接接触的敞口包装容器的区域及无菌装配或连接操作的区域，应当用单向流操作台（罩）维持该区的环境状态。单向流系统在其工作区域应当均匀送风，风速为0.45 m/s，不均匀度不超过±20%（指导值）。应当有数据证明单向流的状态并经过验证。

在密闭的隔离操作器或手套箱内，可使用较低的风速。

B级：指无菌配制和灌装等高风险操作A级洁净区所处的背景区域。

C级和D级：指无菌兽药生产过程中重要程度较低操作步骤的洁净区。

以上各级别空气悬浮粒子的标准规定如下表：

洁净度级别	悬浮粒子最大允许数/立方米			
	静态		动态[3]	
	≥0.5μm	≥5.0μm[2]	≥0.5μm	≥5.0μm
A级[1]	3520	不作规定	3520	不作规定
B级	3520	不作规定	352000	2900
C级	352000	2900	3520000	29000
D级	3520000	29000	不作规定	不作规定

注：(1) A级洁净区（静态和动态）、B级洁净区（静态）空气悬浮粒子的级别为ISO 5，以≥0.5μm的悬浮粒子为限度标准。B级洁净区（动态）的空气悬浮粒子的级别为ISO 7。对于C级洁净区（静态和动态）而言，空气悬浮粒子的级别分别为ISO 7和ISO 8。对于D级洁净区（静态）空气悬浮粒子的级别为ISO 8。测试方法可参照ISO 14644-1。

(2) 在确认级别时，应当使用采样管较短的便携式尘埃粒子计数器，避免≥5.0μm悬浮粒子在远程采样系统的长采样管中沉降。在单向流系统中，应当采用等动力学的取样头。

(3) 动态测试可在常规操作、培养基模拟灌装过程中进行，证明达到动态的洁净度级别，但培养基模拟灌装试验要求在“最差状况”下进行动态测试。

第十条 应当按以下要求对洁净区的悬浮粒子进行动态监测：

（一）根据洁净度级别和空气净化系统确认的结果及风险评估，确定取样点的位置并进行日常动态监控。

（二）在关键操作的全过程中，包括设备组装操作，应当对A级洁净区进行悬浮粒子监测。生产过程中的污染（如活生物）可能损坏尘埃粒子计数器时，应当在设备调试操作和模拟操作期间进行测试。A级洁净区监测的频率及取样量，应能及时发现所有人为干预、偶发事件及任何系统的损坏。灌装或分装时，由于产品本身产生粒子或液滴，允许灌装点≥5.0μm的悬浮粒子出现不符合标准的情况。

（三）在B级洁净区可采用与A级洁净区相似的监测系统。可根据B级洁净区对相邻A级洁净区的影响程度，调整采样频率和采样量。

（四）悬浮粒子的监测系统应当考虑采样管的长度和弯管的半径对测试结果的影响。

（五）日常监测的采样量可与洁净度级别和空气净化系统确认时的空气采样量不同。

（六）在A级洁净区和B级洁净区，连续或有规律地出现少量≥5.0μm的悬浮粒子时，应当进行调查。

（七）生产操作全部结束、操作人员撤出生产现场并经15～20分钟（指导值）自净后，洁净区的悬浮粒子应当达到表中的“静态”标准。

（八）应当按照质量风险管理的原则对C级洁净区和D级洁净区（必要时）进行动态监测。监控要求、警戒限度和纠偏限度可根据操作的性质确定，但自净时间应当达到规定要求。

（九）应当根据产品及操作的性质制定温度、相对湿度等参数，这些参数不应对规定的洁净度造成不良影响。

第十一条　应当对微生物进行动态监测，评估无菌生产的微生物状况。监测方法有沉降菌法、定量空气浮游菌采样法和表面取样法（如棉签擦拭法和接触碟法）等。动态取样应当避免对洁净区造成不良影响。成品批记录的审核应当包括环境监测的结果。

对表面和操作人员的监测，应当在关键操作完成后进行。在正常的生产操作监测外，可在系统验证、清洁或消毒等操作完成后增加微生物监测。

洁净区微生物监测的动态标准[(1)]如下：

洁净度级别	浮游菌 cfu/m^3	沉降菌（φ90mm）cfu /4 小时[(2)]	表面微生物	
			接触（φ55mm）cfu/碟	5 指手套 cfu/手套
A 级	<1	<1	<1	<1
B 级	10	5	5	5
C 级	100	50	25	—
D 级	200	100	50	—

注：(1) 表中各数值均为平均值。

(2) 单个沉降碟的暴露时间可以少于 4 小时，同一位置可使用多个沉降碟连续进行监测并累积计数。

第十二条　应当制定适当的悬浮粒子与微生物监测警戒限度和纠偏限度。操作规程中应当详细说明结果超标时需采取的纠偏措施。

第十三条　无菌兽药的生产操作环境可参照表格中的示例进行选择。

洁净度级别	最终灭菌产品生产操作示例
C 级背景下的局部 A 级	大容量（≥50 毫升）静脉注射剂（含非 PVC 多层共挤膜）的灌封；容易长菌、灌装速度慢、灌装用容器为广口瓶、容器须暴露数秒后方可密封的高污染风险产品的灌装（或灌封）
C 级	大容量非静脉注射剂、小容量注射剂、注入剂和眼用制剂等产品的稀配、过滤、灌装（或灌封）；容易长菌、配制后需等待较长时间方可灭菌或不在密闭系统中配制的高污染风险产品的配制和过滤；直接接触兽药的包装材料最终处理后的暴露环境
D 级	轧盖；灌装前物料的准备；大容量非静脉注射剂、小容量注射剂、乳房注入剂、子宫注入剂和眼用制剂等产品的配制（指浓配或采用密闭系统的稀配）和过滤；直接接触兽药的包装材料和器具的最后一次精洗

洁净度级别	非最终灭菌产品生产操作示例
B级背景下的A级	注射剂、注入剂等产品处于未完全密封[1]状态下的操作和转运，如产品灌装（或灌封）、分装、压塞、轧盖[2]等；注射剂、注入剂等药液或产品灌装前无法除菌过滤的配制；直接接触兽药的包装材料、器具灭菌后的装配以及处于未完全密封状态下的转运和存放；无菌原料药的粉碎、过筛、混合、分装
B级	注射剂、注入剂等产品处于未完全密封[1]状态下置于完全密封容器内的转运
C级	注射剂、注入剂等药液或产品灌装前可除菌过滤的配制、过滤；直接接触兽药的包装材料、器具灭菌后处于密闭容器内的转运和存放
D级	直接接触兽药的包装材料、器具的最终清洗、装配或包装、灭菌

注：(1) 轧盖前产品视为处于未完全密封状态。

(2) 根据已压塞产品的密封性、轧盖设备的设计、铝盖的特性等因素，轧盖操作可选择在C级或D级背景下的A级送风环境中进行。A级送风环境应当至少符合A级区的静态要求。

第四章　隔离操作技术

第十四条　高污染风险的操作宜在隔离操作器中完成。隔离操作器及其所处环境的设计，应当能够保证相应区域空气的质量达到设定标准。传输装置可设计成单门或双门，也可是同灭菌设备相连的全密封系统。

物品进出隔离操作器应当特别注意防止污染。

隔离操作器所处环境取决于其设计及应用，无菌生产的隔离操作器所处的环境至少应为D级洁净区。

第十五条　隔离操作器只有经过适当的确认后方可投入使用。确认时应当考虑隔离技术的所有关键因素，如隔离系统内部和外部所处环境的空气质量、隔离操作器的消毒、传递操作以及隔离系统的完整性。

第十六条　隔离操作器和隔离用袖管或手套系统应当进行常规监测，包括经常进行必要的检漏试验。

第五章　吹灌封技术

第十七条　用于生产非最终灭菌产品的吹灌封设备至少应当安装在C级洁净区环境中，设备自身应当装有A级空气风淋装置，操作人员着装应当符合A/B级洁净区的式样。在静态条件下，此环境的悬浮粒子和微生物均应当达到标准，在动态条件下，此环境的微生物应当达到标准。

用于生产最终灭菌产品的吹灌封设备至少应当安装在D级洁净区环境中。

第十八条　因吹灌封技术的特殊性，应当特别注意设备的设计和确认、在线清洁和在线灭菌的验证及结果的重现性、设备所处的洁净区环境、操作人员的培训和着装，以及设备关键区域内的操作，包括灌装开始前设备的无菌装配。

第六章　人　　员

第十九条　洁净区内的人数应当严加控制，检查和监督应当尽可能在无菌生产的洁净区外进行。

第二十条　凡在洁净区工作的人员（包括清洁工和设备维修工）应当定期培训，使无菌兽药的操作符合要求。培训的内容应当包括卫生和微生物方面的基础知识。未受培训的外部人员（如外部施工人员或维修人员）在生产期间需进入洁净区时，应当对其进行特别详细的指导和监督。

第二十一条　从事动物组织加工处理的人员或者从事与当前生产无关的微生物培养的工作人员通常不得进入无菌兽药生产区，不可避免时，应当严格执行相关的人员净化操作规程。

第二十二条　从事无菌兽药生产的员工应当随时报告任何可能导致污染的异常情况，包括污染的类型和程度。当员工由于健康状况可能导致微生物污染风险增大时，应当由指定的人员采取适当的措施。

第二十三条　应当按照操作规程更衣和洗手，尽可能减少对洁净区的污染或将污染物带入洁净区。

第二十四条　工作服及其质量应当与生产操作的要求及操作区的洁净度级别相适应，其式样和穿着方式应当能够满足保护产品和人员的要求。各洁净区的着装要求规定如下：

D级洁净区：应当将头发、胡须等相关部位遮盖；穿合适的工作服和鞋子或鞋套；采取适当措施，以避免带入洁净区外的污染物。

C级洁净区：应当将头发、胡须等相关部位遮盖，戴口罩；穿手腕处可收紧的连体服或衣裤分开的工作服，并穿适当的鞋子或鞋套。工作服应当不脱落纤维或微粒。

A/B级洁净区：应当用头罩将所有头发以及胡须等相关部位全部遮盖，头罩塞进衣领内；戴口罩以防散发飞沫，必要时戴防护目镜；戴经灭菌且无颗粒物（如滑石粉）散发的橡胶或塑料手套，穿经灭菌或消毒的脚套，裤腿塞进脚套内，袖口塞进手套内。工作服应为灭菌的连体工作服，不脱落纤维或微粒，并能滞留身体散发的微粒。

第二十五条　个人外衣不得带入通向B级或C级洁净区的更衣室。每位员工每次进入A/B级洁净区，应当更换无菌工作服；或每班至少更换一次，但应当用监测结果证明这种方法的可行性。操作期间应当经常消毒手套，并在必要时更换口罩和手套。

第二十六条 洁净区所用工作服的清洗和处理方式应当能够保证其不携带有污染物，不会污染洁净区。应当按照相关操作规程进行工作服的清洗、灭菌，洗衣间最好单独设置。

第七章 厂 房

第二十七条 兽药生产应有专用的厂房。洁净厂房的设计，应当尽可能避免管理或监控人员不必要的进入。B级洁净区的设计应当能够使管理或监控人员从外部观察到内部的操作。

第二十八条 为减少尘埃积聚并便于清洁，洁净区内货架、柜子、设备等不得有难清洁的部位。门的设计应当便于清洁。

第二十九条 无菌生产的A/B级洁净区内禁止设置水池和地漏。在其他洁净区内，水池或地漏应当有适当的设计、布局和维护，并安装易于清洁且带有空气阻断功能的装置以防倒灌。同外部排水系统的连接方式应当能够防止微生物的侵入。

第三十条 应当按照气锁方式设计更衣室，使更衣的不同阶段分开，尽可能避免工作服被微生物和微粒污染。更衣室应当有足够的换气次数。更衣室后段的静态级别应当与其相应洁净区的级别相同。必要时，可将进入和离开洁净区的更衣间分开设置。一般情况下，洗手设施只能安装在更衣的第一阶段。

第三十一条 气锁间两侧的门不得同时打开。可采用连锁系统或光学或（和）声学的报警系统防止两侧的门同时打开。

第三十二条 在任何运行状态下，洁净区通过适当的送风应当能够确保对周围低级别区域的正压，维持良好的气流方向，保证有效的净化能力。

应当特别保护已清洁的与产品直接接触的包装材料、器具，以及产品直接暴露的操作区域。

当使用或生产某些有致病性、剧毒或活病毒、活细菌的物料与产品时，空气净化系统的送风和压差应当适当调整，防止有害物质外溢。必要时，生产操作的设备及该区域的排风应当作去污染处理（如排风口安装过滤器）。

第三十三条 应当能够证明所用气流方式不会导致污染风险并有记录（如烟雾试验的录像）。

第三十四条 应设送风机组故障的报警系统。应当在压差十分重要的相邻级别区之间安装压差表。压差数据应当定期记录或者归入有关文档中。

第三十五条 轧盖会产生大量微粒，原则上应当设置单独的轧盖区域和适当的抽风装置。不单独设置轧盖区域的，应当能够证明轧盖操作对产品质量没有不利影响。

第八章　设　　备

第三十六条　除传送带本身能连续灭菌（如隧道式灭菌设备）外，传送带不得在A/B级洁净区与低级别洁净区之间穿越。

第三十七条　生产设备及辅助装置的设计和安装，应当尽可能便于在洁净区外进行操作、保养和维修。需灭菌的设备应当尽可能在完全装配后进行灭菌。

第三十八条　无菌兽药生产的洁净区空气净化系统应当保持连续运行，维持相应的洁净度级别。因故停机再次开启空气净化系统，应当进行必要的测试以确认仍能达到规定的洁净度级别要求。

第三十九条　在洁净区内进行设备维修时，如洁净度或无菌状态遭到破坏，应当对该区域进行必要的清洁、消毒或灭菌，待监测合格方可重新开始生产操作。

第四十条　关键设备（如灭菌柜、空气净化系统和工艺用水系统等）应当经过确认并进行计划性维护，经批准方可使用。

第四十一条　过滤器应当尽可能不脱落纤维。严禁使用含石棉的过滤器。过滤器不得因与产品发生反应、释放物质或吸附作用而对产品质量造成不利影响。

第四十二条　进入无菌生产区的生产用气体（如压缩空气、氮气，但不包括可燃性气体）均应经过除菌过滤，应当定期检查除菌过滤器和呼吸过滤器的完整性。

第九章　消　　毒

第四十三条　应当按照操作规程对洁净区进行清洁和消毒。一般情况下，所采用消毒剂的种类应当多于一种。不得用紫外线消毒替代化学消毒。应当定期进行环境监测，及时发现耐受菌株及污染情况。

第四十四条　应当监测消毒剂和清洁剂的微生物污染状况，配制后的消毒剂和清洁剂应当存放在清洁容器内，存放期不得超过规定时限。A/B级洁净区应当使用无菌的或经无菌处理的消毒剂和清洁剂。

第四十五条　必要时，可采用熏蒸或其他方法降低洁净区内卫生死角的微生物污染，应当验证熏蒸剂的残留水平。

第十章　生产管理

第四十六条　生产的每个阶段（包括灭菌前的各阶段）应当采取措施降低污染。

第四十七条 无菌生产工艺的验证应当包括培养基模拟灌装试验。

应当根据产品的剂型、培养基的选择性、澄清度、浓度和灭菌的适用性选择培养基。应当尽可能模拟常规的无菌生产工艺，包括所有对无菌结果有影响的关键操作，以及生产中可能出现的各种干预和最差条件。

培养基模拟灌装试验的首次验证，每班次应当连续进行3次合格试验。空气净化系统、设备、生产工艺及人员重大变更后，应当重复进行培养基模拟灌装试验。通常应当每班次半年进行1次培养基模拟灌装试验，每次至少一批。

培养基灌装容器的数量应当足以保证评价的有效性。批量较小的产品，培养基灌装的数量应当至少等于产品的批量。培养基模拟灌装试验的目标是零污染，应当遵循以下要求：

（一）灌装数量少于5000支时，不得检出污染品。

（二）灌装数量在5000至10000支时：

1. 有1支污染，需调查，可考虑重复试验；

2. 有2支污染，需调查后进行再验证。

（三）灌装数量超过10000支时：

1. 有1支污染，需调查；

2. 有2支污染，需调查后进行再验证。

（四）发生任何微生物污染时，均应当进行调查。

第四十八条 应当采取措施确保验证不会对生产造成不良影响。

第四十九条 无菌原料药精制、无菌兽药配制、直接接触兽药的包装材料和器具等最终清洗、A/B级洁净区内消毒剂和清洁剂配制的用水应当符合注射用水的质量标准。

第五十条 必要时，应当定期监测制药用水的细菌内毒素，保存监测结果及所采取纠偏措施的相关记录。

第五十一条 当无菌生产正在进行时，应当特别注意减少洁净区内的各种活动。应当减少人员走动，避免剧烈活动散发过多的微粒和微生物。由于所穿工作服的特性，环境的温湿度应当保证操作人员的舒适性。

第五十二条 应当尽可能减少物料的微生物污染程度。必要时，物料的质量标准中应当包括微生物限度、细菌内毒素或热原检查项目。

第五十三条 洁净区内应当避免使用易脱落纤维的容器和物料；在无菌生产的过程中，不得使用此类容器和物料。

第五十四条 应当采取各种措施减少最终产品的微粒污染。

第五十五条 最终清洗后，包装材料、容器和设备的处理应当避免被再次污染。

第五十六条 应当尽可能缩短包装材料、容器和设备的清洗、干燥和灭菌的间隔时间，以及灭菌至使用的间隔时间。应当建立规定贮存条件下的间隔时间控制标准。

第五十七条　应当尽可能缩短药液从开始配制到灭菌（或除菌过滤）的间隔时间。应当根据产品的特性及贮存条件建立相应的间隔时间控制标准。

第五十八条　应当根据所用灭菌方法的效果确定灭菌前产品微生物污染水平的监控标准，并定期监控。必要时，还应当监控热原或细菌内毒素。

第五十九条　无菌生产所用的包装材料、容器、设备和任何其他物品都应当灭菌，并通过双扉灭菌柜进入无菌生产区，或以其他方式进入无菌生产区，但应当避免引入污染。

第六十条　除另有规定外，无菌兽药批次划分的原则如下：

（一）大（小）容量注射剂以同一配液罐、最终一次配制的药液所生产的均质产品为一批；同一批产品如用不同的灭菌设备或同一灭菌设备分次灭菌的，应当可以追溯；

（二）粉针剂以一批无菌原料药、在同一连续生产周期内生产的均质产品为一批；

（三）冻干产品以同一批配制的药液使用同一台冻干设备、在同一生产周期内生产的均质产品为一批；

（四）眼用制剂、软膏剂、乳剂和混悬剂等以同一配制罐、最终一次配制所生产的均质产品为一批。

第十一章　灭菌工艺

第六十一条　无菌兽药应当尽可能采用加热方式进行最终灭菌，最终灭菌产品中的微生物存活概率（即无菌保证水平，SAL）不得高于 10^{-6}。采用湿热灭菌方法进行最终灭菌的，通常标准灭菌时间 F_0 值应当大于 8 分钟，流通蒸汽处理不属于最终灭菌。

对热不稳定的产品，可采用无菌生产操作或过滤除菌的替代方法。

第六十二条　可采用湿热、干热、离子辐射、环氧乙烷或过滤除菌的方式进行灭菌。每一种灭菌方式都有其特定的适用范围，灭菌工艺应当与注册批准的要求相一致，且应当经过验证。

第六十三条　任何灭菌工艺在投入使用前，应当采用物理检测手段和生物指示剂，验证其对产品或物品的适用性及所有部位是否达到灭菌效果。

第六十四条　应当定期对灭菌工艺的有效性进行再验证（每年至少一次）。设备重大变更后，须进行再验证。应当保存再验证记录。

第六十五条　所有的待灭菌物品均须按规定要求处理，以获得良好的灭菌效果，灭菌工艺的设计应当保证符合灭菌要求。

第六十六条　应当通过验证确认灭菌设备腔室内待灭菌产品和物品的装载方式。

第六十七条 应当按照供应商的要求保存和使用生物指示剂，并通过阳性对照试验确认其质量。

使用生物指示剂时，应当采取严格管理措施，防止引发微生物污染。

第六十八条 应当有明确区分已灭菌产品和待灭菌产品的方法。每一车（盘或其他装载设备）产品或物料均应贴签，清晰地注明品名、批号并标明是否已经灭菌。必要时，可用湿热灭菌指示带加以区分。

第六十九条 每一次灭菌操作应当有灭菌记录，并作为产品放行的依据之一。

第十二章 灭菌方法

第七十条 热力灭菌通常有湿热灭菌和干热灭菌，应当符合以下要求：

（一）在验证和生产过程中，用于监测或记录的温度探头与用于控制的温度探头应当分别设置，设置的位置应当通过验证确定。每次灭菌均应记录灭菌过程的时间—温度曲线。

采用自控和监测系统的，应当经过验证，保证符合关键工艺的要求。自控和监测系统应当能够记录系统以及工艺运行过程中出现的故障，并有操作人员监控。应当定期将独立的温度显示器的读数与灭菌过程中记录获得的图谱进行对照。

（二）可使用化学或生物指示剂监控灭菌工艺，但不得替代物理测试。

（三）应当监测每种装载方式所需升温时间，且从所有被灭菌产品或物品达到设定的灭菌温度后开始计算灭菌时间。

（四）应当有措施防止已灭菌产品或物品在冷却过程中被污染。除非能证明生产过程中可剔除任何渗漏的产品或物品，任何与产品或物品相接触的冷却用介质（液体或气体）应当经过灭菌或除菌处理。

第七十一条 湿热灭菌应当符合以下要求：

（一）湿热灭菌工艺监测的参数应当包括灭菌时间、温度或压力。

腔室底部装有排水口的灭菌柜，必要时应当测定并记录该点在灭菌全过程中的温度数据。灭菌工艺中包括抽真空操作的，应当定期对腔室作检漏测试。

（二）除已密封的产品外，被灭菌物品应当用合适的材料适当包扎，所用材料及包扎方式应当有利于空气排放、蒸汽穿透并在灭菌后能防止污染。在规定的温度和时间内，被灭菌物品所有部位均应与灭菌介质充分接触。

第七十二条 干热灭菌符合以下要求：

（一）干热灭菌时，灭菌柜腔室内的空气应当循环并保持正压，阻止非无菌空气进入。进入腔室的空气应当经过高效过滤器过滤，高效过滤器应当经过完整性测试。

（二）干热灭菌用于去除热原时，验证应当包括细菌内毒素挑战试验。

（三）干热灭菌过程中的温度、时间和腔室内、外压差应当有记录。

第七十三条　辐射灭菌应当符合以下要求：

（一）经证明对产品质量没有不利影响的，方可采用辐射灭菌。辐射灭菌应当符合《中华人民共和国兽药典》和注册批准的相关要求。

（二）辐射灭菌工艺应当经过验证。验证方案应当包括辐射剂量、辐射时间、包装材质、装载方式，并考察包装密度变化对灭菌效果的影响。

（三）辐射灭菌过程中，应当采用剂量指示剂测定辐射剂量。

（四）生物指示剂可作为一种附加的监控手段。

（五）应当有措施防止已辐射物品与未辐射物品的混淆。在每个包装上均应有辐射后能产生颜色变化的辐射指示片。

（六）应当在规定的时间内达到总辐射剂量标准。

（七）辐射灭菌应当有记录。

第七十四条　环氧乙烷灭菌应当符合以下要求：

（一）环氧乙烷灭菌应当符合《中华人民共和国兽药典》和注册批准的相关要求。

（二）灭菌工艺验证应当能够证明环氧乙烷对产品不会造成破坏性影响，且针对不同产品或物料所设定的排气条件和时间，能够保证所有残留气体及反应产物降至设定的合格限度。

（三）应当采取措施避免微生物被包藏在晶体或干燥的蛋白质内，保证灭菌气体与微生物直接接触。应当确认被灭菌物品的包装材料的性质和数量对灭菌效果的影响。

（四）被灭菌物品达到灭菌工艺所规定的温、湿度条件后，应当尽快通入灭菌气体，保证灭菌效果。

（五）每次灭菌时，应当将适当的、一定数量的生物指示剂放置在被灭菌物品的不同部位，监测灭菌效果，监测结果应当纳入相应的批记录。

（六）每次灭菌记录的内容应当包括完成整个灭菌过程的时间、灭菌过程中腔室的压力、温度和湿度、环氧乙烷的浓度及总消耗量。应当记录整个灭菌过程的压力和温度，灭菌曲线应当纳入相应的批记录。

（七）灭菌后的物品应当存放在受控的通风环境中，以便将残留的气体及反应产物降至规定的限度内。

第七十五条　非最终灭菌产品的过滤除菌应当符合以下要求：

（一）可最终灭菌的产品不得以过滤除菌工艺替代最终灭菌工艺。如果兽药不能在其最终包装容器中灭菌，可用0.22μm（更小或相同过滤效力）的除菌过滤器将药液滤入预先灭菌的容器内。由于除菌过滤器不能将病毒或支原体全部滤除，可采用热处理方法来弥补除菌过滤的不足。

（二）应当采取措施降低过滤除菌的风险。宜安装第二只已灭菌的除菌过滤器再次过滤药液，最终的除菌过滤滤器应当尽可能接近灌装点。

（三）除菌过滤器使用后，应当采用适当的方法立即对其完整性进行检查并记录。常用的方法有起泡点试验、扩散流试验或压力保持试验。

（四）过滤除菌工艺应当经过验证，验证中应当确定过滤一定量药液所需时间及过滤器两侧的压力。任何明显偏离正常时间或压力的情况应当有记录并进行调查，调查结果应当归入批记录。

（五）同一规格和型号的除菌过滤器使用时限应当经过验证，一般不得超过一个工作日。

第十三章　无菌兽药的最终处理

第七十六条　小瓶压塞后应当尽快完成轧盖，轧盖前离开无菌操作区或房间的，应当采取适当措施防止产品受到污染。

第七十七条　无菌兽药包装容器的密封性应当经过验证，避免产品遭受污染。

熔封的产品（如玻璃安瓿或塑料安瓿）应当作100%的检漏试验，其他包装容器的密封性应当根据操作规程进行抽样检查。

第七十八条　在抽真空状态下密封的产品包装容器，应当在预先确定的适当时间后，检查其真空度。

第七十九条　应当逐一对无菌兽药的外部污染或其他缺陷进行检查。如采用灯检法，应当在符合要求的条件下进行检查，灯检人员连续灯检时间不宜过长。应当定期检查灯检人员的视力。如果采用其他检查方法，该方法应当经过验证，定期检查设备的性能并记录。

第十四章　质量控制

第八十条　无菌检查的取样计划应当根据风险评估结果制定，样品应当包括微生物污染风险最大的产品。无菌检查样品的取样至少应当符合以下要求：

（一）无菌灌装产品的样品应当包括最初、最终灌装的产品以及灌装过程中发生较大偏差后的产品；

（二）最终灭菌产品应当从可能的灭菌冷点处取样；

（三）同一批产品经多个灭菌设备或同一灭菌设备分次灭菌的，样品应当从各个/次灭菌设备中抽取。

第十五章　术　　语

第八十一条　下列用语的含义是：

（一）吹灌封设备，是指将热塑性材料吹制成容器并完成灌装和密封的全自动机器，可连续进行吹塑、灌装、密封（简称吹灌封）操作。

（二）动态，是指生产设备按预定的工艺模式运行并有规定数量的操作人员在现场操作的状态。

（三）单向流，是指空气朝着同一个方向，以稳定均匀的方式和足够的速率流动。单向流能持续清除关键操作区域的颗粒。

（四）隔离操作器，是指配备B级（ISO 5级）或更高洁净度级别的空气净化装置，并能使其内部环境始终与外界环境（如其所在洁净室和操作人员）完全隔离的装置或系统。

（五）静态，是指所有生产设备均已安装就绪，但没有生产活动且无操作人员在场的状态。

（六）密封，是指将容器或器具用适宜的方式封闭，以防止外部微生物侵入。

附件2

非无菌兽药生产质量管理的特殊要求

第一章　范　　围

第一条　非无菌兽药是指法定兽药标准中未列有无菌检查项目的制剂。

第二条　本要求适用于非无菌制剂生产全过程。其中，第四章粉剂、散剂、预混剂的生产要求仅适用于符合原农业部公告第1708号第二项第（一）（四）款规定的新建及在原批准范围内的复验、改扩建、重建生产线。

第二章　原　　则

第三条　兽药生产应有专用的厂房。非无菌兽药的生产环境要求可分为三类：

第一类：片剂、颗粒剂、胶囊剂、丸剂、口服溶液剂、酊剂、软膏剂、滴耳剂、栓剂、中药浸膏剂与流浸膏剂、兽医手术器械消毒制剂等暴露工序的生产环境，应当按照附件1中D级洁净区的要求设置。

第二类：粉剂、预混剂（含发酵类预混剂）、散剂、蚕用溶液剂、蚕用胶囊剂、搽剂等及第一类非无菌兽药产品一般生产工序的生产环境，需符合一般生产区要求，门窗应能密闭，并有除尘净化设施或除尘、排湿、排风、降温等设施，人员、物料进出及生产操作和各项卫生管理措施应参照洁净区管理。

第三类：杀虫剂、消毒剂等的生产环境，需符合一般生产区要求，门窗一般不宜密闭，并有排风、降温等设施，人员、物料进出及生产操作和各项卫生管理措施应参照洁净区管理。

第四条　非无菌兽药的生产须满足其质量和预定用途的要求。

质量标准有微生物限度检查等要求或对生产环境有温湿度要求的产品，应有与其要求相适应的生产环境和设施。

第五条　非无菌兽药批次划分原则：

（一）固体、半固体制剂：在成型或分装前使用同一台混合设备一次混合量所生产的均质产品为一批。

（二）液体制剂：以灌装（封）前经最后混合的药液所生产的均质产品为一批。

第三章　非无菌兽药的通用要求

第六条　非无菌兽药所使用的原料，应当符合兽药标准、药品标准或其他有关标准。

第七条　非无菌兽药所使用的辅料（杀虫剂、消毒剂等除外），应当符合兽药标准、药品标准或其他有关标准。

第八条　非无菌兽药所使用的与兽药直接接触的包装材料应与产品的预期用途相适应，并以风险评估为基础进行确定，不得对兽药质量产生不良影响。

第九条　产品上直接印字所用油墨应当符合食用标准要求，可能会与产品接触的润滑油也应采用食用级。

第十条　直接接触兽药的包装材料最终处理的暴露工序洁净度级别应与其兽药生产环境相同。

第十一条　非无菌兽药生产、仓储区应避免啮齿动物、鸟类、昆虫和其他害虫的侵害，并建立虫害控制程序。

第十二条　产尘操作间（如干燥物料或产品的取样、称量、混合、包装等操作间）应当保持相对负压或采取专门的措施，防止粉尘扩散、避免交叉污染并便于清洁。

第十三条　产尘量大的洁净室（区）经捕尘处理仍不能避免交叉污染时，其空气净化系统不得利用回风。

第十四条　干燥设备的进风应当有空气过滤器，进风的洁净度应与兽药生产要求相同，排风应当有防止空气倒流装置。

第十五条　软膏剂、栓剂等剂型的生产配制和灌装生产设备、管道应方便清洗和消毒。

第十六条　有微生物限度检查要求的产品，其生产配料工艺用水及直接接触兽药的设备、器具和包装材料最后一次洗涤用水应符合纯化水质量标准。

第十七条　无微生物限度检查要求的产品，其工艺用水及直接接触兽药的设备、器具和包装材料最后一次洗涤用水应符合饮用水质量标准。

第十八条　生产过程中应避免使用易碎、易脱屑、易长霉的器具、洁具；使用筛网时应有防止因筛网断裂而造成污染的措施。

第十九条　液体制剂的配制、滤过、灌封、灭菌等过程应在规定时间内完成。

第二十条　非无菌兽药生产过程中的中间产品应规定储存期和储存条件。

第四章　粉剂、预混剂、散剂的生产要求

第二十一条　粉剂、预混剂、散剂生产线从投料到分装应采用密闭式生产工艺，尽可能实现生产过程自动化控制。

第二十二条　散剂车间生产工序应从中药材拣选、清洗、干燥、粉碎等前处理开始，并根据中药材炮制、提取的需要，设置相应的功能区，配置相应设备。

第二十三条　粉剂、预混剂可共用车间，但应与散剂车间分开。

第二十四条　生产车间应当按照生产工序及设备、工艺进行合理布局，干湿功能区相对分离，以减少污染。中药材仓库应独立设置，并配置相应的防潮、通风、防霉等设施。

第二十五条　粉剂、预混剂、散剂车间应设置独立的中央除尘系统，在粉尘产生点配备有效除尘装置，称量、投料等操作应在单独除尘控制间中进行。中药粉碎应设置独立除尘及捕尘设施。

第二十六条　最终混合设备容积：粉剂、中药提取物制成的散剂不小于1立方米，其他散剂、预混剂一般不小于2立方米。混合设备应具备良好的混合性能，混合、干燥、粉碎、暂存、主要输送管道等与物料直接接触的设施设备内表层，均应使用具有较强抗腐蚀性能的材质，并在设备确认时进行检查。

第二十七条　分装工序应根据产品特性，配置符合各类制剂装量控制要求的自动上料、分装、密封等自动化联动设备，并配置适宜的装量监控装置。

第二十八条　应根据设备、设施等不同情况，配置相适应的清洗系统（设施），

应能保证清洗后的药物残留对下批产品无影响。

第五章 全发酵制剂的生产要求

第二十九条 本要求适用于采用传统发酵工艺生产的兽药制剂，从生产用菌种取得开始，到发酵产品收获、干燥、混合和分装的生产过程。在发酵生产结束前的生产过程中，应当采取措施防止微生物污染。

第三十条 发酵工艺控制应当重点考虑以下内容：

（一）工作菌种的维护；

（二）接种和扩增培养的控制；

（三）发酵过程中关键工艺参数的监控；

（四）菌体生长、产率的监控；

（五）收集和纯化工艺过程需保护兽药不受污染；

（六）在适当的生产阶段进行微生物污染监控。

第三十一条 菌种维护和记录保存：

（一）只有经授权的人员方能进入菌种存放的场所；

（二）菌种的贮存条件应当能够保持菌种生长能力达到要求水平，并防止污染；

（三）菌种的使用和贮存条件应当有记录；

（四）应当对菌种定期监控，以确定其适用性；

（五）必要时应当进行菌种鉴别。

第三十二条 菌种培养或发酵：

（一）在无菌操作条件下添加细胞基质、培养基、缓冲液和气体，应当采用密闭或封闭系统。初始容器接种、转种或加料（培养基、缓冲液）使用敞口容器操作的，应当有控制措施避免污染；

（二）当微生物污染对兽药质量有影响时，敞口容器的操作应当在适当的控制环境下进行；

（三）操作人员应当穿着适宜的工作服，并在处理培养基时采取特殊的防护措施；

（四）应当对关键工艺参数（如温度、pH值、搅拌速度、通气量、压力）进行监控，保证与规定的工艺一致。必要时，还应当对菌体生长、产率进行监控；

（五）必要时，发酵设备应当清洁、消毒或灭菌；

（六）菌种培养基使用前应当灭菌；

（七）应当制定监测各工序微生物污染的操作规程，并规定所采取的措施，包括评估微生物污染对产品质量的影响，确定消除污染使设备恢复到正常的生产条件。处理被污染的生产物料时，应当对发酵过程中检出的外源微生物进行鉴别，必要时评估其对产品质量的影响；

（八）应当保存所有微生物污染和处理的记录；

（九）更换品种生产时，应当对清洁后的共用设备进行必要的检测，将交叉污染的风险降到最低程度。

第三十三条　收获、干燥、混合和分装：

（一）收获工序应当通过厂房、设施和设备等的设计，将污染风险降到最低程度；

（二）收获步骤应当制定相应的操作规程，采取措施减少产品的降解和污染，保证所得产品具有持续稳定的质量；

（三）收获、干燥、混合和分装工序应尽可能采用生产过程自动化控制，并采用相对密闭式生产工艺；

（四）干燥、混合和分装工序应设置除尘系统，在粉尘产生点配备有效除尘装置。

第六章　杀虫剂、消毒剂的生产要求

第三十四条　杀虫剂、消毒剂车间在选址上应注意远离其他兽药制剂生产线，并处于常年下风口位置。

第三十五条　杀虫剂、消毒剂车间的厂房建筑和设施，可采用耐腐蚀材料建设。

第三十六条　应根据产品特性，配置良好的通风条件以及避免环境污染的设施。

第三十七条　杀虫剂、消毒剂的生产设备应耐腐蚀，不与兽药发生化学变化。

第三十八条　杀虫剂可与消毒剂共用生产车间，但生产设备原则上不能共用。生产固体含氯消毒剂等易燃易爆产品，生产车间应设置为独立建筑物，可为开放式。

第三十九条　杀虫剂、消毒剂生产所使用的原辅料应优先选用兽药标准、药品标准收载的品种。如兽药标准、药品标准未收载的，可选用化工级及其他标准，但不得对兽药质量产生不良影响。

第四十条　杀虫剂、消毒剂生产所使用的与兽药直接接触的包装材料，应注意不能与产品发生化学反应，不得对兽药质量产生不良影响。

第四十一条　杀虫剂、消毒剂原辅料及成品的贮存，应符合相关物料管理的要求，并注意在避光、通风条件下存放。

第四十二条　本附件所称传统发酵，是指利用自然界存在的微生物或用传统方法（如辐照或化学诱变）改良的微生物来生产兽药的工艺。

附件 3

兽用生物制品生产质量管理的特殊要求

第一章 范 围

第一条 兽用生物制品（以下简称制品）系指以天然或人工改造的微生物、寄生虫、生物毒素或生物组织及代谢产物等为材料，采用生物学、分子生物学或生物化学、生物工程等相应技术制成，用于预防、治疗、诊断动物疫病或改变动物生产性能的制品。

第二条 本要求适用于除动物疫病体外诊断或免疫监测制品外的其他制品。

第三条 制品的生产和质量控制应当符合本要求和国家相关规定。

第二章 原 则

第四条 兽药生产应有专用的厂房。制品生产的人员、设备和物料应通过气锁间进入洁净区，采用机械连续传输物料的，应当用正压气流保护并监测压差。

第五条 制品生产中物料准备、产品配制和灌装（灌封）或分装等操作应在洁净区内分区域（室）进行。

第六条 制品生产中应对原辅材料、包装材料、生产过程和中间产品等进行控制。生产中涉及活的微生物时，应采取有效的防护措施，确保生物安全。

第三章 人 员

第七条 从事制品生产、质量保证、质量控制及相关岗位的人员（包括清洁、维修人员），均应根据其生产的制品和所从事的生产操作进行专业知识和安全防护要求的培训和考核。

第八条 应当根据生产和检验所涉及病原微生物安全风险评估的结果，对从事生产、维修、检验、动物饲养的操作和管理等相关人员采取有效的生物安全防护措施，并定期进行专项体检，必要时，接种相应的疫苗。

第九条 生产期间，未采用规定的去污染措施，生产人员不得由操作活微生物或动物的区域进入到操作其他制品或微生物的区域。

第十条 从事生产操作的人员与动物饲养人员不得兼任。

第四章　厂房与设备

第十一条　制品生产环境的空气洁净度级别应当与产品和生产操作相适应，厂房与设施不应对原料、中间产品和成品造成污染。

第十二条　生产过程中涉及高危因子的操作，其空气净化系统等设施还应当符合特殊要求。

第十三条　制品的生产操作应当在符合下表中规定的相应级别的洁净区内进行，未列出的操作可参照下表在适当级别的洁净区内进行：

洁净度级别[1]	制品生产操作示例
B级背景下的局部A级	有开口暴露操作的细胞的制备、半成品制备中的接种、收获；灌装前不经除菌过滤制品的混合、配制；分装（灌封）、冻干、加塞；在暴露情况下添加稳定剂、佐剂、灭活剂等
C级背景下的局部A级	胚苗的半成品制备；组织苗的半成品制备（含脏器组织的采集）
C级	半成品制备中的培养过程，包括细胞的培养、接种后鸡胚的孵化、细菌的培养；灌装前需经除菌过滤制品的配制、精制、除菌过滤、超滤等
D级	采用生物反应器密闭系统；可通过密闭管道对接添加且可在线灭菌、无暴露环节的生产操作；鸡胚的前孵化、溶液或稳定剂的配制与灭菌；血清等的提取、合并、非低温提取和分装前的巴氏消毒；卵黄抗体生产中的蛋黄分离过程；球虫苗的制备、配制、分装过程；口服制剂的制备、分装、冻干等过程；轧盖[2]；制品最终容器的精洗、消毒等

注：(1) A、B、C、D 4个级别相关标准见附件1。

(2) 指轧盖前产品处于较好密封状态下。如处于非完全密封状态，则轧盖活动需设置在与分装或灌装活动相同的洁净度级别下。

第十四条　操作高致病性病原微生物、牛分支杆菌以及特定微生物（如高致病性禽流感灭活疫苗生产用毒株）应在专用的厂房内进行，其生产设备须专用，并有符合相应规定的防护措施和消毒灭菌、防散毒设施。生产操作结束后的污染物品应在原位消毒、灭菌后，方可移出生产区。

第十五条　布氏菌病活疫苗生产操作区（含细菌培养、疫苗配制、分装、冻干、轧盖）应使用专用设备和功能区，生产操作区应设为负压，空气排放应经高效过滤，回风不得循环使用，培养应使用密闭系统，通气培养、冻干、高压灭菌过程中产生的废气应经除菌过滤或经验证确认有效的方式处理后排放。疫苗瓶在进入贴签间前，应有对疫苗瓶外表面进行消毒的设施设备。

第十六条　芽孢菌类微生态制剂、干粉制品应当使用专用的车间，产尘量大的工序应经捕尘处理。

第十七条 生产炭疽芽孢疫苗应当使用专用设施设备。致病性芽孢菌（如肉毒梭状芽孢杆菌、破伤风梭状芽孢杆菌）操作直至灭活过程完成前应当使用专用设施设备。

第十八条 涉及芽孢菌生产操作结束后的污染物品应在原位消毒、灭菌后，方可移出生产区。

第十九条 除有其他规定外，灭活疫苗（包括重组 DNA 产品）、类毒素及细胞提取物的半成品的生产可以交替使用同一生产区，在其灭活或消毒后可以交替使用同一灌装间和灌装、冻干设施设备，但应当在一种制品生产、分装或冻干后进行有效的清洁和消毒，清洁消毒效果应定期验证。

第二十条 除有其他规定外，活疫苗可以交替使用同一生产区、同一灌装间或灌装、冻干设施设备，但应当在一种制品生产、分装或冻干完成后进行有效的清洁和消毒，清洁和消毒的效果应定期验证。

第二十一条 以动物血、血清或脏器、组织为原料生产的制品的特有生产阶段应当使用专用区域和设施设备，与其他制品的生产严格分开。

第二十二条 如设备专用于生产孢子形成体，当加工处理一种制品时应集中生产。在某一设施或一套设施中分期轮换生产芽胞菌制品时，在规定时间内只能生产一种制品。

第二十三条 使用密闭系统生物反应器生产同一类别的制品可以在同一区域同时生产。

第二十四条 操作一、二、三类动物病原微生物应在专门的区域内进行，并保持绝对负压，空气应通过高效过滤后排放，滤器的性能应定期检查。生产操作结束后的污染物品应在原位消毒、灭菌后，方可移出生产区。

第二十五条 有菌（毒）操作区与无菌（毒）操作区应有各自独立的空气净化系统且人流、物流应分开设置。来自一、二、三类动物病原微生物操作区的空气不得再循环或仅在同一区内再循环。

第二十六条 用于加工处理活生物体的生产操作区和设备应当便于清洁和去污染，清洁和去污染的有效性应当经过验证。

第二十七条 应具有对制品生产、检验过程中产生的污水、废弃物等进行无害化处理的设施设备。产生的含活微生物的废水应收集在密闭的罐体内进行无害化处理。

第二十八条 密闭容器（如发酵罐）、管道系统、阀门和呼吸过滤器应便于清洁和灭菌，宜采用在线清洁、在线灭菌系统。

第二十九条 生产过程中被污染的物品和设备应当与未使用过的灭菌物品和设备分开，并有明显标志。

第三十条　洁净区内设置的冷库和温室，应当采取有效的隔离和防止污染的措施，避免对生产区造成污染。

第三十一条　制品生产的A/B级洁净区内禁止设置水池和地漏。在其他洁净区内设置的水池或地漏，应当有适当的设计、布局和维护，安装易于清洁且带有空气阻断功能的装置以防倒灌。同外部排水系统的连接方式应当能够防止微生物的侵入。

第三十二条　生产设备跨越两个洁净级别不同的区域时应采取密封的隔离装置。除传送带本身能连续灭菌（如隧道式灭菌设备）外，传送带不得在A/B级洁净区与低级别洁净区之间穿越。

第三十三条　质量管理部门应根据需要设置检验、留样观察以及其他各类实验室，能根据需要对实验室洁净度、温湿度进行控制。检验中涉及病原微生物操作的，应在符合生物安全要求的实验室内进行。

第三十四条　分子生物学的检验操作应在单独的区域内进行，其设计和功能间的设置应符合相关规定，并有防止气溶胶等造成交叉污染的设施设备。

第三十五条　布氏菌病活疫苗涉及活菌的实验室检验操作应在检验实验室的生物安全柜中进行；不能在生物安全柜中进行的，应对检验实验室采取防扩散措施。

第五章　动物房及相关事项

第三十六条　制品的检验用动物实验室和生产车间应当分开设置，且不在同一建筑物内。检验用动物实验室应根据检验需要设置安全检验、免疫接种和强毒攻击区。动物房的设计、建造等，应当符合国家标准和实验动物管理的相关规定。

第三十七条　布氏菌病活疫苗安全检验应在带有负压独立通风笼具（IVC）的负压动物实验室内进行。

第三十八条　应当对生产及检验用动物的健康状况进行监控并有相应详细记录，内容至少包括动物来源、动物繁殖和饲养条件、动物健康情况等。动物饲养管理等应当符合国家相关规定。

第三十九条　生产和检验用动物应当符合《中华人民共和国兽药典》的要求。

第六章　物　　料

第四十条　物料应符合《中华人民共和国兽药典》和制品规程标准、包装材料标准和其他有关标准，不对制品质量产生不良影响。

第四十一条　生产用菌（毒、虫）种应当建立完善的种子批系统（基础种子批和生产种子批）。菌（毒、虫）种种子批系统的建立、维护、保存和检定应当符合《中华人民共和国兽药典》的要求。

第四十二条　生产用细胞需建立完善的细胞库系统（基础细胞库和生产细胞库）。细胞库系统的建立、维护和检定应当符合《中华人民共和国兽药典》的要求。

第四十三条　应当通过连续批次产品的一致性确认种子批、细胞库的适用性。种子批和细胞库建立、保存和使用的方式，应当能够避免污染或变异的风险。

第四十四条　种子批或细胞库和成品之间的传代数目（倍增次数、传代次数）应当与已批准注册资料中的规定一致，不得随生产规模变化而改变。

第四十五条　应当在适当受控环境下建立种子批和细胞库，以保护种子批、细胞库以及操作人员。在建立种子批和细胞库的过程中，操作人员不得在同一区域同时处理不同活性或具有传染性的物料（如病毒、细菌、细胞）。

第四十六条　种子批与细胞库的来源、制备、贮存、领用及其稳定性和复苏情况应当有记录。储藏容器应当在适当温度下保存，并有明确的标签。冷藏库的温度应当有连续记录，液氮贮存条件应当有适当的监测。任何偏离贮存条件的情况及纠正措施都应记录。库存台账应当长期保存。

第四十七条　不同种子批或细胞库的贮存方式应当能够防止差错、混淆或交叉污染。

第四十八条　在贮存期间，基础种子批贮存条件应不低于生产种子批贮存条件；基础细胞库贮存条件应不低于生产细胞库贮存条件。一旦取出使用，不得再返回库内贮存。

第四十九条　应按规定对菌（毒、虫）种、种细胞、标准物质进行使用和销毁。

第五十条　生产用动物源性原材料的来源应有详细记录。

第五十一条　用于禽类活疫苗生产的鸡和鸡胚应符合 SPF 级标准。

第七章　生产管理

第五十二条　应按照农业农村部批准的制品生产工艺制定企业的生产工艺规程和标准操作规程，并在生产过程中严格执行。生产工艺不得随意更改，如需更改，应按有关规定办理相关手续。

第五十三条　应有防止物料及制品所产生的气体、蒸汽、喷雾物或生物体等引起交叉污染的措施。

第五十四条　当中间产品的检验周期较长时，除灭活检验外，允许其他检验完成前投入使用，但只有全部检验结果均符合要求时，成品才能放行。

第五十五条　应当按照《中华人民共和国兽药典》中的“兽用生物制品的组批与分装规定”进行分批并编制批号。

第五十六条　向生物反应器或其他容器中加料或从中取样时，应当检查并确保管路连接正确，并在严格控制的条件下进行，确保不发生污染和差错。

第五十七条　应当对制品生产中的离心或混合操作采取隔离措施，防止操作过程中产生的悬浮微粒导致的活性微生物扩散。

第五十八条　向发酵罐或反应罐中通气以及添加培养基、酸、碱、消泡剂等成分所使用的过滤器宜在线灭菌。

第五十九条　应当采用经过验证的工艺进行病毒去除或灭活处理，操作过程中应当采取措施防止已处理的产品被污染。

第六十条　应当按照操作规程对洁净区进行清洁和消毒。所用消毒剂品种应定期更换，防止产生耐药菌株。应当定期进行环境监测，及时发现耐受菌株及污染情况。

第八章　质量管理

第六十一条　应当按照《中华人民共和国兽药典》《兽用生物制品规程》或农业农村部批准的质量标准对制品原辅料、中间产品和成品进行检验，并对生产过程进行质量控制。

第六十二条　必要时，中间产品应当留样，以满足复试或对中间控制确认的需要，留样数量应当充足，并在适宜条件下贮存。

第六十三条　应当对生产过程中某些工艺（如发酵工艺）的相关参数进行连续监控，连续监控数据应当纳入批记录。

第六十四条　采用连续培养工艺（如微载体培养）生产的，应当根据工艺特点制定相应的质量控制要求。

第六十五条　应对疫苗产品质量进行趋势分析，及时处置并全面分析工艺偏差及质量差异，对发生的偏差应如实记录并定期回顾。

附件 4

原料药生产质量管理的特殊要求

第一章　范　　围

第一条　本要求适用于非无菌原料药生产及无菌原料药生产中非无菌生产工序的操作。原料药生产的起点及工序应当从起始物料开始，并覆盖生产的全过程。

第二章 厂房与设施

第二条 兽药生产应有专用的厂房。非无菌原料药精制、干燥、粉碎、包装等生产操作的暴露环境应当按照D级洁净区的要求设置。

仅用于生产杀虫剂、消毒剂等制剂的原料药，其精制、干燥、粉碎、包装等生产操作的暴露环境可按照一般生产区的要求设置。

法定兽药质量标准规定可在商品饲料和养殖过程中使用的兽药制剂的原料药，其精制、干燥、粉碎、包装等生产操作的暴露环境可按照一般生产区的要求设置。

第三条 质量标准中有热原或细菌内毒素等检验项目的，厂房的设计应当特别注意防止微生物污染，根据产品的预定用途、工艺要求采取相应的控制措施。

第四条 质量控制实验室通常应当与生产区分开。当生产操作不影响检验结果的准确性，且检验操作对生产也无不利影响时，中间控制实验室可设在生产区内。

第三章 设 备

第五条 设备所需的润滑剂、加热或冷却介质等，应当避免与中间产品或原料药直接接触，以免影响中间产品或原料药的质量。当任何偏离上述要求的情况发生时，应当进行评估和恰当处理，保证对产品的质量和用途无不良影响。

第六条 生产宜使用密闭设备；密闭设备、管道可以安置于室外。使用敞口设备或打开设备操作时，应当有避免污染的措施。

第七条 使用同一设备生产多种中间体或原料药品种的，应当说明设备可以共用的合理性，并有防止交叉污染的措施。

第八条 难以清洁的设备或部件应当专用。

第九条 设备的清洁应当符合以下要求：

（一）同一设备连续生产同一原料药或阶段性生产连续数个批次时，宜间隔适当的时间对设备进行清洁，防止污染物（如降解产物、微生物）的累积。如有影响原料药质量的残留物，更换批次时，应当对设备进行彻底的清洁。

（二）非专用设备更换品种生产前，应当对设备（特别是从粗品精制开始的非专用设备）进行彻底的清洁，防止交叉污染。

（三）对残留物的可接受标准、清洁操作规程和清洁剂的选择，应当有明确规定并说明理由。

第十条 非无菌原料药精制工艺用水至少应当符合纯化水的质量标准。

用于杀虫剂、消毒剂以及法定兽药质量标准规定可在商品饲料和养殖过程中使用的兽药制剂的原料药精制工艺用水至少应符合饮用水的质量标准。

第四章　物　　料

第十一条　进厂物料应当有正确清晰的标识。经取样（或检验合格）后，可与现有的库存（如储槽中的溶剂或物料）混合。经放行后，混合物料方可使用。应当有防止将物料错放到现有库存中的操作规程。

第十二条　采用非专用槽车运送的大宗物料，应当采取适当措施避免槽车造成的交叉污染。

第十三条　大的贮存容器及其所附配件、进料管路和出料管路都应当有适当的标识。

第十四条　应当对每批物料至少做一项鉴别试验。如原料药生产企业有供应商审计系统时，供应商的检验报告可以用来替代其他试验项目的测试。

第十五条　工艺助剂、有害或有剧毒的原料、其他特殊物料或来自于本企业另一生产场地的物料可以免检，但应当取得供应商的检验报告，且检验报告显示这些物料符合规定的质量标准，还应当对其容器、标签和批号进行目检予以确认。免检应当说明理由并有正式记录。

第十六条　应当对首次采购的最初三批物料全检合格后，方可对后续批次进行部分项目的检验，但应当定期进行全检，并与供应商的检验报告比较。应当定期评估供应商检验报告的可靠性、准确性。

第十七条　对易燃易爆、强氧化性等特殊物料，应当建立专用的独立库房。可在室外存放的物料，应当存放在适当容器和环境中，根据物料特性有清晰的标识，在开启和使用前应当进行适当清洁。

第十八条　必要时（如长期存放或贮存在热或潮湿的环境中），应当根据情况重新评估物料的质量，确定其适用性。

第五章　验　　证

第十九条　应当在工艺验证前，根据研发阶段或历史资料和数据确定产品的关键质量属性、影响产品关键质量属性的关键工艺参数、工艺控制及范围，通过验证证明工艺操作的重现性。

第二十条　验证应当包括对原料药质量（尤其是纯度和杂质等）有重要影响的关键操作。

第二十一条　验证的方式：

（一）原料药生产工艺的验证方法一般应为前验证。因原料药不经常生产、批数不多或生产工艺已有变更等原因，难以从原料药的重复性生产获得现成的数据时，可进行同步验证。

（二）如没有发生因原料、设备、系统、设施或生产工艺改变而对原料药质量有影响的重大变更时，可例外进行回顾性验证。该验证方法适用于下列情况：

1. 关键质量属性和关键工艺参数均已确定；

2. 已设定合适的中间控制项目和合格标准；

3. 除操作人员失误或设备故障外，从未出现较大的工艺或产品不合格的问题；

4. 已明确原料药的杂质情况。

第二十二条 验证计划：

（一）应当根据生产工艺的复杂性和工艺变更的类别决定工艺验证的运行次数。前验证和同步验证通常采用连续的三个合格批次，但在某些情况下（如复杂的或周期很长的原料药生产工艺），需要更多的批次才能保证工艺的一致性。

（二）工艺验证期间，应当对关键工艺参数进行监控。与质量无关的参数（如与节能或设备使用相关控制的参数），无需列入工艺验证中。

（三）工艺验证应当证明每种原料药中的关键质量属性均符合预定要求，杂质均在规定的限度内，并与工艺研发阶段或者关键的临床和毒理研究批次确定的质量属性或杂质限度的数据相当。

第二十三条 清洁验证：

（一）清洁操作规程通常应当进行验证。清洁验证一般应当针对污染物、所用物料对原料药质量有最大风险的状况及工艺步骤。

（二）清洁操作规程的验证应当反映设备实际的使用情况。如果多个原料药或中间产品共用同一设备生产，且采用同一操作规程进行清洁的，可选择有代表性的中间产品或原料药作为清洁验证的参照物。应当根据溶解度、难以清洁的程度以及残留物的限度来选择清洁参照物，残留物的限度需根据活性、毒性和稳定性确定。

（三）清洁验证方案应当详细描述需清洁的对象、清洁操作规程、选用的清洁剂、可接受限度、需监控的参数以及检验方法。该方案还应当说明样品类型（化学或微生物）、取样位置、取样方法和样品标识。使用专用生产设备且产品质量稳定的，可采用目检法确定可接受限度。

（四）取样方法包括擦拭法、淋洗法或其他方法（如直接萃取法），以对不溶性和可溶性残留物进行检验。

（五）应当采用经验证的灵敏度高的分析方法检测残留物或污染物。每种分析方法的检测限应当足够灵敏，能达到检测残留物或污染物的限度标准。应当确定分析方法可达到的回收率。残留物的限度标准应当切实可行，并根据最有害的残留物来确定，可根据原料药的药理、毒理或生理活性来确定，也可根据原料药生产中最有害的组分来确定。

（六）对需控制热原或细菌内毒素污染水平的生产工艺，应当在设备清洁验证中进行效果确认。

（七）清洁操作规程经验证后应当按验证中设定的检验方法定期进行监测，保证日常生产中操作规程的有效性。

第二十四条　应当根据工艺及清洁工艺的运行变化评估情况，定期进行再验证。

第六章　文　　件

第二十五条　企业应当根据生产工艺要求、对产品质量的影响程度、物料的特性以及对供应商的质量评估情况，确定合理的物料质量标准。

第二十六条　中间产品或原料药生产中使用的某些材料，如工艺助剂、垫圈或其他材料，可能对质量有重要影响时，也应当制定相应材料的质量标准。

第二十七条　原料药的生产工艺规程应当包括：

（一）所生产的中间产品或原料药名称。

（二）标有名称和代码的原料和中间产品的完整清单。

（三）准确陈述每种原料或中间产品的投料量或投料比，包括计量单位。如果投料量不固定，应当注明每种批量或产率的计算方法。如有正当理由，可制定投料量合理变动的范围。

（四）生产地点、主要设备（型号及材质等）。

（五）生产操作的详细说明，包括：

1. 操作顺序；

2. 所用工艺参数的范围；

3. 取样方法说明，所用原料、中间产品及成品的质量标准；

4. 完成单个步骤或整个工艺过程的时限（如适用）；

5. 按生产阶段或时限计算的预期收率范围；

6. 必要时，需遵循的特殊预防措施、注意事项或有关参照内容；

7. 可保证中间产品或原料药适用性的贮存要求，包括标签、包装材料和特殊贮存条件以及期限。

第七章　生产管理

第二十八条　生产操作：

（一）原料应当在适宜的条件下称量，以免影响其适用性。称量的装置应当具有与使用目的相适应的精度。

（二）如将物料分装后用于生产的，应当使用适当的分装容器。分装容器应当有标识并标明以下内容：

1. 物料的名称或代码；

2. 接收批号或流水号；

3. 分装容器中物料的重量或数量；

4. 必要时，标明复验或重新评估日期。

（三）关键的称量或分装操作应当有复核或有类似的控制手段。使用前，生产人员应当核实所用物料正确无误。

（四）应当将生产过程中指定步骤的实际收率与预期收率比较。预期收率的范围应当根据以前的实验室、中试或生产的数据来确定。应当对关键工艺步骤收率的偏差进行调查，确定偏差对相关批次产品质量的影响或潜在影响。

（五）应当遵循工艺规程中有关时限控制的规定。发生偏差时，应当作记录并进行评价。如反应终点或加工步骤的完成是根据中间控制的取样和检验来确定的，则不适用时限控制。

（六）需进一步加工的中间产品应当在适宜的条件下存放，确保其适用性。

第二十九条　生产的中间控制和取样：

（一）应当综合考虑所生产原料药的特性、反应类型、工艺步骤对产品质量影响的大小等因素来确定控制标准、检验类型和范围。前期生产的中间控制严格程度可较低，越接近最终工序（如分离和纯化）中间控制越严格。

（二）有资质的生产部门人员可进行中间控制，并可在质量管理部门事先批准的范围内对生产操作进行必要的调整。在调整过程中发生的中间控制检验结果超标通常不需要进行调查。

（三）应当制定操作规程，详细规定中间产品和原料药的取样方法。

（四）应当按照操作规程进行取样，取样后样品密封完好，防止所取的中间产品和原料药样品被污染。

第三十条　病毒的去除或灭活：

（一）应当按照经验证的操作规程进行病毒去除和灭活。

（二）应当采取必要的措施，防止病毒去除和灭活操作后可能的病毒污染。敞口操作区应当与其他操作区分开，并设独立的空气净化系统。

（三）同一设备通常不得用于不同产品或同一产品不同阶段的纯化操作。如果使用同一设备，应当采取适当的清洁和消毒措施，防止病毒通过设备或环境由前次纯化操作带入后续纯化操作。

第三十一条　原料药或中间产品的混合：

（一）本条中的混合指将符合同一质量标准的原料药或中间产品合并，以得到均一产品的工艺过程。将来自同一批次的各部分产品（如同一结晶批号的中间产品分数次离心）在生产中进行合并，或将几个批次的中间产品合并在一起作进一步加工，可作为生产工艺的组成部分，不视为混合。

（二）不得将不合格批次与其他合格批次混合。

（三）拟混合的每批产品均应当按照规定的工艺生产、单独检验，并符合相应质量标准。

（四）混合操作可包括：

1. 将数个小批次混合以增加批量；

2. 将同一原料药的多批零头产品混合成为一个批次。

（五）混合过程应当加以控制并有完整记录，混合后的批次应当进行检验，确认其符合质量标准。

（六）混合的批记录应当能够追溯到参与混合的每个单独批次。

（七）物理性质至关重要的原料药（如用于口服固体制剂或混悬剂的原料药），其混合工艺应当进行验证，验证包括证明混合批次的质量均一性及对关键特性（如粒径分布、松密度和堆密度）的检测。

（八）混合可能对产品的稳定性产生不利影响的，应当对最终混合的批次进行稳定性考察。

（九）混合批次的有效期应当根据参与混合的最早批次产品的生产日期确定。

第三十二条　生产批次的划分原则：

（一）连续生产的原料药，在一定时间间隔内生产的在规定限度内的均质产品为一批。

（二）间歇生产的原料药，可由一定数量的产品经最后混合所得的在规定限度内的均质产品为一批。

第三十三条　污染的控制：

（一）同一中间产品或原料药的残留物带入后续数个批次中的，应当严格控制。带入的残留物不得引入降解物或微生物污染，也不得对原料药的杂质分布产生不利影响。

（二）生产操作应当能够防止中间产品或原料药被其他物料污染。

（三）原料药精制后的操作，应当特别注意防止污染。

（四）精制用的溶剂应当过滤。

第三十四条　原料药或中间产品的包装：

（一）容器应当能够保护中间产品和原料药，使其在运输和规定的贮存条件下不变质、不受污染。容器不得因与产品发生反应、释放物质或吸附作用而影响中间产品或原料药的质量。

（二）应当对容器进行清洁，如中间产品或原料药的性质有要求时，还应当进行消毒，确保其适用性。

（三）应当按照操作规程对可以重复使用的容器进行清洁，并去除或涂毁容器上原有的标签。

（四）应当对需外运的中间产品或原料药的容器采取适当的封装措施，便于发现封装状态的变化。

第八章　不合格中间品或原料药的处理

第三十五条　不合格的中间产品和原料药可按第三十六条、第三十七条的要求进行返工或重新加工。不合格物料的最终处理情况应当有记录。

第三十六条　返工：

（一）不符合质量标准的中间产品或原料药可重复既定生产工艺中的步骤，进行重结晶等其他物理、化学处理，如蒸馏、过滤、层析、粉碎方法。

（二）多数批次都要进行的返工，应当作为一个工艺步骤列入常规的生产工艺中。

（三）除已列入常规生产工艺的返工外，应当对将未反应的物料返回至某一工艺步骤并重复进行化学反应的返工进行评估，确保中间产品或原料药的质量未受到生成副产物和过度反应物的不利影响。

（四）经中间控制检测表明某一工艺步骤尚未完成，仍可按正常工艺继续操作，不属于返工。

第三十七条　重新加工：

（一）应当对重新加工的批次进行评估、检验及必要的稳定性考察，并有完整的文件和记录，证明重新加工后的产品与原工艺生产的产品质量相同。可采用同步验证的方式确定重新加工的操作规程和预期结果。

（二）应当按照经验证的操作规程进行重新加工，将重新加工的每个批次的杂质分布与正常工艺生产的批次进行比较。常规检验方法不足以说明重新加工批次特性的，还应当采用其他的方法。

第三十八条　物料和溶剂的回收：

（一）回收反应物、中间产品或原料药（如从母液或滤液中回收），应当有经批准的回收操作规程，且回收的物料或产品符合与预定用途相适应的质量标准。

（二）溶剂可以回收。回收的溶剂在同品种相同或不同的工艺步骤中重新使用的，应当对回收过程进行控制和监测，确保回收的溶剂符合适当的质量标准。回收的溶剂用于其他品种的，应当证明不会对产品质量有不利影响。

（三）未使用过和回收的溶剂混合时，应当有足够的数据表明其对生产工艺的适用性。

（四）回收的母液和溶剂以及其他回收物料的回收与使用，应当有完整、可追溯的记录，并定期检测杂质。

第九章　质量管理

第三十九条　原料药质量标准应当包括对杂质的控制（如有机杂质、无机杂质、残留溶剂）。原料药有微生物或细菌内毒素控制要求的，还应当制定相应的限度标准。

第四十条　按受控的常规生产工艺生产的每种原料药应当有杂质档案。杂质档案应当描述产品中存在的已知和未知的杂质情况，注明观察到的每一杂质的鉴别或定性分析指标（如保留时间）、杂质含量范围，以及已确认杂质的类别（如有机杂质、无机杂质、溶剂）。杂质分布一般与原料药的生产工艺和所用起始原料有关，从植物或动物组织制得的原料药、发酵生产的原料药的杂质档案通常不一定有杂质分布图。

第四十一条　应当定期将产品的杂质分析资料与注册申报资料中的杂质档案，或与以往的杂质数据相比较，查明原料、设备运行参数和生产工艺的变更所致原料药质量的变化。

第四十二条　原料药的持续稳定性考察：

（一）稳定性考察样品的包装方式和包装材质应当与上市产品相同或相仿。

（二）正常批量生产的最初三批产品应当列入持续稳定性考察计划，以进一步确认有效期。

（三）有效期短的原料药，在进行持续稳定性考察时应适当增加检验频次。

第四十三条　产品质量审核：

原料药的定期质量审核应当以证实工艺的一致性为目的来实施。此种审核通常应每年进行一次并记录，其内容至少应当包括：

（一）对关键中间过程控制及关键原料药检验结果的审核；

（二）所有不符合已经确定的质量标准批次的审核；

（三）所有关键偏差或违规行为，以及相关调查的审核；

（四）任何对工艺或分析方法实施的变更的审核；

（五）稳定性监测的审核；

（六）所有与质量相关的退货、投诉和召回的审核；

（七）整改措施适当性的审核和对上一年度整改措施的回顾确认。

第十章　采用传统发酵工艺生产原料药的特殊要求

第四十四条　采用传统发酵工艺生产原料药的，应当在生产过程中采取防止微生物污染的措施。

第四十五条 工艺控制应当重点考虑以下内容：

（一）工作菌种的维护。

（二）接种和扩增培养的控制。

（三）发酵过程中关键工艺参数的确定和监控。

（四）菌体生长、产率的监控。

（五）收集和纯化工艺过程需保护中间产品和原料药不受污染。

（六）在适当的生产阶段进行微生物污染水平监控，必要时进行细菌内毒素监测。

第四十六条 必要时，应当验证培养基、宿主蛋白、其他与工艺、产品有关的杂质和污染物的去除效果。

第四十七条 菌种的维护和记录的保存：

（一）只有经授权的人员方能进入菌种存放的场所。

（二）菌种的贮存条件应当能够保持菌种生长能力达到要求水平，并防止污染。

（三）菌种的使用和贮存条件应当有记录。

（四）应当对菌种定期监控，以确定其适用性。

（五）必要时应当进行菌种鉴别。

第四十八条 菌种培养或发酵：

（一）在无菌操作条件下添加细胞基质、培养基、缓冲液和气体，应当采用密闭或封闭系统。初始容器接种、转种或加料（培养基、缓冲液）使用敞口容器操作的，应当有控制措施避免污染。

（二）当微生物污染对原料药质量有影响时，敞口容器的操作应当在适当的控制环境下进行。

（三）操作人员应当穿着适宜的工作服，并在处理培养基时采取特殊的防护措施。

（四）应当对工艺参数（如温度、pH 值、搅拌速度、通气量、压力）进行监控，保证与规定的工艺一致。必要时，还应当对菌体生长、产率进行监控。

（五）必要时，发酵设备应当清洁、消毒或灭菌。

（六）菌种培养基使用前应当灭菌。

（七）应当制定监测各工序微生物污染的操作规程，并规定所采取的措施，包括评估微生物污染对产品质量的影响，确定消除污染使工艺恢复到正常的生产条件。

（八）应当保存所有微生物污染和处理的记录。

（九）更换品种生产时，应当对清洁后的共用设备进行必要的检测，将交叉污染的风险降到最低程度。

第四十九条　收获、分离和纯化：

（一）收获步骤中的破碎后除去菌体或菌体碎片、收集菌体组分的操作区和所用设备的设计，应当能够将污染风险降到最低程度。

（二）包括菌体灭活、菌体碎片或培养基组分去除在内的收获及纯化，应当制定相应的操作规程，采取措施减少产品的降解和污染，保证所得产品具有持续稳定的质量。

（三）分离和纯化采用敞口操作的，其环境应当能够保证产品质量。

（四）设备用于多个产品的收获、分离、纯化时，应进行清洁，并增加相应的控制措施，如使用专用的层析介质或进行额外的检验。

第十一章　术　　语

第五十条　本附件中下列用语的含义是：

（一）传统发酵，是指利用自然界存在的微生物或用传统方法（如辐照或化学诱变）改良的微生物来生产原料药的工艺。用“传统发酵”生产的原料药通常是小分子产品，如抗生素、氨基酸、维生素和糖类。

（二）非无菌原料药，是指法定兽药标准中未列有无菌检查项目的原料药。

（三）关键质量属性，是指某种物理、化学、生物学或微生物学的性质，应当有适当限度、范围或分布，保证预期的产品质量。

（四）工艺助剂，是指在原料药或中间产品生产中起辅助作用、本身不参与化学或生物学反应的物料（如助滤剂、活性炭，但不包括溶剂）。

（五）母液，是指结晶或分离后剩下的残留液。

（六）起始物料，是指用在原料药生产中，以主要结构单元被并入该原料药的原料、中间体或原料药。原料药的起始物料通常有特定的化学特性和结构。

附件5

中药制剂生产质量管理的特殊要求

第一章　范　　围

第一条　本要求适用于中药材前处理、中药提取和中药制剂的生产、质量控制、贮存、发放和运输。

第二章 原　　则

第二条 中药制剂的质量与中药材和中药饮片的质量、中药材前处理和中药提取工艺密切相关。应当对中药材和中药饮片的质量以及中药材前处理、中药提取工艺严格控制。在中药材前处理以及中药提取、贮存和运输过程中，应当采取措施控制微生物污染，防止变质。

第三条 中药材来源应当相对稳定，尽可能采用规范化生产的中药材。

第三章 机构与人员

第四条 企业的质量管理部门应当有专人负责中药材和中药饮片的质量管理。

第五条 专职负责中药材和中药饮片质量管理的人员应当至少具备以下条件：

（一）具有中药学、生药学或相关专业大专以上学历，并至少有三年从事中药生产、质量管理的实际工作经验；或具有专职从事中药材和中药饮片鉴别工作五年以上的实际工作经验；

（二）具备鉴别中药材和中药饮片真伪优劣的能力；

（三）具备中药材和中药饮片质量控制的实际能力；

（四）根据所生产品种的需要，熟悉相关毒性中药材和中药饮片的管理与处理要求。

第六条 专职负责中药材和中药饮片质量管理的人员主要从事以下工作：

（一）中药材和中药饮片的取样；

（二）中药材和中药饮片的鉴别、质量评价与放行；

（三）负责中药材、中药饮片（包括毒性中药材和中药饮片）专业知识的培训；

（四）中药材和中药饮片标本的收集、制作和管理。

第四章 厂房与设施

第七条 兽药生产应有专用的厂房。中药材和中药饮片的取样、筛选、称重等操作易产生粉尘的，应当采取有效措施，以控制粉尘扩散，避免污染和交叉污染，如安装捕尘设备、排风设施等。

第八条 直接入药的中药材和中药饮片的粉碎，应设置专用厂房（车间），其门窗应能密闭，并有捕尘、除湿、排风、降温等设施，且应与中药制剂生产线完全分开。

第九条 中药材前处理的厂房内应当设拣选工作台，工作台表面应当平整、易清洁，不产生脱落物；根据生产品种所用中药材前处理工艺流程的需要，还应配备洗药池或洗药机、切药机、干燥机、粗碎机、粉碎机和独立的除尘系统等。

第十条　中药提取、浓缩等厂房应当与其生产工艺要求相适应，有良好的排风、防止污染和交叉污染等设施；含有机溶剂提取工艺的，厂房应有防爆设施及有机溶剂监测报警系统。

第十一条　中药提取、浓缩、收膏工序宜采用密闭系统进行操作，并在线进行清洁，以防止污染和交叉污染；对生产两种以上（含两种）剂型的中药制剂或生产有国家标准的中药提取物的，应在中药提取车间内设置独立的、功能完备的收膏间，其洁净度级别应不低于其制剂配制操作区的洁净度级别。

第十二条　中药提取设备应与其产品生产工艺要求相适应，提取单体罐容积不得小于3立方米。

第十三条　中药提取后的废渣如需暂存、处理时，应当有专用区域。

第十四条　浸膏的配料、粉碎、过筛、混合等操作，其洁净度级别应当与其制剂配制操作区的洁净度级别一致。中药饮片经粉碎、过筛、混合后直接入药的，上述操作的厂房应当能够密闭，有良好的通风、除尘等设施，人员、物料进出及生产操作应当参照洁净区管理。

第十五条　中药标本室应当与生产区分开。

第五章　物　　料

第十六条　对每次接收的中药材均应当按产地、采收时间、采集部位、药材等级、药材外形（如全株或切断）、包装形式等进行分类，分别编制批号并管理。

第十七条　接收中药材、中药饮片和中药提取物时，应当核对外包装上的标识内容。中药材外包装上至少应当标明品名、规格、产地、采收（加工）时间、调出单位、质量合格标志；中药饮片外包装上至少应当标明品名、规格、产地、产品批号、生产日期、生产企业名称、质量合格标志；中药提取物外包装上至少应当标明品名、规格、批号、生产日期、贮存条件、生产企业名称、质量合格标志。

第十八条　中药材、中药饮片和提取物应当贮存在单独设置的库房中；贮存鲜活中药材应当有适当的设施（如冷藏设施）。

第十九条　毒性和易串味的中药材和中药饮片应当分别设置专库（柜）存放。

第二十条　仓库内应当配备适当的设施，并采取有效措施，保证中药材和中药饮片、中药提取物以及中药制剂按照法定标准的规定贮存，符合其温、湿度或照度的特殊要求，并进行监控。

第二十一条　贮存的中药材和中药饮片应当定期养护管理，仓库应当保持空气流通，应当配备相应的设施或采取安全有效的养护方法，防止昆虫、鸟类或啮齿类动物等进入，防止任何动物随中药材和中药饮片带入仓储区而造成污染和交叉污染。

第二十二条 在运输过程中，应当采取有效可靠的措施，防止中药材和中药饮片、中药提取物以及中药制剂发生变质。

第六章 文件管理

第二十三条 应当制定控制产品质量的生产工艺规程和其他标准文件：

（一）制定中药材和中药饮片养护制度，并分类制定养护操作规程；

（二）制定每种中药材前处理、中药提取、中药制剂的生产工艺和工序操作规程，各关键工序的技术参数应当明确，如：标准投料量、提取、浓缩、精制、干燥、过筛、混合、贮存等要求，并明确相应的贮存条件及期限；

（三）根据中药材和中药饮片质量、投料量等因素，制定每种中药提取物的收率限度范围；

（四）制定每种经过前处理后的中药材、中药提取物、中间产品、中药制剂的质量标准和检验方法。

第二十四条 应当对从中药材的前处理到中药提取物整个生产过程中的生产、卫生和质量管理情况进行记录，并符合下列要求：

（一）当几个批号的中药材和中药饮片混合投料时，应当记录本次投料所用每批中药材和中药饮片的批号和数量。

（二）中药提取各生产工序的操作至少应当有以下记录：

1. 中药材和中药饮片名称、批号、投料量及监督投料记录；

2. 提取工艺的设备编号、相关溶剂、浸泡时间、升温时间、提取时间、提取温度、提取次数、溶剂回收等记录；

3. 浓缩和干燥工艺的设备编号、温度、浸膏干燥时间、浸膏数量记录；

4. 精制工艺的设备编号、溶剂使用情况、精制条件、收率等记录；

5. 其他工序的生产操作记录；

6. 中药材和中药饮片废渣处理的记录。

第七章 生产管理

第二十五条 中药材应当按照规定进行拣选、整理、剪切、洗涤、浸润或其他炮制加工。未经处理的中药材不得直接用于提取加工。

第二十六条 鲜用中药材采收后应当在规定的期限内投条件和期限应当有规定并经验证，不得对产品质量和预定用途有不利影响。

第二十七条　在生产过程中应当采取以下措施防止微生物污染：

（一）处理后的中药材不得直接接触地面，不得露天干燥；

（二）应当使用流动的工艺用水洗涤拣选后的中药材，用过的水不得用于洗涤其他药材，不同的中药材不得同时在同一容器中洗涤。

第二十八条　毒性中药材和中药饮片的操作应当有防止污染和交叉污染的措施。

第二十九条　中药材洗涤、浸润、提取用水的质量标准不得低于饮用水标准，无菌制剂的提取用水应当采用纯化水。

第三十条　中药提取用溶剂需回收使用的，应当制定回收操作规程。回收后溶剂的再使用不得对产品造成交叉污染，不得对产品的质量和安全性有不利影响。

第八章　质量管理

第三十一条　中药材和中药饮片的质量应当符合兽药国家标准或药品标准及省（自治区、直辖市）中药材标准和中药炮制规范，并在现有技术条件下，根据对中药制剂质量的影响程度，在相关的质量标准中增加必要的质量控制项目。

第三十二条　中药材和中药饮片的质量控制项目应当至少包括：

（一）鉴别；

（二）中药材和中药饮片中所含有关成分的定性或定量指标；

（三）外购的中药饮片可增加相应原药材的检验项目；

（四）兽药国家标准或药品标准及省（自治区、直辖市）中药材标准和中药炮制规范中包含的其他检验项目。

第三十三条　中药提取、精制过程中使用有机溶剂的，如溶剂对产品质量和安全性有不利影响时，应当在中药提取物和中药制剂的质量标准中增加残留溶剂限度。

第三十四条　应当制定与回收溶剂预定用途相适应的质量标准。

第三十五条　应当建立生产所用中药材和中药饮片的标本，如原植（动、矿）物、中药材使用部位、经批准的替代品、伪品等标本。

第三十六条　对使用的每种中药材和中药饮片应当根据其特性和贮存条件，规定贮存期限和复验期。

第三十七条　应当根据中药材、中药饮片、中药提取物、中间产品的特性和包装方式以及稳定性考察结果，确定其贮存条件和贮存期限。

第三十八条　每批中药材或中药饮片应当留样，留样量至少能满足鉴别的需要，留样时间应当有规定；用于中药注射剂的中药材或中药饮片的留样，应当保存至使用该批中药材或中药饮片生产的最后一批制剂产品放行后一年。

第三十九条　中药材和中药饮片贮存期间各种养护操作应当有记录。

农业农村部办公厅关于进一步做好新版兽药GMP实施工作的通知

（农办牧〔2021〕35号）

各省、自治区、直辖市农业农村（农牧）、畜牧兽医厅（局、委），新疆生产建设兵团农业农村局：

为进一步做好《兽药生产质量管理规范（2020年修订）》（以下简称新版兽药GMP）贯彻实施工作，依据《兽药管理条例》、新版兽药GMP和农业农村部公告第292号有关要求，针对实施过程中存在的技术难点等问题，我部组织研究制定了《兽药生产许可管理和兽药GMP检查验收有关细化要求》，现印发你们，请遵照执行。

请各省级畜牧兽医主管部门切实加强组织领导，周密部署安排，严格执行检查验收标准，确保一个标准验到底、一把尺子量到底；要切实加强兽药GMP检查员管理，保障兽药GMP检查验收等工作经费需求，不断加快新版兽药GMP实施步伐。同时，我部将持续加强对各地实施新版兽药GMP的指导，对执行标准不严格、落实工作不到位的单位和企业进行通报。

本通知自发布之日起施行，《农业部办公厅关于印发〈兽药GMP检查验收评定标准补充要求〉的通知》（农办医〔2013〕26号）同时废止；此前相关文件中与本通知内容不一致的，以本通知为准。

附件：兽药生产许可管理和兽药GMP检查验收有关细化要求

农业农村部办公厅

2021年9月14日

附件

兽药生产许可管理和兽药GMP检查验收有关细化要求

一、总体要求

（一）兽药生产企业在《兽药生产许可证》有效期届满前未申请延期或虽提出申请但未经批准同意、并于有效期届满后提交核发《兽药生产许可证》申请的，按照新建企业要求开展兽药GMP检查验收；符合规定的，由审批部门重新编号核发《兽药生产许可证》，企业依法重新申请核发兽药产品批准文号。

（二）兽药生产企业迁址重建、《兽药生产许可证》注销或被吊销、《兽药生产许可证》有效期届满未申请验收、《兽药生产许可证》有效期届满后不再从事兽药生产活动，以及《兽药生产许可证》有效期内缩小生产范围的，省级畜牧兽医主管部门应通过"国家兽药生产许可证信息管理系统"填报企业相关信息，在系统中明确文号注销范围并上传相关证明性文件，由我部注销相关兽药产品批准文号，并予以公告。

（三）新建兽用生物制品生产企业、兽用生物制品生产企业部分生产线在《兽药生产许可证》有效期内从未组织过相关产品生产以及新增生产范围的，涉及的生产线均需先通过兽药GMP静态检查验收，再申请动态检查验收；其他情形可直接申请动态检查验收。属于抗原委托生产的体外诊断制品生产线（B类），且生产过程不涉及微生物相关操作的，可直接申请兽药GMP动态检查验收。

兽用生物制品生产企业在通过兽药GMP静态检查验收并自《现场检查验收通知书》出具之日起1年内申请动态检查验收的，只需提供《兽药GMP检查验收申请表》、试生产GMP运行情况报告和产品批生产检验记录；对在《现场检查验收通知书》出具之日起1年后申请动态检查验收的，按照农业部公告第2262号第四条要求提供全项申报资料。

（四）生产车间部分功能间、检验用动物实验室进行改造或主要设备发生变化，此类不涉及生产范围改变但对产品质量可能产生重大影响的变更，兽药生产企业应在变更后10个工作日内向省级畜牧兽医主管部门提交变更情况报告，涉及洁净区改造的还应同时提交洁净检测机构出具的检测报告。

省级畜牧兽医主管部门应加强对变更情况的监督检查。其中，涉及无菌兽药、兽用生物制品生产车间主要功能间、主要生产设备或攻毒用检验动物实验室发生改变的，省级畜牧兽医主管部门应在收到变更报告后20个工作日内对企业改造情况开展监督检查。

二、厂区（厂房）布局要求

兽药生产企业厂房的选址、布局、建造应符合兽药GMP要求。新版兽药GMP和本文中关于厂房与建筑物的表述为同等含义。具体要求如下：

（一）兽药生产（兽医体外诊断制品生产除外）应具备专用的厂房，生产厂房不得用于生产非兽药产品。体外诊断制品执行《兽医诊断制品生产质量管理规范》要求，在不影响产品质量的前提下，允许使用多层厂房中的一层或多层进行生产、检验等活动。

（二）不同兽药生产企业不得在同一厂房内进行兽药生产、仓储、检验等活动。

（三）不同类型的危险物料、理化性质不稳定的物料应隔离储存。

三、车间布局要求

存在多产品共用生产车间、设施设备的，企业应对共用可行性进行评估，并随着兽药行业和GMP水平的提升，对共用方式及时进行调整和改进。

（一）应按照兽药GMP要求对生产车间进行合理布局，不得随意改变洁净级别；确需提高洁净级别的，应采取有效的控制措施，避免人物流、生产操作及清洁灭菌等对产品、环境造成污染、交叉污染以及生物安全风险。

（二）最终灭菌大容量静脉注射剂应设置专用的生产车间。

（三）最终灭菌无菌注射剂不得与非最终灭菌无菌注射剂共用生产车间；乳房注入剂或子宫注入剂不得与注射剂共用生产车间；口服溶液剂不得与注入剂或非最终灭菌无菌注射剂共用生产车间；口服制剂不得与外用制剂共用生产车间；中药片剂、中药颗粒剂不得与粉剂、预混剂共用生产车间；化药片剂、化药颗粒剂不得与散剂共用生产车间。

（四）口服溶液剂与最终灭菌小容量注射剂、最终灭菌大容量非静脉注射剂如存在共用生产车间的，口服溶液剂与注射剂的称量间、配液间、药液输送管道和灌装间均应各自专门设置。

（五）中药可溶性粉的生产条件遵照散剂要求，在生产过程中应进行微生物控制。

（六）生产有国家标准的中药提取物，其中药提取收膏车间应具备与所生产提取物相适应的功能间和设施设备，不得在中药制剂车间内进行中药提取物的干燥、粉碎、混合等操作。

（七）中药可溶性粉、经中药提取制成的散剂等产品，其属于制剂生产工艺范畴的粉碎、混合、分装等生产工序，不得设置在中药提取收膏车间内。

（八）质量标准有微生物限度检查要求的产品，其生产环境应按照D级洁净区的要求设置。

（九）用于兽医手术器械消毒、乳头浸泡消毒以及有微生物限度检查要求的消毒剂，生产环境应按照D级洁净区的要求设置；环境用消毒剂如与需洁净区生产的消毒剂产品共用生产车间，生产环境应按照D级洁净区的要求设置，并应做好环境用消毒剂对D级洁净区的污染控制和风险评估。

四、设施设备要求

（一）粉剂、预混剂、散剂的称量、投料后的工序应使用密闭式设备生产，或采用密闭管道、密闭式移动料仓等方式输送物料；料斗等设备存放应与清洗分开，清洗间不得开门直接通向称量投料、混合、分装等功能间。

（二）生产过程中不得利用空调回风代替除尘系统，对产尘量大的生产区域，应设置专用的除尘系统，防止粉尘扩散，避免交叉污染。

（三）无菌兽药和兽用生物制品生产过程中产生的废弃物出口不得与物料进口合用一个气锁间或传递窗（柜）。

（四）无菌兽药的物料取样不得采用“一般区＋采样车”的方式，应在相应洁净级别区域进行取样。

（五）应根据所生产品种的检验要求，设置用于无菌检查、微生物限度检查、抗生素微生物检定以及阳性菌操作等微生物实验室。微生物实验的各项工作应在专属的区域进行，以降低交叉污染。各操作区域的布局设置、设施设备和环境监测等要求应符合《中国兽药典》附录《兽药微生物实验室质量管理指导原则》《兽药洁净实验室微生物监测和控制指导原则》等相关规定。

五、验证与记录要求

（一）采用无菌生产工艺的产品（如非最终灭菌无菌兽药、有关兽用生物制品等）应进行培养基模拟灌装试验。

（二）兽药批包装记录中应有本批产品赋电子追溯码标识操作的详细情况，如包装数量、赋码设备编号、赋码数量、追溯码信息（24 位数字）等，追溯码信息以及对两级以上包装进行赋码关联关系信息等记录可采用电子方式保存。

兽药生产质量管理规范检查验收办法

（农业部公告第2262号）

根据《兽药管理条例》和《兽药生产质量管理规范》有关规定，我部组织修订了《兽药生产质量管理规范检查验收办法》（附后）。现予公布，自公布之日起施行。

特此公告。

农业部

2015年5月25日

兽药生产质量管理规范检查验收办法

第一章　总　则

第一条　为规范兽药生产质量管理规范（以下简称“兽药GMP”）检查验收活动，根据《兽药管理条例》和《兽药生产质量管理规范》的规定，制定本办法。

第二条　农业部负责制定兽药GMP及其检查验收评定标准，负责全国兽药GMP检查验收工作的指导和监督，具体工作由农业部兽药GMP工作委员会办公室承担。

省级人民政府兽医主管部门负责本辖区兽药GMP检查验收申报资料的受理和审查、组织现场检查验收、省级兽药GMP检查员培训和管理及企业兽药GMP日常监管工作。

第二章　申报与审查

第三条　新建、复验、原址改扩建、异地扩建和迁址重建企业应当提出兽药GMP检查验收申请。复验企业应当在《兽药生产许可证》有效期届满6个月前提交申请。

第四条　申请验收企业应当填报《兽药GMP检查验收申请表》（表1），并按以下要求报送申报资料（电子文档，但《兽药 GMP 检查验收申请表》及第 4、5、8、14 目资料还需提供书面材料）。

新建企业须提供第 1 至第 13 目资料；原址改扩建、复验、异地扩建和迁址重建企业须提供第 1 目至第 17 目资料，迁址重建企业还须提供迁址后试生产产品的第 12、13 目资料；中药提取企业须提供第 18 目资料。

1. 企业概况；

2. 企业组织机构图（须注明各部门名称、负责人、职能及相互关系）；

3. 企业负责人、部门负责人简历；专业技术人员及生产、检验、仓储等工作人员登记表（包括文化程度、学历、职称等），并标明所在部门及岗位；高、中、初级技术人员占全体员工的比例情况表；

4. 企业周边环境图、总平面布置图、仓储平面布置图、质量检验场所（含检验动物房）平面布置图及仪器设备布置图；

5. 生产车间（含生产动物房）概况及工艺布局平面图（包括更衣室、盥洗间、人流和物流通道、气闸等，人流、物流流向及空气洁净级别）；空气净化系统的送风、回风、排风平面布置图；工艺设备平面布置图；

6. 生产的关键工序、主要设备、制水系统、空气净化系统及产品工艺验证情况；

7. 检验用计量器具（包括仪器仪表、量具、衡器等）校验情况；

8. 申请验收前 6 个月内由空气净化检测资质单位出具的洁净室（区）检测报告；

9. 生产设备设施、检验仪器设备目录（需注明规格、型号、主要技术参数）；

10. 所有兽药 GMP 文件目录、具体内容及与文件相对应的空白记录、凭证样张；

11. 兽药 GMP 运行情况报告；

12. （拟）生产兽药类别、剂型及产品目录（每条生产线应当至少选择具有剂型代表性的 2 个品种作为试生产产品；少于 2 个品种或者属于特殊产品及原料药品的，可选择 1 个品种试生产，每个品种至少试生产 3 批）；

13. 试生产兽药国家标准产品的工艺流程图、主要过程控制点和控制项目；

14. 《兽药生产许可证》和法定代表人授权书；

15. 企业自查情况和 GMP 实施情况；

16. 企业近 3 年产品质量情况，包括被抽检产品的品种与批次，不合格产品的品种与批次，被列为重点监控企业的情况或接受行政处罚的情况，以及整改实施情况与整改结果；

17. 已获批准生产的产品目录和产品生产、质量管理文件目录（包括产品批准文号批件、质量标准目录等）；所生产产品种的工艺流程图、主要过程控制点和控制项目；

18. 中药提取工艺方法和与提取工艺相应的厂房设施清单及各类文件、标准和操作规程。

第五条 省级人民政府兽医主管部门应当自受理之日起30个工作日内组织完成申请资料技术审查。申请资料不符合要求的，书面通知申请人在20个工作日内补充有关资料；逾期未补充的或补充材料不符合要求的，退回申请。通过审查的，20个工作日内组织现场检查验收。

申请资料存在弄虚作假的，退回申请并在一年内不受理其验收申请。

第六条 对涉嫌或存在违法行为的企业，在行政处罚立案调查期间或消除不良影响前，不受理其兽药GMP检查验收申请。

第三章 现场检查验收

第七条 申请资料通过审查的，省级人民政府兽医主管部门向申请企业发出《现场检查验收通知书》，同时通知企业所在地市、县人民政府兽医主管部门和检查组成员。

第八条 检查组成员从农业部兽药GMP检查员库或省级兽药GMP检查员库中遴选，必要时，可以特邀有关专家参加。检查组由3～7名检查员组成，设组长1名，实行组长负责制。

申请验收企业所在地市、县人民政府兽医主管部门可以派1名观察员参加验收活动，但不参加评议工作。

第九条 现场检查验收开始前，检查组组长应当主持召开首次会议，明确《兽药GMP现场检查验收工作方案》（表2），确认检查验收范围，宣布检查验收纪律和注意事项，告知检查验收依据，公布举报电话。申请验收企业应当提供相关资料，如实介绍兽药GMP实施情况。

现场检查验收结束前，检查组组长应当主持召开末次会议，宣布综合评定结论和缺陷项目。企业对综合评定结论和缺陷项目有异议的，可以向省级人民政府兽医主管部门反映或上报相关材料。验收工作结束后，企业应当填写《检查验收组工作情况评价表》（表3），直接寄送省级人民政府兽医主管部门。

必要时，检查组组长可以召集临时会议，对检查发现的缺陷项目及问题进行充分讨论，并听取企业的陈述及申辩。

第十条 检查组应当按照本办法和《兽药GMP检查验收评定标准》开展现场检查验收工作，并对企业主要岗位工作人员进行现场操作技能、理论基础和兽药管理法规、兽药GMP主要内容、企业规章制度的考核。

第十一条 检查组发现企业存在违法违规问题、隐瞒有关情况或提供虚假材料、不如实反映兽药GMP运行情况的，应当调查取证并暂停验收活动，及时向省级人民政府兽医主管部门报告，由省级人民政府兽医主管部门作出相应处理决定。

第十二条　现场检查验收时，所有生产线应当处于生产状态。

由于正当原因生产线不能全部处于生产状态的，应启动检查组指定的生产线。但注射剂生产线应当全部处于生产状态；无注射剂生产线的，最高洁净级别的生产线应当处于生产状态。

第十三条　检查员应当如实记录检查情况和存在问题。组长应当组织综合评定，填写《兽药 GMP 现场检查验收缺陷项目表》（表 4），撰写《兽药 GMP 现场检查验收报告》（表 5），作出“推荐”或“不推荐”的综合评定结论。

《兽药 GMP 现场检查验收缺陷项目表》应当明确存在的问题。《兽药 GMP 现场检查验收报告》应当客观、真实、准确地描述企业实施兽药 GMP 的概况以及需要说明的问题。

《兽药 GMP 现场检查验收报告》和《兽药 GMP 现场检查验收缺陷项目表》应当经检查组成员和企业负责人签字。企业负责人拒绝签字的，检查组应当注明。

第十四条　检查组长应当在现场检查验收后 10 个工作日内将《兽药 GMP 现场检查验收工作方案》《兽药 GMP 现场检查验收报告》和《兽药 GMP 现场检查验收缺陷项目表》《兽药 GMP 检查验收评定标准》《检查员自查表》（表 6）及其他有关资料各一份报省级人民政府兽医主管部门。

《兽药 GMP 现场检查验收报告》和《兽药 GMP 现场检查验收缺陷项目表》等资料分别由省级人民政府兽医主管部门、被检查验收企业和市、县人民政府兽医主管部门留存。

第十五条　对作出“推荐”评定结论但存在缺陷项目须整改的，企业应当提出整改方案并组织落实。企业整改完成后应将整改报告寄送检查组组长。

检查组组长负责审核整改报告，填写《兽药 GMP 整改情况审核表》（表 7），必要时，可以进行现场核查，并在 5 个工作日内将整改报告和《兽药 GMP 整改情况审核表》报省级人民政府兽医主管部门。

第十六条　对作出“不推荐”评定结论的，省级人民政府兽医主管部门向申报企业发出检查不合格通知书。收到检查不合格通知书 3 个月后，企业可以再次提出验收申请。连续两次做出“不推荐”评定结论的，一年内不受理企业兽药 GMP 检查验收申请。

第四章　审批与管理

第十七条　省级人民政府兽医主管部门收到所有兽药 GMP 现场检查验收报告并经审核符合要求后，应当将验收结果在本部门网站上进行公示，公示期不少于 15 日。

第十八条 公示期满无异议或异议不成立的，省级人民政府兽医主管部门根据有关规定和检查验收结果核发《兽药GMP证书》和《兽药生产许可证》，并予公开。

第十九条 企业停产6个月以上或关闭、转产的，由省级人民政府兽医主管部门依法收回、注销《兽药GMP证书》和《兽药生产许可证》，并报农业部注销其兽药产品批准文号。

第五章 附 则

第二十条 兽药生产企业申请验收（包括复验、原址改扩建和异地扩建）时，可以同时将所有生产线（包括不同时期通过验收且有效期未满的生产线）一并申请验收。

第二十一条 对已取得《兽药生产许可证》后新增生产线、部分复验并通过验收的，换发的《兽药GMP证书》与此前已取得的其他兽药GMP证书（指最早核发并在有效期内）的有效期一致；换发的《兽药生产许可证》有效期限保持不变。

第二十二条 在申请验收过程中试生产的产品经申报取得兽药产品批准文号的，可以在产品有效期内销售、使用。

第二十三条 新建兽用生物制品企业，首先申请静态验收，再动态验收；兽用生物制品企业部分生产线在《兽药生产许可证》有效期内从未组织过相关产品生产的，验收时对该生产线实行先静态验收，后动态验收。

静态验收符合规定要求的，申请企业凭《现场检查验收通知书》组织相关产品试生产。其中，每条生产线应当至少生产1个品种，每个品种至少生产3批。试生产结束后，企业应当及时申请动态验收，省级人民政府兽医主管部门根据动态验收结果核发或换发《兽药生产许可证》，并予公开。

第二十四条 兽用粉剂、散剂、预混剂生产线和转瓶培养生产方式的兽用细胞苗生产线的验收，还应当符合农业部公告第1708号要求。

第二十五条 本办法自公布之日起施行。2010年7月23日农业部公布的《兽药生产质量管理规范检查验收办法》（农业部公告第1427号）同时废止。

表 1

<table>
<tr><td>

兽药 GMP 检查验收申请表

申请单位：　　　　　　　　　　　　　　　　　　　　（公章）

所在地：　　　　　省（自治区、直辖市）　　　　　市　　　　　县

填报日期：

</td></tr>
</table>

填报说明

1. 企业申请检查验收如涉及 2 个及以上生产地址的，应分别写明生产地址和相应的申请验收范围。

2. 申请事项类别中，新建是指新开办的兽药生产企业；原址改扩建是指在原生产地址改建和扩建生产车间；异地扩建是指在新的地址扩建兽药生产车间，原生产地址仍然从事兽药生产活动；迁址重建是指在新的地址重建兽药生产车间，原生产地址不再从事兽药生产活动。

3. 企业类型：按《企业法人营业执照》标明内容填写。外资企业请注明投资外方的国别或港、澳、台地区。

4. 申请验收范围写法应规范：注射剂应注明小容量或大容量、静脉或非静脉、最终灭菌或非最终灭菌、粉针剂等；激素类应在括号中注明；口服固体制剂应注明粉剂、散剂、预混剂、片剂、胶囊剂、颗粒剂等；口服液剂应注明最终灭菌或非最终灭菌；中药提取车间应在括号中注明；原料药在括号中注明品种名称；生物制品应注明生产线名称，需要注明剂型的应在括号中注明；消毒剂和杀虫剂应注明固体或液体。

5. 生产剂型和品种表应填写已获得批准文号的全部产品及试生产的全部产品，兽药名称按通用名填写；年最大生产能力计算单位：万瓶、万支、万片、万粒、万袋、万毫升、万头（羽）份、吨等。

6. 联系电话号码前标明所在地区长途电话区号。

7. 本申请表填写应内容准确完整，字迹清晰，用 A4 纸打印，申请表格式不得擅自调整。

<table>
<tr><td colspan="2">企业名称</td><td colspan="6"></td></tr>
<tr><td colspan="2">注册地址</td><td colspan="6"></td></tr>
<tr><td colspan="2">生产地址 1</td><td colspan="6"></td></tr>
<tr><td colspan="2">申请验收范围 1</td><td colspan="6"></td></tr>
<tr><td colspan="2">生产地址 2</td><td colspan="6"></td></tr>
<tr><td colspan="2">申请验收范围 2</td><td colspan="6"></td></tr>
<tr><td colspan="2">申请类别</td><td colspan="6">[ ] 新建　　[ ] 复验　　[ ] 原址改扩建
[ ] 异地扩建　　[ ] 迁址重建</td></tr>
<tr><td colspan="2">注册地址邮政编码</td><td colspan="2"></td><td colspan="2">生产地址邮政编码</td><td colspan="2"></td></tr>
<tr><td colspan="2">企业类型</td><td colspan="2"></td><td colspan="2">兽药生产许可证编号</td><td colspan="2"></td></tr>
<tr><td colspan="2">企业始建时间</td><td colspan="2"></td><td colspan="2">三资企业外方国别或地区</td><td colspan="2"></td></tr>
<tr><td>曾用名</td><td colspan="3"></td><td>最近更名时间</td><td colspan="3"></td></tr>
<tr><td>职工人数</td><td colspan="3"></td><td>技术人员比例</td><td colspan="3"></td></tr>
<tr><td>法定代表人</td><td colspan="3"></td><td>学历/职称</td><td colspan="3"></td></tr>
<tr><td>所学专业</td><td colspan="3"></td><td>联系电话</td><td colspan="3"></td></tr>
<tr><td>企业负责人</td><td colspan="3"></td><td>学历/职称</td><td colspan="3"></td></tr>
<tr><td>所学专业</td><td colspan="3"></td><td>联系电话</td><td colspan="3"></td></tr>
<tr><td>质量负责人</td><td colspan="2"></td><td>学历/职称</td><td></td><td colspan="2">所学专业</td><td></td></tr>
<tr><td>生产负责人</td><td colspan="2"></td><td>学历/职称</td><td></td><td colspan="2">所学专业</td><td></td></tr>
<tr><td>联系人</td><td colspan="2"></td><td>电话</td><td></td><td colspan="2">手机</td><td></td></tr>
<tr><td>传真</td><td colspan="2"></td><td>E - mail</td><td colspan="4"></td></tr>
<tr><td colspan="2">固定资产原值（万元）</td><td colspan="2"></td><td colspan="2">固定资产净值（万元）</td><td colspan="2"></td></tr>
<tr><td colspan="2">厂区占地面积（平方米）</td><td colspan="2"></td><td colspan="2">建筑面积（平方米）</td><td colspan="2"></td></tr>
<tr><td colspan="2">原料药生产品种（个）</td><td colspan="2"></td><td colspan="2">制剂生产品种（个）</td><td colspan="2"></td></tr>
<tr><td colspan="2">常年生产品种（个）</td><td colspan="6"></td></tr>
<tr><td colspan="2">近 3 年被抽检产品批次
（适用于非首次验收）</td><td colspan="2"></td><td colspan="2"></td><td colspan="2"></td></tr>
<tr><td colspan="2">近 3 年不合格产品批次
（适用于非首次验收）</td><td colspan="2"></td><td colspan="2"></td><td colspan="2"></td></tr>
<tr><td colspan="2">近 3 年被列为重点监控企业次数及整改情况
（适用于非首次验收）</td><td colspan="2"></td><td colspan="2"></td><td colspan="2"></td></tr>
<tr><td colspan="2">近 3 年被农业部和省立案次数（适用于非首次验收）</td><td colspan="2"></td><td colspan="2"></td><td colspan="2"></td></tr>
<tr><td colspan="2">备注</td><td colspan="2"></td><td colspan="2"></td><td colspan="2"></td></tr>
</table>

生产剂型品种表

序号	兽药名称	年最大 生产能力	产品规格	执行标准	生产线名称	兽药批准文号 或报批情况

（如填写空间不够，可另加附页）

表 2

兽药 GMP 现场检查验收工作方案

根据《兽药生产质量管理规范》《兽药生产质量管理规范检查验收办法》和《兽药生产质量管理规范检查验收评定标准》，现对×××实施现场检查。检查方案如下。

一、企业概况和检查范围

×××位于×××（生产地址），公司于××年××月正式投产，设有××生产线。该次申请的验收属于××次验收。

此次检查验收范围：×××

二、检查验收时间和检查程序

检查时间：　　年　　月　　日至　　年　　月　　日

检查程序：

第一阶段

首次会议，双方见面

公司简要汇报兽药 GMP 实施情况

检查组宣读检查验收纪律、确认检查范围

检查组介绍检查验收要求和注意事项

第二阶段

硬件和设施及硬件和设施的管理

检查厂区周围环境、总体布局

检查生产厂房（车间）的设施、设备情况

生产车间的生产管理与质量控制

仓储设施、设备及物料的配置、流转与质量控制

工艺用水的制备与质量控制

空调系统的使用、维护与管理

质量检测实验室设施与管理

第三阶段

查看文件和现场考核

检查机构与人员配备、培训情况

兽药生产和质量管理文件

生产设备、检测仪器的管理、验证或校验

与有关人员面谈

第四阶段

检查组综合评定，撰写检查报告

末次会议

检查组宣读现场检查报告及结论

三、检查组成员

组长：×××

组员：×××、×××、×××

×××、×××——主要负责……

×××、×××——主要负责……

表 3

检查验收组工作情况评价表

企业名称				
验收受理号		检查验收日期		
检查验收组 人员姓名	GMP 标准掌 握熟练程度 （优/良/差）	工作能力水平 （优/良/差）	公平公正性 （优/良/差）	遵守廉政纪律 （优/良/差）
工作建议				
廉洁廉政建议				
备注				

注：1. 评价项目中如有“差”的，建议在备注中说明具体情况，可附页。

2. 本表由企业填写后直接寄送省级人民政府兽医主管部门。

企业法人签名：

企业公章：

日　　期：

表 4

兽药 GMP 现场检查验收缺陷项目表

企业名称	
生产地址	
检查验收范围	
检查验收类型	[ ] 新建 [ ] 复验 [ ] 原址改扩建 [ ] 异地扩建 [ ] 迁址重建
关键项目不符合项目： 一般项目不符合项目：	
检查组成员签字： 年 月 日	
企业负责人签字： 年 月 日	

注：1. 表中空间不够可附页 2. 此表签字复印件无效

表 5

兽药 GMP 现场检查验收报告

<table>
<tr><td>企业名称</td><td></td></tr>
<tr><td>生产地址</td><td></td></tr>
<tr><td>检查验收范围</td><td></td></tr>
<tr><td>检查验收类型</td><td>[ ] 新建　[ ] 复验　[ ] 原址改扩建
[ ] 异地扩建　[ ] 迁址重建</td></tr>
<tr><td>检查时间</td><td></td></tr>
<tr><td>检查依据</td><td>《兽药生产质量管理规范》、《兽药生产质量管理规范检查验收办法》、《兽药 GMP 检查验收评定标准》</td></tr>
<tr><td colspan="2">综合评定：
受　　省（自治区、直辖市）人民政府兽医主管部门委派，检查组按照预定的检查方案，对该公司实施兽药 GMP 的管理情况进行了检查。涉及检查项目共　项，其中关键条款　条，一般条款　条。总体情况如下。
该企业是　　年　　月经　　兽药管理部门批准，于　　　年月正式投产，设有　　　生产线，此次验收属于　　次验收。
该公司组织机构是否健全，职能是否明确，人员结构、素质和培训情况是否符合要求；厂区、车间的环境、卫生是否符合规定标准；厂区和生产厂房布局是否合理，其面积与空间是否与生产工艺、生产规模相适应；实验室环境及设施、检测仪器是否符合要求；生产设备是否能满足生产要求；主要设备是否进行了验证，生产管理和物料管理是否符合要求，生产管理和质量管理等文件是否符合要求。
现场检查未发现关键项不符合项，但有　　　项基本符合项；发现　　项一般检查项目不符合项，不符合率为　　。经检查组讨论，综合评定如下：推荐（不推荐）该企业×××生产线为兽药 GMP 合格生产线。</td></tr>
<tr><td>检查员成员签名</td><td>年　月　日</td></tr>
<tr><td>企业负责人签名</td><td>年　月　日</td></tr>
<tr><td>备注</td><td></td></tr>
</table>

表 6

检查员自查表

企业名称		
检查验收日期		
自查项目（选择请打勾）		
是否按规定住宿	是	否
是否参加经营性娱乐活动	是	否
是否收受现金	是	否
是否收受有价证券和礼品	是	否
其他需要说明的问题		

检查员签名：

日　期：

表 7

兽药 GMP 整改情况审核表

受理号		企业名称	
生产地址			
检查验收范围			
检查验收类型	[ ] 新建　[ ] 复验　[ ] 原址改扩建 [ ] 异地扩建　[ ] 迁址重建		
检查验收日期		整改材料接收日期	
审核意见			
审核结论			
审核人			
备注			

农业农村部办公厅关于印发兽药 GMP 生产线名录的通知

（农办牧〔2021〕45 号）

各省、自治区、直辖市农业（农牧）、畜牧兽医厅（局、委），新疆生产建设兵团农业农村局：

为贯彻落实《兽药生产质量管理规范（2020 年修订）》，进一步规范兽药 GMP 生产线命名及兽药生产许可范围名称，我部组织修订了《兽药 GMP 生产线名称表》，形成《兽用中药、化学药品类 GMP 生产线名录》（附件 1）、《兽用生物制品类 GMP 生产线名录》（附件 2），现印发你们，请遵照执行。

本通知自发布之日起施行，《农业部办公厅关于兽药生产许可证核发有关工作的通知》（农办医〔2016〕20 号）发布的《兽药 GMP 生产线名称表》同时废止。

附件：1. 兽用中药、化学药品类 GMP 生产线名录

2. 兽用生物制品类 GMP 生产线名录

农业农村部办公厅

2021 年 11 月 8 日

附件 1

兽用中药、化学药品类 GMP 生产线名录

序号	生产线名称	备注
1	粉剂	适用于无微生物限度检查要求的内服化药粉剂、化药可溶性粉
2	粉剂（D 级）	适用于有微生物限度检查要求的内服化药粉剂、化药可溶性粉
3	散剂	适用于内服散剂、中药可溶性粉、微粉剂
4	锭剂	
5	预混剂	适用于非发酵类预混剂

（续）

序号	生产线名称	备注
6	发酵预混剂（产品通用名称）	适用于发酵类预混剂
7	片剂	
8	颗粒剂	
9	胶囊剂	
10	丸剂	
11	口服溶液剂	
12	口服溶液剂（激素类）	
13	口服糊剂	
14	口服酊剂	
15	吸入麻醉剂	
16	最终灭菌小容量注射剂	
17	最终灭菌小容量注射剂（吹灌封）	
18	最终灭菌小容量注射剂（预灌封）	
19	最终灭菌小容量注射剂（激素类）	
20	最终灭菌大容量非静脉注射剂	
21	最终灭菌大容量非静脉注射剂（非 PVC 多层共挤膜）	
22	最终灭菌大容量非静脉注射剂（吹灌封）	
23	最终灭菌大容量非静脉注射剂（激素类）	
24	最终灭菌大容量静脉注射剂	
25	最终灭菌大容量静脉注射剂（非 PVC 多层共挤膜）	
26	最终灭菌大容量静脉注射剂（吹灌封）	
27	非最终灭菌小容量注射剂	
28	非最终灭菌小容量注射剂（激素类）	
29	非最终灭菌大容量注射剂	
30	粉针剂	
31	冻干粉针剂	
32	冻干粉针剂（激素类）	
33	最终灭菌乳房注入剂	
34	最终灭菌子宫注入剂	
35	非最终灭菌乳房注入剂	
36	非最终灭菌子宫注入剂	
37	滴眼剂	

（续）

序号	生产线名称	备注
38	眼膏剂	
39	无菌原料药（产品通用名称）	
40	非无菌原料药（产品通用名称）	适用于法定兽药质量标准规定可在商品饲料和养殖过程中使用的兽药制剂的原料药，其精烘包工序可在一般区
41	非无菌原料药（D级，产品通用名称）	适用于除“法定兽药质量标准规定可在商品饲料和养殖过程中使用的兽药制剂的原料药”外的其他非无菌原料药，其精烘包工序应按D级洁净区要求设置
42	消毒剂原料药（产品通用名称）	
43	外用杀虫剂原料药（产品通用名称）	
44	中药提取（产品通用名称）	适用于具备中药提取能力且生产有国家标准的中药提取物
45	消毒剂（固体）	适用于含氯和非氯消毒剂，消毒片剂归消毒剂（固体）管理
46	非氯消毒剂（固体）	适用于非氯固体消毒剂
47	消毒剂（液体）	适用于含氯和非氯液体消毒剂
48	非氯消毒剂（液体）	适用于非氯液体消毒剂
49	消毒剂（液体，D级）	适用于手术器械消毒、乳头浸泡消毒以及有微生物限度检查要求的含氯和非氯液体消毒剂
50	非氯消毒剂（液体，D级）	适用于手术器械消毒、乳头浸泡消毒以及有微生物限度检查要求的液体非氯消毒剂
51	外用杀虫剂（固体）	
52	外用杀虫剂（挂片）	
53	外用杀虫剂（液体）	
54	外用杀虫剂（液体，D级）	适用于有微生物限度检查要求的外用杀虫剂
55	搽剂	
56	蚕用溶液剂	
57	蚕用胶囊剂	
58	滴耳剂	
59	耳用乳膏剂	
60	外用软膏剂	

（续）

序号	生产线名称	备注
61	外用乳膏剂	
62	曲剂	
63	栓剂	
64	阴道用海绵（激素类）	
65	阴道用缓释剂（激素类）	

注：1. 根据兽药的特性、工艺等因素，经评估确定厂房、生产设施和设备供多产品共用的，生产线名称之间可用“/”分割，例如粉剂/预混剂；不存在共用的，生产线名称之间以“、”分割。例如散剂、最终灭菌小容量注射剂、片剂。

2. 涉及多品种原料药生产时，各产品通用名称之间用“、”分割。例如非无菌原料药（D级，磺胺嘧啶钠、磺胺间甲氧嘧啶钠）、无菌原料药（头孢噻呋、盐酸头孢噻呋）、中药提取（黄芩提取物、连翘提取物）。

3. 具备中药提取能力的，应遵照以下要求：（1）某生产线验收时，仅试生产了中药产品，该生产线写为“生产线名称（中药提取）”，如口服溶液剂（中药提取）。（2）某生产线验收时，对化药、中药产品均进行了试生产，该生产线写为“生产线名称（含中药提取）”，如口服溶液剂（含中药提取）。

附件 2

兽用生物制品类 GMP 生产线名录

序号	生产线名称
1	胚培养高致病性禽流感病毒灭活疫苗
2	细胞悬浮培养高致病性禽流感病毒灭活疫苗
3	细胞悬浮培养口蹄疫病毒灭活疫苗
4	兔病毒性出血症灭活疫苗（组织毒）
5	提纯牛型结核菌素
6	山羊传染性胸膜肺炎灭活疫苗（组织毒）
7	猪瘟活疫苗（兔源）
8	球虫活疫苗
9	梭菌灭活疫苗（干粉制品）
10	梭菌灭活疫苗（含干粉制品）
11	微生态制剂（芽孢菌类）
12	微生态制剂（非芽孢菌类）
13	微生态制剂（芽孢菌类＋非芽孢菌类）
14	炭疽芽孢活疫苗
15	布氏菌病活疫苗

（续）

序号	生产线名称
16	合成肽疫苗
17	梭菌灭活疫苗
18	转移因子口服液
19	转移因子注射液
20	卵黄抗体
21	猪白细胞干扰素
22	破伤风抗毒素
23	血清白蛋白
24	免疫球蛋白
25	非最终灭菌无菌蛋白静脉注射剂
26	细菌表达重组细胞因子
27	DNA 疫苗
28	酵母表达亚单位疫苗
29	胚培养病毒灭活疫苗
30	细胞培养病毒灭活疫苗
31	细胞培养病毒亚单位疫苗
32	细胞培养亚单位疫苗
33	细胞培养病毒灭活疫苗（含细胞培养病毒亚单位疫苗）
34	细胞培养病毒灭活疫苗（含细胞培养亚单位疫苗）
35	细胞培养病毒灭活疫苗（含细胞培养病毒亚单位疫苗和细胞培养亚单位疫苗）
36	细胞悬浮培养病毒灭活疫苗
37	细胞悬浮培养病毒亚单位疫苗
38	细胞悬浮培养亚单位疫苗
39	细胞悬浮培养病毒灭活疫苗（含细胞悬浮培养病毒亚单位疫苗）
40	细胞悬浮培养病毒灭活疫苗（含细胞悬浮培养亚单位疫苗）
41	细胞悬浮培养病毒灭活疫苗（含细胞悬浮培养病毒亚单位疫苗和细胞悬浮培养亚单位疫苗）
42	细菌灭活疫苗
43	细菌培养亚单位疫苗
44	细菌灭活疫苗（含细菌培养亚单位疫苗）
45	胚培养病毒活疫苗
46	胚培养病毒活疫苗（含片剂活疫苗）
47	细胞培养病毒活疫苗

（续）

序号	生产线名称
48	细胞培养病毒活疫苗（含细胞培养病毒亚单位疫苗）
49	细胞培养病毒活疫苗（含细胞培养亚单位疫苗）
50	细胞培养病毒活疫苗（含细胞培养病毒亚单位疫苗和细胞培养亚单位疫苗）
51	细胞悬浮培养病毒活疫苗
52	细胞悬浮培养病毒活疫苗（含细胞悬浮培养病毒亚单位疫苗）
53	细胞悬浮培养病毒活疫苗（含细胞悬浮培养亚单位疫苗）
54	细胞悬浮培养病毒活疫苗（含细胞悬浮培养病毒亚单位疫苗和细胞悬浮培养亚单位疫苗）
55	细菌活疫苗
56	细菌活疫苗（含细菌培养亚单位疫苗）
57	胚培养细菌活疫苗
58	免疫学类诊断制品（A类）
59	分子生物学类诊断制品（A类）
60	免疫学类诊断制品（B类）
61	分子生物学类诊断制品（B类）

注：1. 生产线名称中有“含”表示其他设施设备可共用。

2. 制品常规剂型为液体制品的，生产线若生产冻干制品，需增加冻干设备，生产线名称后增加“（含冻干制品）”。

3. 在符合农业部公告第1708号关于转瓶培养生产方式兽用细胞苗生产线设置要求的前提下，细胞悬浮培养生产方式可以在转瓶培养生产线增加相应的设施设备，在有效防止交叉污染的前提下，共用其他制备区域，生产线名称为“细胞培养病毒灭活疫苗（含悬浮培养工艺）”或“细胞培养病毒活疫苗（含悬浮培养工艺）”。

4. 原生产线名称中含有“水产用”内容的，因其产品生产工艺无特殊要求，仅是检验设施有所不同，此次生产线名录中不再单独列出。

农业农村部办公厅关于兽药生产许可证核发有关工作的通知

（农办医〔2016〕20号）

各省、自治区、直辖市畜牧兽医（农牧、农业）厅（局、委、办），中国兽医药品监察所：

为进一步规范兽药GMP检查验收及兽药生产许可证核发工作，按照农办医〔2015〕11号文要求，现就有关事项通知如下。

一、各省级兽医主管部门核发兽药GMP证书及兽药生产许可证时，应按照《兽药GMP生产线名称表》（附后）列出的生产线名称，载明与生产实际相对应的兽药GMP生产线及生产范围名称。原兽药GMP证书及兽药生产许可证上不规范的生产线写法，应在换发证书时规范。

二、《兽药GMP生产线名称表》中未列出、属于新生产线的，各省级兽医主管部门应在检查验收前报我部兽药GMP办公室核准新生产线名称，并附新生产车间概况、总平面布局图、工艺设备平面布局图（含洁净级别）、工艺流程图等有关材料。未经核准的，不得用于生产线命名。

三、对于无检查验收标准的新生产线，各省级兽医主管部门应在检查验收前向我部兽医局提出制定检查验收标准的申请，我部兽医局负责组织制定。标准发布实施后方可组织开展检查验收工作。

四、对于仅供出口的兽药产品，各省级兽医主管部门可根据企业申请开展兽药GMP检查验收，核发兽药GMP证书和兽药生产许可证，并在证书中相应的兽药GMP生产线和生产范围后注明“仅供出口”字样。

五、各省级兽医主管部门应按照要求在《兽药生产许可证》核发、换发、变更、吊销、注销等工作办理结束后5个工作日内，及时报送兽药生产许可证审批信息。我部兽医局和兽药GMP办公室自收到《兽药生产许可证审批信息报送表》10个工作日内完成信息核查。信息无误的，录入国家兽药基础信息查询系统兽药生产企业数据库予以公开；信息有误的，告知省级兽医主管部门更正，信息更正后录入数据库予以公开。

附件：兽药GMP生产线名称表

农业部办公厅

2016年4月7日

兽药生产企业洁净区静态检测相关要求

（农业农村部公告第389号）

为进一步落实国务院“放管服”改革精神，严格执行《兽药生产质量管理规范（2020年修订）》（以下简称新版兽药GMP）有关要求，切实做好兽药生产企业洁净区检测工作，规范检测行为，我部组织制定了《兽药生产企业洁净区静态检测相关要求》，现予发布，并将有关事项公告如下。

一、凡取得国家认证认可监督管理委员会或省级市场监督管理部门颁发的检验检测机构计量认证证书（CMA）或取得中国合格评定国家认可委员会颁发的实验室认可证书（CNAS），并具有附件中洁净室领域检测能力范围的洁净检测机构（以下简称洁净检测机构），在证书有效期内均可开展兽药生产企业洁净区检测工作。

二、洁净检测机构要及时向拟开展洁净区检测业务的兽药生产企业所在地省级畜牧兽医主管部门报告，内容包括检测机构简介（含管理体系运行情况、计量标准管理等）、统一社会信用代码证书、计量认证证书或实验室认可证书（含证书附件）复印件等有效证明材料。

三、洁净检测机构要严格执行兽药GMP、兽用疫苗生产企业生物安全三级防护标准、空气净化检测以及生物安全等相关要求，按照规定的检测项目、检测方法和评价依据，在静态（非生产状态）下对兽药生产企业洁净区进行检测，出具洁净检测报告，确保检测项目完整、检测数据真实准确。要加强内部管理，严禁检测人员未经检测机构安排和未达到相关资质要求开展检测工作。要严格管理原始检测数据（记录），检测记录应有检测人员和核验人员的亲笔签名，并妥善保存6年以上。

四、洁净检测机构要加强现场检测活动管理，开展检测前，要对涉及生物安全活动的场所进行有效消毒，相关人员要做好安全防护。检测过程中，要严格按照规范和标准操作，准确详细记录相关内容。检测结束后，规范出具检测报告，不得对已发出的检测报告进行修改，如确需修改或补充，应出具题为《对编号 *** 检测报告的补充（更正）》的检测报告，对检测结果负责，承担相应责任。要及时将检测报告同时发送兽药生产企业及其所在地省级畜牧兽医主管部门。

五、兽药生产企业要按照新版兽药GMP有关要求，切实做好洁净区日常监测工作。要根据农业部第2262号公告规定，在申请兽药GMP检查验收前委托符合资质要求并具备相应检测能力的检测机构进行洁净区检测，并向有关部门提供符合要求的检测报告。

六、省级畜牧兽医主管部门和中国兽医药品监察所要加强对洁净检测机构的检查指导，重点检查体系运行质量、计量标准管理、检测报告质量等情况，确保其规范开展检测工作。出具虚假报告、超范围出具报告的检测机构，一经查实，不得再从事兽药生产企业洁净区检测活动，对其出具的检测报告不予认可，并在中国兽药信息网通报。

七、各地在组织开展兽药 GMP 检查验收和日常监管时，要认真核对洁净检测机构出具的检测报告和企业日常监测数据，对检测项目不全、不符合规定要求的检测报告不予认可，并及时报告有关情况。

本公告自发布之日起施行，《农业部办公厅关于加强兽药生产企业洁净室（区）检测工作的通知》（农办医〔2011〕32 号）《农业部办公厅关于公布兽药 GMP 洁净度检测资质单位的通知》（农办医〔2010〕86 号）《农业部办公厅关于指定兽药 GMP 洁净室（区）检测单位的通知》（农办医〔2004〕20 号）以及《农业部兽医局关于确定辽宁省药品检验所为兽药 GMP 洁净度检测单位的函》（农医药便函〔2006〕330 号）同时废止；此前相关文件中与公告内容不一致的，以本公告为准。

附件：兽药生产企业洁净区静态检测相关要求

农业农村部

2021 年 1 月 19 日

附件

兽药生产企业洁净区静态检测相关要求

<table>
<tr><th>序号</th><th>检测项目</th><th>检测范围</th><th>检测方法依据</th><th>检测结果评价依据</th><th>适用对象</th></tr>
<tr><td>1</td><td>换气次数
（必测）</td><td>全检</td><td>GB 50591—2010《洁净室施工及验收规范》附录 E.1，或 ISO 14644-3：2019《洁净室及相关受控环境　第 3 部分：检测方法》附录 B.2，或 GB/T 25915.3—2010《洁净室及相关受控环境　第 3 部分：检测方法》附录 B.4，或 GB 50073—2013《洁净厂房设计规范》附录 A.3.1</td><td>GB 50073—2013《洁净厂房设计规范》条款 6.3.3</td><td rowspan="2">兽药正压生产线和非生物安全三级防护类负压生产线</td></tr>
<tr><td>2</td><td>新风量
（必测）</td><td>全检</td><td>GB 50591—2010《洁净室施工及验收规范》附录 E.1</td><td>GB 50073—2013《洁净厂房设计规范》条款 6.1.5，或 GB 50457—2019《医药工业洁净厂房设计标准》条款 9.1.4</td></tr>
</table>

（续）

序号	检测项目	检测范围	检测方法依据	检测结果评价依据	适用对象
3	温度（必测）	全检	GB 50591—2010《洁净室施工及验收规范》附录 E. 5，或 ISO 14644-3：2019《洁净室及相关受控环境　第 3 部分：检测方法》附录 B. 5，或 GB/T 25915. 3—2010《洁净室及相关受控环境　第 3 部分：检测方法》附录 B. 8. 2	GB 50457—2019《医药工业洁净厂房设计标准》条款3. 2. 4	兽药正压生产线和非生物安全三级防护类负压生产线
4	相对湿度（必测）	全检	GB 50591—2010《洁净室施工及验收规范》附录 E. 5，或 ISO 14644-3：2019《洁净室及相关受控环境　第 3 部分：检测方法》附录 B. 6，或 GB/T 25915. 3—2010《洁净室及相关受控环境　第 3 部分：检测方法》附录 B. 9	GB 50457—2019《医药工业洁净厂房设计标准》条款3. 2. 4	
5	照度（必测）	全检	GB 50591—2010《洁净室施工及验收规范》附录 E. 7	GB 50457—2019《医药工业洁净厂房设计标准》条款3. 2. 6	
6	噪声（必测）	全检	GB 50591—2010《洁净室施工及验收规范》附录 E. 6	GB 50073—2013《洁净厂房设计规范》条款 4. 4. 1，或 GB 50457—2019《医药工业洁净厂房设计标准》条款 3. 2. 7	
7	A 级区风速（适用时必测）	全检	GB 50591—2010《洁净室施工及验收规范》附录 E. 1，或 ISO 14644-3：2019《洁净室及相关受控环境　第 3 部分：检测方法》附录 B. 2，或 GB/T 25915. 3—2010《洁净室及相关受控环境　第 3 部分：检测方法》附录 B. 4，或 GB 50073—2013《洁净厂房设计规范》附录 A. 3. 1	农业农村部公告第 292 号《兽药生产质量管理规范（2020 年修订）》配套文件附件 1 第九条	
8	风速不均匀度（适用时必测）	全检	GB 50591—2010《洁净室施工及验收规范》附录 E. 3，或 ISO 14644-3：2019《洁净室及相关受控环境　第 3 部分：检测方法》附录 B. 2. 2. 3，或 GB/T 25915. 3—2010《洁净室及相关受控环境　第 3 部分：检测方法》附录 B. 4，或 GB 50073—2013《洁净厂房设计规范》附录 A. 3. 1	农业农村部公告第 292 号《兽药生产质量管理规范（2020 年修订）》配套文件附件 1 第九条	

（续）

序号	检测项目	检测范围	检测方法依据	检测结果评价依据	适用对象
9	A级区气流流型（适用时必测）	全检	GB 50591—2010《洁净室施工及验收规范》附录E.12，或ISO 14644-3：2019《洁净室及相关受控环境 第3部分：检测方法》附录B.3.3，或GB/T 25915.3—2010《洁净室及相关受控环境 第3部分：检测方法》附录B.7.3	农业农村部公告第292号《兽药生产质量管理规范（2020年修订）》配套文件附件1第九条、第三十三条	兽药正压生产线和非生物安全三级防护类负压生产线
10	静压差（必测）	全检	GB 50591—2010《洁净室施工及验收规范》附录E.2，或ISO 14644-3：2019《洁净室及相关受控环境 第3部分：检测方法》附录B.1.2，或GB/T 25915.3—2010《洁净室及相关受控环境 第3部分：检测方法》附录B.5.2，或GB 50073—2013《洁净厂房设计规范》附录A.3.2	农业农村部令2020年第3号《兽药生产质量管理规范（2020年修订）》第四十五条，未涉及部分应满足设计和工艺要求	
11	悬浮粒子（必测）	全检	GB 50591—2010《洁净室施工及验收规范》附录E.4，或GB/T 16292—2010《医药工业洁净室（区）悬浮粒子的测试方法》，或ISO 14644-3：2019《洁净室及相关受控环境 第3部分：检测方法》条款4.1，或GB/T 25915.1—2010《洁净室及相关受控环境 第1部分：空气洁净度等级》附录B，或ISO 14644-1：2015《洁净室及相关受控环境 第1部分：空气洁净度等级》附录A，或GB 50073—2013《洁净厂房设计规范》附录A.3.5	农业农村部公告第292号《兽药生产质量管理规范（2020年修订）》配套文件附件1第九条	
12	自净时间（必测）	B级全检、C级主要操作间中换气次数最小房间抽检	GB 50591—2010《洁净室施工及验收规范》附录E.11，或ISO 14644-3：2019《洁净室及相关受控环境 第3部分：检测方法》附录B.4，或GB/T 25915.3—2010《洁净室及相关受控环境 第3部分：检测方法》附录B.12	农业农村部公告第292号《兽药生产质量管理规范（2020年修订）》配套文件附件1第十条（七）	
13	送风高效过滤器检漏（必测）	A和B级全检、C和D级抽检	GB 50591—2010《洁净室施工及验收规范》附录D.3，或ISO 14644-3：2019《洁净室及相关受控环境 第3部分：检测方法》附录B.7，或GB/T 25915.3—2010《洁净室及相关受控环境 第3部分：检测方法》附录B.6	GB 50591—2010《洁净室施工及验收规范》附录D.3.8	

（续）

序号	检测项目	检测范围	检测方法依据	检测结果评价依据	适用对象
14	排风高效过滤器检漏（适用时必测）	全检	GB 50591—2010《洁净室施工及验收规范》附录 D.3，或 GB 50346—2011《生物安全实验室建筑技术规范》附录 D.4，或 ISO 14644-3：2019《洁净室及相关受控环境　第3部分：检测方法》附录 B.7，或 GB/T 25915.3—2010《洁净室及相关受控环境　第3部分：检测方法》附录 B.6	GB 50591—2010《洁净室施工及验收规范》附录 D.3.8，或 50346—2011《生物安全实验室建筑技术规范》附录 10.1.7	兽药正压生产线和非生物安全三级防护类负压生产线
在包含1～14项的同时增加的检测项目或评价依据					生物安全三级防护类生产线及配套活毒废水处理系统
15	静压差（必测）	全检	GB 50591—2010《洁净室施工及验收规范》附录 E.2	农业部公告第2573号《兽用疫苗生产企业生物安全三级防护标准》条款 3.1.1.3 和 3.1.5.6	
16	围护结构严密性（必测）	全检	GB 50591—2010《洁净室施工及验收规范》附录 G，或 GB 19489—2008《实验室生物安全通用要求》附录 A	农业部公告第2573号《兽用疫苗生产企业生物安全三级防护标准》条款 3.1.2.3	
17	高效过滤空调箱漏风率（适用时必测）	全检	GB/T 14294—2008《组合式空调机组》条款 7.5.4	农业部公告第2573号《兽用疫苗生产企业生物安全三级防护标准》条款 3.1.3.10	
18	排风高效过滤装置密封性（适用时必测）	全检	JG/T 497—2016《排风高效过滤装置》附录 A.2，或 ISO 10648-2《隔离器——第二部分　按照密封性分级和相关检测方法》条款 5.2	农业部公告第2573号《兽用疫苗生产企业生物安全三级防护标准》条款 3.1.3.9	
19	排风高效过滤装置高效过滤器检漏（必测）	全检	GB 50591—2010《洁净室施工及验收规范》附录 D.3，或 JG/T 497—2016《排风高效过滤装置》条款 7.5.2，7.5.3	GB 50346—2011《生物安全实验室建筑技术规范》条款 10.1.7	

（续）

<table>
<tr><th>序号</th><th>检测项目</th><th>检测范围</th><th>检测方法依据</th><th>检测结果评价依据</th><th>适用对象</th></tr>
<tr><td>20</td><td>排水管呼吸过滤装置密封性（适用时必测）</td><td>全检</td><td>JG/T 497—2016《排风高效过滤装置》附录A.2，或ISO 10648-2《隔离器——第二部分 按照密封性分级和相关检测方法》条款5.2</td><td>农业部公告第2573号《兽用疫苗生产企业生物安全三级防护标准》条款3.1.3.9</td><td rowspan="2">生物安全三级防护类生产线及配套活毒废水处理系统</td></tr>
<tr><td>21</td><td>排水管呼吸过滤单元高效过滤器检漏（适用时必测）</td><td>全检</td><td>GB 50591—2010《洁净室施工及验收规范》附录D.3，或JG/T 497—2016《排风高效过滤装置》条款7.5.2，7.5.3</td><td>GB 50346—2011《生物安全实验室建筑技术规范》条款10.1.7</td></tr>
<tr><td colspan="5">在包含1～21项的同时增加的检测项目或评价依据</td><td rowspan="4">生物安全三级防护类检验用动物房效检攻毒区域</td></tr>
<tr><td>22</td><td>静压差（必测）</td><td>全检</td><td>GB 50591—2010《洁净室施工及验收规范》附录E.2</td><td>农业部公告第2573号《兽用疫苗生产企业生物安全三级防护标准》条款3.2.12</td></tr>
<tr><td>23</td><td>核心工作间及相邻缓冲围护结构气密性（必测）</td><td>全检</td><td>GB 50591—2010《洁净室施工及验收规范》附录G，或GB 19489—2008《实验室生物安全通用要求》附录A</td><td>农业部公告第2573号《兽用疫苗生产企业生物安全三级防护标准》条款3.2.18</td></tr>
<tr><td>24</td><td>送风高效过滤器检漏（必测）</td><td>全检</td><td>GB 50591—2010《洁净室施工及验收规范》附录D.3</td><td>GB 50346—2011《生物安全实验室建筑技术规范》条款10.1.8</td></tr>
<tr><td colspan="5">在包含1～21项的同时增加的评价依据</td><td rowspan="2">《兽用疫苗生产企业生物安全三级防护标准》（农业部公告第2573号）中涉及活病原微生物操作质检室区域</td></tr>
<tr><td>25</td><td>静压差（必测）</td><td>全检</td><td>GB 50591—2010《洁净室施工及验收规范》附录E.2</td><td>农业部公告第2573号《兽用疫苗生产企业生物安全三级防护标准》条款3.3</td></tr>
</table>

（续）

序号	检测项目	检测范围	检测方法依据	检测结果评价依据	适用对象
生物安全柜性能验证（适用时必测）					常规关键防护设备（生物安全三级防护类生产线、检验用动物房效检攻毒区、涉及活病原微生物操作质检室）
26	送/排风高效过滤器完整性	全检	GB 50346—2011《生物安全实验室建筑技术规范》附录 D.4，或 YY 0569—2011《Ⅱ级生物安全柜》条款 6.3.2.4	RB/T 199—2015《实验室设备生物安全性能评价技术规范》条款 4.1.4.4	
27	噪声	全检	GB 50346—2011《生物安全实验室建筑技术规范》条款 10.2.8，或 YY 0569—2011《Ⅱ级生物安全柜》条款 6.3.3	YY 0569—2011《Ⅱ级生物安全柜》条款 5.4.3	
28	照度	全检	GB 50346—2011《生物安全实验室建筑技术规范》条款 10.2.9，或 YY 0569—2011《Ⅱ级生物安全柜》条款 6.3.4	YY 0569—2011《Ⅱ级生物安全柜》条款 5.4.4	
29	气流流速	全检	GB 50346—2011《生物安全实验室建筑技术规范》条款 10.2.4 及 10.2.6，或 YY 0569—2011《Ⅱ级生物安全柜》条款 6.3.7，6.3.8	RB/T 199—2015《实验室设备生物安全性能评价技术规范》条款 4.1.4.1 及 4.1.4.3	
30	气流烟雾模式	全检	GB 50346—2011《生物安全实验室建筑技术规范》条款 10.2.5，或 YY 0569—2011《Ⅱ级生物安全柜》条款 6.3.9	RB/T 199—2015《实验室设备生物安全性能评价技术规范》条款 4.1.4.2	
31	工作区洁净度	全检	GB 50346—2011《生物安全实验室建筑技术规范》条款 10.2.7	GB 50346—2011《生物安全实验室建筑技术规范》条款 10.2.7	
手套箱式隔离器性能验证（适用时必测）					
32	手套口气流	全检	GB 50346—2011《生物安全实验室建筑技术规范》条款 10.2.14	RB/T 199—2015《实验室设备生物安全性能评价技术规范》条款 4.2.4.2	
33	送/排风高效过滤器完整性	全检	GB 50346—2011《生物安全实验室建筑技术规范》附录 D.4，或 GB 50591—2010《洁净室施工及验收规范》附录 D.3	RB/T 199—2015《实验室设备生物安全性能评价技术规范》条款 4.2.4.3	
34	静压差	全检	GB 50346—2011《生物安全实验室建筑技术规范》条款 10.2.12	RB/T 199—2015《实验室设备生物安全性能评价技术规范》条款 4.2.4.4	
35	隔离器密封性	全检	ISO 10648—2《隔离器——第二部分　按照密封性分级和相关检测方法》条款 5.2，5.3	RB/T 199—2015《实验室设备生物安全性能评价技术规范》条款 4.2.4.5	

（续）

序号	检测项目	检测范围	检测方法依据	检测结果评价依据	适用对象
独立通风笼具（IVC）性能验证（适用时必测）					常规关键防护设备（生物安全三级防护类生产线、检验用动物房效检攻毒区、涉及活病原微生物操作质检室）
36	气流速度	全检	RB/T 199—2015《实验室设备生物安全性能评价技术规范》条款 4.3.3.1	RB/T 199—2015《实验室设备生物安全性能评价技术规范》条款 4.3.4.1	
37	压差	全检	RB/T 199—2015《实验室设备生物安全性能评价技术规范》条款 4.3.3.2	RB/T 199—2015《实验室设备生物安全性能评价技术规范》条款 4.3.4.2	
38	风量/换气次数	全检	RB/T 199—2015《实验室设备生物安全性能评价技术规范》条款 4.3.3.3	RB/T 199—2015《实验室设备生物安全性能评价技术规范》条款 4.3.4.3	
39	气密性	全检	RB/T 199—2015《实验室设备生物安全性能评价技术规范》条款 4.3.3.4	RB/T 199—2015《实验室设备生物安全性能评价技术规范》条款 4.3.4.4	
40	送/排风高效过滤器完整性	全检	GB 50346—2011《生物安全实验室建筑技术规范》附录 D.4，或 GB 50591—2010《洁净室施工及验收规范》附录 D.3	RB/T 199—2015《实验室设备生物安全性能评价技术规范》条款 4.3.4.5	

注：1. 检测方法和检测结果评价的依据应为现行有效版标准。

2. 全检是指兽药生产企业各洁净区内的所有房间、走廊、缓冲间等，涉及该检测项目的，都应进行检测。

3. 适用时必测是指法规要求应有相应条件时，必须测定的项目。

4. 主要操作间是指用于承担生产或检验过程中关键工序的房间。

5. 送风高效过滤器检漏：C 和 D 级抽检是指按照每套通风空调系统对应高效送风口数量不少于 10%进行抽查检测，且每套系统不少于 3 个。

6. 涉及生物安全三级防护类车间、检验用动物房效检攻毒区及活病原微生物操作质检室的检测项目，除进行对应区域所需检测项目外，还应进行“工况转换可靠性验证”“系统启停可靠性验证”“备用机组切换可靠性验证”“电气、自控和故障报警系统可靠性验证”，验证结果应符合《兽用疫苗生产企业生物安全三级防护标准》（农业部公告第 2573 号）条款 3.1.6、3.1.7 和 3.1.8 的要求。

《兽药生产质量管理规范（2020年修订）》实施安排

（农业农村部公告第293号）

《兽药生产质量管理规范（2020年修订）》（农业农村部令〔2020〕第3号）已于2020年4月21日发布，自2020年6月1日起施行。根据《兽药管理条例》和《兽药生产质量管理规范（2020年修订）》规定，现就《兽药生产质量管理规范（2020年修订）》（以下简称“兽药GMP”）实施工作安排公告如下。

一、所有兽药生产企业均应在2022年6月1日前达到新版兽药GMP要求。未达到新版兽药GMP要求的兽药生产企业（生产车间），其兽药生产许可证和兽药GMP证书有效期最长不超过2022年5月31日。

二、自2020年6月1日起，新建兽药生产企业以及兽药生产企业改、扩建或迁址重建生产车间，均应符合新版兽药GMP要求。

三、自2020年6月1日起，省级畜牧兽医主管部门受理兽药生产企业按照新版兽药GMP要求提出的申请，经检查验收符合要求的，兽药生产许可证和兽药GMP证书有效期为5年；受理兽药生产企业到期换证并按照2002年发布的兽药GMP要求提出的申请，经检查验收符合要求的，兽药生产许可证和兽药GMP证书有效期核发至2022年5月31日。

四、2020年6月1日前已经受理的申请，按原规定完成相关工作并核发兽药生产许可证和兽药GMP证书，证书有效期核发至2022年5月31日。

特此公告。

农业农村部

2020年4月30日

农业农村部畜牧兽医局关于切实做好《兽药生产质量管理规范（2020年修订）》贯彻实施工作的通知

（农牧便函〔2020〕421号）

各省、自治区、直辖市农业农村（农牧、畜牧兽医）厅（局、委），新疆生产建设兵团农业农村局，中国兽医药品监察所：

《兽药生产质量管理规范（2020年修订）》（下称新版兽药GMP）（农业农村部部长令2020年第3号）及无菌兽药等5类兽药生产质量管理的特殊要求（农业农村部公告第292号）已于近期公布，自2020年6月1日起施行。为做好新版兽药GMP贯彻实施工作，现就有关事项通知如下。

一、加强组织领导，制定实施方案

（一）加强实施工作组织领导。各省级畜牧兽医主管部门要加强对新版兽药GMP实施工作的组织领导。根据工作需要，成立实施工作领导小组，有计划、有组织、统一有序地抓好本辖区内新版兽药GMP贯彻实施工作。

（二）制定实施方案。各省级畜牧兽医主管部门要结合各地实际，分析企业情况，制定实施方案，确定阶段工作目标，加快推进新版兽药GMP实施步伐。利用跟踪检查、监督检查等各种方式，深入实际调查研究，全面、准确、及时掌握辖区内兽药生产企业实施新版兽药GMP的总体情况和具体进度，防止后期出现检查验收拥堵现象。

（三）营造良好实施氛围。各省级畜牧兽医主管部门要加强对实施新版兽药GMP的宣传培训工作，促进相关政策支持和企业按计划实施，营造良好实施氛围。

二、切实做好检查验收工作，确保新版兽药GMP实施成效

（一）强化监督检查队伍建设。各省级畜牧兽医主管部门要利用新版兽药GMP实施的机会，进一步加强兽药GMP监督检查队伍建设。对兽药生产质量监管人员以及兽药GMP检查员进行全面培训，使其了解、掌握新版兽药GMP主要内容与标准要求，能够按照新版兽药GMP要求对企业进行监督检查和日常监管工作，能够对企

业实施新版兽药GMP工作给予法律法规和技术指导。要严格兽药GMP检查员遴选、培训、聘任和管理，使检查员能够掌握检查标准、把握风险管理要求、统一检查尺度，保证兽药GMP检查科学公正、尺度一致。采取相关鼓励措施，对优秀的兽药GMP检查员给予表扬。

（二）严格执行检查标准。各省级畜牧兽医主管部门要进一步建立健全兽药GMP检查管理制度，完善检查工作程序，确保在统一的管理体系下开展检查工作。要严格执行兽药GMP检查标准，坚持标准前后统一，坚决杜绝出现前紧后松、标准降低的情况，保证兽药GMP检查的一致性、公正性和权威性。对检查把关不严、未发现企业重大缺陷的行为和检查人员，要严肃问责。

（三）坚持全国一盘棋。各省级畜牧兽医主管部门要提高站位，严把准入关，坚决淘汰不符合要求的企业，坚决防止出现地方保护现象。其中，首次按照新版兽药GMP检查验收的无菌兽药和兽用生物制品企业，检查组组长应从我部兽药GMP检查员库组长人员中随机选派。各组长所在单位要对该项工作予以积极支持。中国兽医药品监察所要做好我部兽药GMP检查员库组长人员的培训，使其准确理解、掌握新版兽药GMP要求和标准。

三、加强分类指导和过渡期间质量监管

（一）加强分类指导。各省级畜牧兽医主管部门要对辖区内企业进行梳理，分类指导企业实施新版兽药GMP。对基本具备实施条件的企业，应及时督促帮助其通过检查，以起到引导示范作用；对需要通过技术改造方能达到要求的，要确定规划，督促企业明确改造方案，尽快通过检查；对基础差、技术落后、不愿意改造的企业，指导其加快转型。鼓励支持企业间开展强强联合、兼并重组，调整产业结构，淘汰落后产能，促进产业升级和优势企业做大做强。

（二）加强过渡期间兽药质量监管。各级畜牧兽医主管部门要加强对企业技术改造过程中的兽药质量监管，加大监督检查和跟踪检查力度，防止在过渡期间因企业改造与生产同步造成产品质量问题。对发现的各类问题要及时依法处理，并督促企业按照新版兽药GMP进行改造。

（三）确保上市产品质量安全。兽药生产企业应根据企业实际，制定新版兽药GMP实施计划并报所在地省级畜牧兽医主管部门。建立和完善企业质量管理体系，配备必要的兽药质量管理人员；建立和更新符合本企业实际的各类管理软件并验证和试运行，确保新的软件能够满足和适应本企业产品生产过程的使用要求，全面提升兽药生产和质量管理保障能力；结合新版兽药GMP、本企业兽药质量管理要求和岗位操作规范，组织开展员工培训。在兽药生产和质量管理体系变化、硬件改造的同时，应加强对在产产品生产和质量的管理，确保上市产品的质量安全，保障新版

兽药 GMP 实施工作的平稳、有序。

四、加强企业软硬件建设，完善质量管理体系

（一）加强硬件改造，实现技术升级。要督促兽药生产企业对实施新版兽药 GMP 工作进行规划，安排好企业改造和申请检查验收进度，避免因在截止时限前集中申请而延误检查验收工作。应引导企业在厂房设施、设备改造时，根据兽药工艺需求、生产管理系统、管理需要等综合考虑确定改造方案，确保技术改造的合理性、科学性和有效性。

（二）重视软件建设，强化质量管理。要督促兽药生产企业通过实施新版兽药 GMP，完善内部质量管理体系建设，强化兽药 GMP 实施效果。兽药生产企业既要科学、合理地进行生产设施设备等硬件改造提升，又要根据人员、设备、物料、工艺、质量管理的实际需求，更新符合实际的管理体系和管理文件等软件内容，以达到确保产品质量，控制潜在质量风险的目标。

（三）加强人员培训，提升管理水平。要督促企业在实施新版兽药 GMP 过程中，做好全员培训工作，使之明确岗位职责，达到规范操作的要求。要高度重视人才队伍建设，尤其是质量管理等关键岗位人员，要加大投入，强化培训，提高素质，确保职责落实，使之在实施新版兽药 GMP 过程中能切实发挥管理作用。

实施新版兽药 GMP 时间紧、任务重，各省级畜牧兽医主管部门要全力做好实施的组织、宣传、指导和督促工作。要认真调研实施工作中出现的新问题，及时进行总结，采取有力措施，确保实现新版兽药 GMP 实施工作目标。各省级畜牧兽医主管部门实施规划、实施情况及工作中遇到的重大问题，要及时报我局。

农业农村部畜牧兽医局

2020 年 6 月 8 日

农业农村部畜牧兽医局关于兽药 GMP 检查验收有关事宜的通知

（农牧便函〔2020〕596 号）

各省、自治区、直辖市农业农村（农牧、畜牧兽医）厅（局、委），新疆生产建设兵团农业农村局，中国兽医药品监察所：

针对部分省份在兽药 GMP 检查验收工作中遇到的问题，经研究，我局现就兽药 GMP 证书和兽药生产许可证核发以及兽用生物制品生产线检查验收事宜通知如下。

一、对于现有兽药生产企业，如部分生产线通过新版兽药 GMP 检查验收，其 GMP 证书应单独发放，有效期 5 年。但同一兽药生产企业兽用生物制品类和中化药类 GMP 证书分别最多有 2 个，一个是符合新版兽药 GMP 要求的，一个是符合 2002 年版兽药 GMP 要求的，每个 GMP 证书有效期均与该类最早核发并在有效期内的 GMP 证书有效期一致。兽药生产许可证有效期最长不超过 2022 年 5 月 31 日。到期后依据符合新版兽药 GMP 要求的生产线确定生产范围并换发兽药生产许可证，其有效期与符合新版兽药 GMP 要求的 GMP 证书有效期一致。

二、对于兽用生物制品生产线的检查验收，各地要严格按照《兽药生产质量管理规范检查验收办法》第二十三规定执行，仅该条规定的“新建兽用生物制品企业以及兽用生物制品企业部分生产线在《兽药生产许可证》有效期内从未组织过相关产品生产的”两种情形应先静态验收再动态验收，不应扩大适用范围。

农业农村部畜牧兽医局

2020 年 7 月 28 日

农业农村部畜牧兽医局关于试行开展新版兽药GMP远程视频检查验收的通知

（农牧便函〔2022〕271号）

各省、自治区、直辖市农业农村（农牧）、畜牧兽医厅（局、委），新疆生产建设兵团农业农村局：

为切实做好《兽药生产质量管理规范（2020年修订）》（以下简称新版兽药GMP）检查验收工作，对受新冠肺炎疫情影响兽药GMP检查员无法赴现场开展检查验收的企业，我局鼓励支持各地试行开展新版兽药GMP远程视频检查验收（以下简称远程视频检查验收）。现将有关事宜通知如下。

一、远程视频检查验收的适用情形

上年度和本年内在农业农村部组织开展的兽药质量监督抽检中，生产环节抽检无不合格产品，且具备远程视频检查验收条件的兽药生产企业，适用远程视频检查验收。新建兽药生产企业、兽药生产企业部分生产线在《兽药生产许可证》有效期内从未组织过相关产品生产的、兽药生产企业新增生产范围的，以及布氏杆菌病疫苗生产线，不适用远程视频检查验收。

二、远程视频检查验收的有关要求

（一）各省级畜牧兽医主管部门要根据本地区新冠肺炎疫情防控要求，结合辖区兽药生产企业实际，确需采取远程视频方式开展检查验收的，应制定远程视频检查验收实施方案，明确视频检查软硬件条件、视频检查重点以及查看的电子文件，细化视频检查具体要求，狠抓措施落实，确保远程视频检查验收工作取得实效。同时，请及时将出台的实施方案报我局备案。

（二）依兽药生产企业申请，省级畜牧兽医主管部门组织开展远程视频检查验收。对不符合远程视频检查验收情形的，一律开展现场检查验收。

（三）各省级畜牧兽医主管部门要严把远程视频检查验收质量，不得降低检查验收标准。原则上，省级畜牧兽医主管部门管理人员和本辖区兽药GMP检查员，应在现场开展检查验收，不能赴现场的省外兽药GMP检查员以远程视频方式开展检查验收。如因新冠肺炎疫情原因，省级畜牧兽医主管部门管理人员和本辖区兽药GMP检查员无法赴现场、所有兽药GMP检查人员均以远程视频方式开展检查验收的，企业所在地市级或县级畜牧兽医主管部门应派员在现场协助开展检查验收，同时检查验收组组长应为部级兽药GMP检查员库中的检查组长、组员至少1人为部级兽药GMP检查员。

（四）各级兽药GMP检查员所在单位要全力支持本单位兽药GMP检查员参加各地检查验收工作，保证工作时间和检查验收质量。兽药GMP检查员及相关人员在远程视频检查验收过程中，要按照检查任务分工，全程参加检查活动，不得擅自脱离岗位；要履行保密责任和义务，不得泄漏企业相关技术、商业等信息，维护公平公正市场环境。

（五）各省级畜牧兽医主管部门要加强兽药生产许可证信息报送管理，确保信息准确无误。对于采用远程视频方式通过新版兽药GMP检查验收的生产企业，应明确标注为远程视频检查验收。

三、加强兽药生产企业事后监管

各省级畜牧兽医主管部门要加强事后监督检查，对采用远程视频方式通过新版兽药GMP检查验收的生产企业，在新冠肺炎疫情平稳后，要对这类企业全部实施现场监督检查，发现不符合新版兽药GMP要求的，依据《兽药管理条例》第五十九条要求进行处理处罚；发现严重不符合新版兽药GMP要求的，依法撤销兽药生产许可。我部将重点对这类企业进行监督抽查，对不符合新版兽药GMP要求的兽药生产企业和省份进行通报，并明确整改要求；对严重不符合新版兽药GMP要求的兽药生产企业，责令省级畜牧兽医主管部门依法撤销其相关兽药生产许可。

农业农村部畜牧兽医局

2022年4月8日

农业农村部畜牧兽医局关于印发《兽药GMP远程视频检查验收实施指南》的通知

（农牧便函〔2022〕349号）

各省、自治区、直辖市农业农村（农牧）、畜牧兽医厅（局、委），新疆生产建设兵团农业农村局：

为切实做好新版兽药GMP远程视频检查验收工作，确保远程视频检查工作取得实效，我局组织制定了《兽药GMP远程视频检查验收实施指南》。现印发给你们，请结合辖区工作实际参照执行。

农业农村部畜牧兽医局

2022年5月10日

兽药GMP远程视频检查验收实施指南

1　目的

为规范兽药GMP远程视频检查验收工作，保证远程视频检查结果的完整性和有效性，确保检查过程、检查要求和检查方法的一致性，特编制本指南。

2　适用范围

本指南适用于省级畜牧兽医主管部门组织对申请企业开展的兽药GMP远程视频检查验收工作，包括省级畜牧兽医主管部门、申请企业、检查组在检查前准备、现场视频检查、文件审查、结果报告及不符合项跟踪检查的全过程。

3　远程视频检查验收的准备

3.1　申请企业

申请企业按照要求配置远程视频检查验收硬件设备和网络条件（见附件1），安排专人与各检查员对接，并按照检查员要求准备电子版文件（优先采用PDF格式）及影音录像资料。申请企业提交的所有电子版文件与现场纸质版文件、记录及实际操作情况一致，提供申请企业承诺的一致性声明。

3.2　省级畜牧兽医主管部门

省级畜牧兽医主管部门将申请企业提交的符合农业部公告第2262号要求的电子版资料发送给检查员。确定远程视频检查会议平台，可优先选择申请企业建议的有安全保障的资料网盘及视频会议平台。组织检查组和申请企业对视频检查的通信方式进行测试。

3.3　检查组

实施组长负责制。检查组组长负责远程视频检查的总体策划，在风险分析基础上制定检查验收工作方案（见附件2）和检查验收工作日程安排，明确检查组成员的详细分工。检查组组长至少在正式远程视频检查的前3天将检查验收工作方案和检查验收工作日程安排告知省级畜牧兽医主管部门、申请企业和检查组成员。检查组成员根据检查验收工作方案，提出所负责领域的检查验收内容及要求，包括需要查阅的文件、计划、报告、记录等（见附件3）。检查组共同拟定现场考核的操作项目。检查组与申请企业确认资料提供的方式，如需提前录制视频的，告知申请企业拍摄内容、录制时间、地点等要求。

4　远程视频检查验收实施

4.1　首次会议

参加人员至少包括检查组全体成员、观察员、企业负责人和相关部门负责人。会议上宣读检查验收纪律，确认检查验收范围，介绍检查验收要求和注意事项，听取申请企业简要汇报兽药GMP实施情况，与申请企业确认电子信息数据的传输、存储和使用的保密性要求和规定。

4.2　远程视频现场检查

根据检查组工作方案安排，企业人员提前分组进入指定生产、检验、仓储和污水处理等区域，通过实时视频交流方式向检查组展示厂区周围环境、总体布局；生产厂房（车间）的设施、设备情况；生产车间的生产管理与质量控制；仓储设施、设备及物料的配置、流转与质量控制；工艺用水的制备与质量控制；空调系统的使用、维护与管理；质检室设施与管理；污水处理情况等。检查组在实时视频检查过程中，随时向企业人员进行询问。

4.3　查看文件与记录

申请企业需提前制作机构与人员、厂房及设施、设备、物料管理、确认与验证、文件管理、生产管理、质量管理、产品销售与收回、投诉与不良反应、自检等文件及相关记录的电子版材料。检查组成员查看企业提供的电子版文件和记录，检查文件和记录是否齐全、内容是否符合要求。对于检查期间需企业补充提交的材料，企业积极安排人员协助查找和提供，回答检查员提出的问题。

4.4 人员考核

被考核人员包括企业负责人和检查组指定的关键岗位人员。分为现场实操考核和理论知识考核。

现场实操考核：检查组根据生产、检验情况，对生产和检验人员采用实时视频方式进行考核。考核过程要确保检查组能够观察到现场操作的重点环节和整体情况。当现场实际情况不适合进行实时视频考核时，企业根据与检查组事先商定的录制要求，向检查组展示实操视频。企业将实操报告和原始记录通过扫描件发给检查组确认。

理论知识考核：检查组根据总体检查情况，对申请企业相关人员掌握国家法规、技术标准以及企业制度情况进行现场视频提问考核。每位检查员根据查看文件和视频现场检查中发现的问题，有针对性的提问，对企业人员兽药 GMP 的理解和掌握情况进行评估。

4.5 检查组内部会

检查组在检查期间可采用多种方式多次就检查内容和检查进展等情况召开内部工作会，讨论检查发现的问题，了解检查工作开展情况，及时调整检查员的工作任务，调控检查工作整体进度。

4.6 检查组与企业沟通

检查组可通过视频会议等方式，随时与企业人员沟通了解相关情况。对检查验收过程中发现的企业缺陷，检查组与企业相关负责人进行充分沟通，听取企业的情况说明和解释。

4.7 结果评定

检查组根据视频现场检查、文件记录查阅及人员考核等情况，对申请企业兽药 GMP 运行整体情况进行综合评定，并按《兽药生产质量管理规范检查验收办法》《兽药生产质量管理规范（2020 年修订）》《兽药生产质量管理规范检查验收评定标准（××类，2020 年修订）》或《兽医诊断制品生产质量管理规范》和《兽医诊断制品生产质量管理规范检查验收评定标准》要求逐条打分，确定缺陷项目，撰写检查验收报告。

4.8 末次会议

参加人员至少包括检查组全体成员、观察员、企业负责人和相关部门负责人。检查组宣读《兽药 GMP 现场检查验收缺陷项目表》和《兽药 GMP 现场检查验收报告》，并告知企业整改要求和整改时限。检查组将签名后的缺陷项目表和验收报告发给企业负责人签字确认。企业负责人确认签名后，将签名扫描件发给检查组组长，纸质版随同整改材料邮寄给省级畜牧兽医主管部门。

5　远程视频检查中相关要求

5.1　省级畜牧兽医主管部门、申请企业和检查组尽力保障远程视频会议及视频检查验收过程中周围环境的安静和不被打扰。

5.2　申请企业有专人负责视频检查时的互联网接入、会议系统使用、远程会议室的预定等技术保障工作，并在每次远程视频会议时向检查员介绍参会人员。

5.3　申请企业如对远程视频检查验收任一环节有保密要求，提前告知省级畜牧兽医主管部门和检查组。当保密要求可能影响视频检查有效性时，检查组可终止本次远程视频检查。

5.4　远程视频检查验收涉及的会议、现场检查、理论和实操考核，由申请企业负责录制视频影像，验收结束后形成内容清单，经检查组和企业双方确认后，所有视频资料连同清单一并交由省级畜牧兽医主管部门保管。

5.5　检查组在验收过程中要求申请企业提交的相关电子版材料，由申请企业形成清单，经与检查组确认后，加盖企业公章，作为验收资料提交省级畜牧兽医主管部门保管。

6　远程视频检查的终止

检查过程中遇到以下情况之一，检查组与省级畜牧兽医主管部门汇报后可终止检查。省级畜牧兽医主管部门待相关条件成熟后，重新启动检查工作。

6.1　远程视频检查设备故障

发生短期内无法解决的异常情况，如申请企业及检查组的远程视频检查设备损坏、通信网络发生故障而无法正常工作，或检查组评估的其他可能影响检查效果的情况等。

6.2　申请企业准备不足

申请企业不能熟练操作远程视频检查软件而影响检查质量、不能按照检查组要求及时提供所需资料或提供的文件、记录等资料模糊不清影响检查进度，以及保密及信息安全无法达到双方之前的约定等。

7　远程视频检查后续工作

7.1　申请企业

按兽药 GMP 要求及时完成整改，并向省级畜牧兽医主管部门提交整改报告。建议留存远程视频检查过程中可作为符合性证据的所有电子材料至少 5 年。

7.2　省级畜牧兽医主管部门

对申请企业整改情况及整改报告进行审核。审核通过后将整改报告提交检查组组长。妥善保存申请企业提交的远程视频检查符合性证据资料，建议保存期至少5年，以便后续核查。

7.3 检查组

检查工作结束后，检查组全体成员删除在检查过程中获取与申请企业有关的文件、记录、照片、视频、录音等资料。企业完成整改后，由检查组组长确认整改情况是否达到兽药GMP要求。必要时，检查组与省级畜牧兽医主管部门沟通，可要求再次进行远程或者现场核实确认。

8 相关附件

附件1 远程视频检查验收硬件设备及网络配置要求

附件2 兽药GMP远程视频检查验收工作方案（示例）

附件3 申请企业提供的材料清单（检查组参考使用）

附件1

远程视频检查验收网络配置及硬件设备要求

一、网络覆盖和平台要求

1. 网络覆盖要求：厂区、生产区（含生产动物房）、质量检验区（含检验用动物房）、能源动力区、仓储区、污水处理区和办公区等区域实现网络全覆盖，有稳定的信号传输。网络带宽≥50M或4G以上网络，必要时可租借通信运营商的小型信号基站。

2. 平台要求：采用支持远程会议或具有远程音频视频功能的软件或平台（客户端），如腾讯会议、小鱼易连、Wechat、Webex、Teams等。

二、远程视频设备需求

1. 申请企业会议室设备需求：整体界面视频摄像头（会议室无死角拍摄）；发言人视频摄像头；3个以上可收音、降噪的移动摄像头或配备带有降噪配件且与基站信号相符的智能手机；3个以上防抖支架或云台稳定器，视频全向麦克风；可投屏的高清像素扫描仪一台，电脑。

2. 申请企业现场录制设备需求：2个以上可收音、降噪的移动摄像头或配备带有降噪配件且与基站信号相符的智能手机；每条生产线至少配置2个防抖动支架或云台稳定器。

3. 检查员：智能手机、带有视频语音功能的电脑或其他电子设备等。

附件 2

兽药 GMP 远程视频检查验收工作方案
（示例）

受××委派，根据《兽药生产质量管理规范检查验收办法》和《兽约生产质量管理规范（2020 年修订）》《兽药生产质量管理规范检查验收评定标准（××类，2020 年修订）》，结合《农业农村部畜牧兽医局关于试行开展新版兽药 GMP 远程视频检查验收的通知》（农牧便函〔2022〕271 号），现对××公司实施远程 GMP 检查验收，检查方案如下。

一、企业概况和检查范围

××公司位于×××（生产地址），公司于××年××月正式投产，设有××生产线。该次申请的验收属于第×次验收。

此次检查验收范围：×××

二、检查验收时间和检查程序

（一）检查时间：　　　年　　月　　日至　　　年　　月　　日

（二）检查程序

1. 远程视频调试会议

（1）测试远程验收各个环节软硬件条件是否具备远程验收的要求。

（2）双方对远程验收通信方式进行调试，确保所使用的××软件（平台）视频会议的兼容性和网络的畅通性，能够满足双方要求。

2. 远程验收预备会议

（1）检查组确定申请企业需提前准备的材料清单。

（2）检查组确定实操考核项目，由组长与申请企业沟通确认。

（3）检查组对验收要求统一认识，达成共识。

3. 首次会议

参加人员：检查组全体成员、观察员及企业负责人、相关部门负责人等。通过×× 软件（平台）视频的方式进行。

会议主要内容：

（1）检查组宣读检查验收纪律，确认检查验收范围。

（2）介绍检查验收要求和注意事项，共同确定对电子信息数据的传输、存储和使用的保密性。

（3）申请企业简要汇报兽药 GMP 实施情况。

4. 视频现场检查

检查厂区周围环境、总体布局；检查生产厂房（车间）的设施、设备情况；生产车间的生产管理与质量控制；仓储设施、设备及物料的配置、流转与质量控制；工艺用水的制备与质量控制；空调系统的使用、维护与管理；质检室设施与管理；动物房设施与管理；污水处理情况等。

5. 查看文件与记录

检查各类 GMP 管理文件和记录，查看文件和记录是否齐全、内容是否符合要求，包括质量控制与质量保证、机构与人员、厂房与设施、设备、物料与产品、卫生、确认与验证、文件管理、生产管理、产品销售与收回、投诉与不良反应、自检等文件。

6. 人员考核

视频现场实操考核：检查组根据生产、检验情况，对生产操作人员开展××操作等×个项目考核，对质检室检验员进行××操作等×个项目考核。

视频理论知识考核：检查组根据总体检查情况，对参加考核人员掌握国家法规、技术标准以及企业管理文件程度进行考核。每位检查员根据现场检查和查看文件中出现的问题，有针对性的提问，对人员整体情况进行评估。

7. 结果评定

检查组根据现场检查、文件查阅及人员考核等情况，对该企业兽药 GMP 运行整体情况进行综合评定，并按《兽药生产质量管理规范（2020 年修订）》和《兽药生产质量管理规范检查验收评定标准（××类，2020 年修订）》要求逐条打分，撰写验收报告、确定缺陷项目。

8. 末次会议

参加人员：检查组全体成员、观察员及企业负责人、相关部门负责人等。通过××软件（平台）视频会议的方式进行。

检查组宣读《兽药 GMP 现场检查验收报告》和《兽药 GMP 现场检查验收缺陷项目表》，并与企业负责人共同签字确认。

三、检查组成员及分工

（一）检查组成员

组长：×××

组员：×××、×××、×××

观察员：×××、×××、×××

（二）分工

×××：负责此次远程验收的全过程，包括制定验收方案、任务分工、远程调试、现场协调等；承担《兽药生产质量管理规范检查验收评定标准（××类），2020年修订》（以下检查《评定标准》）中×××等检查任务，提出负责部分所需要的材料清单；组织完成打分评定工作。

×××：协助组长解决此次视频检查过程中遇到的问题；承担××条生产线和《评定标准》中××等检查任务，提出负责部分所需要的材料清单；配合完成打分评定工作。

×××：协助组长总结、汇总验收材料；承担××条生产线和《评定标准》中××等检查任务，提出负责部分所需要的材料清单；配合完成打分评定工作。

检查组共同撰写《兽药GMP现场检查验收工作方案》《兽药GMP现场检查验收缺陷项目表》和《兽药GMP现场检查验收报告》。

附件3

申请企业提供的材料清单

（检查组参考使用）

章节	需提供的材料
质量管理	提供质量目标。
	文件体系目录。
	质量风险评估报告。
机构与人员	提供组织机构图。
	管理和操作人员名单，注明各岗位；质量管理部门的职责。
	××管理负责人履历和培训情况。
	××年培训计划；××人员的培训情况。
	卫生操作规程。
厂房及设施	企业厂区总体布局与生产环境情况。
	非洁净区与洁净区厂房内部装修及维护情况；厂房、公用设施、固定管道建造或改造后的竣工图纸。
	生产场所与工艺流程符合性；防止人流、物流，交叉污染的设施及措施；防火、防爆、防虫等设施；洁净（区）室的设置；洁净室墙、地面维护及水池、地漏装置；洁净室各种管道、灯具、风口及其他备用设施的安装和维护；洁净室空气、人员、物料、净化设施及处理方法；洁净室综合措施（温湿度、照度、压差、悬浮粒子、微生物数等）及主要指标监测记录。

（续）

章节	需提供的材料
厂房及设施	仓储环境、设施及温湿度监测装置及相关记录；仓储区物料存放情况及相应的标识、记录；特殊物品（易燃易爆危险品、兽用麻醉药品、精神药品、毒性药品、标签、说明书）存放区域情况；取样区的空气洁净度级别。
	各类实验室布局、使用情况；仪器室环境；实验动物房的设置及使用情况。
	（如涉及时）β-内酰胺结构类、性激素、吸入麻醉剂等特殊兽药生产情况；中药材的前处理，提取、浓缩与其他制剂生产的隔离及通风除尘设施情况；动物脏器、组织的洗涤处理与其他制剂生产隔离情况。
设备	设备管理的规章制度。
	主要设备档案。
	预防性维修保养计划及相应记录；设备（包括纯化水、注射水系统，空调系统）的运行记录；设备的使用记录（内容包括日期、时间、所生产及检验的兽药名称、规格和批号、使用情况等）；设备的清洁记录。
	状态标识、校验标识及与设备连接的主要固定管道的标识；生产、检验设备符合工艺生产技术要求程序；纯化水、注射用水设备符合工艺要求程度（材质、内部结构等）；关键设备的验证情况及记录（如灭菌设备、灌装设备等）。
物料管理	物料购入、贮存、发放等管理制度及相应的操作规程（物料接收操作规程、退货操作规程）。
	物料的质量标准和检验报告。
	对供货单位的质量审计情况及合格供应商名单；主要物料供应商档案。
	料接收记录、样表；生产区、仓库物料定置区域划分；物料及中间产品、成品管理的帐、物、卡相符情况及状态标识；不合格物料及召回产品的管理；贮存条件及仓贮区温湿度监测装置及记录；计算机仓储管理的操作规程；特殊物料的管理：对温度、湿度、洁净度或其他条件有特殊要求物料的管理；易燃易爆和其他危险品的验收、贮存、保管、使用销毁情况；兽药标签、说明书的管理；先进先出执行情况；物料保存期限及复验情况。
	包装材料设计、审核、批准的操作规程及原版实样；包装材料变更的流程；仓库标签的验收、保管、发放、领用及记录；包装车间标签发放、使用、销毁记录。
确认与验证	确认与验证管理制度、各类验证的指导原则。
	验证总计划：包括厂房与设施、设备、检验仪器、生产工艺、操作规程、清洁方法和检验方法等，确立验证工作的总体原则，明确企业所有验证的总体计划。
	清洁验证。
	再验证情况。
文件管理	文件管理制度。
	生产和质量管理文件清单、记录清单及具体文件。
	各类文件制度的起草、审核、批准、发放、使用、保管等。

（续）

章节	需提供的材料
生产管理	生产工艺规程的执行情况。
	生产岗位操作法、SOP的执行情况。
	生产过程按工艺质量控制点要求进行中间检查情况。
	批生产及包装记录的管理情况。
	生产工艺用水定期检查情况。
	生产现场环境卫生，工艺卫生执行情况。
	清场制度执行情况及清场记录。
	不合格品处理情况。
	断电等突发事故的处理情况。
	原辅料及包装材料的领取使用、管理情况。
质量管理、质量控制与质量保证	各种质量管理制度、质量标准（原辅料、包装材料、中间产品、成品）及产品内控质量标准、检验操作规程，仪器使用规程、工艺用水质量标准。
	质量管理部门主要职责及执行情况：包括自检工作开展及相关记录、报告；验证工作开展及相应材料；供应商评价开展及主要材料；工艺用水及洁净室定期监测报告；产品投诉及不良反应管理及处理相关证据；退货、不合格品的管理及处置记录、台账；标准品、检定菌、管理及相应记录；物料检验及放行工作；偏差处理台账及记录；变更控制台账及记录；质量风险管理及记录；取样方法及抽样记录；各种检验仪器的校验标识、校准记录；检验记录及检验报告单；评价原料、中间产品及成品质量稳定性方法及相应检查记录；质量培训材料及培训情况；实验室管理及实验动物房管理及相应制度记录；产品标识和可追溯性管理制度及检查。
产品销售和召回	销售管理制度及执行情况抽检。
	销售记录及二维码上传情况。
	产品召回系统的有效性评估及召回记录。
	退货及召回产品的管理。

农业农村部办公厅关于进一步创新优化兽药审批服务的通知

（农办牧〔2022〕18号）

各省、自治区、直辖市农业农村（农牧）、畜牧兽医厅（局、委），新疆生产建设兵团农业农村局，中国兽医药品监察所：

为贯彻落实全国稳住经济大盘电视电话会议精神，积极应对新冠肺炎疫情影响，我部决定进一步加大兽药领域“放管服”改革力度，采取创新方式、优化流程、压减时限等措施，促进兽药产业持续健康发展。现将有关事项通知如下。

一、实行兽药生产质量管理规范远程视频检查验收

省级畜牧兽医主管部门依法办理兽药生产许可时，可采取远程视频方式，对兽药生产企业（生产线）是否符合兽药生产质量管理规范（以下简称“兽药GMP”）进行检查验收，具体参照我部畜牧兽医局制定的《兽药GMP远程视频检查验收技术指南》和有关要求执行，不得降低检查验收标准。布鲁氏菌病活疫苗和涉及兽用疫苗生物安全三级防护的新建、原址改扩建、异地扩建、迁址重建生产线，以及原料药、无菌制剂、中药提取、含氯固体消毒剂的新建生产线，不适用远程视频检查验收。

二、实行兽药生产许可证核发告知承诺制

受新冠肺炎疫情影响，无法及时开展兽药GMP检查验收的省份，对体外兽医诊断制品的生产许可，以及除粉剂、散剂、预混剂、原料药、无菌制剂、中药提取、含氯固体消毒剂以外的兽用中化药类生产许可，省级畜牧兽医主管部门可根据工作实际，依法依规对兽药生产许可证核发实施告知承诺制。在实施告知承诺时，省级畜牧兽医主管部门应重点审查企业提交的兽药GMP检查验收申请资料和符合兽药GMP检查验收标准承诺书，对材料符合规定要求的，即可按相关规定核发《兽药生产许可证》；发证后3个月内，要及时组织检查验收，对不符合发证要求的，根据《中华人民共和国行政许可法》等有关规定，依法撤销其兽药生产许可。新建兽药生产企业及新增兽药生产范围的生产许可，不适用告知承诺制。

三、优化兽药产品批准文号核发现场核查抽样流程

省级畜牧兽医主管部门组织开展兽药 GMP 检查验收时，对符合兽药 GMP 要求的生产线，可同时对试生产产品开展现场核查抽样，按规定填写相关核查抽样表单，做好相应记录，并通过农业农村部兽药产品批准文号核发系统提交现场核查抽样情况说明及相关表单资料。

四、扩大兽药产品批准文号核发免除复核检验情形

在新冠肺炎疫情防控期间，对异地扩建、迁址重建、原址改扩建、原址重建兽药生产企业，已取得兽药产品批准文号的兽药产品，再次申请产品批准文号的，或批准文号过期后再次申请的，省级畜牧兽医主管部门按时组织开展现场核查抽样，非兽用生物制品类样品留存省级兽药检验机构备查、兽用生物制品类样品留存批签发留样库备查，免除样品的复核检验。符合上述规定，已申请批准文号正在进行质量复核检验的，企业可向兽药检验机构申请终止检验。如上述兽药产品在批准文号有效期内，经省级以上人民政府兽医行政管理部门监督抽检不合格 1 批次以上的，不适用免除复核检验情形。

五、压减兽药审批事项办理工作时限

在新冠肺炎疫情防控期间，各级畜牧兽医主管部门要切实加大工作力度、提高工作效率，对非兽用生物制品类兽药的产品批准文号复核检验，将检验时限由 90 个工作日至少压减至 60 个工作日；对兽用生物制品的产品批准文号复核检验，将检验时限由 120 个工作日至少压减至 100 个工作日。同时，将兽药 GMP 检查验收结果公示期由不少于 15 日调整为不少于 7 日。

六、做好兽药审批事后监管

对开展远程视频检查验收的企业，省级畜牧兽医主管部门要适时组织现场监督检查，发现不符合兽药 GMP 要求的，依据《兽药管理条例》第五十九条规定处理处罚；发现严重不符合兽药 GMP 要求的，依法撤销其兽药生产许可。各级畜牧兽医主管部门要进一步加强兽药生产经营企业的监督检查，严格实施兽药产品二维码追溯监管，加大免除复核检验兽药产品的跟踪抽检力度，确保兽药生产安全和兽药产品质量安全。

农业农村部办公厅
2022 年 6 月 8 日

修订《兽药生产许可证》《兽药 GMP 证书》《兽药经营许可证》样式公告

（农业农村部公告第 581 号）

为进一步完善兽药生产、经营许可证核发工作，加强兽药生产、经营环节监管，我部修订了《兽药生产许可证》《兽药经营许可证》《兽药 GMP 证书》样式，现予以发布，自 2022 年 9 月 1 日起启用，并就有关事项公告如下。

一、新版《兽药生产许可证》《兽药经营许可证》设立正本、副本，具有同等法律效力，是兽药生产或经营企业取得相应许可的合法凭证，正本悬挂和摆放在生产或经营场所显著位置，副本用于记载企业相关内容的变更情况。

二、新版《兽药生产许可证》证号格式为“兽药生产证字×××××号”，其中数字为 5 位，由企业所在省份序号（2 位，以原农业部公告第 452 号公布的省份序号为准）和企业序号（3 位，省份内排序）组成。

新版《兽药经营许可证》证号格式为“兽药经营证字×××××××××号”，其中数字为 9 位，由企业所在省份序号（2 位，以原农业部公告第 452 号公布的省份序号为准）、县级以上行政区域序号（4 位，各省份统一编制并发布）及企业序号（3 位，县级行政区域内排序）组成。

新版《兽药 GMP 证书》证号格式继续按照农办医〔2015〕11 号文件执行。

三、新版《兽药经营许可证》的经营范围表述应为：兽用中药、化学药品；兽用生物制品（应载明国家强制免疫用生物制品或非国家强制免疫用生物制品）；兽用特殊药品（兽用麻醉药品、兽用精神药品、兽用易制毒化学药品、兽用毒性药品、兽用放射性药品等）；兽用原料药。

四、此前各级农业农村部门核发的旧版《兽药生产许可证》《兽药经营许可证》《兽药 GMP 证书》，在换发前继续有效。

农业农村部

2022 年 7 月 15 日

附件 1

《兽药生产许可证》样式

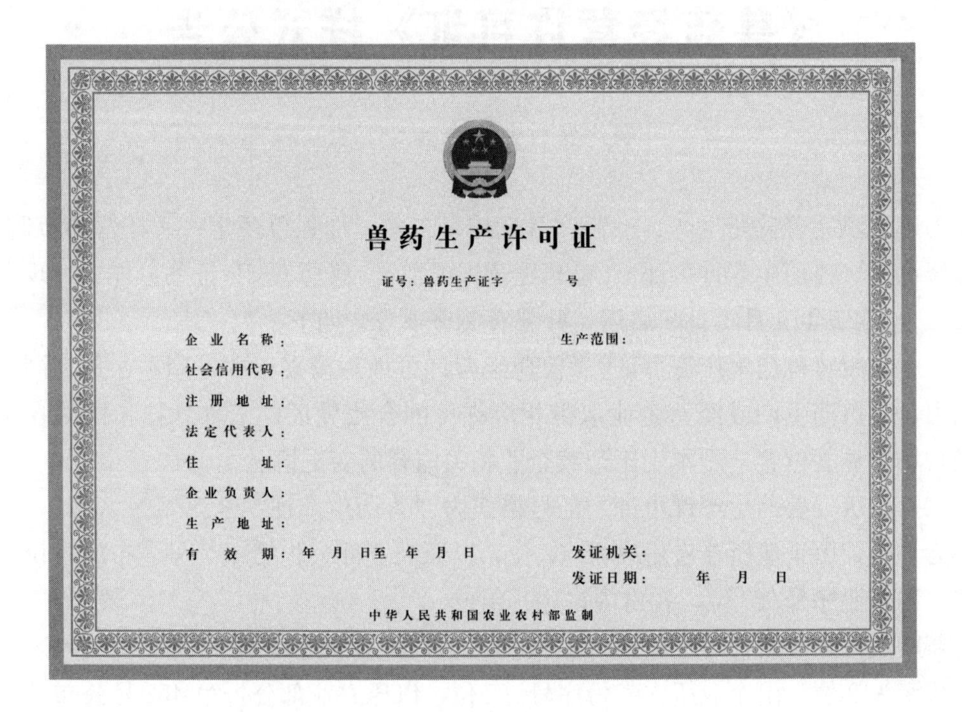

兽药生产许可证

证号：兽药生产证字　　　号

企业名称：
社会信用代码：
注册地址：
法定代表人：
住　　址：
企业负责人：
生产地址：
有效期：年　月　日至　年　月　日

生产范围：

发证机关：
发证日期：　　年　月　日

中华人民共和国农业农村部监制

兽药生产许可证

（副本）

企业名称：
社会信用代码：
注册地址：
法定代表人：
住　　址：
企业负责人：
生产地址：
有效期：年　月　日至　年　月　日

生产范围：

兽药 GMP 证书编号：
兽药生产许可证书编号：

发证机关：
发证日期：　　年　月　日

说　明

1.《兽药生产许可证》分为正本、副本，由中华人民共和国农业农村部统一制定样式，正本、副本具有同等法律效力。
2.《兽药生产许可证》正本应放在兽药生产企业的醒目位置，副本用于记载兽药生产企业相关内容的变更情况。
3.《兽药生产许可证》是兽药生产企业从事兽药生产活动的法定凭证。除发证机关按规定程序吊销、撤销、注销外，任何单位和个人未经法定程序不得收缴、扣押，并不得毁坏、伪造、变造、买卖、出租、出借。
4. 兽药生产企业终止生产或关闭的，《兽药生产许可证》由原发证机关注销。
5.《兽药生产许可证》登载事项发生变更时，应按有关规定，到发证机关办理正本变更事宜，发证机关同时应在其副本上做变更记录。
6. 监督检查记录由发证机关或检查机关填写。
7.《兽药生产许可证》中的企业名称、注册地址、社会信用代码和法定代表人应按市场监督管理部门核准的内容填写。
8.《兽药生产许可证》生产地址应按兽药生产实际地址填写。编号和生产范围，应按中华人民共和国农业农村部的相关要求填写。

变 更 记 录

<table>
<tr><td>事项：

（盖章）
年　　月　　日</td></tr>
<tr><td>事项：

（盖章）
年　　月　　日</td></tr>
<tr><td>事项：

（盖章）
年　　月　　日</td></tr>
</table>

附件 2

《兽药 GMP 证书》样式

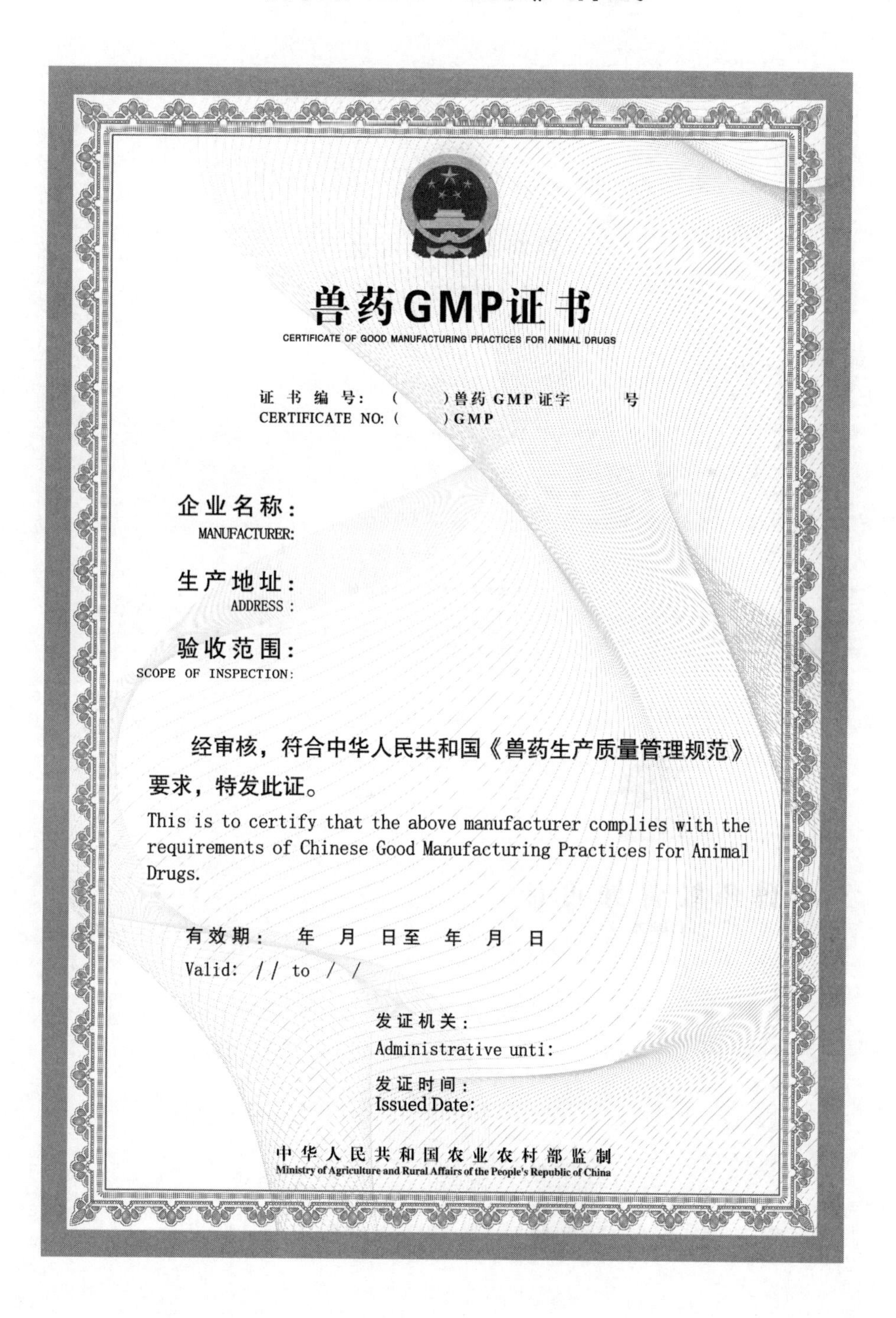
兽药GMP证书
CERTIFICATE OF GOOD MANUFACTURING PRACTICES FOR ANIMAL DRUGS

证 书 编 号：（ ）兽药 GMP 证字 号
CERTIFICATE NO:（ ）GMP

企业名称：
MANUFACTURER:

生产地址：
ADDRESS：

验收范围：
SCOPE OF INSPECTION:

经审核，符合中华人民共和国《兽药生产质量管理规范》要求，特发此证。

This is to certify that the above manufacturer complies with the requirements of Chinese Good Manufacturing Practices for Animal Drugs.

有效期： 年 月 日至 年 月 日
Valid: / / to / /

发证机关：
Administrative unti:

发证时间：
Issued Date:

中华人民共和国农业农村部监制
Ministry of Agriculture and Rural Affairs of the People's Republic of China

附件 3

《兽药经营许可证》样式

兽药经营许可证

证号：兽药经营证字　　　　号

企业名称：

社会信用代码：

经营地址：

法定代表人：

住　　址：

库房地址：

有效期：年　月　日至　年　月　日

经营范围：

发证机关：

发证日期：　　年　月　日

中华人民共和国农业农村部监制

兽药经营许可证

（副本）

企业名称：

社会信用代码：

经营地址：

法定代表人：

住　　址：

库房地址：

有效期：年　月　日至　年　月　日

经营范围：

兽药经营许可证编号：

发证机关：

发证日期：　　年　月　日

说　　明

1.《兽药经营许可证》分为正本、副本，由中华人民共和国农业农村部统一制定样式，正本、副本具有同等法律效力。

2.《兽药经营许可证》是兽药经营企业取得兽药经营许可的合法凭证。正本应放在悬挂或摆放在经营场所的显著位置。

3.《兽药经营许可证》除发证机关按规定程序吊销、撤销、注销外，任何单位和个人未经法定程序不得收缴、扣押，并不得毁坏、伪造、变造、买卖、出租、出借或者以其他形式非法转让。

4. 兽药经营企业应当在核准的许可范围内开展经营活动。兽药经营企业终止经营或关闭的，《兽药经营许可证》由原发证机关注销。

5.《兽药经营许可证》登载事项发生变更时，应按有关规定，到发证机关办理正本变更事宜，发证机关同时应在其副本上做变更记录。

6.《兽药经营许可证》中的企业名称、经营地址、社会信用代码和法定代表人应按市场监督管理部门核准的内容填写。

7.《兽药经营许可证》经营地址应按兽药经营实际地址填写。编号和经营范围，应按中华人民共和国农业农村部的相关要求填写。

变 更 记 录

<table>
<tr><td>事项：

（盖章）
年　　月　　日</td></tr>
<tr><td>事项：

（盖章）
年　　月　　日</td></tr>
<tr><td>事项：

（盖章）
年　　月　　日</td></tr>
</table>

限制部分兽药生产线管理规定

（农业部公告第1708号）

根据《产业结构调整指导目录（2011年本）》（国家发展和改革委员会令第9号），兽用粉剂、散剂、预混剂生产线和转瓶培养生产方式的兽用细胞苗生产线已列入该指导目录限制类项目管理。按照《兽药管理条例》第十一条规定，经研究决定，停止受理上述生产线项目兽药GMP验收申请。现就有关事宜公告如下。

一、自2012年2月1日起，各省级兽医行政管理部门停止受理新建兽用粉剂、散剂、预混剂生产线项目和转瓶培养生产方式的兽用细胞苗生产线项目兽药GMP验收申请。

二、有下列情形之一的，可以继续受理：

（一）持有兽用粉剂、散剂、预混剂产品或转瓶培养生产方式兽用细胞苗产品新兽药注册证书的；

（二）兽用粉剂、散剂、预混剂具有从投料到分装全过程自动化控制、密闭式生产工艺的；

（三）采用动物、动物组织或胚胎等培养方式改为转瓶培养方式生产兽用细胞苗的；

（四）在原批准生产范围内复验、改扩建、重建的。

三、本公告发布之日前已开工建设但尚未完工的兽用粉剂、散剂、预混剂生产线项目和转瓶培养生产方式的兽用细胞苗生产线项目，经企业所在地省级兽医行政主管部门核实后，停止受理时间可延长至2012年6月30日。

特此公告。

农业部

2012年1月5日

农业部办公厅关于印发《新建兽用粉剂、散剂、预混剂 GMP 检查验收细则》的通知

（农办医〔2013〕7号）

2012年1月5日，农业部发布1708号公告，规定新建兽用粉剂/预混剂、散剂生产线应当具有从投料到分装全过程自动化控制、密闭式生产工艺。为规范新建粉剂/预混剂、散剂生产线的监督管理，我部组织制定了《新建兽用粉剂、散剂、预混剂 GMP 检查验收细则》（简称《细则》）。《细则》适用于除农业部1708号公告第二项规定以外的新建生产线。现将《细则》印发给你们，请遵照执行。

农业部办公厅

2013年2月7日

附件

新建兽用粉剂、散剂、预混剂 GMP 检查验收细则

一、粉剂、散剂、预混剂（包括粉剂/预混剂、散剂，下同）生产线从投料到分装应具备全过程自动化控制、密闭式生产工艺，以及相应的设备设施。

二、粉剂、散剂、预混剂产品工艺流程需对原辅料做预处理（如干燥、粉碎、逐级混合等）或具有特殊生产工艺（如中药提取等）的，其设备设施应与自动化控制、密闭式生产系统进行无缝连接。

三、中药散剂车间工艺设计应从中药材拣选、清洗、干燥、粉碎等前处理工序开始，并根据中药材炮制、提取的需要，设置相应的功能区，配备相应设备。

四、粉剂、散剂、预混剂应分别设置独立的生产车间，并由具有医药工业设计资质的单位设计。生产车间应配备适宜的温湿度控制系统，并参照洁净室（区）要求管理。

五、粉剂、散剂、预混剂车间应设置独立的中央除尘系统，在粉尘产生点配备单独的有效除尘装置，称量、投料等操作应在单独除尘控制间中进行。中药粉碎应设置独立除尘及捕尘设施。生产区域粉尘浓度应达到环保和安全生产要求。

六、生产车间应当按照生产工序及设备、工艺进行合理布局，干湿功能区相对分离，以减少污染。单个生产车间使用面积不少于800平方米。中药材仓库应独立设置，其有效使用面积不少于1000平方米，并配置相应的防潮、通风、防霉等设施。

七、散装大宗辅料应在料仓等具有防潮、防霉、防鼠、防虫、防鸟等功能的密闭空间内贮存，并具有自动称量、出料和输送装置系统。

八、粉剂、预混剂应分别设置独立的称量、混合、分装设备。

九、根据产品工艺要求，应配置适宜的计算机投料控制系统，投料精度误差控制在1%以内。

十、最终混合设备容积：粉剂、中药提取物制成的散剂不小于1立方米，散剂不小于3立方米，预混剂不小于5立方米。

混合设备应具备良好的混合性能，其混合均匀度的变异系数：粉剂不大于3%，预混剂不大于5%。

十一、混合、干燥、粉碎、暂存、主要输送管道等与物料直接接触的设施设备内表层，均应使用具有较强抗腐蚀性能的不锈钢材质（例如型号304不锈钢），并提供材质证明性材料（资质部门出具的检验报告、采购合同及购置发票等）。

十二、分装工序应根据产品特性，配置符合各类制剂装量控制要求的自动上料、分装、密封等自动化联动设备，并配置装量监控装置，监控装置应对装量不符合要求的包装具有自动识别或筛选剔除功能。

十三、应根据设备、设施等不同情况，配置相适应的在线清洗系统（设施）和干燥设施，应能保证清洗后的药物残留对下批产品的影响控制在5ppm以下。

十四、企业应按兽药GMP相关规定做好混合机、计算机投料系统、自动分装机等设备验证以及清洁验证。农业部兽药GMP检查组在现场检查验收过程中，应进行现场核查、取样、测试。其混合机混合性能、计算机投料系统精度、自动分装设备装量精度、装量监控识别能力及设备管道在线清洗的清洁效果均应符合上述规定。

农业农村部办公厅关于印发《新建兽用粉剂、散剂、预混剂生产线 GMP 检查验收评定标准》的通知

（农办医〔2018〕14 号）

各省、自治区、直辖市畜牧兽医（农牧、农业）厅（局、委、办），新疆生产建设兵团畜牧兽医局：

为加强兽药生产质量管理，规范新建兽用粉剂、散剂、预混剂生产线 GMP 检查验收，依据《兽药生产质量管理规范》及其附录和《农业部办公厅关于印发新建兽用粉剂、散剂、预混剂 GMP 检查验收细则的通知》（农办医〔2013〕7 号），我部组织制定了《新建兽用粉剂、散剂、预混剂生产线 GMP 检查验收评定标准》（以下简称《评定标准》）。现印发给你们，请遵照执行。

农业农村部办公厅

2018 年 4 月 20 日

新建兽用粉剂、散剂、预混剂生产线 GMP 检查验收评定标准

一、适用范围

本《评定标准》适用于农业部公告第 1708 号第二项第（二）款“兽用粉剂、散剂、预混剂具有从投料到分装全过程自动化控制、密闭式生产工艺的”新建生产线的 GMP 检查验收。

二、评定项目

新建兽用粉剂、散剂、预混剂生产线 GMP 检查验收评定项目共 12 个章节（《兽药生产质量管理规范》规定的章节）219 个项目，其中关键项目 72 项（条款号前加“*”），一般项目 147 项。检查项目分布（关键项/检查项）：机构与人员 5/16；厂房与设施 17/53；设备 11/26；物料 10/23；卫生 1/19；验证 8/13；文件 3/10；生

产管理 8/29；质量管理 6/18；产品销售与收回 1/6；投诉与不良反应报告 1/3；自检 1/3。

具体内容见《新建兽用粉剂、散剂、预混剂生产线 GMP 检查验收评定项目表》（附件）。

三、评定方式

（一）新建兽用粉剂、散剂、预混剂生产线 GMP 检查验收应以申请验收范围确定相应的检查项目。现场检查时，应对所列评定项目及涵盖内容进行全面检查，并逐项作出评定。

（二）评分结果分为“N”“Y－”和“Y”3 档。以 100 分为满分，凡某项目评定得分在 75 分以上的，判定为符合要求，评定结果标示为“Y”；凡某项目评定得分在 50～75 分之间的，判定为基本符合要求，评定结果标示为“Y－”；凡某项目评定得分在 50 分以下的，判定为不符合要求，评定结果标示为“N”。汇总评定结果时，关键项目的“Y－”不折合“N”。一般项目的 3 个“Y－”相当于 1 个“N”，不足 3 个“Y－”的折合为 1 个“N”。

四、评定结果

通过分别计算关键项目不符合项数、关键项目基本符合项数和一般项目不符合率作出最终评定结论，并在验收报告中用文字说明。结论评定如下：

关键项目		一般项目不符合率	评定结论
不符合项数	基本符合项数		
0	≤4	≤15%	通过兽药 GMP 检查验收，作出“推荐”结论
0	>4		未通过兽药 GMP 检查验收，作出“不推荐”结论
≥1			
		>15%	

备注：一般项目不符合率＝一般项目不符合数/涉及一般项目条款数×100%。

附件

新建兽用粉剂、散剂、预混剂生产线GMP检查验收评定项目表

序号	章节	条款内容	评分结果
*001	机构与人员	企业应建立生产和质量管理机构，各类机构设置应合理，岗位职责应明确。	
002		管理人员和技术人员的专业知识和生产经验及其数量应与生产相适应。	
003		企业主管生产和质量管理的负责人应具有兽医、药学等相关专业大专以上学历，并具有兽药生产、质量管理经验。	
*004		兽药生产管理部门的负责人和质量管理部门的负责人应具有兽医、药学等相关专业大专以上学历，有生产、质量管理经验。含中药制剂的生产企业，生产管理部门的负责人和质量管理部门的负责人应具有中医药专业学历或经过中药专业知识的培训。	
*005		生产管理和质量管理部门负责人应由专职人员担任，并不得互相兼职。	
006		直接从事生产人员应具有高中以上文化程度并经本岗位技术培训。	
007		中药材、中药饮片验收人员应经相关知识的培训，并具有中药鉴别技能。	
008		从事兽药生产辅助性工作的人员应具有初中以上文化程度并经本岗位培训。	
009		企业应制定年度的人员培训计划，明确培训的要求、方式和内容，并应根据实际情况调整培训内容。	
010		进入生产车间的工作人员（包括维修、辅助人员）应定期进行卫生基础知识等方面的培训及考核。	
*011		从事兽药生产的各类人员应按本规范要求和培训计划进行培训和考核；培训效果应达到要求，培训记录应归档。	
012		人员的现场考核结果应符合要求。	
013		企业负责人应接受有关法律法规培训，提高法律意识和质量意识。	
014		从事高毒性、高致敏性及有特殊要求的兽药生产操作和质量检验人员应通过专业的技术培训后上岗。	
*015		质量检验人员应具有高中（含中专）以上文化程度，并经相关知识培训，具有基础理论知识和实际操作技能，持有省级以上兽药检验机构核发的培训合格证。质量检验人员的现场操作考核结果应符合要求。	
016		质量部门负责人任命、变更应书面报省级兽药监察（检验）机构备案。	
017	厂房与设施	厂区周围不应有影响兽药质量的污染源；企业生产环境应整洁，其空气、场地、水质等应符合要求。厂区地面、路面及运输等不应对兽药生产造成污染；生产、仓储、行政、生活和辅助区总体布局应合理，不得互相妨碍。	
*018		散剂车间与粉剂、预混剂车间应分别独立设置，并由具有医药工业设计资质的单位设计。	
*019		对易吸潮、有微生物限度检验要求的产品，其生产的暴露工序应具有相应的水分控制和环境控制的设施设备。	

（续）

序号	章节	条款内容	评分结果
*020	厂房与设施	厂房应按生产工艺流程进行合理布局；进入各生产区时，人流、物流走向应合理。	
*021		粉剂、散剂、预混剂生产线从投料到分装应具备全过程自动化控制、密闭式生产工艺。	
*022		生产车间内干湿功能区相对分离，并配备适宜的温湿度控制系统，严格控制温湿度。	
*023		散剂生产车间工艺设计应从中药材拣选、清洗、干燥、粉碎等前处理工序开始，并根据中药材前处理、炮制、提取的需要，设置相应的功能间（区）。	
024		同一厂房内的生产操作和相邻生产区域之间的生产操作不得相互妨碍。	
025		生产车间内不同房间之间相互联系应符合工艺的需要；应有防止交叉污染的措施。	
026		进入生产区和生产区内的物料传递路线和传递方式应合理。	
027		生产操作区不得放置与生产无关的设施、物料。	
028		生产操作区和物料贮存区不得有用作非本区域内工作人员主要通道的现象。	
029		生产车间确需设置电梯时，物料进出电梯应有防止交叉污染的措施。	
030		厂房及仓储区应有防止昆虫、鼠类和其他动物进入的设施。	
031		企业应具有有关管理部门核发的消防验收证明。	
032		厂房地面、天棚、墙壁等内表面应平整、清洁、无污迹、易清洁。	
033		生产车间的内表面应平整光滑、耐冲击、无裂缝、接口严密、无颗粒物脱落，并能耐受清洗和消毒。	
034		生产车间内设置的卫生工具清洗、存放地点应合理，不应对产品和生产环境造成污染。	
035		净选药材的厂房应设拣选工作台，工作台表面应平整、不易产生脱落物。	
036		直接入药的净药材和干膏的配料、粉碎、混合、过筛等生产操作的厂房应达到门窗密闭，并有捕尘、排湿、排风、降温等设施。	
037		中药材炮制中的蒸、炒、炙、煅等厂房应与其生产规模相适应，并有良好的通风、除尘、除烟、降温等设施。	
038		中药材、中药饮片的提取、浓缩等厂房应与其生产规模相适应，并有良好的排风及防止污染和交叉污染等设施。	
039		中药材筛选、切制、粉碎等生产操作的厂房应安装捕尘、排风等设施。	
*040		粉剂、散剂、预混剂产品工艺流程需对原辅料做预处理（如干燥、粉碎、逐级混合等）或具有特殊生产工艺（如中药提取等）的，其设备设施应与自动化控制、密闭式生产系统进行无缝连接（可密闭转运连接）。中药粉碎等区域应设置独立除尘、捕尘等防止粉尘扩散的防爆设施。	

（续）

序号	章节	条款内容	评分结果
*041	厂房与设施	生产区应具有与生产规模相适应的面积和空间，便于生产操作和安置设备。单个生产车间使用面积不少于800平方米。	
*042		易燃、易爆、有毒、有害物质的生产和储存的厂房设施应符合国家的有关规定。	
*043		生产车间应设置独立的中央除尘系统，在粉尘产生点配备单独的有效除尘装置，称量、投料等操作应在单独除尘控制间中进行。	
*044		生产区域粉尘浓度应达到环保和安全生产要求。	
045		物料进入生产车间前应进行清洁处理，并设置清洁外包装的房间，具有清洁处理的设施。	
046		生产车间内各种管道、灯具、风口等公用设施的设计和安装应合理，并易于清洁。	
047		生产车间和厂房内的照度应与生产要求相适应，厂房内应设有应急照明设施。	
048		生产车间的温度和相对湿度应与生产工艺相适应。无特殊要求时，温度应控制在18～26℃；相对湿度应控制在30%～65%。	
049		空调系统应按规定定期清洁、维修、保养并作记录。	
*050		生产车间的窗户、天棚及进入室内的管道、风口、灯具与墙壁或天棚的连接部位应密封。	
051		生产厂房门窗应能密闭（中药材粗粉碎等特殊品种除外），并根据不同的生产功能设有良好的除湿、排风、除尘、降温等设施。	
052		生产车间内设置的水池、地漏不得对兽药产生污染。	
053		人员和物料进入生产车间应具有各自的净化用室和设施。	
054		中药材的前处理、提取、浓缩和动物脏器、组织的洗涤或处理等生产操作区应与其制剂生产严格分开。	
*055		产尘量大的操作室（区）经捕尘处理仍不能避免交叉污染时，其送风系统不得利用回风。	
056		产尘量大的操作室应与相邻房间保持相对负压。	
057		工艺用水的水处理及配套设施应保证达到设定的质量标准和产品生产工艺要求。	
058		仓储区建筑应符合防潮、防火要求；仓储区消防间距和交通通道应符合有关要求。	
059		仓储面积和空间应与生产规模相适应；应适用于物料及产品的分类、分批有序存放。	
*060		中药材仓库应独立设置，其有效使用面积不少于1000平方米，并配置相应的防潮、通风、防霉等设施。	

（续）

序号	章节	条款内容	评分结果
*061	厂房与设施	散装大宗辅料应在料仓等具有防潮、防霉、防鼠、防虫、防鸟等功能的密闭空间内贮存，并具有自动称量、出料和输送装置系统。	
062		仓储区待检、合格、不合格物料及产品应有防止混淆和交叉污染的措施；应分库保存或严格分开码垛贮存；并有易于识别的标记。	
*063		生产中涉及易燃、易爆、强腐蚀物品时应设置相应的危险品仓库。毒、易制毒、麻、精神药品应按国家有关规定保存。	
064		仓储区应保持清洁和干燥；其照明和通风设施应符合要求。	
065		仓储区的温度、湿度控制应符合物料储存要求，应按规定定期监测和记录。	
066		仓库设置的取样或称量操作间的环境应与生产区一致。取样或称量应具有防止污染和交叉污染的措施。	
*067		质量管理部门应设置与生产品种和生产规模相适应的各类功能检验室、留样观察室等，其面积、设施应符合要求，布局应合理。	
068		应根据需要对各类检验室的洁净度、温湿度进行控制。	
069		对环境有特殊要求的仪器设备应安置在专门的仪器室内；应具有防止静电、震动、潮湿或其他外界因素影响的设施。	
*070	设备	生产企业应具备与所生产产品相适应的生产和检验设备，其性能和主要技术参数应能保证生产和产品质量控制以及从投料到分装实施全过程自动化、密闭式、产品电子追溯管理需要。	
071		设备的设计、选型、安装应符合生产要求、并易于清洗、消毒；便于生产操作和维修、保养；能够防止差错和减少污染。	
*072		散剂车间应配备与生产相适应的中药材拣选、清洗、干燥、粉碎等前处理设备；中药材需要炮制、提取的，应配备相应的设备。	
*073		根据产品工艺要求，应配置适宜的计算机投料控制系统，投料误差控制在1%以内。	
*074		粉剂、预混剂应分别设置独立的称量、混合、分装设备。	
*075		粉剂的最终混合设备容积不小于1立方米，其混合均匀度的变异系数（相对标准偏差）不大于3%。	
*076		中药提取物制成的散剂的最终混合设备容积不小于1立方米，散剂不小于3立方米。	
*077		预混剂的最终混合设备容积不小于5立方米，其混合均匀度的变异系数（相对标准偏差）不大于5%。	
*078		分装工序应根据产品特性，配置符合各类制剂装量控制要求的自动上料、分装、密封等自动化联动设备，并配置装量监控装置，监控装置应对装量不符合要求的包装具有自动识别或筛选剔除功能。	

（续）

序号	章节	条款内容	评分结果
*079	设备	生产车间应配备能自动采集电子追溯码的设备，具备识别错码废码、自动剔除和数据储存功能，相关数据能进入数据管理中心系统。	
*080		混合、干燥、粉碎、暂存、主要输送管道等与物料直接接触的设施设备内表层应使用光洁、平整、易清洗或消毒、具有较强抗腐蚀性能的不锈钢材质，并有材质证明性材料。	
081		生产车间内设备保温层表面应平整、光洁，无颗粒性等物质脱落。	
082		与中药材、中药饮片直接接触的工具、容器表面应整洁、易清洗消毒、且不易产生脱落物。	
083		与药物（液）接触的设备、容器具、管路、阀门、输送泵等应采用优质耐腐蚀材质，管路的安装应尽量减少连（焊）接处。	
084		设备所用的润滑剂、冷却剂等对兽药或容器不应造成污染。	
085		与设备连接的主要固定管道应标明管道内容物名称、流向。	
086		根据设施、设备等不同情况，配置相适应的在线清洗系统（设施）和干燥设施，应能保证清洗后的药物残留对下批产品的影响控制在5ppm以下。	
*087		生产和检验用仪器、仪表、量具、衡器等适用范围、精密度、技术参数、性能应符合生产和检验要求；具有明显的合格标志；并定期校验。	
088		自校仪器、量具应制定自校规程，并具备自校设施条件，校验人员具有相应资质，并做好校验记录。	
089		生产设备应具有明显的状态标志。	
090		生产设备应定期维修、保养和验证；设备安装、维修、保养的操作应不影响产品的质量。	
091		不合格的设备应搬出生产区，未搬出前应有明显标志。	
092		干燥设备进风口应具有过滤装置，出风口应具有防止空气倒流装置。	
093		生产、检验设备及器具应制定使用、维修、保养规程；其内容应符合要求。	
094		生产、检验设备应有使用、维修、保养记录，并由专人管理。	
095		生产和检验设备、仪器、衡器应登记造册，并建立档案，档案内容包括：生产厂家、型号、规格、技术参数、说明书、设备图纸、备件清单、安装位置及施工图，检修和维修保养内容及记录、验证报告、事故记录等。	
096	物料	应制定物料的购入、贮存、发放、使用等管理制度，内容应齐全。	
*097		物料应符合兽药标准、药品标准、包装材料标准或其他有关标准，不应对兽药质量产生不良影响。	
098		进口兽药应符合兽药进口手续。	
*099		中药材应按质量标准购入，产地应保持相对稳定；购进的中药材、中药饮片应具有详细记录。	

（续）

序号	章节	条款内容	评分结果
100	物料	中药材、中药饮片每件外包装上应附有明显标记，标明品名、包装规格、数量、产地、来源、采收加工日期，并附有质量合格证。	
101		鲜用中药材的购进管理、使用应符合工艺要求。	
*102		物料采购应建立供应商质量评估制度，并从符合条件的单位购进。	
103		购进的物料应严格执行验收、抽样等程序，并按规定入库。	
*104		物料应按批检验，并按规定使用。	
105		物料应按品种、规格、批号分别存放。	
*106		待验、合格、不合格物料应严格管理，具有易于识别的明显标志和防止混淆的措施，并建立账卡。记录能准确反映物料数量变化及去向，具有可追溯性。不合格的物料应专区或专库存放，按有关规定及时处理，并有记录。	
107		物料的领用、发放程序应符合规定要求；记录应完整、规范。	
*108		对有温湿度或其他特殊要求的物料、中间产品和成品应按规定条件贮存。	
109		固体原料和液体原料应分开贮存；挥发性物料应具有避免污染其他物料的设施。	
110		炮制、整理加工后的净药材应使用清洁容器或包装，并与未加工、炮制的药材严格分开；贵细药材和毒性药材应在专柜、专库内贮存。	
*111		兽用麻醉药品、精神药品、毒性药品（包括药材）的验收、贮存、保管、发放、使用、销毁应严格执行国家有关规定。	
*112		易燃、易爆和其他危险品的验收、贮存、保管、发放、使用、销毁，应严格执行国家有关规定，其外包装上应具有明显标志。	
113		物料应按规定的使用期限贮存，期满后按规定复验；贮存期内如有特殊情况应及时复验。	
*114		标签和说明书应与兽药管理部门批准的内容、式样、文字相一致；印有与标签内容相同的兽药包装物应按标签管理。	
115		标签、使用说明书应经质量管理部门核对无误后印制。	
*116		标签、使用说明书应按品种、规格专柜（库）存放，并由专人验收、保管、发放、领用。	
117		标签应按需领取，领用人核对、签名；标签使用数、残损数及剩余数之和应与领用数相符。印有批号的残损标签或剩余标签及包装材料应由专人计数销毁。	
118		标签发放、使用、销毁应有记录。	

（续）

序号	章节	条款内容	评分结果
119	卫生	企业应制定各项卫生管理制度，应有防止污染的卫生措施，且由专人负责。	
120		应按生产要求制定厂房清洁规程，内容包括：清洁方法、程序、间隔时间，使用清洁剂或消毒剂的名称和浓度，清洁工具的清洁方法和存放地点。应按规程执行并记录。	
*121		应按生产要求制定设备清洁规程，内容包括：清洁方法、程序、间隔时间，使用清洁剂或消毒剂的名称和浓度，清洁工具的清洁方法和存放地点。应按规程执行并记录。	
122		应按生产要求制定生产用容器具清洁规程，内容包括：清洁方法、程序、间隔时间，使用清洁剂或消毒剂的名称和浓度，清洁工具的清洁方法和存放地点。应按规程执行并记录。	
123		应按生产要求制定生产人员的更衣、清洁规程，内容包括：更衣程序，洗手程序，使用的清洁剂或消毒剂名称和浓度等。	
124		应按生产要求制定原辅料及直接接触药物的包装材料进入生产区的清洁规程，内容包括：清洁方法、程序，使用清洁剂或消毒剂的名称和浓度，清洁工具的清洁方法和存放地点。	
125		生产区不得存放非生产物品和个人杂物，生产中的废弃物应及时处理，放入规定的区域。	
126		生产区内应设有明显的禁烟标志。	
127		一般生产区更衣室、浴室及厕所的设置和卫生环境应符合要求，不应对生产产生影响。	
128		生产车间设置的更衣室、浴室及厕所不应对车间产生不良影响。	
129		工作服的选材、式样、穿戴方式应与生产操作要求相适应。	
130		应制定工作服的清洗规程，确定清洗周期。	
131		工作服应在规定区域内洗涤及存放。	
132		生产车间应仅限于该区域生产操作人员和经批准的人员进入，人员数量应严格控制。	
133		进入生产区的人员不得化妆和佩戴饰物，不裸手直接接触兽药。	
134		生产区内应使用无脱落物、易清洗的卫生工具，卫生工具应存放于对产品不造成污染的指定地点，并限定使用区域。	
135		生产区应定期消毒；消毒剂不得对设备、物料和兽药产生污染；消毒剂品种应定期更换，以防止产生耐药菌株。	
136		兽药生产人员应具有健康档案，直接接触兽药的生产人员每年至少体检一次。传染病、皮肤病患者及体表有伤口者不得从事直接接触兽药的生产操作。	
137		应建立员工主动报告身体不适应生产情况的制度。	

（续）

序号	章节	条款内容	评分结果
138	验证	企业应制定验证管理制度，明确各有关部门在验证工作中的职责。	
*139		应制定验证工作的总计划，明确验证工作的总体原则、验证目标、组织机构、验证范围、进度安排等内容。	
140		应根据验证对象，成立验证小组，制定验证方案和工作程序，并按规定组织实施。	
*141		兽药生产过程的验证内容应包括工艺用水用气系统、生产工艺及其变更、设备清洗、主要原辅材料变更等。	
*142		应对兽药生产关键设备（应包括混合设备、干燥设备、计算机投料系统、自动分装机等）进行设备验证及清洁验证，验证结果应符合要求。	
*143		经现场取样、测试，混合机混合性能、计算机投料系统精度、自动分装设备装量精度、装量监控识别能力及设备管道在线清洗的清洁效果应符合规定。	
144		验证工作程序包括提出验证要求、建立验证组织、完成验证方案的审批和组织实施。	
*145		制定的验证方案应与验证目的要求相一致。验证方案的主要内容包括：验证目的、要求、质量标准、实施所需的条件、测试方法、判定标准、时间进度表等。	
*146		应按验证方案和工作程序进行验证，并按规定记录。	
*147		验证工作完成后，应对数据进行分析并写出验证报告。验证报告应由验证工作负责人进行审核、批准。	
148		验证过程中的原始记录和分析内容，应以文件形式归档保存。验证文件应包括验证方案、验证报告、评价和建议、批准人等；验证文件应归档保存。	
149		应制定兽药生产再验证的管理规定，明确再验证的内容、方式和再验证周期。	
*150		应按照规定组织实施再验证工作。	
151	文件	企业应建立完整的管理制度（包括产品追溯管理制度）及记录。	
*152		生产管理文件应完整，内容应符合要求，应包括产品的生产工艺规程、岗位操作法或标准操作规程、生产记录等。	
*153		生产工艺规程内容应符合规定。	
154		岗位操作法或标准操作规程内容应符合规定。	
155		批生产记录（包括电子追溯赋码记录）内容应符合规定。	
156		质量管理文件应齐全，内容应符合要求。	
*157		每批产品应有批检验记录，批检验记录内容应符合规定。	
158		应建立文件的起草、修订、审查、批准、撤销、印制、分发、收回及保管的管理制度。	
159		分发、使用的文件应为批准的现行文本。已撤销和过时的文件除留档备查外，不得在工作现场出现。	
160		生产管理文件和质量管理文件的标题、编码、审查、批准和数据填写等应符合要求。	

（续）

序号	章节	条款内容	评分结果
*161	生产管理	应严格按照经批准的生产工艺规程生产。	
*162		生产工艺规程、岗位操作法或标准操作规程不得任意更改；如需更改时应按规定程序执行。	
*163		生产操作前，操作人员应进行例行检查（环境、设施、设备、容器清洁卫生状况），并进行必要的核对（物料、半成品数量及检验报告单）。生产前应确认无上次生产遗留物。检查情况应纳入批生产记录。	
164		兽药生产应进行物料平衡检查和计算收率，物料平衡检查或收率出现显著差异且超过规定范围后应查明原因，并采取措施。	
165		中药制剂生产中所需贵细、毒性药材，应按规定监控投料，并有记录。	
*166		应建立批生产记录，批生产记录应及时填写，字迹清晰、内容真实、数据完整，并由操作人及复核人签名。	
167		批生产记录应保持整洁，不得有撕毁和涂改现象；填写错误时按规定更改。	
*168		批生产记录应按批号归档，保存至兽药有效期后一年。	
*169		应按规定划分生产批次，并编制生产批号。	
170		生产中应有防止尘埃产生和扩散的有效措施。	
171		不同品种、不同规格的产品不得在同一操作间同时生产。	
172		有数条包装线同时包装时，应有隔离或其他有效防止污染和混淆的设施。	
173		生产过程中应按工艺、质量控制要点进行中间质量检查。	
*174		应制定兽药工艺查证制度，并组织实施。	
175		应具有防止物料使用时及产品生产过程中所产生的气体、蒸汽、喷雾物或生物体等引起的交叉污染措施。	
176		每一生产操作过程（间）或生产用设备、容器应具有所生产的产品或物料的名称、批号、数量等状态标志。	
177		生产中的中间产品应规定贮存期和贮存条件。	
178		中药制剂生产过程中，中药材不得直接接触地面。	
179		含有毒性药材的生产操作，应具有防止交叉污染的特殊措施。	
180		拣选后药材的洗涤使用流动水，用过的水不得用于洗涤其他药材，不同药性的药材不得在一起洗涤。	
181		洗涤后的药材及切制和炮制品不应在露天干燥。	
182		中药材、中间产品、工艺等处理方法应合理，应以不改变药效、质量为原则。	
183		中药材使用前应按规定进行拣选、整理、剪切、炮制、洗涤等加工，需要浸润的中药材应做到药透水尽。	
*184		应根据产品工艺规程选用工艺用水，工艺用水应符合质量标准，应根据验证结果，规定检验周期。	

（续）

序号	章节	条款内容	评分结果
185	生产管理	制水工段应定时监测水质，并有完整的检验和监测记录。	
186		产品应有批包装记录，记录内容应完整。	
187		兽药零头包装只限两个批号为一个合箱，合箱外应标明全部批号，并建立合箱记录。合箱产品应单独存放。	
188		物料、中间产品可以重复使用的包装容器，应根据规定程序清洗干净，并去除原有的标签。	
189		兽药的每一生产阶段完成后应由生产操作人员清场，填写清场记录。清场记录内容应完整，并纳入批生产记录。质量管理人员检查合格后应发清场合格证。	
190	质量管理	质量管理部门应履行生产全过程的质量管理和检验的职责，质量管理部门应受企业负责人直接领导，并能独立履行其职责。	
*191		质量管理和检验人员的数量应与兽药生产的品种和规模相适应。	
*192		质量管理部门应履行制定企业质量责任制和质量管理部门责任的职责。	
193		质量管理部门应组织企业的自检工作。	
194		质量管理部门应负责验证方案的审核，并参与验证工作。	
*195		质量管理部门应制定和修订物料、中间产品和成品的内控标准和检验操作规程，内控质量标准和检验操作规程的内容应符合要求。	
196		应制定检验用设施、设备、仪器、试剂、试液、标准品（或对照品）、检验菌种、滴定液、培养基、消毒剂的使用等管理办法。	
*197		质量管理部门应决定物料和中间产品（半成品）的使用，对物料出具检验报告单，对经检验的物料和中间产品（半成品）作出是否能够使用的结论。	
*198		兽药放行前应由质量管理部门对批生产记录、批检验记录和本批产品电子追溯赋码信息及上传国家兽药产品追溯系统的信息与记录进行审核。审核内容包括：配料、称重过程中的复核情况；各生产工序检查记录；清场记录；中间产品质量检验结果；偏差及异常情况处理；成品检验结果；物料平衡情况等。符合要求并由审核人员签字后方予放行。	
*199		质量管理部门应履行审核不合格品处理程序的职责，并按处理程序严格执行，做好详细记录。	
200		检验操作应熟练、规范，检验记录和检验报告应规范、齐全、真实。	
201		质量管理部门应制定取样留样管理制度，取样程序应正确，并对原辅料、包装材料、中间产品（半成品）和成品进行取样、检验、留样，并出具检验报告。	
202		对工艺用水做好质量监测，监测记录应归档保存。	
203		质量管理部门应评价原料、中间产品及成品的质量稳定性，为确定物料贮存期、兽药有效期提供数据。应定期对成品留样进行观察检测，并做好记录。	

（续）

序号	章节	条款内容	评分结果
204	质量管理	质量管理部门应做好产品质量统计考核及总结工作，并定期向企业负责人报告质量情况。	
205		应建立产品质量档案制度，产品质量档案内容应包括：产品简介；质量标准沿革；主要原辅料、半成品、成品质量标准；历年质量情况及留样观察情况；与国内外同类产品对照情况；重大质量事故分析、处理情况；用户访问意见；检验方法变更情况；提高产品质量的试验总结等。	
206		质量管理部门应履行对质量管理、检验人员的专业技术及兽药GMP进行培训、考核和总结工作的职责。	
207		质量管理部门应组织物料供应、生产管理等部门对主要物料供应商的质量体系进行评估，并有完整的评估报告。	
208	产品销售与收回	兽药产品销售管理制度应符合要求。	
*209		每批兽药均应有销售记录（含电子追溯码出库上传数据）。根据销售记录能追查每批兽药的售出情况，必要时能及时全部收回。	
210		销售记录内容应包括品名、剂型、批号、规格、数量、收货单位和地址、发货日期。	
211		销售记录应保存至产品有效期后一年。	
212		应建立兽药退货和收回的书面程序。兽药退货和收回记录内容应包括品名、批号、规格、数量、退货和收回单位及地址、退货和收回原因及日期、处理意见。	
213		因内在质量原因退货和收回的兽药应在质量管理部门监督下销毁；涉及其他批号时也应同时处理。	
214	投诉与不良反应报告	应建立兽药不良反应监测报告制度，并指定专门机构或人员负责兽药不良反应监测报告工作。	
215		对用户的兽药质量投诉和兽药不良反应，应有详细记录和进行妥善的调查处理。对兽药不良反应应及时向当地兽药主管部门报告。	
*216		兽药生产出现重大质量问题和严重的安全问题时，应立即停止生产并及时向当地兽医主管部门报告。	
217	自检	企业应制定自检制度，规定自检程序，制定自检周期，成立自检工作组，并定期组织自检。	
218		自检工作程序应符合要求，并对《规范》要求涉及的所有项目进行检查，有自检记录。	
*219		自检完成后应形成自检报告，内容应包括自检的结果、评价的结论以及改进措施和建议。自检记录、报告应存档。	

农业部办公厅关于发布《兽药 GMP 检查员管理办法》的通知

（农办医〔2007〕8号）

各省、自治区、直辖市畜牧兽医（农牧、农业）厅（局、办）：

为进一步加强兽药 GMP 检查员管理，规范兽药 GMP 检查员有关公务活动，根据《兽药管理条例》和《兽药生产质量管理规范》、《兽药生产质量管理规范检查验收办法》规定，我部对《兽药 GMP 检查员管理办法》进行了修订和完善，现予发布，请遵照执行。

附件：兽药 GMP 检查员管理办法

农业部办公厅

2007年3月28日

兽药 GMP 检查员管理办法

第一章 总　则

第一条　为加强兽药 GMP 检查员（以下简称检查员）管理，规范有关活动，根据《兽药管理条例》和《兽药生产质量管理规范检查验收办法》规定，制定本办法。

第二条　农业部兽医局负责检查员的遴选、培训和监督管理，农业部兽药 GMP 工作委员会办公室（以下简称 GMP 办公室）承办具体事务。

第三条　本办法所称的检查员，是指根据本办法聘任并委派，对申请兽药 GMP 检查验收的企业进行现场检查的人员。

第二章　检查员的聘任和解聘

第四条　检查员应具备以下条件：

（一）具有国家承认的大专以上（含大专）学历；

（二）具有与兽药监督管理或兽药生产和检验相关的5年以上工作经历；

（三）具有相应专业技术领域的基本理论知识和实践经验；

（四）掌握有关兽药管理的法律法规、技术规范；

（五）熟悉兽药产品质量标准、检验方法；

（六）熟悉兽药质量管理基本理论，掌握有关产品质量控制的关键环节；

（七）掌握检查验收方法和评定标准，能够结合产品特点对生产企业质量控制能力进行检查；

（八）身体健康，年龄不超过60周岁，在职；担任组长的检查员需具备2年以上检查员资格，且原则上参加不少于12个兽药生产企业的GMP检查验收工作；

（九）服从安排，能胜任并积极参加现场检查工作；

（十）遵纪守法、廉洁奉公、坚持原则、实事求是、公平公正。

第五条　检查员遴选入库程序：

（一）根据工作需要，兽医局向省级兽医行政管理部门下发推荐检查员通知；各部门负责推荐候选人；

（二）候选人如实填写《农业部兽药GMP检查员候选人基本情况表》，并附有关证明文件；

（三）候选人所在单位填写推荐意见后报所在地省级兽医行政管理部门审核，审核合格的，报GMP办公室；

（四）GMP办公室对候选人基本情况进行审核，并组织专家对审核符合条件的候选人进行培训、考核，考核合格的报农业部兽医局审批；

（五）农业部兽医局批准候选人入选检查员库，并向其颁发证书。

第六条　检查员的聘任期限为5年，期满后自动解聘。

第七条　有下列情况之一者，取消检查员资格：

（一）违反检查验收纪律和本办法有关规定的；

（二）在兽药GMP检查验收中，违反兽药管理法规或科学规律，造成严重失误或给兽药监督管理造成不良影响的；

（三）验收质量不符合要求或考核不合格的；

（四）违反廉洁自律有关规定的；

（五）因其他原因不适合参加检查验收工作的。

第三章　检查员的权利与义务

第八条　根据要求，参加兽药GMP现场检查验收及兽药GMP飞行检查工作。

第九条　在现场检查验收工作中，不受任何单位和个人干涉，有权独立发表意见，对现场检查验收直接提出意见，也可以直接向主管部门反映情况，提出意见和建议。

第十条　参加有关兽药 GMP 会议和有关培训。

第十一条　积极收集有关兽药 GMP 方面的信息、资料，并及时提交农业部和 GMP 办公室。

第四章　检查员工作纪律

第十二条　应按照农业部和 GMP 办公室的要求参加有关工作，不得无故推辞；在被安排参加可能不胜任的检查活动时，应预先提出建议。

第十三条　应严格按照《兽药 GMP 检查验收纪律》要求开展工作。

第十四条　应客观公正地开展工作，不受任何单位和个人影响出具公正结论。

第十五条　与被验收企业有利害关系，或存在可能影响检查验收工作公正性的其他情况时，应主动提请回避。

第十六条　不得私下与被验收企业或与其有关中介机构、人员进行接触，并有义务向农业部举报试图给予检查员馈赠或与其进行接触的企业或个人。

第十七条　由于健康及其他原因不能参加已经安排的检查验收任务时，应及时向 GMP 办公室报告，并说明理由。

第十八条　不得以检查员的名义从事任何商业活动。

第五章　附　　则

第十九条　本办法自发布之日起实施。

农业农村部办公厅关于公布农业农村部兽药 GMP 检查员名单的通知

（农办牧〔2020〕52 号）

各省、自治区、直辖市农业农村（农牧、畜牧兽医）厅（局、委），新疆生产建设兵团农业农村局，中国农业科学院、全国畜牧总站、中国动物疫病预防控制中心、中国兽医药品监察所、中国动物卫生与流行病学中心：

根据《兽药管理条例》《兽药 GMP 检查员管理办法》规定，经推荐、遴选和考核，375 名检查员符合要求，聘任为新一届农业农村部兽药 GMP 检查员，承担兽药 GMP 检查验收和飞行检查等具体工作，其中王海良等 161 名检查员为检查组组长。《农业部办公厅关于公布农业部兽药 GMP 检查员名单的通知》（农办医〔2014〕62 号）自本通知发布之日起废止。

附件：农业农村部兽药 GMP 检查员名单

农业农村部办公厅

2020 年 11 月 16 日

附件

农业农村部兽药 GMP 检查员名单

序号	单位	姓名
1	北京市兽药监察所	王海良*
2	北京市兽药监察所	王亚芳
3	北京市兽药监察所	李应超
4	北京市动物疫病预防控制中心	周德刚*
5	北京市动物疫病预防控制中心	傅彩霞
6	北京市动物卫生监督所	郭盼盼
7	天津市农业农村委员会	杨超
8	天津市农业生态环境监测与农产品质量检测中心	陈小秋*
9	天津市农业生态环境监测与农产品质量检测中心	康福忠

（续）

序号	单位	姓名
10	天津市农业生态环境监测与农产品质量检测中心	王俊菊
11	天津市农业生态环境监测与农产品质量检测中心	任连泉
12	天津市农业质量标准与监测技术研究所	张漫
13	河北省农业农村厅	冯雪领
14	河北省农业农村厅	张庚武
15	河北省农业农村厅	张志敏*
16	河北省农业农村厅	吴涛*
17	河北省农业农村厅、河北省动物疫病预防控制中心	赵彦岭*
18	河北省动物疫病预防控制中心	康志勇
19	河北省兽药监察所	苗玉涛
20	河北省兽药监察所	王振来*
21	河北省兽药监察所	金世清*
22	河北省兽药监察所	武英利
23	河北省兽药监察所	霍惠玲*
24	河北省兽药监察所	王萍
25	河北省兽药监察所	高振同
26	河北省兽药监察所	李金超
27	山西省农业农村厅	杨忠
28	山西省畜牧产品质量安全检验检测中心	武晋孝*
29	山西省畜牧产品质量安全检验检测中心	卢香玲*
30	山西省畜牧产品质量安全检验检测中心	侯丽丽*
31	山西省畜牧产品质量安全检验检测中心	常红*
32	山西省畜牧产品质量安全检验检测中心	赵晶晶*
33	山西省畜牧产品质量安全检验检测中心	马泽宁*
34	山西省畜牧产品质量安全检验检测中心	赵平伟*
35	内蒙古自治区农牧厅	任万军*
36	内蒙古自治区兽药监察所	乌日罕
37	内蒙古自治区兽药监察所	廉晓霞*
38	内蒙古自治区兽药监察所	苏亚
39	内蒙古自治区兽药监察所	苏日娜
40	内蒙古自治区动物卫生监督所	杨冬梅*
41	辽宁省农业农村厅	齐欣
42	辽宁省农业发展服务中心	徐国荣*
43	辽宁省农业发展服务中心	刘再胜*
44	辽宁省农业发展服务中心	肖爱波*

（续）

序号	单位	姓名
45	辽宁省检验检测认证中心	田晓玲
46	吉林省畜牧业管理局	王晓锋*
47	吉林省畜牧业管理局	霍俐*
48	吉林省畜牧业管理局	李英春*
49	吉林省畜牧业管理局	郝春秀
50	吉林省动物疫病预防控制中心	徐一鸣*
51	吉林省兽药饲料检验监测所	陈波
52	吉林省兽药饲料检验监测所	李文兴*
53	吉林省兽药饲料检验监测所	冯泽*
54	吉林省兽药饲料检验监测所	马辉文
55	黑龙江省农业农村厅	孟倩
56	黑龙江省农业农村厅	许洪亮
57	黑龙江省农产品和兽药饲料技术鉴定站	郭文欣*
58	黑龙江省农产品和兽药饲料技术鉴定站	高云峰*
59	黑龙江省农产品和兽药饲料技术鉴定站	薛强
60	黑龙江省农产品和兽药饲料技术鉴定站	张学科
61	黑龙江省农产品和兽药饲料技术鉴定站	金慧然
62	黑龙江省农产品和兽药饲料技术鉴定站	刘全宇
63	上海市农业农村委员会	施彬*
64	上海市农业农村委员会执法总队	卞荣星*
65	上海市农业农村委员会执法总队	唐明华
66	上海市兽药饲料检测所	黄士新*
67	上海市兽药饲料检测所	章伟建
68	上海市兽药饲料检测所	曹莹
69	上海市兽药饲料检测所	顾欣*
70	上海市兽药饲料检测所	张文刚
71	江苏省农业农村厅	冯群科
72	江苏省兽药饲料质量检验所	毕昊容*
73	江苏省兽药饲料质量检验所	邵德佳*
74	江苏省兽药饲料质量检验所	刘建晖*
75	江苏省兽药饲料质量检验所	周杨*
76	江苏省兽药饲料质量检验所	黄珏*
77	江苏省兽药饲料质量检验所	熊玥
78	江苏省动物卫生监督所	孙长华
79	江苏省动物卫生监督所	平星

（续）

序号	单位	姓名
80	浙江省畜牧农机发展中心	袁国华*
81	浙江省畜牧农机发展中心	沈群芳
82	浙江省动物疫病预防控制中心	陆春波*
83	浙江省动物疫病预防控制中心	任玉琴*
84	浙江省动物疫病预防控制中心	屈健*
85	浙江省动物疫病预防控制中心	林仙军*
86	浙江省动物疫病预防控制中心	周炜*
87	浙江省动物疫病预防控制中心	罗成江
88	安徽省农业农村厅	江定丰
89	安徽省兽药饲料监察所	吴昊*
90	安徽省兽药饲料监察所	张莉*
91	安徽省兽药饲料监察所	许世富*
92	安徽省兽药饲料监察所	刘红云
93	安徽省兽药饲料监察所	刘发全
94	安徽省兽药饲料监察所	明文庆
95	福建省农产品质量安全检验检测中心（福建省兽药饲料监察所）	陈锋*
96	福建省农产品质量安全检验检测中心（福建省兽药饲料监察所）	陈瑞清*
97	福建省农产品质量安全检验检测中心（福建省兽药饲料监察所）	张晶*
98	福建省农产品质量安全检验检测中心（福建省兽药饲料监察所）	江秀红
99	福建省动物卫生技术中心	王标
100	江西省农业农村厅	吕冬梅
101	江西省兽药饲料监察所	程飞虎
102	江西省兽药饲料监察所	姜文娟*
103	江西省兽药饲料监察所	徐国茂*
104	江西省兽药饲料监察所	陈文云*
105	江西省兽药饲料监察所	付师一*
106	江西省兽药饲料监察所	徐田放
107	江西省动物疫病预防控制中心	叶林方*
108	山东省畜牧兽医局	赵洪山*
109	山东省畜牧兽医局	方伟*
110	山东兽药质量检验所	李有志*
111	山东兽药质量检验所	杨志昆*
112	山东兽药质量检验所	杨林*
113	山东兽药质量检验所	冯涛*
114	山东兽药质量检验所	陈玲*

（续）

序号	单位	姓名
115	山东兽药质量检验所	徐恩民*
116	山东兽药质量检验所	陆庆泉
117	山东兽药质量检验所	张传津
118	山东兽药质量检验所	杨修镇
119	山东兽药质量检验所	刘少宁
120	山东兽药质量检验所	薄永恒
121	山东兽药质量检验所	牛华星
122	山东兽药质量检验所	魏秀丽
123	山东兽药质量检验所	章安源
124	河南省农业农村厅	周瑞兰*
125	河南省农业农村厅	刘冰宏*
126	河南省农业农村厅	蔡文军*
127	河南省农业农村厅	李明魁
128	河南省农业农村厅	王鹏
129	河南省农业农村厅	杨瑞
130	河南省农业农村厅	陈学亮
131	河南省兽药饲料监察所	吴志明*
132	河南省兽药饲料监察所	周红霞*
133	河南省兽药饲料监察所	宋志超*
134	河南省兽药饲料监察所	韩立*
135	河南省兽药饲料监察所	宋善道*
136	河南省兽药饲料监察所	刘占通*
137	河南省兽药饲料监察所	吴宁鹏*
138	河南省动物疫病预防控制中心	班付国*
139	湖北省农业农村厅	李健
140	湖北省农业事业发展中心	周昭明*
141	湖北省兽药监察所	王峻
142	湖北省兽药监察所	曾勇*
143	湖北省兽药监察所	王建华*
144	湖北省兽药监察所	卢芳*
145	湖北省兽药监察所	舒金秀
146	湖南省农业农村厅	刘靖
147	湖南省畜牧水产事务中心	吴微波*
148	湖南省兽药饲料监察所	徐丽枚
149	湖南省兽药饲料监察所	陈启友*

（续）

序号	单位	姓名
150	湖南省兽药饲料监察所	谭美英
151	湖南省兽药饲料监察所	黄勇
152	湖南省兽药饲料监察所	隆雪明
153	广东省农业农村厅	蒋文泓
154	广东省农业农村厅	于秋楠
155	广东省农产品质量安全中心	林海丹*
156	广东省农产品质量安全中心	肖田安*
157	广东省农产品质量安全中心	黄小建
158	广东省农产品质量安全中心	李跃龙*
159	广东省农产品质量安全中心	崔成富*
160	广东省农产品质量安全中心	廖雁平*
161	广东省农产品质量安全中心	潘绮雯*
162	广东省农产品质量安全中心	伍绍登
163	广东省农业科学院动物卫生研究所	孙铭飞
164	广东省农业科学院动物卫生研究所	陈志虹*
165	广西壮族自治区农业农村厅	陈洪*
166	广西壮族自治区农业农村厅	黄树丛
167	广西壮族自治区兽药监察所	许力干
168	广西壮族自治区兽药监察所	严明
169	广西壮族自治区兽药监察所	严寒*
170	广西壮族自治区兽药监察所	崔艳莉*
171	广西壮族自治区兽药监察所	叶云锋
172	广西壮族自治区兽药监察所	唐建
173	海南省动物疫病预防控制中心（海南省兽药饲料监察所）	范小平
174	海南省动物疫病预防控制中心（海南省兽药饲料监察所）	张滢
175	海南省动物疫病预防控制中心（海南省兽药饲料监察所）	谢玉荣
176	重庆市农业农村委员会	胡友兰
177	重庆市农业农村委员会	向义军*
178	重庆市农业农村委员会	付强
179	重庆市兽药饲料检测所	何义刚*
180	重庆市兽药饲料检测所	苏亮*
181	重庆市兽药饲料检测所	胡宇莉
182	重庆市兽药饲料检测所	彭强*
183	四川省农业农村厅	官艳丽*
184	四川省农业农村厅综合执法监督局	喻赟

（续）

序号	单位	姓名
185	四川省农业农村厅综合执法监督局	朱军
186	四川省兽药监察所	葛荣*
187	四川省兽药监察所	岳秀英*
188	四川省兽药监察所	李军*
189	四川省兽药监察所	唐棣*
190	四川省兽药监察所	王海波*
191	四川省兽药监察所	田信
192	四川省兽药监察所	陆强
193	四川省动物卫生监督所	熊浩山
194	贵州省农业农村厅	黄艳
195	贵州省兽药饲料监察所	赵贵*
196	贵州省兽药饲料监察所	周艺林
197	贵州省兽药饲料监察所	王庆红
198	云南省农业农村厅	杨锦华
199	云南省动物疫病预防控制中心	王钦晖*
200	云南省动物疫病预防控制中心	谭梅*
201	云南省动物疫病预防控制中心	李良
202	云南省动物疫病预防控制中心	李亚琳*
203	西藏自治区农业农村厅	杨祖兴
204	陕西省农业农村厅	李志骞*
205	陕西省农业农村厅	赵耀锋
206	陕西省农业农村厅	潘康锁
207	陕西省农业检验检测中心	于福利
208	陕西省农业检验检测中心	孙涛*
209	陕西省农业检验检测中心	朱弘
210	甘肃省畜牧兽医局	何其健*
211	甘肃省畜牧兽医局	周生明*
212	甘肃省畜牧兽医局	陶积汪
213	甘肃省畜牧兽医局	魏军义
214	甘肃省畜牧兽医局	金录胜
215	甘肃省畜牧兽医局	潘亚军
216	甘肃省农产品质量安全检验检测中心	张宏
217	青海省农业农村厅	段海军
218	青海省农业农村厅	王斌
219	宁夏回族自治区兽药饲料监察所	杨奇*

（续）

序号	单位	姓名
220	宁夏回族自治区兽药饲料监察所	刘维华*
221	宁夏回族自治区兽药饲料监察所	李莉
222	宁夏回族自治区兽药饲料监察所	陈娟
223	宁夏回族自治区兽药饲料监察所	吴春燕
224	新疆维吾尔自治区畜牧兽医局	胡得林
225	新疆维吾尔自治区兽药饲料监察所	史梅*
226	新疆维吾尔自治区兽药饲料监察所	宫秀杰
227	新疆维吾尔自治区兽药饲料监察所	魏磊*
228	新疆维吾尔自治区兽药饲料监察所	木尼热·热合木
229	新疆维吾尔自治区兽药饲料监察所	刘琼
230	新疆维吾尔自治区兽药饲料监察所	卢琳
231	新疆生产建设兵团畜牧兽医工作总站	孙文洁
232	新疆生产建设兵团畜牧兽医工作总站	张爱琴
233	中国动物疫病预防控制中心	高胜普
234	中国动物疫病预防控制中心	张杰
235	中国动物疫病预防控制中心	李颖
236	全国畜牧总站	杨劲松*
237	全国畜牧总站	胡广东
238	全国畜牧总站	杜伟
239	中国动物卫生与流行病学中心	陈义平
240	中国动物卫生与流行病学中心	邵卫星
241	中国农业科学院哈尔滨兽医研究所	陈洪岩
242	中国农业科学院上海兽医研究所	刘芹防
243	中国农业科学院兰州兽医研究所	林密
244	中国农业科学院兰州兽医研究所	蒋韬
245	中国兽医药品监察所	李明*
246	中国兽医药品监察所	黄伟忠*
247	中国兽医药品监察所	程新元*
248	中国兽医药品监察所	高光*
249	中国兽医药品监察所	吴晗*
250	中国兽医药品监察所	蒋桃珍*
251	中国兽医药品监察所	杜昕波*
252	中国兽医药品监察所	马苏
253	中国兽医药品监察所	张晶
254	中国兽医药品监察所	陈先国*

（续）

序号	单位	姓名
255	中国兽医药品监察所	吴启
256	中国兽医药品监察所	刘绯
257	中国兽医药品监察所	张存帅*
258	中国兽医药品监察所	王利永*
259	中国兽医药品监察所	张秀英*
260	中国兽医药品监察所	吴好庭
261	中国兽医药品监察所	张骊
262	中国兽医药品监察所	李宁
263	中国兽医药品监察所	娜琳
264	中国兽医药品监察所	王小慈
265	中国兽医药品监察所	段文龙*
266	中国兽医药品监察所	吴涛*
267	中国兽医药品监察所	谭克龙
268	中国兽医药品监察所	冯克清
269	中国兽医药品监察所	陈莎莎
270	中国兽医药品监察所	张珩
271	中国兽医药品监察所	宫爱艳
272	中国兽医药品监察所	陆连寿
273	中国兽医药品监察所	周晓翠
274	中国兽医药品监察所	刘业兵*
275	中国兽医药品监察所	郭晔*
276	中国兽医药品监察所	张广川
277	中国兽医药品监察所	李倩
278	中国兽医药品监察所	顾进华*
279	中国兽医药品监察所	安肖
280	中国兽医药品监察所	巩忠福*
281	中国兽医药品监察所	郝利华*
282	中国兽医药品监察所	杨京岚
283	中国兽医药品监察所	温芳
284	中国兽医药品监察所	王忠田*
285	中国兽医药品监察所	张玉洁
286	中国兽医药品监察所	安洪泽
287	中国兽医药品监察所	王雷
288	中国兽医药品监察所	姚文生*
289	中国兽医药品监察所	印春生*

（续）

序号	单位	姓名
290	中国兽医药品监察所	程君生
291	中国兽医药品监察所	吴思捷
292	中国兽医药品监察所	李启红
293	中国兽医药品监察所	陈小云*
294	中国兽医药品监察所	王团结
295	中国兽医药品监察所	杜吉革
296	中国兽医药品监察所	李俊平*
297	中国兽医药品监察所	罗玉峰*
298	中国兽医药品监察所	张媛
299	中国兽医药品监察所	彭小兵
300	中国兽医药品监察所	李建
301	中国兽医药品监察所	李旭妮
302	中国兽医药品监察所	王楠
303	中国兽医药品监察所	徐磊
304	中国兽医药品监察所	王乐元*
305	中国兽医药品监察所	薛青红*
306	中国兽医药品监察所	王嘉
307	中国兽医药品监察所	高金源
308	中国兽医药品监察所	邓永
309	中国兽医药品监察所	吴华伟
310	中国兽医药品监察所	毛娅卿*
311	中国兽医药品监察所	陈晓春
312	中国兽医药品监察所	孙淼
313	中国兽医药品监察所	刘丹
314	中国兽医药品监察所	孔冬妮
315	中国兽医药品监察所	陈建
316	中国兽医药品监察所	黄小洁
317	中国兽医药品监察所	汪霞*
318	中国兽医药品监察所	范强
319	中国兽医药品监察所	杨秀玉*
320	中国兽医药品监察所	赵晖*
321	中国兽医药品监察所	于晓辉
322	中国兽医药品监察所	韩宁宁
323	中国兽医药品监察所	刘燕*
324	中国兽医药品监察所	徐士新*

（续）

序号	单位	姓名
325	中国兽医药品监察所	王鹤佳
326	中国兽医药品监察所	黄耀凌
327	中国兽医药品监察所	孙雷
328	中国兽医药品监察所	朱馨乐
329	中国兽医药品监察所	李丹
330	中国兽医药品监察所	白玉惠
331	中国兽医药品监察所	王亦琳
332	中国兽医药品监察所	宋立
333	中国兽医药品监察所	张纯萍
334	中国兽医药品监察所	叶妮
335	中国兽医药品监察所	李霆
336	中国兽医药品监察所	程敏
337	中国兽医药品监察所	杨承槐*
338	中国兽医药品监察所	李伟杰
339	中国兽医药品监察所	张敏
340	中国兽医药品监察所	张兵
341	中国兽医药品监察所	岂晓鑫
342	中国兽医药品监察所	蒋颖
343	中国兽医药品监察所	宋亚芬
344	中国兽医药品监察所	赵启祖*
345	中国兽医药品监察所	万建青*
346	中国兽医药品监察所	王琴*
347	中国兽医药品监察所	郎洪武*
348	中国兽医药品监察所	徐璐
349	中国兽医药品监察所	邹兴启
350	中国兽医药品监察所	李翠
351	中国兽医药品监察所	朱元源
352	中国兽医药品监察所	张乾义
353	中国兽医药品监察所	丁家波*
354	中国兽医药品监察所	秦玉明*
355	中国兽医药品监察所	范学政*
356	中国兽医药品监察所	朱良全*
357	中国兽医药品监察所	沈青春
358	中国兽医药品监察所	蒋卉
359	中国兽医药品监察所	彭小薇

（续）

序号	单位	姓名
360	中国兽医药品监察所	许冠龙
361	中国兽医药品监察所	董义春*
362	中国兽医药品监察所	梁先明*
363	中国兽医药品监察所	苏富琴*
364	中国兽医药品监察所	王学伟
365	中国兽医药品监察所	郭桂芳
366	中国兽医药品监察所	刘艳华
367	中国兽医药品监察所	杨大伟
368	中国兽医药品监察所	刘自扬
369	中国兽医药品监察所	徐倩
370	中国兽医药品监察所	曲鸿飞*
371	中国兽医药品监察所	魏财文*
372	中国兽医药品监察所	王芳
373	中国兽医药品监察所	赵耘*
374	中国兽医药品监察所	滕颖
375	中国兽医药品监察所	肖璐

备注：标注 * 的检查员为检查组长。

农业农村部畜牧兽医局关于增选兽药GMP检查组长的通知

（农牧便函〔2022〕284号）

各省、自治区、直辖市农业农村（农牧）、畜牧兽医厅（局、委），新疆生产建设兵团农业农村局：

根据《兽药管理条例》《兽药GMP检查员管理办法》规定，经推荐、审核，从农业农村部兽药GMP检查员库中增选王俊菊等25名兽药GMP检查员为检查组长。现公布增选名单，自公布之日起执行。

附件：农业农村部兽药GMP检查组长增选名单

农业农村部畜牧兽医局

2022年4月14日

附件

农业农村部兽药GMP检查组长增选名单

序号	单位	姓名
1	天津市农业生态环境监测与农产品质量检测中心	王俊菊
2	天津市农业科学院	张　漫
3	辽宁省农产品及兽药饲料产品检验检测院	田晓玲
4	黑龙江省农产品和兽药饲料技术鉴定站	张学科
5	黑龙江省农产品和兽药饲料技术鉴定站	薛　强
6	上海市兽药饲料检测所	曹　莹
7	上海市兽药饲料检测所	张文刚
8	江苏省动物卫生监督所	孙长华
9	江苏省动物卫生监督所	平　星
10	安徽省兽药饲料监察所	刘发全
11	江西省农业农村厅	吕冬梅
12	江西省农业技术推广中心	徐田放

（续）

序号	单位	姓名
13	山东省兽药质量检验所	张传津
14	山东省兽药质量检验所	陆庆泉
15	湖北省兽药监察所	王　峻
16	湖南省兽药饲料监察所	黄　男
17	湖南省兽药饲料监察所	隆雪明
18	湖南省兽药饲料监察所	谭美英
19	广东省农产品质量安全中心	伍绍登
20	广西壮族自治区兽药监察所	严　明
21	广西壮族自治区兽药监察所	叶云锋
22	广西壮族自治区兽药监察所	唐　建
23	海南省动物疫病预防控制中心（海南省兽药饲料监察所）	范小平
24	陕西省农业农村厅	潘康锁
25	新疆生产建设兵团畜牧兽医工作总站	孙文洁

兽药生产企业飞行检查管理办法

（农业部公告第2611号）

为强化兽药安全监管，确保兽药产品质量，我部组织制定了《兽药生产企业飞行检查管理办法》，现予发布，自发布之日起施行。

特此公告

农业部

2017年11月21日

兽药生产企业飞行检查管理办法

第一章　总　　则

第一条　为了强化对兽药生产企业的监督检查，进一步加强兽药质量监督管理，根据《兽药管理条例》和《兽药生产质量管理规范》规定，制定本办法。

第二条　本办法适用于农业部组织开展的兽药生产企业飞行检查。

第三条　本办法所称兽药生产企业飞行检查（以下简称飞行检查）是指兽医行政管理部门根据监管工作需要，对兽药生产企业实施的不预先告知的监督检查。

第四条　农业部负责飞行检查工作的组织领导，中国兽医药品监察所（以下简称中监所）负责飞行检查工作的具体实施。省级兽医行政管理部门负责协助开展飞行检查，并承担被检查兽药生产企业（以下简称被检查企业）整改情况现场核查和后续行政执法工作。

第五条　被检查企业对飞行检查工作应当予以配合，不得拒绝、逃避或者阻碍。

第二章　组织检查

第六条　在日常随机监督检查基础上，兽药生产企业有下列情形之一的，农业部可以启动飞行检查：

（一）投诉举报或者其他来源的线索表明可能存在严重违法生产行为的；

（二）发现可能存在重大质量安全风险的；

（三）产品批准文号申报资料或样品涉嫌造假的；

（四）涉嫌严重违反兽药生产质量管理规范（以下简称兽药GMP）要求的；

（五）其他需要开展飞行检查的情形。

第七条 开展飞行检查，应当成立检查组，检查组一般由兽药GMP检查员和兽药执法人员组成，实行组长负责制。中监所应根据工作需要确定被检查企业和重点检查内容，按照随机原则组织选派至少2名检查员，其中1名为检查组组长。根据工作需要，可以邀请相关专业领域的专家参加飞行检查工作。省级兽医行政管理部门应组织选派至少2名兽药执法人员加入检查组。

第八条 开展飞行检查前，检查组应当制定检查方案，明确检查内容、时间、人员组成和检查方式等。必要时，可以通过省级兽医行政管理部门商请公安机关等有关部门联合开展飞行检查。涉及举报等情况的飞行检查，检查组应尽可能与举报人取得联系。

第九条 中监所应适时将检查组到达时间通知被检查企业所在地省级兽医行政管理部门。检查组应适时将飞行检查书面通知交被检查企业所在地省级兽医行政管理部门。

第三章 现场检查

第十条 检查组到达被检查企业后，应向企业出示相关工作证件和飞行检查书面通知，告知检查要求及被检查单位的权利和义务。检查组应第一时间直接进入检查现场，直接针对可能存在的问题开展检查。

第十一条 被检查企业应当及时按照检查组要求，明确检查现场相关负责人，开放相关场所或者区域，配合对相关设施设备的检查，保持日常生产经营状态，提供真实、有效、完整的文件、记录、票据、凭证、电子数据等相关材料，如实回答检查组的询问。

第十二条 检查组应根据检查方案开展检查工作，根据实际情况收集或者复印相关文件资料，拍摄相关设施设备及物料等实物和现场情况，采集实物并对有关人员进行询问。由检查员和执法人员共同填写《飞行检查询问记录》（附件1），应当及时、准确、完整，客观真实反映现场检查情况，并经被询问对象逐页签字或者按指纹。被询问对象拒绝签字的，应当记入笔录。

飞行检查过程中形成的记录及依法收集的相关资料、实物等，可以作为行政处罚中认定事实的证据。

对需要抽取成品及其他物料进行检验的，检查组或者省级兽医行政管理部门可以按照相关规定抽样。抽取的样品应当由农业部指定的兽药检验机构或技术机构进行检验或者鉴定，该项检验纳入农业部兽药质量监督抽检工作任务。

检查组认为证据可能灭失或者以后难以取得的，以及需要采取行政强制措施的，应当及时通知省级兽医行政管理部门。省级兽医行政管理部门应当依法组织采取证据固化或者行政强制等相应措施。

第十三条　需要增加检查人员或者延伸检查范围的，检查组应当立即报中监所。

需要采取产品召回或者暂停生产、销售、使用等风险控制措施的，被检查企业应当按照要求采取相应措施。

需要立案查处或者涉嫌犯罪需要移送公安机关的，检查组应当填写《飞行检查立案查处建议单》（附件 2）并交被检查企业所在地省级兽医行政管理部门。省级兽医行政管理部门应当组织当地兽医行政管理部门在 20 个工作日内做出是否立案决定，并将立案以及移交公安等情况报农业部，抄送中监所；未立案的应当说明原因。

第十四条　检查组有权进入被检查企业研制、生产、经营等场所进行检查。被检查企业有下列情形之一的，视为拒绝、逃避检查：

（一）拖延、限制、拒绝检查人员进入被检查场所、区域，或者限制检查时间的；

（二）无正当理由不提供或者延迟提供与检查相关的文件、记录、票据、凭证、电子数据等材料的；

（三）以声称工作人员不在、故意停止生产经营等方式欺骗、误导、逃避检查的；

（四）拒绝或者限制拍摄、复印、抽样等取证工作的；

（五）其他不配合检查的情形。

检查组对被检查企业拒绝、逃避检查的行为应当进行书面记录，责令改正并及时报告中监所。经责令改正后仍不改正、造成无法完成检查工作的，检查结论判定为不符合相关质量管理规范或者其他相关要求。

第十五条　现场检查结束后，检查组应当向被检查企业通报检查情况。发现缺陷项目的，填写《飞行检查缺陷项目表》（附件 3），被检查企业负责人或相关负责人应当在《飞行检查缺陷项目表》上签字，拒绝签字的，检查组应予注明。被检查企业对检查结果有异议的，可以提交书面说明和相关证据。检查组应当如实记录，并签字确认。

发现违法违规行为并决定立案的，省级兽医行政管理部门负责组织开展并监督后续行政执法工作，并及时将行政处罚决定和处罚结果等报农业部，抄送中监所。

第十六条　飞行检查结束后，检查组应及时撰写《飞行检查报告》（附件 4）。检查报告包括：检查内容、检查过程、发现问题、相关证据、检查结论和处理建议等。检查组应在飞行检查结束后5个工作日内，将飞行检查方案、《飞行检查报告》、《飞行检查缺陷项目表》、《飞行检查询问记录》、企业的书面说明、《飞行检查立案查处建议单》及相关证据资料报中监所。《飞行检查缺陷项目表》同时报省级兽医行政管理部门。

第四章 审核与处理

第十七条 中监所对飞行检查方案、《飞行检查报告》、《飞行检查缺陷项目表》、《飞行检查询问记录》、《飞行检查立案查处建议单》等资料进行审核后提出处理意见，并在10个工作日内将签署意见的飞行检查报告报农业部。

第十八条 被检查企业对飞行检查缺陷项目一般应在20个工作日内完成整改，特殊情形的按照检查组确定的整改期限完成，并向所在地省级兽医行政管理部门报送整改报告。

省级兽医行政管理部门负责对被检查企业整改情况进行现场检查及审核，填写《飞行检查整改情况核查表》（附件5），并在收到企业整改报告后的10个工作日内，将企业整改报告和《飞行检查整改情况核查表》送中监所。

第十九条 中监所收到企业整改报告和《飞行检查整改情况核查表》后10个工作日内，完成审核工作，填写《飞行检查整改情况审核表》（附件6），并将审核意见报农业部。审核不通过的，中监所应书面告知省级兽医行政管理部门。省级兽医行政管理部门应要求被检查企业在原整改期限内继续整改，并按前述程序和要求完成后续相关工作。逾期不改正的，按照《兽药管理条例》第五十九条有关规定执行。

第二十条 根据飞行检查和整改结果，被检查企业涉嫌违法违规的，省级兽医行政管理部门应当按照《兽药管理条例》有关规定处理；采取风险控制措施的，风险因素消除后，应及时解除相关风险控制措施。

第二十一条 农业部按规定公开飞行检查结果，并将拒绝、逃避检查的企业列入农业部兽药生产失信企业名单。

第五章 检查工作纪律

第二十二条 组织和实施飞行检查的有关人员应严格遵守有关法律法规、工作纪律，不得向被检查企业提出与检查无关的要求，不得泄露飞行检查有关情况和举报人信息。对违反工作纪律和廉政规定的，按有关规定处理。

第二十三条　检查员应按照农业部和中监所的要求认真开展飞行检查工作，由于特殊情况不能参加已经安排的现场检查任务时，应及时向中监所报告，并说明理由。

第二十四条　检查组成员与被检查单位有利害关系，或存在可能影响现场检查工作公正性的其他情况时，应主动提请回避。

第二十五条　检查组应客观公正地开展工作，如实记录，出具公正结论，不受任何单位和个人影响。

第二十六条　检查组成员不得事先告知被检查企业检查行程和检查内容，不得泄露检查过程中的进展情况、发现的违法线索等相关信息。

第二十七条　检查组成员应严格遵守国家廉洁纪律和工作纪律等要求；不准参加被检查企业安排的娱乐活动；不准接受被检查企业或利益关系人的用餐邀请、现金、有价证券和礼品馈赠等；不准有任何损害检查公平、公正的行为。

第六章　附　　则

第二十八条　检查人员差旅费用由飞行检查组织选派单位承担，具体按照国家和组织选派单位相关规定执行。

第二十九条　各省级兽医行政管理部门可以参照本办法制定本辖区的飞行检查有关规定。

第三十条　本办法自发布之日起施行，《农业部兽药 GMP 飞行检查程序》（农办医〔2006〕59号）同时废止。

附件：1. 飞行检查询问记录
　　　2. 飞行检查立案查处建议单
　　　3. 飞行检查缺陷项目表
　　　4. 飞行检查报告
　　　5. 飞行检查整改情况核查表
　　　6. 飞行检查整改情况审核表

附件 1

飞行检查询问记录

询问时间：______年____月____日____时____分至____时____分

企业名称：____

询问地点：____

询问人：检查员____________________________________

执法人员________________ 执法证件号________________

记录人：____

被询问人：姓名________________ 性别________ 年龄________

身份证号____________________ 联系电话____________________

工作单位____________________ 职务________________________

从事岗位________________ 住址________________________

问：我们是农业部飞行检查员和______省（区、市）______市（县）兽药执法人员（出示相关证件和飞行检查书面通知），现依法向你进行询问调查。你应当如实回答我们的询问并协助调查，作伪证要承担法律责任，你听清楚了吗？

答：____

问：____

答：____

被询问人签名或盖章：

（第　页共　页）

笔　录　纸

被询问人签名或盖章：

记录人员签名或盖章：　　　　　　　　询问人员签名或盖章：

（第　页共　页）

附件 2

飞行检查立案查处建议单

被检查企业名称：

<table>
<tr><td>检查发现的涉嫌违法的情形</td><td></td></tr>
<tr><td>检查组结论性意见和建议</td><td>经现场检查，上述情形涉嫌违反《兽药管理条例》、农业部公告第 2071 号有关规定，建议立案查处。
□无兽药产品批准文号。
□生产经营假劣兽药。
□未在批准的兽药 GMP 车间生产兽药，经限期整改而逾期不更正或经责令限期整改后再犯。
□提供虚假材料或样品取得兽药生产许可证或者兽药产品批准证明文件。
□买卖、出租、出借兽药生产许可证和兽药批准证明文件。
□未按照规定实施兽药生产质量管理规范，且逾期不改正或情节严重。
□兽药的标签和说明书未经批准擅自修改，限期改正后再犯的。
□将原料药销售给养殖场（户）。
□其他：</td></tr>
<tr><td>检查组成员签名</td><td>组长（签名）： 组员（签名）：

年 月 日</td></tr>
</table>

注：本建议单一式二份，被检查企业所在地省级兽医行政管理部门一份，另一份由检查组报中监所。

附件 3

飞行检查缺陷项目表

<table>
<tr><td>企业名称</td><td></td></tr>
<tr><td>检查范围</td><td></td></tr>
<tr><td colspan="2">缺陷项目</td></tr>
<tr><td colspan="2">检查组成员签名：

年　　月　　日</td></tr>
<tr><td colspan="2">企业负责人签名：

年　　月　　日</td></tr>
</table>

注：1. 表中空间不够可附页　2. 此表签字复印件无效

附件 4

飞行检查报告

被检查企业名称：

检查内容	
检查过程	
发现的问题及核实情况	
检查组结论性意见和建议	
检查组成员签名	组长（签名）： 组员（签名）： 年 月 日
备注	

注：本检查报告可附页，共 页

附件 5

飞行检查整改情况核查表

<table>
<tr><td>企业名称</td><td colspan="3"></td></tr>
<tr><td>检查日期</td><td></td><td>整改材料
接收日期</td><td></td></tr>
<tr><td colspan="2">缺陷项目</td><td colspan="2">整改结果</td></tr>
<tr><td colspan="2"></td><td colspan="2"></td></tr>
<tr><td>整改情况
核查人</td><td>签名：
年　月　日</td><td colspan="2">核查单位（公章）
年　月　日</td></tr>
<tr><td>备注</td><td colspan="3"></td></tr>
</table>

附件 6

飞行检查整改情况审核表

<table>
<tr><td>企业名称</td><td colspan="3"></td></tr>
<tr><td>检查日期</td><td></td><td>整改材料
接收日期</td><td></td></tr>
<tr><td>审核意见</td><td colspan="3"></td></tr>
<tr><td>审核结论</td><td colspan="3">签名：
年　月　日</td></tr>
<tr><td>备注</td><td colspan="3"></td></tr>
</table>

兽药严重违法行为从重处罚情形公告

（农业农村部公告第97号）

为加强兽药管理，严厉打击兽药违法行为，保障动物产品质量安全，根据《兽药管理条例》有关规定，现就兽药严重违法行为从重处罚情形，公告如下。

一、无兽药生产许可证生产兽药，有下列情形之一的，按照《兽药管理条例》第五十六条“情节严重的”规定处理，按上限罚款，并没收生产设备：

（一）生产的兽药添加国家禁止使用的药品和其他化合物，或添加人用药品等农业农村部未批准使用的其他成分的；

（二）生产的兽药累计2批次以上或货值金额2万元以上的；

（三）生产兽用疫苗的；

（四）其他情节严重的情形。

二、持有兽药生产、经营许可证的兽药生产、经营者有下列情形之一的，按照《兽药管理条例》第五十六条“情节严重的”规定处理，按上限罚款，并吊销兽药生产、经营许可证：

（一）生产的兽药添加国家禁止使用的药品和其他化合物，或添加人用药品等农业农村部未批准使用的其他成分的；

（二）生产的兽药擅自改变组方添加其他兽药成分累计2批次以上的；

（三）生产未取得兽药产品批准文号兽用疫苗的，或生产未取得兽药产品批准文号的其他兽药产品累计2批次以上的；

（四）生产兽用疫苗擅自更换菌（毒、虫）种，或者非法添加其他菌（毒、虫）种的；

（五）生产主要成分含量在国家标准上限150%以上或下限50%以下的劣兽药累计3个品种以上或5批次以上的；

（六）生产的兽用疫苗未经批签发或批签发不合格即销售累计2批次以上的；

（七）生产假兽药货值金额5万元以上的；

（八）兽药经营者未审核并保存兽药批准证明文件材料以及购买凭证，经营假、劣兽药货值金额2万元以上的。

三、持有兽药生产、经营许可证的兽药生产、经营者有下列情形之一的，按照《兽药管理条例》第五十九条“情节严重的”规定处理，吊销兽药生产、经营许可证：

（一）兽药生产者未在批准的兽药GMP车间生产兽药累计2批次以上的；

（二）未在批准的生产线生产兽药累计 2 批次以上的；

（三）兽药出厂前未按规定进行质量检验，或检验不合格即出厂销售累计 5 批次以上的；

（四）无兽药生产、检验记录或编造、伪造生产、检验记录累计 3 批次以上的；

（五）编造、伪造兽用疫苗批签发材料累计 3 批次以上的；

（六）监督检查和飞行检查发现兽药生产者有 2 个以上关键项不符合兽药 GMP 要求的。

四、兽药生产、经营者将原料药销售给养殖场（户）的，按照《兽药管理条例》第六十七条“情节严重的”规定处理，没收违法所得，按上限罚款，并吊销兽药生产、经营许可证。

五、生产或进口的兽药有下列情形之一的，按照《兽药管理条例》第六十九条规定处理，撤销兽药产品批准文号或者吊销进口兽药注册证书：

（一）抽查检验连续 2 次或累计 3 批次以上不合格的；

（二）改变组方添加其他兽药成分的；

（三）主要成分含量在国家标准上限 150%以上或下限 50%以下的；

（四）主要成分含量在国家标准上限 120%以上或下限 80%以下，累计 2 批次以上的；

（五）擅自改变工艺对产品质量产生严重不良影响的；

（六）进口兽用疫苗无进口兽药通关单、未经批签发或批签发不合格即销售的。

生产的兽药同时存在前款情形 2 种以上的，按照《兽药管理条例》第五十六条“情节严重的”规定处理，按上限罚款，并依法吊销兽药生产许可证。

六、兽药产品标签和说明书未经批准擅自修改，限期改正后再犯的，属于《兽药管理条例》第六十条“逾期不改正”的情形，按生产、经营假兽药处罚。

七、兽药使用单位违反国家有关兽药安全使用规定，明知是假兽用疫苗或者应当经审查批准而未经审查批准即生产、进口的兽用疫苗，仍非法使用的，按照《兽药管理条例》第六十二条处理，按上限罚款；给他人造成损失的，依法承担赔偿责任。

八、有本公告第一、二、三条规定违法情形的，对生产、经营者主要负责人和直接负责的主管人员按照《兽药管理条例》第五十六条规定处理，终身不得从事兽药的生产、经营活动。

九、兽药违法行为涉嫌犯罪的，移送司法机关追究刑事责任。

十、本公告涉及从重处罚的“兽药”不包括兽用诊断制品；所称的“累计”计算时间为 2 年内。

十一、本公告自公布之日起施行，原农业部公告第 2071 号同时废止。

农业农村部

2018 年 12 月 4 日